Tratamento de lodo de fossa seca e lodo de fossa séptica

Elogios a este livro

"Nas cidades de crescimento acelerado dos países em desenvolvimento, a gestão segura do esgoto assume importância crescente. Como acesso universal a redes de esgoto ainda é um sonho para muitos, há amplo reconhecimento que devemos melhorar a eficácia das opções de esgoto sem acesso à rede para muitos, a fim de complementar o acesso a esgotos para poucos. Para abordar essa parte do sistema de esgotamento sanitário urbano negligenciada, porém crucial, a obra *Tratamento de Lodo de Fossa Seca e Lodo de Fossa Séptica*, de Kevin Tayler, constitui um recurso oportuno que oferece aos profissionais técnicos apoio providencial para diagnosticar, planejar e gerir serviços de manejo de lodo fecal."

Dr Darren Saywell,
Diretor de Serviços de Recursos Hídricos da AECOM International

"A urgência em fornecer serviço de coleta e tratamento de esgoto seguro aceitável a milhões de pessoas no hemisfério sul requer uma mentalidade diferente das abordagens tradicionais. A urbanização acelerada, a falta de abastecimento confiável de água e energia elétrica tornam os desafios ainda maiores. Esta publicação é uma contribuição valiosa ao acervo de orientações técnicas para profissionais e estudantes de esgotamento sanitário dos países em desenvolvimento. Vislumbro que se tornará a cartilha padrão para todos os cursos de esgotamento sanitário do hemisfério sul."

Professor Chris Buckley,
Grupo de Pesquisa em Poluição da Universidade de KwaZulu-Natal,
Durban, África do Sul

"Um dos princípios essenciais do serviço de coleta e tratamento de estogo gerido com segurança é o adequado tratamento do lodo de fossa seca ou lodo de fossa séptica coletado. As informações e orientações passo a passo para o planejamento e estruturação das instalações de tratamento contidas neste livro são necessárias para profissionais e engenheiros de projeto."

Dr. Thammarat Koottatep, Professor Adjunto da Escola de Meio Ambiente,
Recursos e Desenvolvimento do Instituto Asiático de Tecnologia,
Pathumthani, Tailândia

Tratamento de lodo de fossa seca e lodo de fossa séptica

Um guia para países de baixa e média renda

Kevin Tayler

Practical ACTION PUBLISHING

Practical Action Publishing Ltd
Rugby, Warwickshire, Reino Unido
www.practicalactionpublishing.com

Um registro catalográfico deste livro está disponível na British Library.
Um registro catalográfico deste livro foi solicitado da Biblioteca do Congresso.

ISBN 978-1-78853-121-4 livro de bolso
ISBN 978-1-78853-112-2 livro de capa dura
ISBN 978-1-78853-135-1 pub. eletrônica

Citação: Tayler, K. (2018) *Tratamento de lodo de fossas secas e lodo de fossas sépticas – Um guia para países de renda baixa e média* , Rugby, UK, Practical Action Publishing, <http://dx.doi.org/10.3362/9781788531351>

Desde 1974, a Practical Action Publishing publica e divulga livros e informações para auxiliar os trabalhos de desenvolvimento internacional realizados em todo o mundo. Practical Action Publishing é o nome fantasia da Practical Action Publishing Ltd (Registro Nº 1159018), a editora de propriedade integral da Practical Action. As operações da Practical Action Publishing são exclusivamente para a consecução dos objetivos de sua matriz beneficente, e quaisquer lucros auferidos se revertem para a Practical Action (Registro Nº 247257, Registro IVA do Grupo Nº 880 9924 76).

O conteúdo e precisão técnica da presente obra foram revisados pela equipe do Banco Mundial e equipe da Fundação Bill & Melinda Gates. Os resultados, interpretações e conclusões expressas nesta obra pertencem ao autor, e não necessariamente refletem as opiniões da Fundação Bill & Melinda Gates ou as opiniões do Banco Mundial, de sua Diretoria Executiva ou dos governos que representam. Nem a fundação Bill & Melinda Gates nem o Banco Mundial garantem a precisão dos dados constantes da presente obra.

Design da capa por Mercer Design
Versão em português diagramada pela ThompsonText, Reino Unido
Tradução em português: GCS Translation and Interpretation

Sumário

Lista de figuras, fotos, tabelas e quadros

Figuras

Fotos

Tabelas

Quadros

Sobre o autor

Kevin Tayler é engenheiro civil credenciado, com experiência em planejamento e elaboração de projetos para tratamento de esgoto no Reino Unido, e acumula mais de 35 anos de experiência em países do hemisfério sul. Nesses 35 anos, trabalhou com muitos aspectos do desenvolvimento urbano, inclusive infraestrutura urbana e, mais especificamente, o fornecimento de serviços de água e esgotamento sanitário. Nos últimos anos, seu trabalho se concentrou bastante no manejo de lodo de fossas sépticas, inclusive tratamento de esgoto séptico.

Agradecimentos

Este livro foi idealizado a partir de uma semente plantada pela Fundação Bill & Melinda Gates (BMGF) em 2010, que à época solicitou ao autor um estudo prospectivo para a publicação de um livro didático sobre o manejo descentralizado do lodo de fossas e tanques sépticos. Alyse Schrecongost gerenciava os trabalhos em nome da BMGF, que decidiu não prosseguir com o projeto naquele momento. No entanto, ela indiretamente levou ao envolvimento por vários anos com questões de manejo de lodo de fossas e tanques sépticos na Indonésia, em trabalhos com a equipe do Programa de Água e Saneamento (WSP) em Jacarta. Este livro é inspirado nessa experiência, que foi possível graças às contribuições de vários membros da equipe do WSP, em especial Isabel Blackett, Reini Siregar, Budi Darmawan, Maraita Listyasari e Inni Arsyini. O livro também se baseia no conhecimento e na experiência de Foort Bustraan e seus colegas da equipe de Água, Saneamento e Higiene Urbanos da USAID Indonésia (IUWASH), que colaborou estreitamente com a equipe do WSP em pesquisas sobre os aspectos do manejo de lodo de fossas e tanques sépticos. Em colaboração com o WSP, Freya Mills realizou trabalhos sobre os índices de acúmulo de lodo em fossas e tanques sépticos, que embasam o Capítulo 3 do livro.

Andy Peal, Isabel Blackett, Peter Hawkins, Andy Cotton e Rebecca Scott fizeram comentários valiosos sobre a versão inicial do livro. Após uma revisão mais minuciosa dessa versão preliminar feita pelo Banco Mundial e pela BMGF, a empresa de consultoria Stantec contribuiu com material adicional para o livro. A equipe da Stantec trouxe o seu conhecimento sobre tecnologias de tratamento convencionais e inovadoras e sobre iniciativas implementadas em vários países, e é responsável em grande medida pelas fórmulas matemáticas e pelos exemplos que orientam os leitores no processo conceitual. Michael McWhirter forneceu orientações gerais à equipe da Stantec, e Chengyan Zhang coordenou a equipe e contribuiu de forma significativa para o trabalho do grupo. Jeannette Laramee, Jeovanni Ayala-Lugo, Tyler Hadacek e Mengli Shi fizeram contribuições importantes, e Oliver Tsai, Chris Machado e Charlie Alix também contribuíram e/ou fizeram uma revisão aprofundada. A equipe da Stantec também recorreu a especialistas em tecnologias e iniciativas específicas, que contribuíram em suas respectivas áreas: Nick Alcock e Santiago Septien forneceram informações sobre a mosca soldado-negro e as iniciativas do sistema LaDePa (secagem e pasteurização do lodo de fossas), respectivamente, ambos em eThekwini, na África do Sul; Andreas Schmidt forneceu informações sobre o uso e o desempenho de biodigestores; Aubrey Simbambi forneceu informações sobre a estação de tratamento de lodo de fossas de Kanyama em Lusaka, na Zâmbia; Rohini Pradeep forneceu informações sobre o desempenho da estação de tratamento de lodo de fossas de Devanahalli em Bangalore, na

Índia; e Stephen Sugden forneceu informações sobre a iniciativa de biocarvão/ pirólise *Water for People*, no Quênia. Destacamos a contribuição de Linda Strande e outros profissionais da Eawag/Sandec, que apresentaram comentários detalhados ao longo da revisão de cada um dos capítulos, sobretudo os três primeiros e os que tratam dos leitos de secagem.

Georges Mikhael forneceu informações sobre o biodigestor com teto abobadado de Lusaka e os biodigestores do Sistema Biobolsa de Antananarivo e Kumasi. As demais informações sobre iniciativas de tratamento com biodigestores em outros locais tiveram várias fontes: Anthony Kilbride e Max Affre forneceram informações e feedback sobre a iniciativa SOIL de compostagem em caixas no Haiti, e o esquema de digestão anaeróbia do Sistema Biobolsa, respectivamente. Informações sobre a estação de tratamento de Sittwe, em Mianmar, que atende campos de deslocados internos do povo ruainga, foram coletadas ao longo de uma consultoria para a ONG Solidarités International, sediada em Paris. Expressamos nossos agradecimentos a Elio de Bonis, consultor responsável, Emmett Kearney, principal ponto de contato com a Solidarités International em Mianmar no decorrer da consultoria, e Alberto Acquistapace, pelas informações sobre o desempenho do adensador por gravidade construído conforme as recomendações da consultoria. Teddy Gouden forneceu informações sobre a situação mais recente das iniciativas de LaDePa e relativas à mosca soldado-negro na África do Sul. Ashley Muspratt revisou o texto sobre a iniciativa Pivot Works em Kigali.

O Banco Mundial e a BMGF fizeram revisões detalhadas e propuseram sugestões de melhoria em todas as etapas do projeto. O processo de revisão foi liderado e coordenado por Jan Willem Rosenboom, por parte da BMGF, e Ruth KennedyWalker e Rebecca Gilsdorf, pelo Banco Mundial. Destacamos a participação de Duncan Mara, professor emérito da Universidade de Leeds, no Reino Unido, que fez uma revisão minuciosa da versão final do livro. Funcionários, consultores e especialistas externos do Banco Mundial e da BMGF fizeram comentários nas versões anteriores e ofereceram sugestões. Entre os revisores do Banco Mundial citamos Martin Gambrill, Jean-Martin Brault, Ravikumar Joseph, Srinivasa Podipireddy, Edkarl Galing, Shafick Hoossein, Bill Kingdom e Mutsa Prudence Mambo. Os revisores da BMGF foram Roshan Shrestha, Dennis Mwanza, John Duffy e Doulaye Kone. Na qualidade de consultores da BMGF, Dorai Narayana e Dave Robbins contribuíram com extensos comentários e sugestões. Participaram como revisores externos Linda Strande e a equipe da Eawag/Sandec, o professor Chris Buckley, da Universidade de KwaZulu-Natal na África do Sul, e Dave Wilson, da eThekwini Water and Sanitation, de Durban, África do Sul.

A unidade de Tradução e Interpretação do Banco Mundial organizou a tradução e a revisão da versão do livro em português. Uma revisão minuciosa da tradução foi feita por uma equipe do Banco Mundial sob a coordenação de Martin Gambrill e liderada por Lizmara Kirchner. Viviane Virgolim Zamian, Klaus Neder, Jean-Martin Brault e Juliana Garrido fizeram parte dessa equipe. O glossário de termos moçambicanos/angolanos foi revisado por Berta Macheve, Lizmara Kirchner e Odete Muximpua. Alona Nesterova coordenou, em nome do Banco Mundial, os trabalhos com os editores para a produção desta versão do livro.

Clare Tawney e Jenny Peebles, da Practical Action Publishing, atuaram como gerentes de desenvolvimento de conteúdo em todas as etapas da elaboração do livro, e Chloe Callan-Foster gerenciou o processo de edição e produção. Mesmo com os devidos agradecimentos a todos os indivíduos e organizações mencionados acima, recai sobre o autor a responsabilidade final pelo conteúdo do livro, as opiniões nele expressas e eventuais erros que contenha.

Esta versão do livro está traduzida para o português do Brasil. Como há diferenças entre os termos técnicos usados no Brasil e em outros países lusófonos, incluímos um glossário dos termos em inglês, português do Brasil e português continental no Anexo I ao final do livro.

Acrônimos e abreviações

AASHTO	Associação de Autoridades Rodoviárias e de Transportes Estaduais (EUA)
ABR	Reator anaeróbio compartimentado
AQRM	Avaliação quantitativa de risco microbiano
ASR	Reator de lodo ativado
BM	Banco Mundial
BMGF	Fundação Bill & Melinda Gates
BORDA	Associação Estrangeira de Pesquisa e Desenvolvimento de Bremen
C	Carbono
CBS	Esgotamento sanitário à base de contêiner
CF	Coliforme fecal
CFR	Código de Regulamentos Federais dos EUA
CSS	Câmara de separação de sólidos
DBO	Demanda bioquímica de oxigênio
DBO$_5$	Demanda bioquímica de oxigênio em cinco dias
DePaLa	Desidratação e pasteurização de latrinas
DFE	Diagrama de fluxo de excreta
DI	Deslocados internos
DQO	Demanda química de oxigênio
E. coli	*Escherichia coli* (bactéria)
Eawag	Instituto Federal Suíço de Ciência e Tecnologia Aquática
EO	Eficiência de oxigenação
ET	Evapotranspiração
ETLF	Estação de tratamento de lodo de fossas secas
FA	Filtro anaeróbio
FAO	Organização das Nações Unidas para Alimentação e Agricultura
FIDIC	Fédération Internationale des Ingénieurs-Conseils (Federação Internacional de Engenheiros Consultores)
FP	Fator de pico
g	grama
GLS	gás–líquidos–sólidos
GOG	Gorduras, óleos e graxas
IWA	Associação Internacional da Água
kg	quilograma
kW	kilowatt
LA	Lodo ativado
m	metro
MBBR	Reator de leito móvel com biofilme ou Reator biológico de leito móvel
MJ	megajoule
MLSS	Concentração de sólidos suspensos no licor misto
mm	millímetro

MSN	Mosca soldado-negro
N	Nitrogênio
NAT	Nitrogênio amoniacal total
NH_3-N	Nitrogênio amoniacal
NH_4-N	Nitrogênio ammoniacal ionizado
NMP	Número mais provável
NO_3	Nitrato
NTK	Nitrogênio total de Kjeldahl
O&G	Óleo e graxa
ODS	Objetivos de Desenvolvimento Sustentável
OMS	Organização Mundial da Saúde
ONG	Organização não governamental
P	Fósforo
POP	Procedimento operacional padrão
RAC	Reator anaeróbio compartimentado
RBC	Reator com discos biológicos rotativos
RBS	Reator em bateladas sequenciais
RLA	Reator de lodo ativado
ROE	Requisito de oxigênio efetivo
Sandec	Departamento de Saneamento, Recursos Hídricos e Resíduos Sólidos para o Desenvolvimento (Suíça)
SBC	Esgotamento sanitário à base de contêiner
SDT	Sólidos dissolvidos totais
SDV	Sólidos dissolvidos voláteis
SS	Sólidos secos
SST	Sólidos suspensos totais
SSV	Sólidos suspensos voláteis
SSWM	Caixa de ferramentas para o manejo sustentável de esgotamento sanitário e água
ST	Sólidos totais
SV	Sólidos voláteis
TA	Tanque adensador
TCS	Taxa de carga de sólidos
TDH	Tempo de detenção hidráulica
TES	Taxa de extravasamento superficial
TRS	Tempo de retenção de sólidos
UASB	Reator anaeróbio de fluxo ascendente
UFP	Unidade formadora de placas
UPTD	Unidade Pelasana Teknis Daerah (unidade local de execução técnica)
US EPA	Agência de Proteção Ambiental dos Estados Unidos
USAID	Agência dos Estados Unidos para o Desenvolvimento Internacional
WC	Sanitário
WEF	Federação do Meio Ambiente e da Água
WSP	Programa de Água e Saneamento (Banco Mundial)
WSUP	Água e esgotamento sanitário para as populações carentes urbanas

CAPÍTULO 1

Introdução ao tratamento de lodo fecal e esgoto séptico

Este capítulo lança as bases para o restante do livro. Explica a importância do manejo do lodo fecal em áreas urbanas em que muitas pessoas dependem de estações de esgotamento sanitário no local e descentralizadas, e destaca o lugar do tratamento na cadeia geral de serviços de esgotamento sanitário. O capítulo define os termos usados ao longo do livro, explica a importância do tratamento do lodo fecal e esgoto séptico e identifica os objetivos gerais do tratamento. Após uma breve explicação sobre o posicionamento deste livro em relação a outras publicações semelhantes e instrumentos de planejamento do manejo de lodo fecal, é apresentada uma lista dos capítulos subsequentes, com uma síntese de seu conteúdo.

Palavras-chave: esgotamento sanitário urbano, lodo fecal, esgoto séptico, definições, objetivos do tratamento, indicadores.

O desafio do esgotamento sanitário urbano

O mundo está passando por um processo de urbanização acelerada. Projeta-se que o número de habitantes nas cidades aumente 50%, de 4 para 6 bilhões, entre 2016 e 2045. Boa parte desse crescimento está ocorrendo em países de renda baixa e de renda média-baixa (Nações Unidas, 2015; Banco Mundial, 2016). Os fornecedores de serviços essenciais muitas vezes têm dificuldade para atender à demanda de moradia, infraestrutura e serviços gerada pela urbanização acelerada. Isto se aplica bem à oferta de esgotamento sanitário. Muitas cidades de porte variado não têm coleta de esgoto e, mesmo quando têm, a oferta formal de rede de esgoto não raro é restrita aos setores comerciais centrais e áreas de alta renda. Em resposta a essa situação, incorporadoras imobiliárias e famílias oferecem suas próprias instalações de esgotamento sanitário, que geralmente consistem em um banheiro seco ou uma latrina sem descarga (WC), da qual a excreta é descartada em uma fossa, tanque ou no dreno mais próximo. As conexões com os drenos podem incorporar um tanque de interceptação, que retém alguns sólidos, permitindo a descarga de sólidos e líquidos digeridos no dreno. Instalações com armazenamento no local removem a excreta dos espaços de convívio, reduzindo a exposição das pessoas a patógenos e melhorando o meio ambiente local. Entretanto, o lodo se acumula nas fossas e tanques, e acaba expondo as pessoas a condições insalubres, a menos que as fossas e tanques sejam substituídos ou esvaziados. É possível a construção de fossas de substituição em áreas rurais e periurbanas de baixa densidade, mas a falta de espaço geralmente inviabiliza essa opção em áreas urbanas de densidade mais alta. A única opção para as famílias residentes nessas áreas é providenciar o esvaziamento das fossas e tanques uma vez que fiquem cheios. A proteção da saúde pública e do meio ambiente requer que o material removido seja transportado para longe de áreas residenciais e tratado ou que receba outra destinação de modo a permitir seu posterior reaproveitamento ou descarte com segurança. A ausência de providências para remover, transportar e tratar com segurança o lodo fecal acarreta condições de esgotamento sanitário que não cumprem o requisito do Objetivo de Desenvolvimento Sustentável (ODS) relativo a serviços de esgotamento geridos com segurança: o descarte local da excreta com segurança ou seu transporte e tratamento em outro local.

Finalidade e público-alvo deste livro

O tema deste livro é o tratamento de material fecal e água sobrenadante retirada das instalações e sistemas de esgotamento sanitário no local e descentralizados. Seu foco principal é a concepção das instalações de tratamento, mas esse componente nunca pode ser considerado isoladamente. Deve, isso sim, refletir as condições locais, começando com uma avaliação realista da carga na estação e levar em consideração o destino dos produtos líquidos e sólidos do tratamento. Com isso em mente, a primeira parte do livro fornece orientação geral sobre como o contexto influencia as escolhas e projetos de estações de tratamento, e define os passos a serem seguidos no planejamento de uma instalação de tratamento nova ou aprimorada. Os capítulos posteriores abordam a seleção e concepção de sistemas para o tratamento de material fecal removido das instalações sanitárias no local e descentralizadas. Os capítulos iniciais devem ser de interesse para planejadores e engenheiros municipais responsáveis por projetos de estações de tratamento. Os capítulos posteriores, mais técnicos, serão de interesse principalmente para os engenheiros projetistas. Os leitores com interesses mais gerais também deverão se beneficiar das breves seções de revisão ao final de cada capítulo, exceto este capítulo introdutório.

Definições e significados

Antes de prosseguir, vale definir os principais termos e conceitos relativos ao esgotamento sanitário adotados neste livro.

Excreta é o termo coletivo usado para se referir a resíduos humanos. Consistem em sólidos úmidos na forma de *fezes* com elevado teor orgânico, e *urina* líquida. O termo *esgotamento sanitário* refere-se a sistemas para a coleta e descarte seguro de excreta e esgoto doméstico gerado em residências, empresas e edifícios comunitários, e não à definição mais geral que também inclui o manejo de águas pluviais e de resíduos sólidos.

Os sistemas de esgotamento sanitário *seco* não usam água para retirar a excreta da latrina. Os usuários defecam através de um buraco diretamente em uma fossa ou caixa de esgoto, situada imediatamente abaixo do cubículo do banheiro. Essas estruturas às vezes são chamadas de *banheiros secos*. Assim, o material contido na fossa ou na caixa de esgoto é uma combinação de fezes, urina e água eventualmente usada para a higiene anal e para a limpeza do piso do banheiro. Em alguns casos, cubículos de sanitários também são usados para o banho, e toda ou parte da água usada no banho é descarregada na fossa ou caixa.

Antigamente, em alguns sistemas secos a defecação se dava em um balde localizado abaixo do piso da latrina, que era substituído por um balde limpo e higienizado em intervalos de alguns dias. Os baldes cheios eram levados para um ponto central para o descarte, preferencialmente, mas nem sempre, com tratamento. A partir de meados do século XX, esses sistemas de baldes passaram a ser desestimulados pelos órgãos oficiais por serem corretamente considerados como não higiênicos. Nos últimos anos, houve interesse crescente em sistemas de esgotamento sanitário à base de contêineres (CBS, na sigla em inglês) que surgiram como uma opção de serviço alternativa para as pessoas que não são atendidas por esgoto ou sistema de esgotamento sanitário no local. O sistema CBS abrange toda a cadeia de serviços de esgotamento sanitário, coleta de forma higiênica a excreta de banheiros projetados com contêineres removíveis e lacráveis (também chamados de cartuchos), que são trocados periodicamente pelo prestador de serviços, que também procura assegurar que a excreta seja tratada com segurança e em seguida seja descartada ou reaproveitada.

Os sistemas de esgotamento sanitário *à base de água* ou *úmidos* usam água para retirar as fezes das latrinas, em geral, mas nem sempre, através de um fecho hídrico, formado pela inserção de um "U" invertido no tubo de descarga. A mistura resultante de fezes, urina, água de descarga e eventual água utilizada para a higiene anal recebe o nome de *água negra*. *Água cinza* é a água residual gerada por outras atividades domésticas, inclusive lavanderia, banho, limpeza e cozimento de alimentos. As famílias que usam esgotamento sanitário a base de água geram água negra e água cinza. As que usam esgotamento sanitário seco geram apenas água cinza. O *esgoto doméstico* é formado pela combinação das águas negra e cinza.

Os sistemas *no local* retêm a maior parte do material sólido próximo ao banheiro em uma fossa ou tanque, enquanto permitem, na maioria dos casos, que o líquido penetre no *solo*. Este livro usa o termo *sumidouro* para se referir a uma vala que serve de latrina com ou sem descarga, de onde a água passa diretamente. Muitas instalações descritas nos relatórios como tranques sépticos são, na verdade, sumidouros. Os *sistemas de tanques sépticos* consistem em um *tanque séptico* estanque, em geral seguido por um módulo de percolação ou vala de infiltração a partir da qual a água penetra no solo. Um *módulo de percolação* é uma fossa que recebe o efluente do tanque séptico e permite que ele se infiltre no solo. Esses módulos podem ser preenchidos com pedras ou ser fossas abertas com revestimento permeável de tijolos ou blocos. A opção com preenchimento de pedras oferece menos capacidade, mas é mais fácil de construir e menos propensa a desabar. As *valas de infiltração* consistem em valas horizontais preenchidas com pedras, que costumam incorporar um tubo drenante que corre próximo ao topo da vala. Em áreas com lençol freático alto, a vala de infiltração pode ser elevada em um *monte* artificial, se a altura do banheiro também puder ser elevada. As *câmaras de percolação* pré-fabricadas com fundo abobadado ou semicilíndricas são uma forma alternativa de vala de infiltração. As *fossas negras* retêm sólidos fecais e líquidos em uma caixa estanque, e requerem esvaziamento mais frequente do que outros tipos de sistema no local.

Os sistemas *externos* removem sólidos e líquidos das imediações do banheiro. Os sistemas *coletores* eliminam o esgoto doméstico das áreas residenciais por meio de um sistema de tubulações ou esgotos, chamados coletivamente de sistemas de coleta de esgoto. Por necessitarem da remoção frequente dos contêineres, os sistemas CBS também se enquadram na categoria externa. Este livro adota o termo *híbrido* para se referir a sistemas como esgotos isentos de sólidos, que retêm os sólidos em um tanque ou vala no local, enquanto eliminam os líquidos através de esgotos ou drenos. Tilley et al. (2014) trazem informações mais detalhadas sobre os diversos sistemas de esgotamento sanitário.

As opiniões sobre o significado dos termos esgoto séptico e lodo fecal variam: alguns autores se referem a todos os materiais coletados de fossas, caixas de esgoto e tanques sépticos como lodo fecal, ao passo que outros se referem a eles coletivamente como esgoto séptico. Nenhuma dessas convenções é de todo satisfatória. O teor de água do material retirado de sumidouros e tanques sépticos com drenagem deficiente normalmente fica acima de 95%, fazendo com que se comporte como um líquido, de modo que não pode ser caracterizado com precisão como lodo. O teor de sólidos do material retirado das latrinas de fossa seca normalmente é mais alto, exceto quando o lençol freático for elevado e/ou a água do banheiro for descarregada na fossa. Neste livro, o termo lodo fecal refere-se ao material composto em grande parte por sólidos fecais e urina que se acumula no fundo de uma fossa, tanque ou caixa de esgoto. O material que se acumula em fossas que recebem ou retêm pouca ou nenhuma água residual é formado quase inteiramente por lodo fecal. O material removido das fossas secas, sistemas em contêineres e sistemas úmidos nos quais a percolação das laterais e da base da fossa remove todo o excesso de água é composto quase inteiramente por lodo fecal. O termo *esgoto séptico* é usado para se referir aos sólidos e líquidos retirados de uma fossa, tanque ou caixa de esgoto em um sistema de esgotamento sanitário úmido. O esgoto séptico compreende o lodo fecal, a *água* sobrenadante que se acumula acima dele e material mais leve que a água, que forma uma camada de *espuma* na superfície do líquido. O lodo fecal pode se comportar como um *fluido não newtoniano*, avançando pouco ou nada até ser agitado (Chhabra, 2009), o que traz implicações para as opções de tratamento.

Muitas vezes, é feita uma distinção entre *lodo fecal de alta concentração* e *esgoto séptico de menor concentração*, com a concentração definida em termos de demanda de oxigênio e concentração de sólidos em suspensão. Essa distinção é qualitativa, e não quantitativa, e não deve obscurecer o fato de que tanto o lodo fecal como o esgoto séptico exercem alta demanda de oxigênio, apresentam teor elevado de sólidos e contêm um grande número de patógenos. Na ausência de manejo eficaz, inclusive tratamento, ambos prejudicam o meio ambiente e/ou a saúde pública. O Capítulo 3 traz mais informações sobre os pontos fortes típicos do lodo fecal e do esgoto séptico.

Mais definições relativas a processos e tecnologias específicos são fornecidas oportunamente neste capítulo e em capítulos posteriores.

A necessidade de tratamento

Engenheiros e gestores urbanos às vezes partem do princípio de que a coleta do esgoto seguida do tratamento do esgoto é a única opção viável de esgotamento sanitário urbano. Há circunstâncias em que a coleta de esgoto é a melhor opção, principalmente nos casos em que a construção dos esgotos segue padrões apropriados, como a do sistema brasileiro de redes de esgoto condominial (Melo, 2005). Com efeito, os moradores de muitas cidades assumiram o comando do assunto e construíram esgotos informais para a retirada do esgoto de seus bairros. Contudo, são poucas as cidades com 100% de cobertura de rede de esgoto, e é improvável que essa situação mude no curto prazo. Em função da má construção e manutenção, quedas inadequadas e falta de instalações de tratamento, os sistemas de esgoto existentes muitas vezes são inadequados, o que torna a maioria das pessoas dependente dos sistemas no local. Um estudo recente de 12 cidades da América Latina, África e Ásia concluiu que cerca de 64% de todos os domicílios das 12 cidades dependiam de esgotamento sanitário no local (WSP, 2014). Os números de cidades específicas variaram de 51% no caso de Santa Cruz de la Sierra, na Bolívia, 72% em Phnom Penh, no Camboja, 88% em Manila, nas Filipinas, e 89% em Maputo, em Moçambique, até 90% em Kampala, em Uganda. A comparação com números citados pela Organização Mundial da Saúde (OMS) em meados da década de 2000 sugere que a cobertura de esgotamento sanitário no local está mudando lentamente (Eawag/Sandec, 2006), e que uma grande parcela dos moradores de centros urbanos continuará a depender dessa cobertura nos próximos anos. Embora existam tecnologias para conter e tratar excreta no local, sua implantação ainda não é generalizada. A realidade é que em quase todas as cidades permanecerá a necessidade de sistemas de esvaziamento de fossas e tanques, com remoção e reaproveitamento ou descarte do conteúdo de tal modo a não prejudicar a saúde pública ou o meio ambiente. O reaproveitamento e descarte seguros requerem uma preparação eficiente para o tratamento. Também são necessários sistemas de transporte e tratamento de lodo nos casos em que os sistemas de esgoto descentralizados conduzem esgoto para as estações de tratamento locais desprovidas de instalações de tratamento de lodo.

A cadeia de serviços de esgotamento sanitário

A remoção, armazenamento e tratamento do conteúdo de tanques, fossas e caixas de esgoto no local são os elos da cadeia de serviços de esgotamento sanitário. Diferentes organizações usam diferentes versões da cadeia. O Banco Mundial (BM) identifica cinco elos da cadeia: interface com o usuário/contenção, esvaziamento/coleta, transporte, tratamento e uso final/descarte. A cadeia da Fundação Bill & Melinda Gates (BMGF) possui cinco elos distintos: coleta, armazenamento, transporte, tratamento e reaproveitamento. O uso do termo "cadeia de serviços de saneamento" pela BMGF ressalta sua crença de que a excreta é um recurso em potencial e não deve ser encarada tão-somente como um problema. Nenhuma das cadeias é completamente desagregada. A cadeia do BM agrupa coleta e armazenamento no termo contenção, ao passo que a cadeia da BMGF omite a remoção. Como a cadeia da BMGF funciona bem para as instalações de esgotamento sanitário no local que geram lodo fecal e esgoto séptico, este livro adota essa cadeia, embora reconheça que a remoção e o transporte do conteúdo de fossas e tanques podem ser realizados com independência entre si. Feitas essas considerações, a cadeia se torna:

> Coleta – Armazenamento – Remoção e transporte – Tratamento – Uso final/descarte seguro

As opções de coleta de excreta variam de um simples furo em uma laje, passando por banheiros sem descarga e banheiros com caixa para descarga, até vasos sanitários com separador de dejetos projetados para separar fezes de urina. O armazenamento somente é necessário para os sistemas híbridos e no local. As estruturas de coleta e armazenamento de excreta terão forte influência sobre os elos subsequentes da cadeia, conforme explicado em mais detalhes no Capítulo 2. Os sistemas no local e de rede de esgoto podem incluir meios para o reaproveitamento do material tratado. Embora não seja essencial, isso preserva recursos e pode gerar renda para compensar uma parte do custo do tratamento. Este livro fornece orientações minuciosas sobre a etapa de tratamento da cadeia de serviços sem acesso à rede, referindo-se a outras etapas da cadeia, quando necessário, para explicar sua influência nas escolhas e resultados do tratamento.

Objetivos do tratamento de lodo fecal e esgoto séptico

O objetivo geral do manejo do lodo fecal é assegurar que o material fecal removido das instalações sanitárias descentralizadas e no local seja tratado de tal maneira a proteger a saúde pública e o meio ambiente, e não criar transtornos no nível local. O objetivo do tratamento é transformar lodo fecal e esgoto séptico desagradáveis e com potencial nocivo em produtos inofensivos que não prejudicam nem a saúde pública nem o meio ambiente e sejam de fácil manuseio. Em ambientes sensíveis, também pode ser necessário reduzir o teor de nutrientes (por exemplo, nitrogênio e fósforo) de qualquer efluente líquido descarregado direta ou indiretamente em cursos de água.

Excreta e saúde pública

As fezes contêm muitos microorganismos. Se a pessoa que excretou as fezes estiver infectada com uma doença fecal-oral, esses microrganismos incluirão o patógeno (organismo causador da doença) que provoca a doença. A identificação e mensuração direta dos patógenos são processos difíceis e dispendiosos e, portanto, são usados organismos indicadores para avaliar sua probabilidade de ocorrência, conforme explicado abaixo.

A urina é composta primordialmente por água, mas também contém ureia e oligoelementos, inclusive sódio, potássio e fosfato. Se não contaminada com fezes ou sangue, é isenta de quase todos os patógenos, embora seja difícil prevenir a contaminação cruzada de urina por patógenos das fezes. A esquistossomose (bilharzia), quando causada por *Schistosoma haematobium*, é uma doença importante transmitida na urina.

A água de infiltração de módulos de percolação/valas de infiltração de fossas e tanques sépticos pode contaminar as águas subterrâneas, sobretudo quando o lençol freático é alto ou o subsolo apresenta fraturas ou permeabilidade elevada, o que representa um risco para a saúde daqueles que usam água não tratada de cisternas ou poços artesianos próximos para beber e outros fins domésticos. O nível de risco depende de vários fatores, inclusive a natureza do subsolo, a presença de fissuras na rocha presente, a forma de construção dos poços e a profundidade da qual a água é retirada. Para obter mais informações sobre a avaliação do risco de contaminação das águas subterrâneas pelo esgotamento sanitário no local, consulte Lawrence et al. (2001). O ponto-chave a ser observado aqui é que a remoção regular do lodo de fossas e tanques sépticos é raramente conseguirá eliminar por completo os possíveis riscos, já que a remoção do lodo ainda deixa líquido altamente contaminado escapar para o solo.

Excreta e meio ambiente

As fezes são constituídas principalmente por água e compostos orgânicos. Na presença de bactérias, estes se desagregam em componentes mais simples, usando o oxigênio presente no meio ambiente em primeira instância. No caso de material fecal descarregado em um curso d'água, esse oxigênio está presente na água receptora, mas a elevada demanda de oxigênio da excreta reduz rapidamente o teor de oxigênio da água. Quando a demanda de oxigênio da matéria fecal excede a disponibilidade de oxigênio na água receptora, são criadas condições anaeróbias que geram odores, matam organismos aquáticos, inclusive peixes, e em geral tornam o meio ambiente menos agradável. Para proteger o meio ambiente, os sistemas de esgotamento sanitário no local mantêm grande parte da matéria fecal em uma fossa, caixa de esgoto ou tanque, mas esse material em algum momento precisará ser removido. O material removido durante a eliminação do lodo apresenta concentrações elevadas de sólidos orgânicos em suspensão e amônia, e afeta adversamente a qualidade de qualquer curso d'água no qual venha a ser descarregado. É necessário tratamento para reduzir sua altíssima demanda de oxigênio e a concentração de sólidos em suspensão a níveis que não afetem os peixes e outras formas de vida aquática presentes na água receptora.

Com base no exposto acima, o tratamento de lodo fecal e esgoto séptico tem como objetivos específicos:

- *Reduzir o teor de água do lodo,* facilitando assim seu manuseio e transporte. O objetivo normalmente será o de reduzir o teor de água até o ponto em que o lodo se comporte como um sólido e possa ser manuseado com pás.
- *Reduzir a demanda de oxigênio e o teor de sólidos em suspensão da fração líquida descarregada no meio ambiente* até o ponto em que a descarga em cursos d'água não esgote os níveis de oxigênio nem cause acúmulo de sólidos em níveis que possam ser nocivos à vida aquática.
- *Reduzir os patógenos do efluente líquido,* a fim de permitir seu seguro descarte ou uso final. A redução de patógenos será necessária quando o efluente for usado para a irrigação ou na aquicultura. Também deve ser considerado quando o efluente líquido for descarregado em um curso d'água a montante de um ponto no qual as pessoas tomem banho ou extraiam água. Entretanto, nesse caso, em geral será melhor explorar esquemas alternativos de descarte/descarga: por exemplo, deslocar o ponto de descarga a jusante.
- *Reduzir as concentrações de patógenos no lodo* em nível suficiente para permitir seu uso final ou descarte seguro como parte do fluxo de resíduos sólidos. A redução das concentrações de patógenos no lodo será importantíssima se, como parte do uso final pretendido, houver a dispersão do lodo tratado em terras agrícolas.

O lodo fecal e o esgoto séptico contêm altas concentrações de amônia, outros compostos nitrogenados e nutrientes. Pode ser necessário reduzir a concentração desses compostos, sobretudo quando o aporte de nutrientes a um curso d'água puder acarretar eutrofização. O Capítulo 8 oferece uma breve introdução a essas questões.

Esses objetivos somente poderão ser alcançados se forem observados os requisitos financeiros e organizacionais para a eficiente operação das estações. Portanto, os planos para melhorar o tratamento de esgoto séptico e lodo devem, portanto, considerar as medidas necessárias para assegurar o cumprimento desses requisitos.

Principais indicadores e medidas

Os patógenos presentes na excreta são de quatro tipos principais: vírus, bactérias, protozoários e helmintos. Há testes para identificar patógenos específicos, mas a detecção de todos os patógenos possíveis requer procedimentos laboratoriais especializados e um nível elevado de esforços e gastos. O procedimento mais comum para avaliar o risco de patógenos bacterianos é o uso de bactérias indicadoras como uma representação da presença de patógenos. As bactérias indicadoras mais usadas são os coliformes fecais e o *Escherichia coli* (*E. coli*). *E. coli* é um tipo específico de coliforme fecal que predomina no intestino humano, e em sua grande maioria não é patogênico. Estudos em corpos de água doce poluídos no Brasil revelaram que as concentrações de *E. coli* invariavelmente representavam cerca de 80% da concentração total de coliformes fecais (Hachich et al., 2012). A partir de estudos no estado norte-americano de Ohio, o Serviço Geológico dos Estados Unidos (em inglês, US Geological Survey) obteve a equação logarítmica EC = 0,932 (log FC) + 0,101, em que EC indica a concentração de *E. coli* e FC é a concentração de coliforme fecal. Esta equação fornece uma proporção de EC/FC de 0,4 a 0,5 na concentração de coliformes fecais esperada para esgoto e esgotos sépticos fortes. Outra equação, desenvolvida pela Comissão de Água e Esgotamento Sanitário do Vale do Rio Ohio, prevê razões EC/FC ligeiramente mais baixas (Francy et al., 1993). Uma pessoa pode excretar mais de 1.0^{11} coliformes fecais em um único dia. A água negra da descarga dos vasos sanitários pode conter até 10^9 coliformes fecais por 100 ml. Esses números estão dentro dos requisitos padrão nacionais típicos de que não haja *E. coli* ou coliformes fecais em uma amostra de 100 ml de água potável, e que a concentração de coliformes fecais no esgoto usadas na irrigação de culturas consumidas cruas não deve exceder 1.000 NMP/100 ml. A sigla NMP indica o número mais provável, e é outra maneira de medir a concentração de determinados microorganismos na avaliação das concentrações de lodo fecal, esgoto séptico e esgoto. Como o teste padrão de coliformes fecais identifica algumas bactérias não fecais que se desenvolvem à temperatura de 44°C usada no teste, *E. coli* passou a ser o indicador preferencial (Edberg et al., 2000).

Numerosos protozoários habitam o trato intestinal humano. Muitos não são patogênicos, alguns podem causar doenças leves, porém há protozoários que podem causar diarreia aguda, como, por exemplo, *Giardia intestinalis*, *Cryptosporidium parvum* e *Cryptosporidium homini*. É possível detectar cistos e oocistos de protozoários em esgoto e lodo fecal, mas a metodologia normalmente adotada tem foco na detecção de ovos de helmintos (vermes) como indicador da sobrevivência de protozoários ao longo das diversas etapas de tratamento. Estes podem persistir por meses ou até anos no lodo e, portanto, apresentam um risco maior à saúde que os (oo)cistos de protozoários. Ovos viáveis de *Ascaris lumbricoides*, um patógeno helmíntico comum, são o indicador mais usado em infecções por helmintos. Também podem ser realizados testes para determinar a presença de *Trichuris trichiura*, outro patógeno helmíntico. Ayres e Mara (1996) fornecem mais informações sobre métodos analíticos para a contagem de ovos de helmintos e bactérias de coliformes fecais em amostras de esgoto. A menos que o órgão responsável por gerir o esgoto séptico tenha uma equipe laboratorial especializada própria, será necessário mobilizar uma entidade com conhecimento especializado para planejar e executar programas de monitoramento de bactérias e patógenos indicadores, como *Ascaris* e *Trichuris*.

As medidas da demanda de oxigênio são:

- *Demanda química de oxigênio (DQO)*: mede o equivalente de oxigênio da matéria orgânica contida no esgoto que pode ser oxidada quimicamente com o uso de dicromato em uma solução ácida. Em realidade, a DQO é a medida usada para toda a matéria orgânica contida no esgoto.

- *Demanda bioquímica de oxigênio (DBO)*: mede a demanda de oxigênio exercida pela matéria orgânica prontamente bio-oxidável contida em uma amostra de esgoto em um dado intervalo de tempo. A DBO normalmente é determinada em um período de cinco dias a 20°C, quando é referida como DBO_5. Outra justificativa para o uso do prazo de cinco dias é que o início da nitrificação, que distorceria os resultados da demanda de oxigênio carbonáceo, não costuma ocorrer antes de cinco dias.

Tanto a DQO como a DBO são expressas em concentrações de miligramas por litro (mg/l), o que é equivalente a gramas por metro cúbico).

O indicador do teor de sólidos, os *sólidos suspensos totais* (SST), também é expresso como uma concentração em mg/l. O esgoto também contém sólidos dissolvidos, e a combinação dos sólidos suspensos e dissolvidos compreende o teor de *sólidos totais* (ST) do esgoto. Os *sólidos suspensos voláteis* (SSV) e os *sólidos voláteis* (SV), em geral expressos em porcentagens, são indicadores das frações prontamente biodegradáveis de TSS e TS, respectivamente.

As informações sobre o teor de sólidos do lodo fecal e esgoto séptico podem ser apresentadas em termos de SST ou ST. Os valores de ST podem ser enganosos porque podem incluir níveis elevados de sólidos dissolvidos totais (SDT) que já estavam presentes na água não contaminada na forma de salinidade, dureza ou ambos. Como esses sólidos são dissolvidos e inorgânicos, nem a decantação física nem os processos biológicos promovem sua remoção. Em vista disso, o foco principal da amostragem de esgoto e de esgotos sépticos deve ser os SST, e não os ST.

Correlação entre este livro e outras publicações

Os manuais de tratamento de esgoto trazem capítulos sobre o tratamento de esgoto séptico, mas têm como foco principal as metodologias razoavelmente sofisticadas adotadas nos países industrializados (ver, por exemplo, Burton et al., 2013). O *Manual de Tratamento e Descarte de Esgoto Séptico* (US EPA, 1984) da Agência de Proteção Ambiental dos EUA e a respectiva *Ficha Informativa sobre Tratamento/Descarte de Esgoto Séptico* (US EPA, 1999) têm temática muito semelhante à deste livro, mas já existem há algumas décadas e tratam das necessidades dos EUA, e não de países de renda baixa e de renda média-baixa (por uma questão de brevidade, este livro refere-se aos países de renda baixa e renda média-baixa como países de renda baixa). A obra *Faecal Sludge Management:*

Systems Approach for Implementation and Operation (Strande et al., 2014) abrange todos os aspectos do manejo de lodo fecal, e inclui material teórico e prático, inclusive exemplos, sobre opções para o tratamento de lodo fecal. Baseia-se nos relatórios e resultados de pesquisas do Departamento de Saneamento, Recursos Hídricos e Resíduos Sólidos para o Desenvolvimento (Sandec) do Instituto Federal Suíço de Ciência e Tecnologia Aquática (Eawag) e das organizações com as quais colabora. O Sandec/Eawag também produziu um guia detalhado sobre aspectos econômicos do manejo de lodo fecal de baixo custo (Steiner et al., 2002). Contudo, não há livro didático ou guia com foco principal nos aspectos técnicos do tratamento de lodo fecal e esgoto séptico em países de renda baixa. O presente livro trata principalmente da seleção e estruturação do processo de tratamento, englobando a concepção do processo e os respectivos detalhes que a experiência demonstrou serem o segredo do sucesso da operação de estações nesses países. Também apresenta uma avaliação crítica das tecnologias descritas em outras publicações, e identifica outras tecnologias que podem ser opções para o tratamento de lodo fecal e esgoto séptico. Referências a publicações relevantes e resultados de pesquisas figuram ao longo do livro.

Estrutura do livro e breve descrição do conteúdo

O restante deste livro está estruturado da seguinte forma:

O *Capítulo 2* explora o contexto do tratamento. Esse capítulo aborda primeiro o tratamento como componente do ciclo completo do manejo de lodo fecal/esgoto séptico e, em seguida, aborda as opções para o descarte seguro. Apresenta as três principais opções: tratamento da terra, co-tratamento com esgoto e fornecimento de estações especializadas de tratamento de lodo fecal/esgoto séptico, explicando que o restante do livro se concentra na última dessas opções. Em seguida, são dadas explicações sobre necessidade e demanda e a importância de distinguir entre as duas. Em seguida, é explorada a influência da legislação, instituições e recursos financeiros nas opções de tecnologia de tratamento, com a necessidade de assegurar que os fundos disponíveis possam cobrir os custos operacionais enfatizados. Por fim, o capítulo aborda a necessidade de reconhecer e levar em conta que o contexto do tratamento não é constante e pode variar com o tempo.

O *Capítulo 3* trata do planejamento do tratamento de lodo fecal e esgoto séptico. Nesse capítulo são definidas as etapas do processo de planejamento, partindo da avaliação da necessidade e demanda por tratamento de esgoto séptico e passando para a determinação da área de planejamento, opções de descentralização e seu impacto nas áreas e locais de serviço das estações de tratamento, avaliação das cargas hidráulica, orgânica e de sólidos suspensos e escolha da tecnologia. O capítulo traz referências a documentos que fornecem orientações sobre os aspectos mais gerais do planejamento do manejo de esgotamento sanitário e lodo fecal.

O *Capítulo 4* apresenta processos e tecnologias de tratamento. Ele desenvolve o material sobre os objetivos do tratamento contidos nesta introdução e identifica as opções de tratamento de lodo fecal e esgoto séptico de alta concentração. As opções de processo para a oferta de pacotes completos de tratamento de esgoto séptico e lodo fecal são descritas em seguida, e são introduzidas as opções de tecnologia para cada etapa desses pacotes. As vantagens, desvantagens e limitações do tratamento combinado de lodo fecal e esgoto séptico com esgoto doméstico são abordadas brevemente.

O *Capítulo 5* aborda o importante tema do planejamento e estruturação visando a eficiência operacional. O capítulo enfatiza a necessidade de assegurar que os processos e tecnologias selecionados sejam compatíveis com os sistemas e recursos de gerenciamento disponíveis, além da importância de elaborar o projeto tendo em mente os responsáveis pela sua operação. Tarefas de difícil execução tendem a ser ignoradas, com consequências para o desempenho das unidades de tratamento no médio a longo prazo.

O *Capítulo 6* examina as providências para o recebimento e triagem do lodo e, quando necessário, remoção de areia. Também indica providências para a mistura de aditivos com lodo a fim de estabilizá-lo e/ou melhorar suas características de decantação.

O *Capítulo 7* trata das opções de separação de sólidos e líquidos. Incluem-se aí tecnologias que empregam decantação, percolação e evaporação e prensas mecânicas de lodo.

O *Capítulo 8* explora o leque de opções para o tratamento da parte líquida do esgoto séptico separado. No caso de pequenos fluxos e quando há disponibilidade de área, as tecnologias descritas podem ser usadas para tratar o fluxo inteiro de esgoto séptico. São fornecidas informações sobre as tecnologias anaeróbia e aeróbia, e são explicadas opções para interconectá-las de modo a alcançar padrões satisfatórios de efluentes.

O tema do *Capítulo 9* são as opções de secagem do lodo. Essas opções normalmente devem ser aplicadas após a separação de sólidos e líquidos, porém, no caso de pequenos fluxos, sobretudo aqueles com elevado teor de sólidos, elas podem ser adotadas de imediato após a triagem preliminar e a remoção da areia como alternativa a outras opções de separação de sólidos e líquidos. Entre as tecnologias abrangidas estão leitos de secagem com e sem vegetação, além de diversos tipos de prensa de lodo.

O *Capítulo 10* examina as opções de tratamento adicional necessário para tornar os efluentes líquidos e o lodo seco adequados para o descarte no meio ambiente ou uso final. O capítulo trata sobretudo de opções para o lodo seco, que normalmente terá um valor de reaproveitamento mais alto do que o pequeno volume de efluentes líquidos produzido nas estações de tratamento de esgoto.

Referências

Ayres, R.M. and Mara, D.D. (1996) *Analysis of Wastewater for Use in Agriculture – A Laboratory Manual of Parasitological and Bacteriological Techniques*, Geneva: WHO <www.who.int/water_sanitation_health/publications/labmanual/en> [acessado em 14 de janeiro de 2018].

Burton, F.L., Tchobanoglous, T., Tsuchihashi, R. and Stensel, H.D. (2013) *Metcalf & Eddy, Inc.: Wastewater Engineering: Treatment and Resource Recovery*, 5th edn, New York: McGraw-Hill Education.

Chhabra, R.P. (2009) *Non-Newtonian Fluids: An Introduction*, Kanpur: Indian Institute of Technology <www.physics.iitm.ac.in/~compflu/Lect-notes/chhabra.pdf> [acessado em 8 de março de 2017].

Eawag/Sandec (2006) 'Urban excreta management: situation, challenges, and promising solutions', presented by Eawag at the *1st International Faecal Sludge Management Policy Symposium and Workshop, Dakar, Senegal* <http://siteresources.worldbank.org/INTWSS/Resources/eawag.pdf> [acessado em 13 de março de 2017].

Eawag/Sandec (2017) Management of excreta, wastewater and sludge [online] <www.eawag.ch/en/department/sandec/main-focus/management-of-excreta-wastewater-and-sludge> [acessado em 17 de novembro de 2017].

Edberg, S.C., Rice, E.W., Karlin, R.J. and Allen, M.J (2000) '*Escherichia coli*: the best biological drinking water indicator for public health protection', *Journal of Applied Microbiology Symposium Supplement* 88: 106S–16S <www.ncbi.nlm.nih.gov/pubmed/10880185> [acessado em 13 de março de 2017].

Francy, D., Myers, D. and Metzker, K. (1993) *Escherichia coli and Fecal Coliform Bacteria as Indicators of Recreational Water Quality*, Denver, CO: US Geological Survey <https://pubs.usgs.gov/wri/1993/4083/report.pdf> [acessado em 21 de fevereiro de 2017].

Hachich, E., Di Bari, M., Christ, A., Lamparelli, C., Ramos, S. and Sato, M. (2012) 'Comparison of thermotolerant coliforms and *Escherichia coli* densities in freshwater bodies', *Brazilian Journal of Microbiology* 43(2): 675–81 <http://dx.doi.org/10.1590/S1517-83822012000200032> [acessado em 22 de fevereiro de 2017].

Lawrence, A.R., Macdonald, D.M.J., Howard, A.G., Barrett, M.H., Pedley, S., Ahmed, K.M. and Nalubega, M. (2001) *Guidelines for Assessing the Risk to Groundwater from On-Site Sanitation*, Nottingham: British Geological Survey <http://nora.nerc.ac.uk/id/eprint/20757/1/ARGOSS%20Manual.PDF> [acessado em 14 de janeiro de 2018].

Melo, J.C. (2005) *The Experience of Condominial Water and Sewerage Systems in Brazil: Case Studies from Brasília, Salvador and Parauapebas*, Lima: Water and Sanitation Program Latin America <www.wsp.org/sites/wsp.org/files/publications/BrasilFinal2.pdf> [acessado em 24 de janeiro de 2018].

Steiner, M., Montangero, A., Koné, D. and Strauss, M. (2002) *Economic Aspects of Low-cost Faecal Sludge Management: Estimation of Collection, Haulage, Treatment and Disposal/Reuse Costs*, Dübendorf: Department of Water and Sanitation in Developing Countries, Swiss Federal Institute for Environmental Science & Technology <www.eawag.ch/fileadmin/Domain1/Abteilungen/sandec/publikationen/EWM/Project_reports/FSM_LCO_economic.pdf> [acessado em 14 de janeiro de 2018].

Strande, L., Ronteltap, M. and Brdjanovic, D. (2014) *Faecal Sludge Management: Systems Approach for Implementation and Operation*, London: IWA <www.sandec.ch/fsm_book> [acessado em 17 de novembro de 2017].

Tilley, E., Ulrich, L., Lüthi, C., Reymond, Ph. and Zurbrügg, C. (2014) *Compendium of Sanitation Systems and Technologies*, 2nd revised edn, Dübendorf: Swiss Federal Institute of Aquatic Science and Technology (Eawag) <www.iwa-network.org/wp-content/uploads/2016/06/Compendium-Sanitation-Systems-and-Technologies.pdf> [acessado em 27 de fevereiro de 2017].

United Nations, Department of Economic and Social Affairs, Population Division (2015) *World Urbanization Prospects: The 2014 Revision* (Report No. ST/ESA/SER.A/366) [online] <https://esa.un.org/unpd/wup/> [acessado em 13 de março de 2017].

US EPA (1984) *Handbook: Septage Treatment and Disposal*, Washington, DC: EPA <https://nepis.epa.gov/Exe/ZyPDF.cgi/30004ARR.PDF?Dockey=30004ARR.PDF> [acessado em 19 de junho de 2018].

US EPA (1999) *Decentralized Systems Technology Fact Sheet: Septage Treatment/ Disposal* (Report No. EPA 932-F-99-068), Washington, DC: EPA <https://www3.epa.gov/npdes/pubs/septage.pdf> [acessado em 15 de janeiro de 2018].

World Bank (2016) Urban development [online] <www.worldbank.org/en/topic/urbandevelopment/overview> [acessado em 20 de fevereiro de 2017].

WSP (2014) *The Missing Link in Sanitation Service Delivery: A Review of Fecal Sludge Management in 12 Cities*, Washington, DC: World Bank <www.wsp.org/sites/wsp.org/files/publications/WSP-Fecal-Sludge-12-City-Review-Research-Brief.pdf> [acessado em 13 de março de 2017].

CAPÍTULO 2

Tratamento de lodo fecal e esgoto séptico em contexto

As decisões de planejamento e estruturação devem levar em consideração o contexto de funcionamento das instalações de tratamento. O presente capítulo examina como fatores contextuais podem afetar essas decisões. Primeiro, examina como os requisitos de tratamento são influenciados pelas estruturas anteriores na cadeia de serviços de esgotamento sanitário e as estruturas pretendidas para o descarte/uso final dos produtos do tratamento. É enfatizada a necessidade de uma avaliação realista da demanda por serviços e são explorados os papéis da legislação e de instituições eficazes na criação e resposta à demanda. O capítulo frisa a necessidade de correspondência entre as tecnologias e os recursos financeiros, gerenciais e operacionais disponíveis. Com o reconhecimento de que os fatores contextuais não são fixos, a seção final do capítulo trata de possíveis medidas para criar um contexto otimizado para o tratamento.

Palavras-chave: cadeia de serviços de esgotamento sanitário, demanda, legislação, instituições, recursos.

Introdução – A cadeia de serviços de esgotamento sanitário

A avaliação dos requisitos de tratamento de lodo fecal e esgoto séptico deve começar com a compreensão das principais opções de esgotamento sanitário e como estas influenciam os elos subsequentes da cadeia. A Figura 2.1 apresenta as diversas opções, mostrando como as escolhas entre os vários sistemas de banheiro úmido e seco e as opções de descarte no local e externo afetam o tipo de tratamento necessário. É inevitável que um diagrama como esse simplifique a realidade. Em termos específicos, o material removido dos sumidouros pode ter as características de esgoto séptico ou de lodo fecal, a depender da quantidade de água retida na fossa. O diagrama pode ser usado como auxílio à avaliação inicial dos sistemas de esgotamento sanitário e das necessidades de tratamento, e deve ser seguido de uma investigação mais minuciosa da situação na prática. Tilley et al. (2014) fornecem mais informações sobre as várias opções de banheiros.

A Figura 2.1 mostra três opções básicas para a remoção, transporte e tratamento de excreta e esgoto doméstico dos sistemas de descarga com água: coleta de esgoto seguida de tratamento de esgoto doméstico; sistemas híbridos; e tanques sépticos e sumidouros no local.

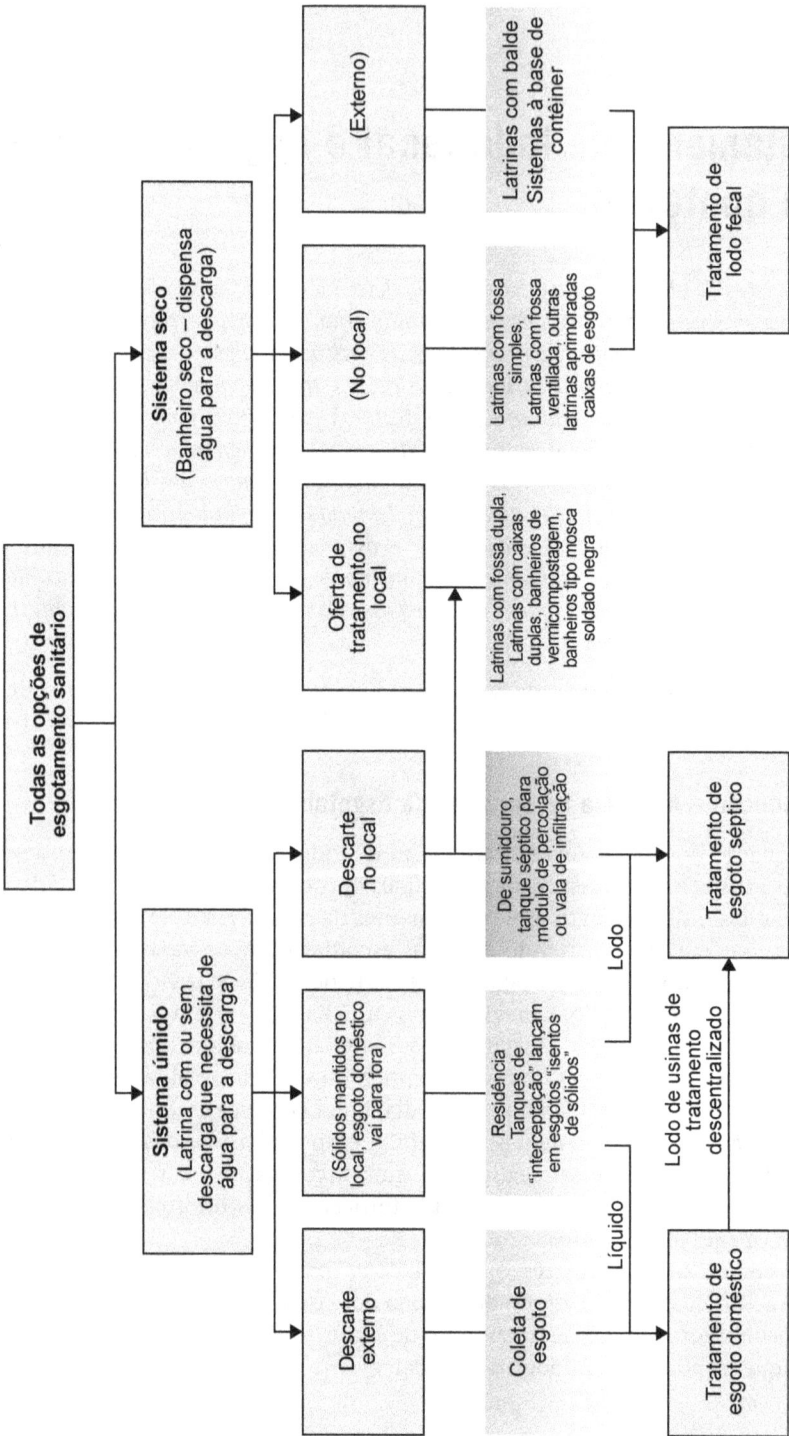

Figura 2.1 Opções de esgotamento sanitário e suas necessidades de tratamento

Coleta de esgoto seguida de tratamento de esgoto doméstico

O lodo produzido durante o tratamento de esgoto doméstico normalmente é tratado na estação de esgoto doméstico. No entanto, as estações locais que oferecem coleta de esgoto descentralizada em geral não oferecem meios para o tratamento de lodo, caso em que pode ser apropriado tratar o lodo separado durante o processo na estação de tratamento de esgoto séptico.

Sistemas híbridos

Os sistemas híbridos retêm os sólidos no local em um tanque de interceptação, e paralelamente lançam os líquidos através de um esgoto para o tratamento externo ou descarte seguro. A remoção periódica do lodo de tanques sépticos é necessária para que os esgotos permaneçam isentos de sólidos. O teor de sólidos do material removido durante a remoção periódica varia conforme fatores como a frequência de esvaziamento, mas o material removido normalmente pode ser tratado como esgoto séptico em vez de lodo fecal.

Tanques sépticos e sumidouros no local

Os tanques sépticos retêm sólidos, líquido sobrenadante e espuma, e precisam passar por limpezas periódicas. A estruturação e operação de um tanque séptico conforme as boas práticas normalmente requer a remoção do lodo em intervalos de 2 a 4 anos, mas na prática essa limpeza pode ocorrer em intervalos que variam de meses a décadas. O teor de sólidos do material retirado dos tanques sépticos em geral fica abaixo de 5% e, neste livro, esse material será chamado de esgoto séptico. Os sumidouros podem ser numerosos, e podem durar muitos anos sem passar por limpeza. Quando a remoção do lodo é feita, a natureza do material removido depende das condições do sumidouro. Em áreas com alguma combinação de lençol freático elevado, fossas com drenagem deficiente e lançamento de água cinza para a fossa, é provável que o material removido dos sumidouros contenha água sobrenadante, que poderá ser classificado como esgoto séptico. O teor de sólidos do material removido de fossas bem drenadas que fazem a coleta de banheiros sem descarga tende a ser muito maior, e esse material pode ser melhor caracterizado como lodo fecal. As fossas negras, tanques que contêm sólidos e líquidos em uma fossa ou tanque lacrado, necessitam de esvaziamento frequente, assim como os sumidouros e tanques sépticos que retêm água porque o lençol freático é elevado ou as vias de drenagem abaixo da fossa, módulo de percolação ou vala de infiltração ficaram entupidas com sólidos. Em ambos os casos, o material removido será esgoto séptico, e não lodo

Quase todos os sistemas secos retêm sólidos em uma fossa ou caixa de esgoto localizada imediatamente abaixo do banheiro, permitindo que eventuais excessos de umidade penetrem no solo. Eles se enquadram em três grandes categorias: sistemas convencionais de "queda e armazenamento", sistemas à base de contêiner, sistemas de transmissão e outros, e sistemas autônomos no local. Os dois primeiros necessitam de meios para a remoção e tratamento de lodo fecal.

Sistemas convencionais de queda e armazenamento

Esses sistemas incluem vários tipos de latrina com fossa e banheiro com caixa de esgoto. As latrinas com fossa retêm a matéria fecal por vários anos, período durante o qual o volume e a concentração de patógenos diminuem. Esses sistemas requerem a remoção do lodo fecal parcialmente digerido em intervalos pouco frequentes. O teor de sólidos do lodo varia em função das condições locais. Em Durban, na África do Sul, onde as pessoas depositam resíduos sólidos em fossas, pesquisas revelaram um teor típico de sólidos superior a 20% (Nwaneri, 2009). Esse valor está no limite superior do teor de sólidos do material removido das latrinas com fossa, mas sugere que o material das latrinas secas de queda e armazenamento simples em geral seja classificado como lodo fecal. Exceções a essa regra geral são possíveis quando ocorre alguma combinação de lençol freático elevado, solos com drenagem deficiente e lançamento de esgoto doméstico do banheiro na fossa. Nessas circunstâncias, a fossa pode conter água sobrenadante, de modo que o material retirado tenha as características de esgoto séptico, em vez de lodo fecal.

Sistemas à base de contêiner e outros sistemas de transferência

Esses sistemas necessitam da remoção do lodo fecal em intervalos de uma semana ou menos. Como o curto período de retenção no contêiner deixa pouco tempo para a digestão, o volume e a concentração do lodo fecal produzido por esses sistemas tendem a ser maiores do que do lodo fecal removido de latrinas em fossa e tanques sépticos. Além disso, é comum que esses sistemas separem a urina da excreta e dos materiais de limpeza, o que resulta em lodo fecal ainda mais forte.

Sistemas autônomos no local

Os sistemas autônomos são projetados para permitir a transformação local de sólidos fecais em material seguro e inofensivo parecido com o solo que possa ser removido manualmente. Incluem-se aí sistemas secos de fossa dupla e caixa de esgoto dupla e sistemas de banheiros que usam vermicompostagem para tratar a matéria fecal. Em tese, essas tecnologias de esgotamento sanitário eliminam a necessidade de transporte e tratamento externo. Na prática, embora promissoras, nenhuma dessas soluções tem chances de eliminar no curto prazo a necessidade de metodologias mais "tradicionais" para o manejo de lodo fecal e esgoto séptico, sobretudo em contextos urbanos e periurbanos.

Este rápido panorama das diversas opções de esgotamento sanitário e suas necessidades de tratamento conduz às seguintes conclusões:

- Muitos moradores de cidades de portes variados de países de renda baixa dependem do esgotamento sanitário centralizado.
- Ainda que haja opções para o manejo dos resíduos no local, estas estão sujeitas a dificuldades operacionais ou ainda precisam ser implantadas em algo que se aproxime de uma escala que abranja a cidade por inteiro.
- A maioria das cidades, independentemente do porte, de países de renda baixa precisa, portanto, de sistemas de remoção, transporte e tratamento/descarte de lodo fecal/esgoto séptico no curto prazo.
- As características do material a ser removido dependerão do tipo de banheiro, das características de drenagem do solo e da estrutura da fossa. Os sistemas secos normalmente produzem lodo fecal, embora as latrinas em fossa que penetram no lençol freático e/ou recebem esgoto doméstico de lavatórios possam conter água sobrenadante. Fossas que penetram no lençol freático são indesejáveis, e a possibilidade de sua existência não pode ser ignorada. É mais provável que os sistemas de descarga com água produzam esgoto séptico, de maneira que as quantidades de lodo e água sobrenadante dependerão do nível do lençol freático e da eficácia do mecanismo de drenagem da fossa.

Opções para o descarte de lodo fecal e esgoto séptico

O material removido de instalações no local, instalações de tratamento descentralizadas e tanques de interceptação é desagradável, exala cheiro forte, pode conter um grande número de patógenos e certamente exerce uma alta demanda de oxigênio. Se descartado indiscriminadamente, causa degradação ambiental e representa uma ameaça à saúde pública. Se espalhado em terras agrícolas sem o devido controle, representa uma ameaça à saúde dos trabalhadores e consumidores dos produtos agrícolas cultivados nessas terras. O lodo fecal ou esgoto séptico lançado em áreas agrícolas e florestais pode contaminar os cursos d'água, afetando adversamente sua condição. Assim, os sistemas de tratamento e descarte desse material precisam ser projetados de tal modo a proteger a saúde pública e o meio ambiente. A Agência de Proteção Ambiental dos EUA (EPA) identifica as seguintes opções genéricas para o descarte de esgoto séptico (US EPA, 1984):

- tratamento de esgoto séptico independente;
- tratamento conjunto com esgoto;
- descarte de esgoto séptico não tratado no solo.

Nos países de renda baixa, a falta generalizada de redes de coleta e tratamento de esgoto faz com que o tratamento independente de lodo fecal e esgoto séptico seja a opção preferencial para novas iniciativas de manejo de lodo fecal. Em áreas com uma rede de esgoto existente ou prevista, o tratamento conjunto de esgoto séptico com esgotamento sanitário (esgoto doméstico) é possível, embora o pré-tratamento de esgoto séptico para separar sólidos de líquidos seja sempre a opção desejável. Pode ser possível realizar o tratamento conjunto do lodo fecal com sólidos separados de esgoto doméstico, embora possa ser desejável alguma forma de digestão antes do tratamento conjunto a fim de reduzir os odores. Ao considerar o tratamento conjunto, é essencial que a carga gerada pelo lodo fecal e pelo esgoto séptico seja avaliada em relação à capacidade de processamento dessa carga pelas estações de tratamento de esgoto doméstico. A avaliação deve englobar a carga de sólidos orgânicos e suspensos transportados na parte líquida do lodo/esgoto séptico separado e no volume de sólidos separados. O tratamento conjunto de líquido derivado de esgoto séptico e lodo fecal em uma estação de tratamento de esgoto doméstico é abordado no Capítulo 9.

O lançamento de lodo fecal ou esgoto séptico não tratado no solo acrescenta nutrientes e carbono a esse solo, porém traz riscos à saúde de produtores agrícolas e consumidores desses produtos. Em virtude de seus benefícios, já foi a norma nos EUA e na Europa, ponto ilustrado pela descrição constante do Manual de Tratamento e Descarte de Esgoto Séptico no solo da EPA dos EUA em 1984, como "a técnica mais usada para o descarte de esgoto séptico nos Estados Unidos". Desde então, a crescente preocupação com os riscos levou todos os países desenvolvidos a proibir ou impor rígidas restrições ao uso de matéria fecal não tratada e parcialmente tratada na terra. O descarte no solo ainda é empregado em muitos países de renda baixa e média, geralmente em caráter informal com regulamentação mínima, e o desafio para os planejadores de esgotamento sanitário é identificar respostas apropriadas para essa situação.

Na avaliação de possíveis respostas, lições podem ser aprendidas com a experiência dos EUA e da Europa. O manual da EPA dos EUA de 1984 identificou três opções gerais para o descarte na terra: espalhamento, incorporação sob a superfície e enterro. O espalhamento na terra era a opção mais simples, mas em geral ocasionava problemas com patógenos, moscas e outros vetores. O manual sugeria que a incorporação sob a superfície, com lodo misturado na terra imediatamente após o lançamento, era uma opção melhor. Ao avaliar as opções, também vale a pena avaliar os riscos associados às práticas atuais de descarte na terra. O Quadro 2.1 mostra um exemplo vindo do norte de Gana sobre as implicações dessas práticas.

O método de compostagem em fossa descrito no Quadro 2.1 é semelhante aos métodos de escavação adotados na Malásia (Narayana, 2017). Também foi testado na África do Sul, onde a Partners in Development e a Universidade de KwaZulu-Natal investigaram o enterro profundo de lodo fecal de latrinas em fosso para fins florestais e de recuperação de terras (Still et al., 2012). Eles descobriram que as árvores cultivadas em lodo em escavação tinham cerca de 60% mais biomassa do que as árvores controle usadas no estudo após 25 meses. Poços de monitoramento foram instalados a jusante do local de enterro da vala profunda, e as variações de nitrato, fósforo e pH nesses poços permaneceram dentro de faixas aceitáveis ao longo do estudo, mesmo que os volumes de lodo enterrado estivessem muito acima das taxas normalmente aceitas para aplicação agrícola. Testes revelaram um número expressivo de ovos de helmintos em lodo de latrina em fossa recém-exumada. No entanto, após quase três anos enterrados, menos de 0,1% desses ovos era viável (ou seja, tinha potencial infeccioso). O estudo concluiu que, desde que a contaminação do solo da superfície seja evitada, o enterro em vala profunda em um local adequado pode ser uma opção viável para o descarte do lodo fecal.

Os trabalhos na África do Sul mostram que existem opções que podem ser seguras para o descarte na terra. Contudo, a segurança das práticas de descarte na terra depende de uma regulamentação forte, que pode ser difícil de assegurar em países sem sistemas regulatórios sólidos. Baixas taxas de aplicação permitidas são sinal de que uma grande área será necessária e normalmente o descarte em terras agrícolas costuma exigir a cooperação de muitos proprietários de terras. Se as fazendas que aceitam lodo fresco ou tratado estiverem muito dispersas, é provável que a logística e o custo do transporte se tornem problemáticos. Os terrenos florestais costumam ser maiores, e muitos deles são terra pública, mas o acesso pode ser um problema. Em áreas florestais

---

Quadro 2.1 Descarte na terra não regulamentado em Tamale, Gana

Os agricultores da cidade de Tamale, no norte de Gana, compram esgoto séptico não tratado de operadoras de caminhões de sucção para uso como condicionador/fertilizante do solo (RUAF, 2003). As culturas produzidas em terras fertilizadas com esgoto séptico são majoritariamente cereais, inclusive milho, sorgo e milheto. Os agricultores compram esgoto séptico de motoristas de caminhões de sucção na estação seca. A prática mais comum é a entrega do esgoto séptico em pontos acessíveis aos caminhões de sucção e a distribuição deste material ao ar livre durante a estação seca. No decorrer desse período, a alta temperatura, alta radiação solar e baixa umidade criam condições para a secagem eficiente. Ao final da estação seca, os agricultores espalham o lodo seco uniformemente sobre suas terras. O período de secagem prolongado permite a neutralização dos patógenos e, portanto, tende a reduzir o risco à saúde dos trabalhadores, contudo helmintos podem permanecer no esgoto séptico seco por longos períodos, causando o risco de infecção. Os trabalhadores relatam problemas com coceira e inchaço nos pés decorrentes da incorporação do lodo seco ao solo. Esses sintomas podem ser um indicativo precoce de infecção por ancilostomíase, e também podem estar associados ao micetoma, uma doença crônica progressivamente destrutiva causada por fungos e alguns tipos de bactérias que acomete os trabalhadores agrícolas em climas tropicais.

Alguns agricultores fazem a compostagem do lodo em fossas. Eles cavam fossas, colocam palha de arroz ou de milho no fundo e despejam o lodo na palha. Em seguida, cobrem o lodo com outra camada de palha, repetindo o processo até o preenchimento da fossa. O conteúdo da fossa fica em processo de compostagem ao longo da estação seca, que vai de novembro até o final de março. Em seguida, os agricultores esvaziam as fossas e aplicam a mistura seca de lodo e palha uniformemente nos campos. Esse método é menos usado do que o primeiro já que requer mais resíduos culturais do que alguns agricultores dispõem, e é relativamente trabalhoso. Como vantagens, o lodo digerido produzido é fácil de aplicar e resulta em boas características do solo, principalmente na densidade aparente do solo.

Esses métodos são viáveis apenas durante a estação seca e, portanto, não oferecem uma resposta durante o ano inteiro às necessidades de descarte de esgoto séptico. A esse respeito, e no que se refere ao seu potencial de transmissão de patógenos, estão longe do ideal. Entretanto, oferecem vantagens aos agricultores, que podem resistir aos esforços para descontinuar seu uso.

consolidadas, a incorporação sob a superfície pode ser impossível porque o espaçamento próximo entre as árvores impede o uso de arado. Uma opção melhor pode ser o foco em áreas que estejam sendo preparadas para o plantio de árvores, metodologia seguida no exemplo de KwaZulu-Natal.

Necessidades públicas e privadas e a importância da demanda

Conforme explicado na introdução a este capítulo, é provável que haja uma necessidade de manejo de esgoto séptico ou lodo fecal em todas as instalações de esgotamento sanitário que retenham sólidos fecais no nível doméstico ou comunitário. Necessidade é um termo bastante impreciso, então é legítimo perguntar: qual é a natureza da necessidade? Quem tem a necessidade? As famílias com sumidouros extravasantes que inundam a área em torno de suas casas sentirão uma necessidade urgente de esvaziamento do sumidouro. Se o pessoal do caminhão de sucção que esvazia sua fossa lançar o esgoto séptico resultante em um curso d'água, contribuirá para a poluição do meio ambiente em geral, criando a necessidade de providências para impedir o despejo indiscriminado e a limpeza de qualquer poluição resultante do despejo anterior. Há uma distinção importante entre essas duas necessidades. A primeira é uma necessidade privada que afeta os membros da família e seus vizinhos de porta. A segunda é uma necessidade pública que afeta todos aqueles cuja qualidade de vida será afetada adversamente pela poluição ambiental resultante do despejo indiscriminado.

O conceito de demanda ajuda a esclarecer as opções para satisfazer às necessidades pública e privada. Os economistas definem demanda como a disposição e capacidade de pagar por um bem ou serviço. A disposição das pessoas de pagar pelo esvaziamento de sua fossa ou tanque extravasante, mas não pelo tratamento e descarte posteriores do conteúdo da fossa/tanque com segurança, ilustra o fato de que a demanda normalmente é maior no caso de bens e serviços privados do que bens e serviços públicos. Sem demanda, a efetiva oferta de um bem ou serviço é muito difícil. A experiência em muitas cidades grandes e pequenas é que as famílias lançam resíduos fecais em drenos, depressões e corpos d'água ao ar livre, às vezes, mas nem sempre, com o uso de pequenos tanques sépticos. Essas práticas reduzem a demanda por serviços de esvaziamento de fossas e tanques. No caso de lançamento direto, não há lodo armazenado a ser removido. Quando o lançamento é feito por meio de um tanque, os sólidos são lavados com a água descarregada do tanque, o que prolonga o tempo restante de funcionamento do tanque sem remoção do lodo, muitas vezes por tempo indeterminado. Mesmo quando a matéria fecal é removida de instalações domésticas, pode ser descartada ou vendida a agricultores para uso como condicionador/fertilizante de solo, em vez de ser encaminhada para uma estação de tratamento. Essas práticas podem acarretar uma grande redução da carga nas redes de tratamento, ao mesmo tempo em que representam ameaças à saúde pública e ao meio ambiente. Esses exemplos mostram que a falta de demanda não necessariamente indica ausência de necessidade. A subcarga de estações de tratamento projetadas para atender às necessidades, mas sem considerar a demanda, ocorre quando a demanda por tratamento é limitada. Essa dinâmica pode ocasionar dificuldades operacionais e redução de receitas para a entidade que opera a estação de tratamento, o que por sua vez pode piorar as dificuldades operacionais. Em tais situações, a seguinte medida pode ser necessária:

- Introduzir ou fortalecer e aplicar legislação que evite danos à saúde e/ou ao meio ambiente.
- Informar a demanda, assegurando que as pessoas, e em particular os decisores, estejam cientes da necessidade de considerar toda a cadeia de serviços de esgotamento sanitário, e porque isso é importante para eles.
- Desenvolver sistemas de cobrança por serviços que ofereçam principalmente bens públicos. Um exemplo vindo das Filipinas é a introdução de pequenas cobranças mensais, acrescidas às contas de água, destinadas a cobrir o custo do esvaziamento programado, e o custo do tratamento.

A metodologia regulatória pode envolver novas leis de construção que proíbam conexões de banheiro com o sistema de drenagem, e especifiquem uma distância vertical mínima entre sumidouros, módulos de percolação e valas de infiltração e o lençol freático. Leis aprimoradas e mais relevantes normalmente exigem um arcabouço jurídico, conforme discutido em mais detalhes na seção sobre legislação abaixo. O segredo de uma legislação bem-sucedida é sua aplicação, e os planejadores devem reconhecer que a aplicação efetiva requer sistemas eficientes para examinar os projetos e inspecionar a construção. Tais sistemas demandam recursos, que muitas vezes só ficam disponíveis após a adoção de medidas de fortalecimento institucional apropriadas. É improvável que sejam eficazes em áreas "informais"; ou seja, aqueles que se desenvolveram fora dos sistemas formais de planejamento e regulação. O desenvolvimento imobiliário informal equivale a uma elevada parcela das moradias em muitos países e, por sua própria natureza, é difícil de regular.

A conscientização é necessária para nortear a demanda. Isso pode exigir campanhas informativas, baseadas em mensagens-chave sobre os benefícios públicos e privados da melhoria do manejo de esgoto séptico e as consequências de ignorar as boas práticas. Como a aplicação efetiva das leis, a conscientização requer recursos institucionais e financeiros, o que sugere que o funcionamento dos sistemas de manejo e tratamento de esgoto séptico estão condicionados à existência de sistemas institucionais e financeiros eficazes. Um foco importante da conscientização deve incidir sobre a necessidade de assegurar que os operadores de caminhões-tanque possam ter acesso às fossas e tanques sem quebrar as lajes de cobertura. Essa ação será mais eficaz se for realizada em paralelo com a introdução de regulamentos e leis nacionais e estatutos municipais que especifiquem esquemas de construção e acesso para tanques e fossas no local.

O ponto principal a ser extraído dessa explanação sobre necessidade e demanda é o quanto é importante levar em conta a demanda na avaliação das necessidades de tratamento. Em alguns casos, isso resulta em uma abordagem por etapas para a oferta do tratamento, vinculada a esforços para ampliar a demanda ao longo do tempo. Este ponto é tratado em mais detalhes no Capítulo 3.

Legislação

A legislação proporciona o arcabouço em que se dá a regulação do manejo do esgoto séptico. Pode existir na forma de leis, resoluções, decretos e normas nacionais ou em nível mais granular, como portarias e estatutos municipais. As áreas da legislação que devem afetar os esforços de aperfeiçoamento do manejo de esgoto séptico em termos gerais e o tratamento desse esgoto em particular incluem:

- *Legislação ambiental* relativa às normas de qualidade do ar e da água, e limites para o lançamento de resíduos no meio ambiente.
- *Legislação sobre poderes e responsabilidades institucionais* que abrangem a distribuição de poderes e responsabilidades entre diferentes concessionárias ou prestadoras de serviços públicos, a competência para a criação de entidades especializadas para assumir atribuições como manejo de lodo fecal e possíveis funções para o setor privado.
- *Códigos, normas e diretrizes de esgotamento sanitário*, que especificam os tipos de esgotamento permitidos e a forma que as respectivas instalações devem ter.
- *Requisitos de licenciamento para as operadoras.*
- *Códigos, normas e diretrizes* que se referem especificamente ao descarte de lodo fecal.
- Qualquer legislação existente sobre tarifas, taxas para o descarte em aterros e outros assuntos financeiros.

A legislação terá potência máxima se as leis e normas nacionais propiciarem um arcabouço no qual os órgãos dos governos municipais possam desenvolver seus próprios estatutos e normas. Por exemplo, a Seção 503 do Título 40 do Código de Regulamentos Federais dos EUA (CFR) oferece o arcabouço nacional para o uso ou descarte de biossólidos de estações de tratamento. Cada estado e prefeitura se refere a isso ao elaborar suas próprias diretrizes e legislação. O Governo do Brasil estipula normas semelhantes em sua Resolução 375 (Conselho Nacional do Meio Ambiente, 2006). Nos casos em que os códigos e normas nacionais não fazem referência específica ao descarte de lodo fecal e esgoto séptico, talvez seja possível basear estatutos e normas nas orientações relativas ao lodo produzido nas estações de tratamento de esgoto. Não havendo tais orientações, a formulação de diretrizes nacionais deve ser uma prioridade. Estas devem incluir diretrizes sobre procedimentos a serem seguidos e normas a serem alcançadas para as diversas possibilidades de uso final.

A legislação somente será eficaz se for aplicada. A aplicação depende de sistemas para monitorar as atividades das famílias e das prestadoras de serviços de esgotamento sanitário e impor sanções àqueles que não cumprirem as regras e regulamentos pertinentes. As sanções exigem a especificação clara das penalidades por descumprimento e estruturas jurídicas eficientes para assegurar a aplicação dessas sanções. O monitoramento eficaz requer acesso a orientações claras sobre as normas, juntamente com estruturas institucionais eficazes para a realização das atividades de monitoramento. Embora essas condições sejam de difícil concretização na prática, as ações nesse sentido precisam fazer parte de qualquer esforço para aperfeiçoar o manejo do lodo fecal.

Estruturas, sistemas e capacidades institucionais

O termo instituição pode ser usado para caracterizar uma entidade ou, em acepção mais ampla, uma "prática, relacionamento ou organização significativa em uma sociedade ou cultura" (definição do dicionário on-line Merriam-Webster). Outra definição é a de Douglass North: "restrições de caráter humano que estruturam interações políticas, econômicas e sociais" (North, 1990). As instituições, na acepção dada por North e pela definição mais genérica do Merriam-Webster, propiciam o arcabouço em que se dão as regulações das atividades de manejo de esgoto séptico e lodo fecal. Instituições eficientes aumentam a probabilidade de êxito de uma iniciativa específica de manejo de esgoto séptico, ao passo que instituições ruins e inadequadas podem comprometer até as melhores metodologias técnicas para o manejo e tratamento de esgoto séptico/lodo fecal. Portanto, é importante avaliar as opções de manejo de esgoto séptico, inclusive opções de tecnologias de tratamento, em relação a instituições existentes e possivelmente as futuras. A Figura 2.2 é uma representação esquemática dos fatores que influenciam o funcionamento das instituições.

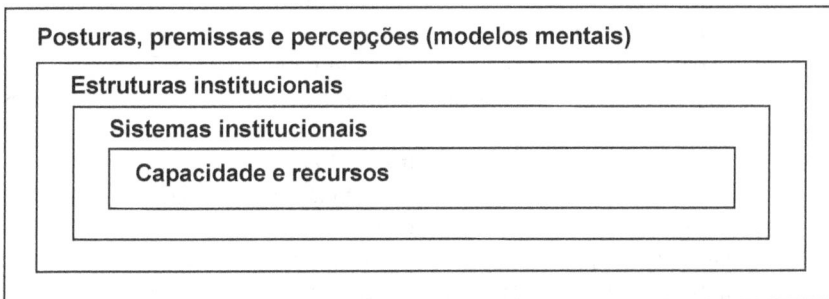

Figura 2.2 Fatores que influenciam o desempenho das instituições

Modelos mentais

A Figura 2.2 ilustra o ponto em que as instituições não podem ser encaradas de forma isolada das posturas, premissas e percepções, chamadas coletivamente de "modelos mentais", predominantes na sociedade. O conceito remonta à década de 1940, mas seu uso em relação à governança municipal deve muito à obra de Douglass North e Elinor Ostrom (Banco Mundial, 2015: Capítulo 3).

Os modelos mentais determinam as prioridades individuais e coletivas, que por sua vez influenciam os objetivos e métodos de trabalho das organizações às quais pertencem. O manejo eficiente do esgoto séptico/lodo fecal somente será possível se os principais decisores e possíveis usuários do serviço acreditarem na importância do manejo seguro do lodo fecal e esgoto séptico. A demanda por tratamento dependerá das posturas em relação às consequências ambientais do descarte indiscriminado. Nos casos em que o esgotamento sanitário e a degradação ambiental têm baixa prioridade para os decisores e a população em geral, as medidas para promover a conscientização entre os integrantes de ambos os grupos devem necessariamente receber alta prioridade.

Estruturas institucionais

As estruturas institucionais influenciam a distribuição das responsabilidades pelos serviços de esgotamento sanitário, inclusive pelo tratamento do esgoto séptico. A distribuição das responsabilidades pode ser espacial, com diferentes organizações assumindo responsabilidades em diferentes áreas, ou funcional, com diferentes organizações e grupos assumindo responsabilidade por diferentes tipos de atividades, inclusive diferentes elos da cadeia de serviços de esgotamento sanitário. Na prática, as estruturas institucionais podem envolver tanto a distribuição espacial como funcional de responsabilidades. Na maioria dos países:

- Níveis mais altos de objetivos definidos pelo governo alocam o capital necessário para facilitar as ações para a realização desses objetivos e desenvolvem a legislação e regulamentos gerais que regem os atos de outras partes interessadas. As organizações nacionais e regionais também são responsáveis pela definição de normas e pelo monitoramento dos efluentes.
- Os serviços de remoção e transporte de lodo fecal e esgoto séptico são prestados pelos governos municipais, pelo setor privado ou por uma combinação dos dois. Os serviços prestados pelo setor privado devem ser regulamentados pelas prefeituras, mas há muitas situações em que essa regulamentação está ausente ou é ineficaz. Em algumas cidades, como, por exemplo, em Dakar, as operadoras do setor privado criaram associações de esvaziadores que oferecem um certo grau de autorregulamentação.
- A responsabilidade pelo tratamento normalmente recai sobre o governo municipal ou uma concessionária de água e esgotamento sanitário, embora a operação às vezes seja terceirizada para o setor privado.

- As famílias são responsáveis pelo fornecimento e manutenção de suas próprias instalações de esgotamento sanitário no local.

Nos casos em que os prestadores de serviços existentes não oferecem um bom manejo do lodo fecal, deve-se considerar a possibilidade da criação de um órgão para a prestação desses serviços, inclusive tratamento de lodo fecal e esgoto séptico, em várias áreas do governo municipal ou dos serviços de concessionárias públicas. Essa instância pode ser uma empresa pública, um departamento especializado ligado a uma concessionária de serviços de coleta de esgoto ou órgão de manejo de resíduos sólidos ou uma entidade do setor privado, trabalhando com vários municípios com base em alguma forma de contrato de gestão. Pode ser responsável por serviços em toda uma região ou província/estado, ou uma área definida dentro dessa região ou província/estado, e provavelmente teria poderes para terceirizar algumas atribuições para outras organizações.

Nos casos em que os municípios têm poderes limitados para empregar e pagar trabalhadores adequadamente qualificados e/ou o manejo de esgoto séptico tem baixa prioridade para os decisores municipais, vale a pena explorar alternativas à gestão municipal dos serviços de remoção, transporte e tratamento de esgoto séptico/lodo fecal. Possíveis opções:

- Atribuir a responsabilidade pelo manejo do esgoto séptico e lodo fecal a um órgão governamental de nível superior.
- Manejo por uma operadora do setor público ou privado, no âmbito de um contrato ou convênio com órgãos municipais.
- Manejo por uma operadora do setor público ou privado no âmbito de um contrato ou convênio com um grupo de órgãos municipais.
- Delegação de poderes para prestar esses serviços por meio de uma organização especializada existente, como uma concessionária de água e esgoto.

A operadora do setor público pode ser uma entidade especializada do setor público criada com a missão de gerir serviços relacionados a esgoto séptico e lodo fecal em nome do governo municipal. Ao considerar estruturas institucionais alternativas, será importante avaliar até que ponto elas dão margem para o desenvolvimento das competências básicas de gestão e operação necessárias para o manejo de esgoto séptico/lodo fecal.

Sistemas institucionais

A qualidade da prestação dos serviços será influenciada pelo seguinte:

- sistemas que regem as relações entre diferentes grupos e organizações; e
- sistemas internos que regem o funcionamento de cada grupo ou organização.

Uma relação externa importante é aquela entre os esvaziadores de fossas e tanques e a entidade responsável pela operação da estação de tratamento. A força dessa relação dependerá da existência de sistemas para definir funções, assegurar a comunicação efetiva entre as partes do relacionamento e resolver eventuais divergências que venham a surgir. A eficácia desses sistemas, por sua vez, influenciará o volume de lodo fecal/esgoto séptico que chega à estação de tratamento. Igualmente importante é a relação entre a entidade responsável pelo planejamento e criação das instalações de tratamento e o responsável pela operação dessas instalações. A entidade com responsabilidades operacionais deve ter participação no processo de planejamento e criação desde o início, para que a criação reflita suas visões, anseios e experiência operacional.

Os sistemas internos determinam a atribuição das responsabilidades decisórias nas organizações. Se os detentores de responsabilidade formal por questões operacionais negligenciarem essa responsabilidade, as decisões operacionais de rotina serão deixadas para pessoal não qualificado e, talvez, desmotivado. O resultado pode ser que os procedimentos operacionais seguidos na prática sejam muito diferentes daqueles exigidos por diretrizes oficiais e procedimentos operacionais padrão. Possíveis consequências:

- omissão da equipe operacional na manutenção de registros precisos das entregas dos caminhões-tanque para a estação de tratamento.
- atraso ou omissão na remoção do lodo das unidades de tratamento, inclusive tanques, lagoas e reatores anaeróbios, provocando o acúmulo de lodo e o mau desempenho da estação; e
- descuido no carregamento de leitos de secagem, resultando em secagem insatisfatória e aumento das concentrações de patógenos no lodo parcialmente seco.

Esses problemas serão exacerbados se houver alta rotatividade de pessoal operacional, visto que muitos são empregados em contrato temporário.

Capacidade e recursos

A culpa pela manutenção de registros deficiente e pelo carregamento descuidado dos leitos de secagem citados na subseção anterior pode ser atribuída, ao menos em parte, a equipes mal capacitadas. Isso mostra que um sistema operacional pode fracassar se a equipe empregada para implantá-lo não possuir os devidos conhecimentos e competências técnicas e/ou administrativas. Recursos financeiros são igualmente importantes. O motivo para o atraso na remoção do lodo de lagoas anaeróbias pode ser a falta de recursos, a indisponibilidade de equipamentos ou uma combinação desses dois fatores. Esses exemplos ilustram a necessidade de ir além da preocupação com os sistemas de tal modo a considerar os recursos humanos, financeiros e de outra natureza necessários para a sua implantação. A capacitação pode ajudar a resolver problemas de capacidade, mas somente quando combinada com medidas para resolver eventuais restrições estruturais e sistêmicas desse desenvolvimento de capacidades. Um problema comum decorre do emprego frequente de funcionários de cargos baixos em funções de responsabilidade na área de manejo de esgoto sépticos no governo municipal e nas concessionárias de água e esgoto. Isso se aplica tanto aos gestores como aos trabalhadores, e tem duas consequências:

- Os trabalhadores podem não ter a formação básica que lhes permita tirar proveito da capacitação, o que é de grande importância quando os sistemas de tratamento incluem unidades mecanizadas que exigem quadros operacionais qualificados e experientes.
- Uma vez capacitados, gestores e trabalhadores podem procurar empregos melhores e mais bem remunerados, de modo que são perdidos os benefícios resultantes do treinamento.

Esses exemplos ilustram o ponto nevrálgico de que o desenvolvimento de capacidades nunca deve girar apenas em torno da capacitação. Precisa, também, incluir medidas para a criação de sistemas a fim de assegurar que gestores e trabalhadores:

- uma vez capacitados, tenham espaço para aplicar esse treinamento; e
- sejam incentivados a permanecer, talvez por meio da conscientização de que o manejo do lodo fecal lhes oferecerá oportunidades para melhorar sua posição e galgar a cargos mais altos e com mais responsabilidades.

Onde os sistemas governamentais são rígidos, a única forma de oferecer essas oportunidades talvez seja a criação de uma estrutura alternativa, conforme sugerido na subseção sobre estruturas institucionais.

A próxima subseção, que trata das opções de financiamento, enfatiza o argumento de que é melhor integrar todos os aspectos do manejo de esgoto séptico/lodo fecal em uma única operação, com o uso de recursos gerados pelas tarifas de esgoto e lodo fecal para cobrir o custo do tratamento. Isso requer uma organização eficiente à frente da gestão do processo integrado, condição que se aplica mesmo quando essa organização terceiriza parte das tarefas para entidades do setor privado.

Em muitas cidades de portes variados, o setor informal faz uma contribuição de vulto para a moradia e os serviços de abastecimento. Inclui famílias e construtores que constroem instalações de esgotamento sanitário sem referência ao planejamento formal e normas e códigos de construção, esvaziadores de fossas e tanques não licenciados e operadoras de caminhões-tanque. Por definição, a atividade informal não é regulamentada, o que significa que fica fora da incidência da legislação. Ao considerar opções institucionais, é importante estar ciente de que qualquer tentativa de introduzir o esvaziamento programado de fossas e tanques requer a integração dos serviços de esvaziamento de fossas e tanques do setor informal no sistema formal.

Considerações financeiras

As responsabilidades pelo financiamento do capital e dos custos recorrentes dos serviços prestados no âmbito público muitas vezes são divididas:

- O governo central e doadores internacionais fornecem recursos para a construção de estações de tratamento e a aquisição de caminhões-tanque e outros tipos de veículos de entrega.
- As prestadoras de serviços locais arcam com os custos operacionais, inclusive manutenção e talvez custos de reparo e troca.
- As famílias são responsáveis pelos custos de capital e manutenção das instalações domésticas e, possivelmente, parte dos custos de coleta e transporte.

A continuidade da operação dos serviços de manejo de lodo fecal e esgoto séptico depende da disponibilidade de fundos que cubram os custos operacionais. Conforme já mencionado na discussão sobre demanda, os serviços de remoção e transporte local proporcionam benefícios para as pessoas e, portanto, é relativamente fácil convencer os usuários de esgotamento sanitário no local a pagar por tais serviços. Mesmo assim, as operadoras de caminhões-tanque de lodo dos setores público e privado podem ter dificuldades para arcar com os custos quando as fossas são grandes e/ou apresentam preenchimento lento, de tal sorte que a demanda por serviços de esvaziamento de fossas e tanques é limitada (Tayler et al., 2013). O financiamento de serviços de tratamento de esgoto séptico e lodo fecal é mais difícil. Como o tratamento é um bem público que protege o meio ambiente e, portanto, oferece benefícios à sociedade como um todo, é difícil convencer os clientes a pagar diretamente por esse tratamento. Apresentamos abaixo possíveis fontes de recursos para financiar o tratamento.

Cobrança das operadoras de caminhões-tanque de lodo para cada carga entregue à instalação de tratamento

Esse mecanismo pode ser uma boa fonte de receita, nos casos em que há demanda intensa pelo esvaziamento de tanques e fossas e há incentivos para assegurar que todo o material removido de fossas e tanques seja entregue à estação de tratamento. Seu uso será mais apropriado quando as famílias pagarem uma taxa a cada serviço de esvaziamento/remoção de lodo, seja a um prestador do setor público ou do setor privado. Requer sistemas eficientes para estimar e registrar as cargas e apurar as taxas. Investigações em várias cidades indonésias em 2012 revelaram que a receita gerada pela entrega cobria apenas uma pequena fração dos custos operacionais das estações de tratamento, em parte devido aos fracos resultados da cobrança. (Tayler et al., 2013). É possível que a imposição de taxas de entrega impeça as operadoras do setor privado de entregarem à estação, acarretando uma redução no volume de lodo fecal entregue à estação e o consequente aumento na incidência de descarte indiscriminado diretamente no meio ambiente. No entanto, investigações no Sri Lanka constataram que os motoristas de caminhões-tanque de fato fizeram as entregas a pontos de descarga convenientemente localizados, resultando em um aumento no volume de esgoto séptico entregue para tratamento (Ravikumar Joseph – comunicação pessoal). O ponto principal a ser extraído dessa explanação é que a receita derivada das cobranças de entrega dependerá da situação local, e deve ser investigada com isso em mente.

Receitas provenientes da venda de lodo tratado

O lodo tratado pode ser vendido como condicionador de solo, combustível, fonte de proteína ou material de construção. Em termos históricos, o primeiro destes é a forma mais comum de recuperação de recursos, mas opções que produzem energia têm potencial para gerar mais receita (Diener et al., 2014). Nos casos em que o lodo for vendido para uso agrícola, será importante assegurar que o lodo tratado esteja isento de patógenos. Independentemente do uso pretendido do lodo tratado, esse uso precisa ser socialmente aceitável, e é preciso haver sistemas para sua comercialização e entrega. O Capítulo 10 oferece mais informações sobre os esforços de desenvolvimento de aplicações para o lodo seco.

Repasse de recursos do orçamento municipal

Essa é a opção de praxe para o financiamento dos custos de tratamento na maioria dos países. A quantia transferida muitas vezes é insuficiente para cobrir todos os custos operacionais, pois o tratamento do lodo fecal tem prioridade relativamente baixa para os decisores municipais.

Imposição de uma sobretaxa à cobrança feita por outro serviço

Foram impostas sobretaxas às contas de água em algumas cidades das Filipinas para cobrir o custo do esvaziamento programado de fossas e tanques e os respectivos serviços de transporte e tratamento. Essa opção tem o mérito da simplicidade, mas somente é possível nos lugares em que a maioria das pessoas tem água encanada. Também é possível acrescentar a sobretaxa às contas de luz ou ao imposto sobre a propriedade imóvel. Alguns estados da Índia exploraram a segunda opção (ver, por exemplo, Missão Swachh Maharashtra, 2016). Ambos trazem desafios administrativos: no caso da luz, porque raramente é competência do governo municipal e, no caso do imposto sobre a propriedade imóvel, porque alguns imóveis são isentos de tributação. O documento do governo de Maharashtra citado acima sugere a alternativa de introdução de um novo imposto sobre o esgotamento sanitário, observando que isso seria possível dentro da legislação existente.

Subsídio cruzado

O subsídio cruzado proveniente de lucros sobre os serviços de remoção e transporte de esgoto séptico do setor público tem potencial, mas exige uma abordagem integrada para assegurar que a organização com responsabilidade financeira pelo tratamento se beneficie das receitas geradas pelos serviços de esvaziamento de fossas e tanques. Também podem ser usados subsídios cruzados oriundos de tarifas de abastecimento de água ou coleta de esgoto.

Em raras ocasiões é possível cobrir todos os custos cobrando pela prestação dos serviços e vendendo os produtos tratados. Será necessário algum subsídio com verbas municipais. Estas, por sua vez, podem ser subsidiadas por repasses de esferas mais altas do governo. Mesmo quando não é possível evitar tais subsídios, o objetivo deve sempre ser o desenvolvimento de outras fontes de financiamento no intuito de minimizar a dependência de subsídios.

Uma abordagem integrada não exige que o órgão responsável tenha de cumprir todas as tarefas de manejo de esgoto séptico. O órgão pode muito bem desejar terceirizar serviços de esvaziamento de fossas e tanques e, com efeito, a operação de estações de tratamento de esgoto séptico. No entanto, é essencial que as prestadoras de serviços do setor privado atuem no âmbito de uma estrutura estabelecida pela organização prestadora de serviços titular, que tem a obrigação de assegurar a disponibilidade de recursos suficientes (por meio de uma combinação das opções descritas acima) com vistas a cobrir os custos de capital, de operação e manutenção relacionados ao tratamento.

Outros fatores externos que influenciam as opções de tratamento

A viabilidade das tecnologias de tratamento de lodo fecal e esgoto séptico dependerá da disponibilidade e do custo dos insumos externos necessários para o sucesso da operação. Esses insumos incluem peças sobressalentes, espaço físico, água e luz, e o conhecimento operacional especializado e as competências necessárias para a operação do processo de tratamento. O conhecimento da situação local em relação a cada um desses insumos se faz necessário na avaliação da viabilidade de diferentes metodologias e tecnologias. No Capítulo 6, são examinados de forma mais pormenorizada os principais fatores comuns à maioria das tecnologias de tratamento. O Capítulo 4 trata dos fatores que influenciam as escolhas do processo.

Possíveis mudanças no manejo de lodo fecal e esgoto séptico

O contexto em que se dá o manejo de lodo fecal é dinâmico. O crescimento demográfico resulta em aumento da população e, possivelmente, variação na sua distribuição. A ampliação da cobertura de esgoto pode reduzir a necessidade de instalações especializadas de tratamento de lodo fecal e esgoto séptico. Mudanças nas práticas de manejo de lodo fecal e esgoto séptico também podem afetar a necessidade de tratamento. Os responsáveis pelos serviços de tratamento terão capacidade limitada para influir sobre essas mudanças e devem levá-las em consideração em seu planejamento. Existem outras áreas em que podem promover e permitir mudanças. De fato, a mudança pode ser essencial para a superação das restrições jurídicas, institucionais e financeiras identificadas anteriormente neste capítulo. Ao planejar o tratamento de lodo fecal ou esgoto séptico e compreender o contexto em que irá operar, é importante considerar como esse contexto pode variar. Vejamos abaixo perguntas a serem feitas ao avaliar a probabilidade e a necessidade de mudança:

- Que mudanças são possíveis agora? Quais serão suas consequências?
- Quais restrições atrapalham essas mudanças?
- Quais são as opções realistas para solucionar essas restrições?
- Qual é a probabilidade de os usuários e prestadoras de serviços mudarem sua postura ao longo do tempo?

Um exemplo de mudança que influenciará as necessidades de tratamento é a mudança na carga resultante da introdução de serviços programados de esvaziamento de fossas e tanques. É provável que essa mudança traga um aumento no volume de lodo fecal e/ou esgoto séptico a ser tratado e uma redução em sua concentração. Entre as restrições à introdução do esvaziamento programado no nível municipal, estão a escassez de verbas para financiar o serviço, a falta de informações sobre as instalações sanitárias existentes no local para programar a remoção de lodo, a falta de caminhões-tanque a vácuo e a falta de capacidade institucional para gerir uma operação de remoção e transporte de esgoto séptico em escala bem maior. Uma solução para a escassez de verbas nesse sentido poderia ser o acréscimo de uma sobretaxa às contas de água para custear o serviço. Conforme já observado, essa sobretaxa foi adotada em algumas cidades filipinas para cobrir o custo do esvaziamento programado.

Outra mudança que pode influir no tratamento é a introdução de uma parceria público-privada na qual a operadora do setor privado seria contratada para se encarregar de determinados elos da cadeia de serviços de esgotamento sanitário, como a coleta e/ou o tratamento. Essa opção muitas vezes sofre restrições em função da capacidade do órgão responsável pelo manejo de esgoto séptico de gerir a operação de maior escala e complexidade necessária para a sua adoção. Nesse sentido, vale observar que as práticas de trabalho exigidas das operadoras do setor privado sob um regime de esvaziamento programado gerido por uma entidade do setor público serão diferentes daquelas das prestadoras não regulamentadas que atuam em um mercado competitivo. O primeiro passo de uma resposta a essas restrições pode ser o foco no esvaziamento programado em áreas selecionadas, o que permite tempo para o desenvolvimento gradual da capacidade de gerenciamento de serviços programados.

Mudanças nas práticas de uso final, talvez derivadas de esforços para superar a resistência ao uso de produtos tratados com segurança, podem resultar em aumento de receita, mas também podem exigir mudanças no tratamento para assegurar a segurança dos produtos tratados.

Pontos principais do presente capítulo

Este capítulo explorou como as decisões relativas às opções do processo de tratamento precisam levar em consideração o contexto em que se dão. Os principais pontos extraídos deste capítulo incluem o seguinte:

- As características do material a ser tratado serão influenciadas pelos esquemas de coleta e armazenamento de excreta no nível da unidade domiciliar. As latrinas com fossa e os sumidouros bem drenados produzem lodo fecal relativamente seco, ao passo que os tanques sépticos, os sumidouros com drenagem deficiente e as latrinas em fossa que penetram no lençol freático geralmente produzem mais esgoto séptico aquoso.
- As instalações de tratamento independentes em geral são a melhor opção para o manuseio de lodo fecal e esgoto séptico.
- Onde houver instalações de tratamento de esgoto doméstico com capacidade ociosa disponível, o tratamento conjunto com essas águas é uma possibilidade para o tratamento de esgoto séptico. Nessa opção, os efeitos da concentração e características do esgoto séptico nos processos de tratamento precisam ser levados em consideração. A separação de sólidos e líquidos no esgoto séptico será sempre aconselhável antes do tratamento conjunto, com os componentes líquido e sólido separados tratados com esgoto doméstico e lodo de esgoto separado, respectivamente.
- O tratamento conjunto do lodo fecal com o lodo da estação de tratamento de esgoto doméstico é possível, mas a biodigestão prévia do lodo fecal pode ser aconselhável para reduzir os problemas de odor.
- Existem várias opções para o descarte de lodo fecal e esgoto séptico na terra, porém há riscos para a saúde pública e o meio ambiente. O descarte na terra somente deve ser considerado se houver pontos de descarte com condições hidrogeológicas e topografia adequadas, e se houver sistemas institucionais para regulá-lo de forma eficaz.
- Os planos de tratamento de lodo fecal e esgoto séptico devem obrigatoriamente levar em consideração tanto a necessidade quanto a demanda, no momento do planejamento e no horizonte de planejamento. A demanda por tratamento pode ser inibida pelo fato de os usuários de esgotamento sanitário relutarem em pagar por um serviço que constitui um bem público, e não privado. Quando for esse o caso, geralmente será necessária uma combinação de conscientização e aplicação da lei para ampliar a demanda.
- Os esforços para melhorar a prestação de serviços de manejo de lodo fecal somente lograrão êxito se forem respaldados por legislação aplicável. Será de suma importância definir funções e responsabilidades em relação a vários aspectos do manejo do lodo fecal.
- Os planos de melhoria do manejo de lodo fecal, inclusive o tratamento, devem levar em conta a disponibilidade de recursos e a capacidade

institucional. Atenção especial deve ser dispensada a quaisquer oportunidades e restrições apresentadas pelos sistemas existentes. Quando o fortalecimento institucional se fizer necessário, o foco de curto prazo normalmente terá de ser nas opções para aprimorar os sistemas institucionais existentes. No longo prazo, pode ser necessário considerar mudanças estruturais, o que pode exigir a criação de um órgão com responsabilidade específica pelo manejo de lodo fecal em uma ou mais áreas do governo municipal, a depender das circunstâncias locais.

* As responsabilidades pelo tratamento de lodo fecal e esgoto séptico muitas vezes são divididas, com o financiamento de capital fornecido por esferas mais elevadas do governo, enquanto os custos operacionais são arcados pelo governo municipal. A não cobertura dos custos operacionais terá como consequência o desempenho deficiente da estação, e poderá causar o colapso da estação. Parte da receita pode ser gerada mediante a cobrança de operadoras de caminhões-tanque de lodo pela entrega na estação de tratamento e com a venda de produtos tratados. Contudo, é provável que nenhuma das duas opções cubra o custo total do tratamento.

Referências

Conselho Nacional do Meio Ambiente (2006) Resolução No. 375 de 29 de agosto de 2006: Define critérios e procedimentos, para o uso agrícola de lodos de esgoto gerados em estações de tratamento de esgoto sanitário e seus produtos derivados, e dá outras providências. Diário da União, 28 August 2006, Part 1, 141–146 <http://www.mma.gov.br/port/conama/res/res06/res37506.pdf> [acessado em 3 de fevereiro de 2018].

Diener, S., Semiyaga, S., Niwagaba, C., Muspratt, A., Gning, J., Mbe'guéré, M., Ennin, J., Zurbrugg, C. and Strande, L. (2014) 'A value proposition: resource recovery from faecal sludge – Can it be the driver for improved sanitation?' *Resources Conservation and Recycling* 88: 32–8 <https://doi.org/10.1016/j.resconrec.2014.04.005> [acessado em 11 de maio de 2018].

Narayana, D. (2017) *Sanitation and Sewerage Management: The Malaysian Experience*, FSM Innovation Case Study, Seattle, WA: Bill & Melinda Gates Foundation <www.susana.org/_resources/documents/default/3-2760-7-1503648469.pdf> [acessado em 26 de outubro de 2017].

North, D.C. (1990) *Institutions, Institutional Change, and Economic Performance*, New York, NY: Cambridge University Press.

Nwaneri, C.F. (2009) *Physico-Chemical Characteristics and Biodegradability of Contents of Ventilated Pit Latrines (VIPs) in eThekwini Municipality*, MSc thesis, University of KwaZulu-Natal <http://citeseerx.ist.psu.edu/viewdoc/download?doi=10.1.1.719.9526&rep=rep1&type=pdf> [acessado em 25 de fevereiro de 2017].

RUAF (2003) *Faecal Sludge Application for Agriculture in Tamale, Ghana* <www.ruaf.org/sites/default/files/Faecal%20Sludge%20Application_1.pdf> [acessado em 13 de março de 2017].

Still, D., Louton, B., Bakare, B., Taylor, C., Foxon, K. and Lorentz, S. (2012) *Investigating the Potential of Deep Row Entrenchment of Pit Latrine and Wastewater Sludges for Forestry and Land Rehabilitation Purposes*, Gezina, South Africa: Water Research Commission <www.susana.org/en/resources/library/details/1679> [acessado em 13 de março de 2017].

Swachh Maharashtra Mission (Urban) (2016) *Guidelines for Septage Management in Maharashtra*, Urban Development Department, Government of Maharashtra <https://swachh.maharashtra.gov.in/Site/Upload/GR/Septage_Management_Guidelines_UDD_020216.pdf> [acessado em 26 de outubro de 2017].

Tayler, K., Siregar, R., Darmawan, B., Blackett, I. and Giltner, S. (2013) 'Development of urban septage management models in Indonesia', *Waterlines* 32(3): 221–36 <http://dx.doi.org/10.3362/1756-3488.2013.023> [acessado em 11 de maio de 2018].

Tilley, E., Ulrich, L., Lüthi, C., Reymond, Ph. and Zurbrügg, C. (2014) Compendium of Sanitation Systems and Technologies, 2nd revised edition, Dübendorf, Switzerland: Swiss Federal Institute of Aquatic Science and Technology (Eawag) <www.iwa-network.org/wp-content/uploads/2016/06/Compendium-Sanitation-Systems-and-Technologies.pdf> [acessado em 27 de fevereiro de 2017].

US EPA (1984) *Handbook: Septage Treatment and Disposal*, Cincinnati, OH: Municipal Environmental Research Laboratory <https://nepis.epa.gov/Exe/ZyPDF.cgi/30004ARR.PDF?Dockey=30004ARR.PDF> [acessado em 19 de junho de 2018].

World Bank (2015) *World Development Report 2015: Mind, Society, and Behavior*, Washington, DC: World Bank <http://dx.doi.org/10.1596/978-1-4648-0342-0> [acessado em 11 de maio de 2018].

CAPÍTULO 3
Planejamento visando a melhoria do tratamento

O presente capítulo trata das decisões e medidas necessárias antes do início de um projeto detalhado de instalações de tratamento. O foco do capítulo é o planejamento do tratamento de lodo fecal e esgoto séptico, mas observa-se a conveniência da integração de planos de tratamento nos planos gerais de esgotamento sanitário. É enfatizada a importância da identificação de problemas reais em vez de suposições de problemas, com base na avaliação fundamentada das condições existentes. São identificados e descritos métodos e procedimentos para avaliação preliminar, e são introduzidos métodos e procedimentos para avaliações detalhadas, com referências a recursos que devem ser úteis na realização de avaliações minuciosas. São descritos procedimentos para determinar as áreas de planejamento e serviços, e para avaliar os méritos de uma metodologia descentralizada para o tratamento. O capítulo identifica subsequentemente os fatores que influenciam a localização da estação de tratamento. Em seguida, há uma descrição dos procedimentos para estimar as cargas hidráulicas, orgânicas e de sólidos suspensos. A última seção do capítulo explora os fatores que afetam a escolha da tecnologia.

Palavras-chave: avaliação preliminar, área de planejamento, localização da estação, avaliação de carga, opções de tecnologia.

Introdução

Este capítulo trata das decisões de planejamento necessárias para a formulação de propostas para novas instalações aprimoradas de tratamento de lodo fecal e esgoto séptico. Não busca oferecer orientação sobre atividades mais genéricas de planejamento de lodo fecal e esgotamento sanitário. Sempre que possível, a criação de planos para aprimorar o tratamento de lodo fecal e esgoto séptico deve se dar no contexto oferecido por um plano geral de esgotamento sanitário. Entretanto, isso nem sempre será possível seja porque esse plano não existe ou porque não há disponibilidade de recursos para a produção de um plano. Nesse caso, o objetivo deve ser a coleta de informações suficientes sobre outros elos da cadeia de serviços de esgotamento sanitário para facilitar escolhas abalizadas quanto às opções de tratamento. A metodologia apresentada neste capítulo baseia-se nos conceitos preconizados na obra *Sanitation Planning: A Guide to Strategic Planning* (Tayler et al., 2003). A caixa de ferramentas para o Manejo Sustentável de Esgotamento Sanitário e Água (SSWM) inclui uma introdução ao planejamento estratégico do esgotamento sanitário (SSWM, n.d.). Uma boa parte disso se baseia no livro de Tayler et al., que ressalta a importância de compreender a situação existente, identificar objetivos claros e traçar uma trajetória gradual da situação existente até a consecução desses objetivos, levando em consideração as restrições e oportunidades institucionais e financeiras. Outras metodologias de planejamento dão sugestões sobre o que a metodologia gradual pode implicar e como ela pode ser executada (ver, por exemplo, Parkinson et al., 2014 e Lüthi et al., 2011). Os capítulos 14 a 17 de Strande et al. (2014) fornecem orientações detalhadas sobre o planejamento do manejo de lodo fecal, que abrangem a avaliação da situação existente (Capítulo 14), análise e mobilização das partes interessadas (Capítulos 15 e 16) e planejamento visando a integração dos sistemas de manejo de lodo fecal (Capítulo 17). Este capítulo não tenta reproduzir essa orientação, mas se concentra nos pontos de importância específica para o planejamento de novas instalações de tratamento de lodo fecal e esgoto séptico aprimoradas. O tratamento do lodo fecal e esgoto séptico é um bem público, com benefícios que se estendem para além desta ou daquela comunidade geográfica ou social. Por esse motivo, o capítulo enfatiza a necessidade de interação com as partes interessadas, ao mesmo tempo em que reconhece a improbabilidade do planejamento visando a melhoria do tratamento ser liderado pela comunidade.

Para avaliar a situação existente, será necessário coletar informações relacionadas ao seguinte:

- *Natureza e abrangência dos serviços de esgotamento sanitário existentes*, levando em consideração todos os elos da cadeia de serviços de esgotamento sanitário, inclusive informações sobre características típicas do material removido de fossas e tanques.
- *A forma como esses serviços tendem a mudar* no futuro.
- *Eventuais problemas e deficiências desses serviços*, inclusive aqueles relacionados às estruturas e sistemas institucionais que determinam o modo como os serviços são prestados.
- *Disponibilidade de recursos*, inclusive recursos físicos, como terrenos e fornecimento de energia, e recursos institucionais na forma de organizações com competências técnicas e gerenciais para operar processos de tratamento com graus variados de complexidade.
- *Mercados existentes e em potencial* para os produtos do tratamento.

Informações sobre instalações existentes de esgotamento sanitário e coleta e transporte de lodo fecal/esgoto séptico e as formas como estas devem mudar no futuro são necessárias para avaliar a provável carga hidráulica, orgânica e de sólidos suspensos de curto e longo prazo nas estações de tratamento propostas. As mudanças ao longo do período de planejamento incluirão aquelas que, assim como o crescimento demográfico, serão independentes em grande medida das intervenções planejadas, além das mudanças alcançadas por meio de intervenções que visam corrigir e aperfeiçoar os serviços e os sistemas institucionais e financeiros que lhes dão sustentação. Um exemplo destes últimos seria um aumento no volume de material a ser tratado após a introdução do esvaziamento programado de fossas e tanques. Informações sobre problemas e deficiências nos serviços existentes ajudarão os planejadores e projetistas a evitar a repetição dos erros do passado. Os problemas operacionais precisam ser considerados em relação às estruturas institucionais e financeiras, com ênfase especial na identificação de eventuais déficits nos recursos necessários para cobrir os custos operacionais de manutenção, reparo e troca.

Foram identificados objetivos gerais no Capítulo 1, que são explorados de forma mais minuciosa no Capítulo 4. Para traçar uma trajetória da situação existente para a consecução dos objetivos gerais, os planos precisam explorar escolhas, identificar medidas a serem adotadas e combinar essas medidas em um programa geral. O programa deve identificar objetivos intermediários, cuja realização facilitará a execução de atividades posteriores do programa. Os objetivos intermediários podem incluir a garantia da disponibilidade do seguinte:

- *Um banco de dados das instalações de esgotamento sanitário existentes e as respectivas necessidades de esvaziamento de fossas e tanques.* Isso será necessário nos casos em que houver planos de passar do esvaziamento "imediato" para o esvaziamento programado.
- *Informações sobre as características do material a ser tratado.* Devido à natureza variável do lodo fecal e esgoto séptico, isso exigirá um programa abrangente de amostragem e teste, com base em amostras colhidas de veículos representativos de transporte de lodo fecal/esgoto séptico. Dessa forma, serão geradas informações sobre a situação atual. Ao projetar tendo em vista condições futuras, deve-se considerar possíveis alterações nas características causadas por mudanças na cadeia de esgotamento sanitário, como, por exemplo, a expansão do acesso ao abastecimento doméstico de água ou a introdução do esvaziamento programado. Essa linha de ação pode exigir um certo grau de senso crítico, mas talvez seja possível fundamentar esse senso com a busca de informações sobre o material removido de fossas e tanques esvaziados periodicamente.
- *Sistemas de manejo e cadeias de abastecimento eficientes para os processos de tratamento propostos.* Trata-se de um objetivo intermediário importante em todos os casos, que constitui um pré-requisito para a adoção de tecnologias de tratamento mecanizado.

Na medida do possível, as decisões devem basear-se em informações, em vez de ficar condicionadas a suposições não testadas. Será necessário aplicar senso crítico quando houver lacunas ou incongruências nas informações disponíveis. Para melhorar a qualidade do processo decisório, devem sempre ser exploradas as opções de coleta e análise de informações complementares com o objetivo de eliminar lacunas e resolver incongruências.

Outros fatores relevantes	Tarefa	Informações necessárias

Viabilidade de outras opções para o reaproveitamento/ descarte seguro de esgoto séptico	**Avaliação inicial com foco na necessidade de tratamento**	•Instalações e serviços de esgotamento sanitário existentes e em potencial •Informações sobre prestadoras de serviços •Avaliação da demanda atual
Posturas e práticas existentes relativas ao esgotamento sanitário	**Formar consenso em torno da necessidade de tratamento**	•Deficiências nas estruturas de esgotamento sanitário existentes e suas consequências
	Determinar a área de planejamento	•Localização e capacidade das instalações de tratamento de esgoto séptico •Distribuição da população •Limites administrativos
Abordagem à descentralização Estruturas institucionais	**Determinar a área de atendimento da estação**	
	Identificar possíveis localizações para a estação	•Disponibilidade de áreas adequadas •Acessibilidade ao local •Disponibilidade e confiabilidade de energia •Distância do "centro de demanda"
Possibilidade de esvaziamento programado	**Avaliar carga no presente e horizonte de estruturação**	•População com esgotamento sanitário no local •Demanda por tratamento de esgoto séptico •Informações sobre veículos de entrega •Registos de veículos de entrega •Informações sobre a concentração do esgoto séptico
Possíveis usos finais para produtos tratados	**Avaliar tecnologias de tratamento**	Para cada tecnologia possível: •Necessidade de terreno •Necessidade de energia •Competências operacionais necessárias •Custo de capital •Custo operacional •Impacto ambiental local
Estruturas institucionais, sistemas e capacidades existentes e em potencial	**Selecionar tecnologias preferenciais baseadas nos resultados da avaliação**	•Disponibilidade de terreno •Custos operacionais •Requisitos operacionais •Viabilidade das opções de uso final
	Realizar concepção detalhada da estação de tratamento	

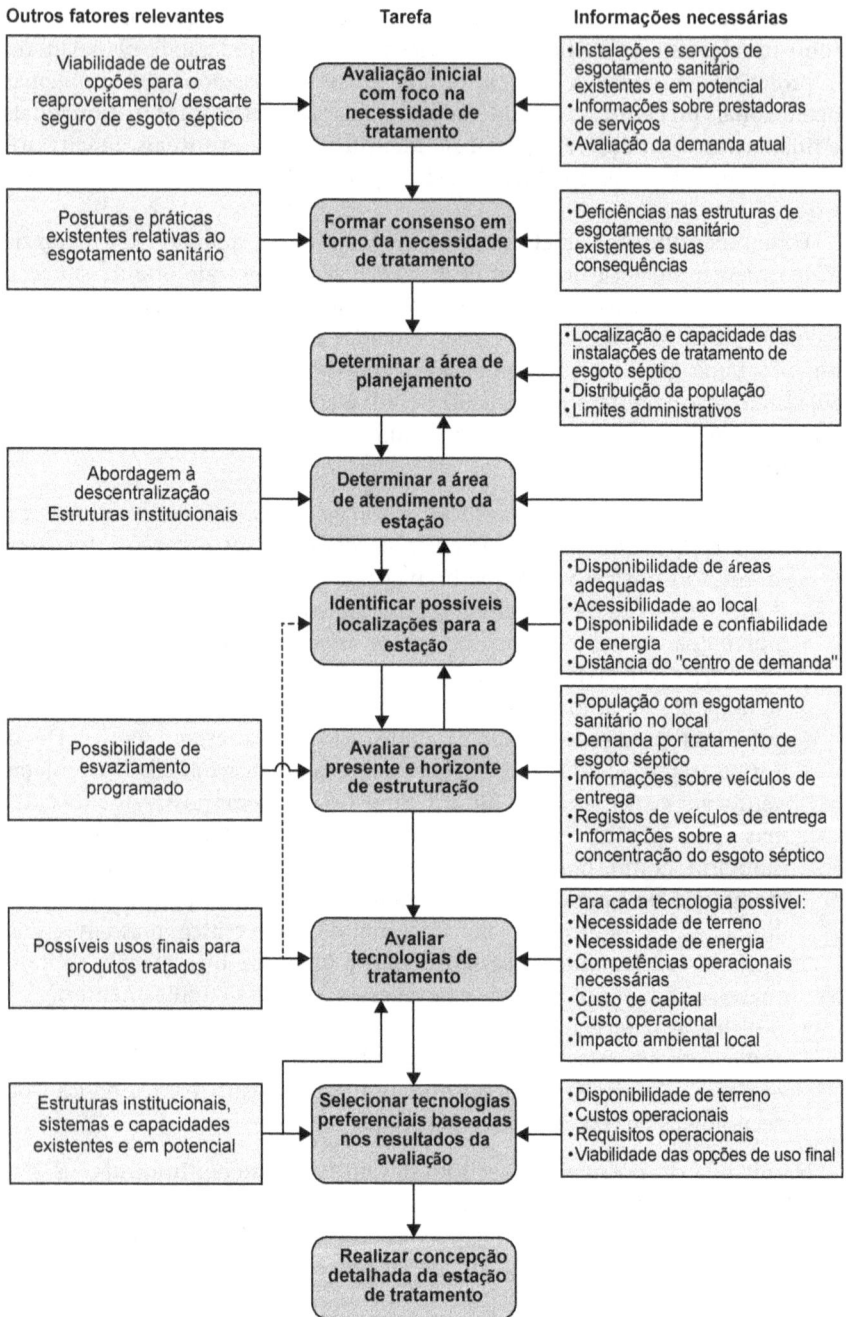

Figura 3.1 Etapas do processo de planejamento

Visão geral do processo de planejamento e estruturação da estação de tratamento

O planejamento alcança máxima eficiência quando segue um processo lógico no qual cada etapa consolida os produtos e resultados de etapas anteriores. A Figura 3.1 é uma representação esquemática do processo descrito neste livro e mostra as atividades necessárias em cada etapa, juntamente com as necessidades de informação e os fatores que podem influenciar as escolhas de planejamento. As setas de feedback indicam o fato de que o processo não é linear. As informações coletadas e as escolhas feitas em algumas etapas do processo de planejamento podem acarretar a necessidade de revisão de decisões anteriores. O ponto principal a ser extraído disso é que o planejamento muitas vezes será um processo iterativo, e não linear.

As etapas exibidas na Figura 3.1, da avaliação inicial à avaliação e escolha da tecnologia, agora são examinadas de forma mais pormenorizada. O Capítulo 4 traz mais informações sobre as opções e escolhas de tecnologia.

Avaliação preliminar

Visão geral e reuniões iniciais

O primeiro passo no planejamento para aprimorar o tratamento de lodo fecal e esgoto séptico é fazer uma avaliação preliminar da situação existente com os seguintes intuitos:

- determinar a disponibilidade ou possibilidade de coleta de informações; e
- identificar lacunas e deficiências nessas informações.

O ponto de partida da avaliação deve ser uma reunião com os responsáveis oficiais pela gestão dos serviços de manejo de lodo fecal e de tratamento de lodo fecal/esgoto séptico. Essa reunião oferecerá oportunidades para se ter uma ideia inicial dos serviços existentes, solicitar acesso às informações existentes, identificar as principais partes interessadas no fornecimento de serviços de manejo de lodo fecal e marcar uma reunião com esses interessados. Use-a para determinar se o setor público tem participação nos serviços de esvaziamento de fossas e tanques, se há registros referentes a esses serviços e, quando já houver instalações de tratamento, se esses registros englobam as entregas de lodo fecal/esgoto séptico às instalações.

As reuniões com autoridades públicas também oferecem uma oportunidade de explorar esquemas institucionais e em que medida a legislação contribui para esses esquemas. Pontos a serem explorados nessas reuniões: responsabilidades por diversos aspectos do manejo de lodo fecal e até que ponto essas responsabilidades são definidas na legislação nacional e municipal. As reuniões com esses servidores também proporcionarão informações sobre eventuais esquemas formais de reaproveitamento de lodo seco. Esses servidores podem saber algo sobre os esquemas informais de uso final, mas a investigação desses esquemas normalmente exigirá discussões de seguimento com os operadores de caminhões-tanque e com os agricultores e outros destinatários do material.

A obtenção de informações confiáveis sobre as atividades dos operadores de caminhões-tanque e de esvaziadores de fossa do setor privado muitas vezes será mais difícil, principalmente quando suas atividades não forem regulamentadas. A primeira tarefa será identificar operadores dos setores privado e comunitário. As autoridades governamentais poderão fornecer nomes, sobretudo quando os operadores do setor privado já estiverem entregando cargas às estações de tratamento.

Informações secundárias

Entre as fontes de informações que podem já estar disponíveis estão planos e registros existentes, relatórios elaborados por agências governamentais e internacionais, quaisquer estudos de marketing de esgotamento sanitário e de mudança de comportamento realizados anteriormente, relatórios de consultores e dados censitários. Informações adicionais podem ser obtidas por meio de análise de imagens de satélite, da observação de campo e de conversas com as principais partes interessadas, inclusive usuários e prestadoras de serviços.

Ao considerar os planos existentes, é importante fazer estas perguntas:

- Qual é o grau de realismo desse plano? Qual é a probabilidade de sua execução?
- Caso seja adotado, terá algum impacto sobre os serviços de manejo de lodo fecal? Quais?

A primeira pergunta é importante. Se o plano não for realista, as propostas baseadas nas premissas e escalas temporais estipuladas no plano serão igualmente irreais.

Levantamentos oficiais podem oferecer informações sobre as instalações de esgotamento sanitário existentes. Por exemplo, na Indonésia, as autoridades de saúde realizam levantamentos periódicos que geram informações sobre o número de domicílios com acesso a instalações de esgotamento sanitário no local, apesar de fornecerem poucas informações detalhadas sobre essas instalações. Os registros censitários costumam incluir informações sobre esgotamento sanitário, mas essas informações podem carecer de detalhamento, impossibilitando a separação de informações sobre diferentes tipos de esgotamento sanitário.

Uso de imagens de satélite para planejar visitas de campo

Imagens de satélite são uma boa fonte de informação sobre a abrangência e natureza do desenvolvimento. A comparação de imagens de satélite e outras fontes de informação espacial de diferentes anos oferece uma indicação da escala e sentido do novo desenvolvimento. As informações das imagens de satélite também podem ser usadas para identificar a localização e a extensão dos diversos tipos de desenvolvimento, e também servem para elaborar um programa de visitas de campo a áreas que representam diferentes tipos de desenvolvimento. A Figura 3.2 é uma imagem do Google Earth de parte da área central de Dhaka, em Bangladesh. Os edifícios maiores do lado direito da imagem ficam na área de alta renda de Gulshan, ao passo que a área de pequenos edifícios bem densa no canto superior esquerdo da imagem fica no assentamento informal de Korai. A oferta de serviços de esgotamento sanitário é bastante diferente nas duas áreas, com consequências a serem avaliadas na formulação de planos de tratamento de esgoto séptico e lodo fecal.

Figura 3.2 Imagem de satélite de parte de Dhaka, Bangladesh

Visitas de campo

As visitas de campo oferecem oportunidades para se ter uma compreensão abrangente das instalações e serviços de esgotamento sanitário existentes, seus pontos fortes e fracos, e oportunidades e problemas que apresentam. A coleta inicial de informações deve abranger observação e conversas com usuários e prestadoras de serviços de esgotamento sanitário, que devem se concentrar nas instalações e serviços de esgotamento sanitário existentes. Alguns aspectos das instalações e serviços existentes serão evidentes no nível da rua, ao passo que outros exigirão visitas às casas, escolhidas aleatoriamente, mas, na medida do possível, representativas das moradias das adjacências. O Quadro 3.1 sintetiza as constatações de visitas de campo em relação às áreas exibidas na Figura 3.2.

A apreciação inicial pode induzir a conclusões errôneas se as informações obtidas forem interpretadas incorretamente. A maioria dos relatórios sobre Dhaka afirma que as pessoas que residem fora de áreas com coleta de esgoto formal contam com sistemas de esgotamento sanitário no local. Em realidade, conforme ilustrado pelos exemplos apresentados no Quadro 3.1, a maioria dos habitantes de Dhaka depende de sistemas híbridos que retêm alguns sólidos, mas estão conectados a drenos e esgotos com oferta informal. Como os sólidos escapam com o efluente do tanque, a demanda por serviços de esvaziamento de fossas e tanques é muito menor do que seria o caso se houvesse sistemas totalmente situados no local.

Quadro 3.1 Constatações das visitas de campo em Gulshan e Korai, Dhaka, Bangladesh

A maioria dos edifícios de Gulshan é formada por prédios de apartamentos com vários andares. Visitas a áreas onde edifícios semelhantes estavam em construção revelaram a existência de grandes tanques sépticos localizados sob os edifícios, com conexões de efluentes ao sistema de drenagem. Em Gulshan, o sistema de drenagem é composto por drenos cobertos e esgotos canalizados, que realizam os lançamentos a nível local e não estão conectados ao sistema formal de esgoto.

Os edifícios em Korai geralmente têm um ou dois andares, e muitas pessoas moram em cômodos alugados, agrupados em "unidades" de ocupação coletiva. A maioria das instalações de esgotamento sanitário é composta por banheiros sem descarga, cuja maioria é conectada a drenos e esgotos com cobertura bruta que, como os de Gulshan, lançam no nível local. Em alguns casos, o banheiro não possui o alçapão em "p", para que a excreta caia diretamente em uma fossa.

As instalações de esgotamento sanitário com tanques sépticos conectados a drenos e esgotos continuarão funcionando, mesmo quando os tanques sépticos estiverem cheios de sólidos. Isso significa que a prática generalizada de conectar instalações de esgotamento sanitário domésticas direta ou indiretamente ao sistema de drenagem reduz a demanda por serviços de esvaziamento de fossas e tanques, o que, por sua vez, reduz o volume de material disponível para entrega às estações de tratamento. Em Dhaka, isso provocou uma situação em que não havia serviços de esvaziamento com caminhões-tanque antes de 2015, a não ser duas pequenas máquinas "vacutug", cuja capacidade é muito baixa (WSUp, 2017). Há serviços de esvaziamento manual, principalmente em áreas de baixa renda, mas dado o caráter informal desses serviços há pouca informação a seu respeito.

Este exemplo ilustra a necessidade de basear as conclusões na avaliação precisa das condições locais, em vez de suposições pré-concebidas. Outros dois exemplos ajudam a ilustrar esse ponto. Na Indonésia, a maioria dos domicílios lança resíduos sanitários em sumidouros brutos, que necessitam de esvaziamento em intervalos pouco frequentes. Parece razoável supor que isso ocorre porque as pessoas conectam os sumidouros aos drenos, como em Dhaka. Na prática, as visitas de campo em várias cidades revelaram que esse raramente era o caso, de modo que só pode haver outra razão para a falta de demanda por serviços de esvaziamento. Em Mekelle, na Etiópia, muitos domicílios de alta renda lançam toda a sua água residual em grandes sumidouros com paredes de pedra seca. À primeira vista, essa metodologia é semelhante à adotada na Indonésia, mas o lançamento de água cinza nas fossas aumenta a carga hidráulica, com o resultado de que algumas necessitam do esvaziamento em intervalos de um ano ou menos. A consequência disso é um volume relativamente alto de águas negras. Por outro lado, as residências de baixa renda utilizam principalmente latrinas de fossa seca, às vezes construindo uma nova latrina quando a antiga fica cheia. O ponto importante extraído desses exemplos é que as práticas de esgotamento sanitário variam entre países, entre cidades e mesmo dentro da mesma cidade, seja qual for o seu porte.

As visitas de campo preliminares devem oferecer oportunidades para determinar a acessibilidade dos tanques e fossas existentes. Perguntas a serem feitas na análise da acessibilidade: "Onde estão localizados os tanques e fossas?", "Ficam a que distância de vias com largura suficiente para permitir o acesso de veículos?" e "São tomadas providências para a inserção de uma mangueira de sucção? Quais?" As respostas a estas perguntas irão balizar as medidas necessárias para facilitar a remoção do conteúdo das fossas e tanques, o que, por sua vez, influenciará a quantidade de lodo fecal/esgoto séptico entregue à estação de tratamento.

Conversas com usuários e prestadoras de serviços de esgotamento sanitário

Entrevistas e observações podem revelar muito sobre os anseios, prioridades e atividades de diferentes partes interessadas. Atente para o seguinte:

- Os moradores da casa podem prestar informações sobre a frequência de esvaziamento de suas fossas/tanques, quanto pagam pelos serviços de esvaziamento e eventuais problemas que enfrentam no acesso a esses serviços. As discussões iniciais também podem ajudar os planejadores a compreender as prioridades das pessoas e a identificar possíveis fatores que motivariam a mudança.
- As construtoras podem fornecer informações sobre como constroem instalações de esgotamento sanitário. Suas informações darão uma indicação do grau de discrepância entre normas e práticas comuns de construção e normas e práticas impostas por eventuais leis formais.
- Operadores de caminhões-tanque do setor público e privado e esvaziadores manuais podem fornecer informações sobre a demanda por seus serviços, suas práticas profissionais e eventuais obstáculos que enfrentem ao tentar esvaziar tanques e fossas.
- Os operadores de estações de tratamento podem prestar informações úteis sobre como operam as estações de tratamento existentes, eventuais problemas operacionais que enfrentam e medidas tomadas para sanar esses problemas.
- Aqueles que usam lodo seco para fins agrícolas e outros usos servirão de indicação da demanda para usos finais. Caso as práticas atuais de uso final não sejam seguras, essas conversas indicarão a necessidade de considerar formas de incluir o tratamento para uso final no processo de tratamento.

As informações sobre posturas e práticas de famílias, construtoras e operadores de caminhões-tanque devem estar relacionadas aos vários tipos de desenvolvimento identificados durante a avaliação inicial da área de planejamento.

Conversas informais e entrevistas formais ajudarão a identificar questões urgentes, proporcionando assim um ponto de partida para uma investigação mais detalhada dessas questões. Ao sondar quais são as atividades e procedimentos existentes, é importante assegurar que os entrevistados falem sobre o que realmente fazem, e não o que acham que você espera que eles façam. Isso exige que os assuntos sejam abordados com neutralidade, evitando perguntas sugestivas ao máximo. Sempre que possível, aborde um assunto de mais de uma maneira e compare os resultados. Por exemplo, será útil comparar o que as pessoas dizem que fazem com a observação do que fazem. Ao avaliar as práticas operacionais adotadas pelos operadores de caminhões-tanque, construtoras ou operadores de estações, é sempre útil pedir a um operador que demonstre como aborda uma tarefa, observando os desafios e problemas que enfrentam na realização da tarefa.

Quadro 3.2 Lições aprendidas a partir das conversas em grupo com operadores de caminhões-tanque em Tegal, Indonésia

As investigações coordenadas pelo autor em Tegal, na região de Java Central, Indonésia, revelaram que os serviços de esvaziamento de fossas do setor público ficaram inoperantes por vários meses, mas que várias empresas do setor privado estavam prestando esses serviços. Todas essas empresas usavam caminhonetes-tanque, com capacidade máxima de 3 m³, consistindo em uma bomba e tanque de fabricação local, montados na carroceria de uma caminhonete. Uma reunião com todos os operadores de caminhões-tanque ativos da cidade revelou que seu número aumentou de três para sete em um período de três a quatro anos. No início desse período, os três operadores ativos estavam trabalhando bastante, mas no momento da reunião coletiva nenhum dos operadores estava esvaziando mais do que cerca de três fossas por semana. Ou seja, dada a falta de prestação efetiva de serviços públicos, não mais do que 1.000 fossas eram esvaziadas por ano em uma cidade com uma população de cerca de 250 mil habitantes e quase nenhuma coleta de esgoto, o que implica uma demanda limitada por serviços de esvaziamento de fossas. Parecia que o custo relativamente baixo de aquisição de uma caminhonete de segunda mão e de sua conversão para transportar uma bomba e tanque de esgoto séptico atraiu os operadores para o mercado, com o resultado de que a capacidade passou a exceder a demanda.

Conversas em grupo com operadores de caminhões-tanque e/ou esvaziadores manuais devem ser usadas para consolidar as impressões iniciais obtidas por meio de observação e conversas informais com prestadoras de serviços específicos. O Quadro 3.2 oferece um exemplo de como uma conversa com um grupo de operadores de caminhões-tanque revelou o aproveitamento limitado da capacidade disponível de caminhões-tanque, sugerindo falta de demanda por serviços de remoção de esgoto séptico.

A avaliação das implicações dessas constatações será essencial na avaliação da carga hidráulica, orgânica e de sólidos suspensos na estação de tratamento no curto prazo.

Análise baseada em investigações preliminares

A análise dos registros existentes pode oferecer informações úteis sobre a demanda atual por serviços de esvaziamento de fossas e tanques e, portanto, a provável carga hidráulica, orgânica e de sólidos suspensos a ser processada/tratada em uma estação de tratamento de esgoto existente ou proposta. Um exemplo vem da experiência do autor em Palu, capital da província de Sulawesi Central, na Indonésia. A população estimada da cidade em 2013 era de cerca de 360 mil. Todo o esgotamento sanitário da cidade era local, com os lançamentos feitos separadamente em módulos de percolação ou no sistema de drenagem público. O único serviço de esvaziamento de fossas para os 70 mil sistemas de banheiros no local e 45 unidades de esgotamento sanitário compartilhado na cidade foi o prestado pelo município de Palu. A completa ausência de operadores do setor privado foi um indicador de que esse serviço estava atendendo a toda a demanda existente. O município mantinha bons registros, prova de que, em média, cerca de 1.400 fossas e tanques eram esvaziados anualmente, o que equivale a uma taxa média de esvaziamento por fossa ou tanque de uma vez a cada 50 anos. Esse número alto é indicação da baixa demanda por serviços de esvaziamento. Como as extensas visitas de campo revelaram pouquíssimas conexões de fossas e tanques a drenos e cursos d'água, descartou-se a possibilidade de que a baixa demanda resultava da fuga de sólidos para o sistema de drenagem. Investigações posteriores sugeriram que a baixa demanda pelo esvaziamento decorreu em parte do tamanho relativamente grande das fossas e em parte do baixo índice de acúmulo de sólidos.

Investigação e análise detalhadas

A investigação preliminar do tipo descrito acima pode conduzir a conclusões gerais, mas normalmente serão necessárias investigações mais minuciosas para gerar as informações confiáveis e precisas necessárias para o projeto da estação de tratamento. Essas investigações devem abranger as posturas e comportamentos dos usuários em potencial dos serviços de manejo de lodo fecal, barreiras às mudanças em suas práticas relacionadas ao esgotamento sanitário e possíveis fatores de motivação para essas mudanças. O primeiro passo para a realização dessas investigações será separar os usuários em potencial em grupos que residem em diferentes tipos de assentamentos. Dentro desses grupos, será necessário segmentá-los ainda mais, com base em fatores como condições de moradia, situação de posse, posição social e renda. É provável que a segurança de renda, a escolaridade, o sexo do chefe da família e a situação de posse influenciem a capacidade e disposição para pagar pelos serviços de manejo de lodo fecal. Explore a disposição para pagar pelos serviços em relação a possíveis mecanismos financeiros, reconhecendo que diferentes abordagens podem ser necessárias para diferentes segmentos da clientela em potencial.

As ferramentas de planejamento identificadas no início deste capítulo oferecem orientações sobre a realização dessas investigações. Para obter informações sobre estas e outras ferramentas de planejamento, inclusive uma avaliação de seu escopo, pontos fortes e fracos, consulte WaterAid (2016).

As pesquisas domiciliares proporcionam uma metodologia mais rigorosa para a avaliação das práticas, opiniões e prioridades das pessoas em relação ao esgotamento sanitário. Podem permitir informações úteis sobre a oferta de esgotamento sanitário existente, as atuais práticas de manejo de esgoto séptico, a conscientização dos riscos à saúde associados ao esgotamento sanitário precário e a disposição para pagar por serviços melhorados. Uma introdução geral aos métodos de pesquisa social é o guia de campo da Oxfam, baseado nos trabalhos sobre serviços de água e esgotamento sanitário em Juba, no Sudão do Sul (Nichols, 1991). Consulte uma introdução aos métodos participativos em Dayal et al. (2000). O capítulo 14 de Strande et al. (2014) traz um guia para a avaliação da situação existente do manejo de lodo fecal.

O Diagrama de Fluxo de Excreta (DFE) é uma ferramenta para apresentar informações sobre o fluxo de excreta ao longo de cada elo da cadeia de serviços de esgotamento sanitário, que serve para apresentar informações sobre fluxos e se são ou não efetivamente resolvidos. A Iniciativa de Promoção de DFE desenvolveu um *kit* de ferramentas com vistas a prestar orientações sobre a produção de um DFE, disponível em SFD (2017). Vem com uma ferramenta para gerar um DFE uma vez que estiverem disponíveis informações sobre as condições de esgotamento sanitário na cidade. A exatidão e relevância da DFE dependerão da qualidade das informações disponíveis sobre instalações de esgotamento sanitário e fluxos de excreta, além das premissas adotadas na interpretação dessas informações. Na eventualidade de existirem lacunas e incongruências nas informações disponíveis, o DFE deve ajudar a identificá-las visando a adoção de medidas para eliminar lacunas e esclarecer as incongruências. A Figura 3.3 mostra um DFE típico. Para obter mais informações sobre o DFE e respectivas ferramentas, consulte Peal et al. (2014).

Oficinas participativas e exercícios de consulta são úteis na avaliação das posturas em relação às propostas. Tendem a ser melhores para confirmar consenso do que para negociar diferenças, mas são úteis na identificação de áreas de preocupação e, portanto, de possível oposição a propostas. Somente após a identificação e compreensão das áreas de preocupação e oposição será possível responder a elas.

O ponto principal a ser extraído desse breve panorama dos métodos de pesquisa social e metodologias participativas é que as decisões devem levar em consideração tanto o conhecimento dos especialistas como o conhecimento local. O conhecimento dos especialistas ajuda a entender os fatores que afetam as decisões relacionadas ao manejo do esgotamento sanitário e do lodo fecal, enquanto o conhecimento local ajuda os profissionais a compreender como os fatores locais podem restringir ou facilitar possíveis linhas de ação.

Nakuru, Quênia
Versão: Revisada
Nível de DFE: não definido

Data da elaboração: 1º de nov. de 2015
Elaborado por: Claire Furlong, WEDC

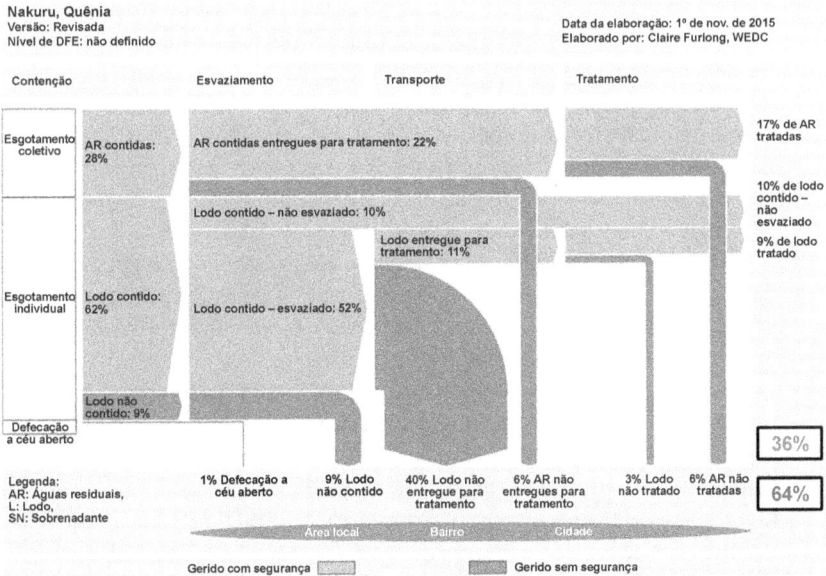

Figura 3.3 Exemplo de DFE mostrando fluxos de excreta em Nakuru, Quênia

Formar consenso em torno da necessidade de tratamento do lodo fecal e esgoto séptico

Quando a maioria das famílias e empresas depender do esgotamento sanitário no local, normalmente haverá clareza quanto à necessidade de manejo do lodo fecal. Infelizmente, a necessidade nem sempre leva à ação. A explicação para isso reside, ao menos em parte, na distinção entre bens públicos e privados identificada no Capítulo 2. A demanda por bens que ofereçam benefícios privados, inclusive a remoção de esgoto séptico de tanques extravasantes, em geral é muito maior do que a demanda por bens públicos, como a proteção ambiental oferecida pelo tratamento. Essa dinâmica cria situações em que operadores não registrados removem o lodo fecal de fossas e tanques, muitas vezes aplicando métodos insalubres, e em seguida o despejam a céu aberto no terreno mais próximo ou no bueiro ou curso d'água mais próximo. O desafio nesses casos será convencer a população e as autoridades da necessidade de ação para melhorar a situação em relação às etapas posteriores da cadeia de serviços de esgotamento sanitário. O DFE pode ser uma ferramenta poderosa para defender a causa, pois ilustra questões relacionadas ao tratamento e descarte de excreta com base em um diagrama simples de fácil compreensão.

Os argumentos para o tratamento devem ser pautados por fatos e adaptados à situação local. Argumentos importantes para melhorar o manejo de lodo fecal:

- O lodo que permanece em fossas e tanques por muitos anos se solidifica a tal ponto que se torna difícil ou impossível removê-lo. A essa altura, as famílias têm de pagar uma grande quantia pela remoção do lodo ou construir uma nova instalação.
- Na ausência da remoção periódica do lodo, geralmente em intervalos de 3 a 5 anos, os sólidos passam por tanques sépticos, e acabam obstruindo os sistemas de módulos de percolação/valas de infiltração, o que acarreta a formação de lagoas de águas residuais perto das moradias.
- Do mesmo modo, a falta de retirada periódica do lodo de sumidouros e latrinas em fossa acaba levando à obstrução das vias de drenagem abaixo da fossa, de modo que a fossa deixa de ser drenada de forma eficiente e passa a necessitar de esvaziamento frequente.
- A viabilidade no longo prazo das estações de tratamento de águas residuais no local que atendem aos sistemas de esgoto locais depende da oferta de sistemas eficazes para remover, transportar e tratar o lodo. A negligência em relação às necessidades de remoção do lodo causa seu inevitável colapso e leva ao lançamento de efluentes não tratados nos corpos d'água locais.
- A remoção do lodo fecal do meio ambiente local e garantia de que seja tratado adequadamente ou manejado com segurança traz benefícios de saúde não apenas para a comunidade local, mas para todas as comunidades.

A maioria desses argumentos se concentra nos benefícios locais ou privados provenientes da melhoria do manejo de lodo fecal. Não levarão diretamente à ampliação da demanda por tratamento, mas aumentarão a demanda pelo esvaziamento de fossas e tanques e pela retirada do lodo fecal e esgoto séptico das comunidades. Seu impacto será limitado quando a maioria da população usar fossas e tanques com conexões ao sistema de drenagem. Conforme observado anteriormente, esses sistemas continuarão a operar durante anos sem a remoção do lodo, e mesmo que tenham pouco ou nenhum impacto na qualidade dos efluentes, acarretam danos ao meio ambiente como um todo. Onde houver o predomínio desses sistemas, o desafio será desenvolver consciência e disposição política para a adoção de medidas para mudar as práticas insalubres existentes. Os argumentos a favor da mudança podem se concentrar nas possíveis consequências de não haver remoção regular do lodo dos tanques: por exemplo, obstrução de esgotos isentos de sólidos e acúmulo de lodo em drenos abertos.

Embora os esforços para promover a melhoria do manejo do esgoto séptico devam salientar os benefícios privados sempre que possível, não podem ignorar os benefícios públicos. Sempre haverá a necessidade de conscientização sobre os benefícios à saúde e ao meio ambiente dos bons sistemas de manejo de esgoto séptico que incorporam o tratamento eficiente. A experiência pelo mundo afora mostra que medidas de melhoria da saúde pública e das condições ambientais são impossíveis sem um forte compromisso do governo. Por exemplo, os governos municipais, e não o setor privado, estiveram à frente da oferta de tratamento de esgoto nas cidades europeias durante os séculos XIX e XX. Ao contrário do abastecimento de água, que possui características evidentes de um bem privado, o tratamento de esgoto é primordialmente um bem público. Este exemplo sugere a necessidade de assegurar que líderes políticos e altos gestores sejam convencidos do valor do tratamento de esgoto séptico/lodo fecal, o que será muito mais fácil se houver legislação nacional que viabilize a implantação de sistemas eficientes de manejo de esgoto séptico/lodo fecal.

Determinação da área de planejamento, área de atendimento da estação e localização

Área de planejamento

Em termos ideais, as estações de tratamento de lodo fecal/esgoto séptico devem ser compatíveis com os planos e estratégias regionais ou nacionais. Independentemente da existência ou não desses planos e estratégias, a primeira tarefa de planejamento no nível municipal será a definição da área de atendimento da iniciativa proposta de manejo de lodo fecal. Fatores que influenciam a abrangência da área de planejamento:

- Ofertas existentes e já previstas de tratamento de esgoto séptico;
- O padrão de ocupação do território;
- A distribuição de instalações de esgotamento sanitário com e sem coleta de esgoto; e
- Limites e responsabilidades administrativas.

O planejamento deve necessariamente começar pela consideração da situação existente, mas também deve levar em conta possíveis mudanças durante o período de planejamento proposto. As mais óbvias serão mudanças no padrão de ocupação do território à medida que as cidades crescerem.

Cada área de planejamento pode ser atendida por uma estação de tratamento centralizado, duas ou mais estações descentralizadas de menor porte ou uma combinação de uma estação centralizada maior e uma ou mais estações menores. A Tabela 3.1 lista os possíveis padrões de ocupação do território e identifica os cenários administrativos prováveis e as áreas de planejamento e atendimento para cada padrão de ocupação.

Nos casos em que a responsabilidade pelo manejo do lodo fecal é descentralizada para o nível municipal, a premissa padrão é que cada autoridade municipal ou concessionária de água e esgotamento sanitário deve ser responsável pelo tratamento de esgoto séptico e lodo fecal de dentro de sua própria área. Na prática, os operadores de caminhões-tanque do setor privado podem entregar esgoto séptico a uma estação de fora da área de atendimento formalmente definida. De fato, levantamentos informais realizados na Indonésia revelaram que alguns operadores privados entregaram cargas de esgoto séptico a estações de tratamento em distâncias superiores a 50 km. Na maioria dos casos, a contribuição dessas cargas é pequena o suficiente para ser ignorada na etapa de planejamento. Por exemplo, a análise do autor dos registros das cargas de esgoto séptico entregues à estação de tratamento de Palu em Sulawesi Central, na Indonésia, demonstrou que menos de 3% das cargas entregues à estação se originavam nas duas zonas rurais adjacentes à área administrativa urbana de Palu

Tabela 3.1 Influência de possíveis cenários geográficos e administrativos sobre a área de planejamento

Padrão de ocupação	Estruturas administrativas	Áreas de planejamento e atendimento
área predominantemente rural com várias cidades de pequeno porte	Uma ou mais administrações distritais	Um ou mais distritos administrativos, a depender das distâncias e da densidade demográfica
área predominantemente rural com hegemonia de uma cidade de médio porte	Administração distrital que inclui a cidade	distrito administrativo, centrado na cidade
área com hegemonia de uma cidade de grande porte	cidade administrada separadamente das áreas do entorno	cidade mais partes dos distritos rurais do entorno
área com hegemonia de duas cidades de médio a grande porte	administrações municipais separadas e talvez áreas do entorno com administrações distritais rurais	Se possível, elaborar plano integrado que atenda às duas cidades, mesmo que fatores administrativos determinem que cada cidade tenha uma estação de tratamento própria
Cidade de grande porte ou conurbação	Pode ser autoridade administrativa única ou dividida entre dois ou mais distritos administrativos	o planejamento deve abranger a cidade inteira, embora as instalações de tratamento possam ser localizadas de modo a atender áreas menores com base em limites administrativos

Há situações em que o desenvolvimento urbano se expandiu além das fronteiras municipais formais em direção a áreas administrativas do entorno que ainda são oficialmente classificadas como rurais. Quando for esse o caso, será necessário considerar toda a área construída na avaliação da provável demanda por serviços de manejo de esgoto séptico e lodo fecal, inclusive tratamento.

O Capítulo 2 citou possíveis estruturas institucionais que podem envolver uma única organização que assume a responsabilidade pelas instalações de tratamento em diversas áreas de atendimento. Quando essas estruturas forem concretas ou propostas, poderá ser necessário estender a área de planejamento além dos limites de um único município ou distrito. Os pontos apresentados acima sugerem a seguinte metodologia para determinar a área de planejamento:

- Obtenha o melhor plano possível, que mostre a área de interesse e as áreas do entorno.
- Identifique as áreas construídas e marque-as em uma cópia do plano. Se possível, conecte-se a um banco de dados que forneça dados demográficos de cada área construída.
- Identifique os limites administrativos e distribua-os em uma cópia do plano.
- Identifique as estações existentes de tratamento de águas residuais e de esgoto séptico/lodo fecal e distribua suas áreas de atendimento aproximadas, com base nos planos disponíveis e tratativas com os gestores das estações de tratamento e os operadores de esvaziamento de fossas e tanques.
- Identifique as áreas de coleta de esgoto, verificando a situação em relação às conexões com os esgotos (tendo em mente que a presença de uma tubulação de esgoto não significa que os domicílios estejam conectados a ela).
- Com base nas informações obtidas nas etapas listadas acima, determine as áreas atualmente sem acesso aos serviços de tratamento de lodo fecal/ esgoto séptico.
- Avalie o porte do mercado de serviços de esvaziamento de fossas e tanques em cada área identificada.
- Discuta os resultados com as partes interessadas locais, concentrando-se sobretudo na relação entre as áreas com acesso a serviços e o padrão de ocupação do território e os limites administrativos, e acorde a abrangência da área de planejamento.

Uma vez acordada a área de planejamento, ao menos em linhas gerais, a atenção pode se voltar para a demarcação das áreas de atendimento da estação de tratamento no âmbito da área de planejamento geral.

Determinação da área de atendimento da estação

A maioria das estações de tratamento de esgoto séptico existentes é centralizada, no sentido de que uma estação atende a uma cidade (de qualquer porte) ou distrito. Não se trata de uma configuração obrigatória, e nos últimos anos houve um interesse considerável na possibilidade de oferta de tratamento descentralizado, com várias instalações de tratamento menores espalhadas pela área. Por outro lado, haverá situações em que várias cidades ou distritos poderão cooperar para oferecer uma estação de tratamento compartilhada. A Tabela 3.2 apresenta as possíveis vantagens e desvantagens das metodologias centralizada e descentralizada.

Pode haver situações em que uma combinação de oferta centralizada e descentralizada será desejável, entendendo-se a centralização e descentralização de forma diferente para cidades de grande porte e cidades menores. Use a Tabela 3.2 como ponto de partida para avaliar os méritos e deméritos de metodologias mais e menos centralizadas, com a possibilidade de avaliações detalhadas em seguida, levando-se em consideração fatores geográficos, técnicos e institucionais.

Tabela 3.2 Vantagens e desvantagens das metodologias centralizada e descentralizada

Metodologia centralizada	Metodologia descentralizada
Vantagens:	*Vantagens:*
Economias de escala associadas a estações centralizadas de maior porte, resultando em redução de capital e, talvez, de custos operacionais. (Mas observe que essa vantagem se reduzirá se tecnologias de tratamento mais simples e menos onerosas puderem ser usadas em estações descentralizadas menores.)	Encurtamento das distâncias de transporte, acarretando a redução dos custos e tempo de transporte e, por conseguinte, aumento no número de fossas e tanques que podem ser esvaziados com um determinado número de veículos. (Observe, porém, que um efeito semelhante pode ser alcançado com o uso de estações de transferência.)
Um número pequeno de estações centralizadas pode ser mais fácil de gerenciar do que um grande número de estações descentralizadas menores.	Dispersão da disponibilidade de produtos tratados, resultando em encurtamento das distâncias de deslocamento e/ou aumento no número de possíveis usuários em que a intenção é vender líquidos e/ou sólidos tratados como insumos agrícolas.
Talvez já haja uma área disponível; por exemplo, em parte de um aterro sanitário de resíduos sólidos existente.	
Uma única instalação, a certa distância do desenvolvimento existente, tem menos probabilidade de atrair oposição do que várias instalações próximas de casas existentes.	Uma carga menor em estações específicas equivale a uma necessidade de área menor em cada estação independentemente da tecnologia adotada, permitindo o uso de tecnologias mais simples e menos onerosas.
Desvantagens:	*Desvantagens:*
Prolongamento das distâncias de transporte, aumentando a necessidade de uso de veículos e elevando os custos de transporte	Possíveis dificuldades em encontrar áreas adequadas em vários pontos descentralizados.
A carga intensa em uma única estação exigirá uma instalação de grande porte ou a adoção de sofisticadas tecnologias de tratamento mecânico/eletromecânico.	Possível oposição de residentes próximos dos locais de tratamento propostos.
Instalações de grande porte somente poderão ser situadas a certa distância dos centros populacionais. Essas tecnologias de tratamento sofisticadas requerem operadores qualificados e podem incorrer em altos custos de manutenção.	Possível dificuldade de monitoramento do desempenho, para assegurar a conformidade com normas de lançamento e gerenciamento da operação e manutenção em vários pontos de tratamento dispersos.
	Incapacidade de atingimento da carga mínima exigida no caso de algumas tecnologias para cobrir os respectivos custos. (isso pode ser de grande importância para metodologias que dependem da receita da venda de produtos tratados; consulte o Capítulo 10.)

Uma variação das metodologias descritas na Tabela 3.2 seria a combinação de uma estação de tratamento centralizada com estações de transferência locais. Em tese, essa metodologia facilitará o uso eficiente de veículos pequenos de esvaziamento e transporte, projetados para operar onde o acesso é restrito, e caminhões-tanque maiores, que fornecerão uma opção eficiente para o transporte de lodo e esgoto séptico em distâncias maiores.

A redução na distância média de transporte é importantíssima:

- Nas cidades de grande porte, onde as distâncias médias de transporte até uma estação centralizada são longas e os congestionamentos podem provocar um aumento considerável do tempo de transporte; e
- Nos casos em que os trabalhadores removem o lodo fecal das latrinas em fossa manualmente e o transportam até o local de tratamento em carrinhos de mão, como é o caso de alguns sistemas na África.

Mukheibir (2015) presta informações sobre opções de estações de transferência, inclusive estações de transferência simples que processam resíduos sólidos e líquidos; opções que proporcionam certo grau de separação entre sólidos e líquidos antes do lançamento do líquido separado no esgoto, módulo de percolação ou área úmida construída; e estações de transferência móveis. As propostas das estações de transferência devem levar em consideração os princípios de projeto apresentados neste livro. Quando o objetivo for alcançar a separação entre sólidos e líquidos, um piso em declive assegurará que o lodo se acumule em um único local e facilitará a retirada do lodo sem a remoção da água sobrenadante. O Capítulo 7 inclui uma explanação mais aprofundada desse ponto.

Mukheibir observa a necessidade de fácil acesso aos pontos de estações de transferência e de espaço suficiente para estacionar os pequenos veículos coletores de esgoto séptico e os caminhões-tanque maiores que transferem os esgotos sépticos armazenados para a estação de tratamento. Na prática, quanto às estações de tratamento descentralizadas, o desafio será encontrar áreas centrais para a área em que a estação de transferência deve atender, e que sejam aceitáveis para os residentes do local. A experiência com resíduos sólidos mostra que as pessoas muitas vezes se opõem às propostas de estações de transferência nas proximidades de suas casas porque temem, não raro corretamente, que a má gestão das instalações causa a deterioração do meio ambiente local. As estações de transferência móveis, cada qual formada por um grande tanque montado em um trailer, são uma opção para superar esse problema. Cada tanque deve ser grande o suficiente para reter o material removido de várias fossas ou tanques. É aconselhável que o tamanho de cada tanque seja compatível com a capacidade do veículo de transporte e com o porte e as condições das rodovias locais. Esses tanques de transferência permaneceriam em um único local por um período limitado, o que, portanto, deve ser mais aceitável para os moradores da localidade. Durante esse período, o objetivo seria esvaziar várias fossas e/ou tanques locais e entregar o conteúdo ao tanque de transferência. Uma vez preenchidos, um trator ou unidade de tração rebocaria o tanque para entregar seu conteúdo à estação de tratamento.

Existem métodos para avaliar a metodologia mais econômica para a localização da estação, mas a realidade prática é que as opções de localização muitas vezes são determinadas pela disponibilidade de área, o que influencia a metodologia de descentralização. Embora cada estação descentralizada possa necessitar de menos área do que uma única estação centralizada, a aquisição de áreas para fins públicos raramente é algo simples. Os moradores da localidade tendem a se opor, e o custo elevado das áreas e complexidade dos processos para sua aquisição podem restringir a escolha da localização da estação de tratamento a locais que já sejam de propriedade do governo.

O sistema descentralizado pode demandar a incorporação de novas instalações com o tempo. Nesse cenário haveria a criação inicial de uma única estação de tratamento em um local razoavelmente central, seguido da construção de outras estações em locais estratégicos, em etapas de tal modo a atender ao aumento da demanda por serviços de manejo de esgoto séptico. Uma vantagem dessa metodologia é seu potencial de favorecer o desenvolvimento incremental da capacidade de manejo por meio de uma abordagem de "aprendizagem prática".

Localização da estação

Em termos ideais, a estação de tratamento deve ocupar posição centralmente dentro de sua área de atendimento. Na prática, outros fatores influenciarão a escolha do local. O mais importante destes é a necessidade de distanciamento dos empreendimentos residenciais. Algumas diretrizes nacionais trazem instruções rigorosas nesse sentido: por exemplo, a separação mínima recomendada nas diretrizes da Indonésia é de 2 km. Essa orientação é semelhante à separação mínima recomendada de 500 m, e de preferência 1 km, apresentada em documentos de orientação para a localização de lagoas anaeróbias de estabilização (Arthur, 1983). Na prática, muitas estações de tratamento estão localizadas a menos de 500 m de casas, conforme ilustrado pelos exemplos do Quadro 3.3.

Quadro 3.3 Exemplos de distância entre estações de tratamento e áreas residenciais

A estação que atende a Palu, em Sulawesi Central, na Indonésia, fica localizada em terreno elevado a certa distância da cidade, mas a distância até as casas mais próximas é inferior a 200 m.

O empreendimento, parte do qual é residencial, está em torno das duas estações de tratamento da capital da Indonésia, Jacarta, e a estação de tratamento Keputih fica em sua segunda cidade, Surabaya.

A unidade de recebimento de lodo fecal de Kingtom, em Freetown, Serra Leoa, fica situada no centro da cidade, e é cercada por áreas residenciais, e chega a incluir algumas casas dentro de seu perímetro. Assim como muitas estações de tratamento de esgoto séptico, as instalações de Kingtom ficam no mesmo local que um aterro de resíduos sólidos.

Estações descentralizadas em Lusaka, na Zâmbia, que oferecem tratamento parcial, estão localizadas nas áreas das moradias informais às quais atendem. Os trabalhadores entregam lodo fecal às estações de Lusaka em carrinhos de mão, o que restringe a distância possível entre as estações e as áreas que atendem e, portanto, torna quase inevitável sua proximidade das áreas residenciais.

A conclusão geral a partir destes e de outros exemplos é que, embora questões como odor indiquem a relevância de se manter as estações de tratamento o mais longe possível de áreas habitacionais, pouco adianta estabelecer normas de separação impossíveis de se aplicar na prática.

Mesmo que as normas de distanciamento sejam completamente relaxadas, as comunidades locais podem resistir aos esforços de instalação de uma estação de tratamento em seu bairro. Essa oposição pode diminuir se a proposta de construção da estação for acompanhada de promessas de benefícios para a comunidade caso ela aceite a proposta. Essa metodologia foi bem-sucedida em Dumaguete, nas Filipinas, onde a comunidade local recebeu incentivos para acolher a estação de tratamento na forma de melhoria das rodovias, promessas de emprego para os moradores locais, um posto de saúde e um programa de bolsas de estudos (David Robbins, comunicação pessoal). O custo dos incentivos foi financiado pela tarifa cobrada pelo esvaziamento programado, que constituiu apenas uma pequena parcela do custo total do programa.

Os altos preços dos terrenos em torno das áreas construídas também influenciam a seleção do local. Na avaliação de possíveis locais, deve-se levar em consideração a possibilidade de que terrenos atualmente fora dos limites urbanos recebam empreendimentos imobiliários durante a vida útil da estação de tratamento proposta.

Uma resposta comum a esses desafios é aceitar que as estações de tratamento precisam ficar localizadas a certa distância de áreas construídas, em geral em terrenos adjacentes àqueles já ocupados por um aterro de resíduos sólidos. Em alguns países, pode ser necessário levar em consideração territórios indígenas na avaliação de possíveis locais. Outra opção é localizar as estações de tratamento em posição mais central, porém reduzir as necessidades de espaço e os problemas de odor por meio da adoção de uma abordagem mais mecanizada e de processos que possam ser fechados para que não haja emissão de odores. Essa abordagem é mais apropriada para cidades maiores, que têm mais chances de dispor dos sistemas necessários para abrigar tecnologias mecanizadas.

O tempo de viagem dos caminhões-tanque será um determinante importante na avaliação da viabilidade de possíveis locais. Os tempos e velocidades de viagem obviamente dependem muito das condições locais. Considerando-se o tempo para a coleta do esgoto séptico de um cliente e sua entrega na estação de tratamento, o tempo médio de cada trajeto de 45 minutos deve permitir cerca de três viagens de ida e volta por dia. Trata-se de um número subjetivo, mas que tem a ver com o nível de atividade alcançado em locais onde há demanda e as condições de tráfego não impõem uma grande restrição. Supondo uma velocidade média de 20 km por hora, isso sugere que a extensão média do trajeto não deve exceder 15 km, e menos ainda se as condições de tráfego ou da via resultarem na redução da velocidade média do trajeto. É desejável um tempo médio de ida e volta mais curto, pois isso aumentaria o volume de esgoto séptico transportado por um único caminhão-tanque. Esses números podem ser usados em uma avaliação preliminar. No entanto, cada situação será diferente, e a avaliação detalhada exigirá informações sobre velocidades de deslocamento e tempos de carga e descarga obtidos no monitoramento de campo das operações de caminhões-tanque (ver Quadro 3.4). A análise deve criar a possibilidade de grandes caminhões-tanque atenderem a mais de uma fossa ou tanque por viagem.

Quadro 3.4 Dois exemplos de análise preliminar de sistemas existentes

Os registros de entrega de caminhões-tanque em Palu, na Indonésia, mostraram que um caminhão-tanque com capacidade de 4 m³ poderia atender entre três e quatro fossas ou tanques por dia, exigindo um tempo médio de ida e volta, inclusive esvaziamento de fossas/ tanques e descarga do esgoto séptico, de cerca de duas horas. Uma análise aproximada, com base em imagens de satélite, sugere que a distância média de transporte era da ordem de 8 km, o que daria uma velocidade média por trajeto de 16 km/h, admitindo-se que o tempo de trajeto representou cerca de 50% do tempo necessário para uma viagem de ida e volta. Os registros da operação da unidade de reboque de trator em um sistema que atende a banheiros comuns em campos de deslocados internos em Sittwe, Mianmar, também revelaram uma média de três a quatro viagens de ida e volta por dia. Nesse caso, a análise do mapeamento de imagens de satélite sugere que a distância média percorrida era da ordem de 5 km. O uso de reboques de trator em vez de caminhões-tanque e o mau estado das rodovias que atendem aos campos de deslocados internos sugerem que a velocidade média era menor que a de Palu. Os trabalhadores bombeavam o conteúdo de latrinas em barris e os transportavam em carrinhos de mão até os pontos de coleta nos vários campos de deslocados internos. Os barris em seguida eram carregados nas unidades de reboque de trator. Nos dois casos, a análise aqui apresentada é bruta, mas pode ser refinada com mais informações sobre a carga efetiva de esgoto séptico, distâncias de transporte e tempos de ida e volta.

Outros pontos a serem considerados na avaliação de possíveis locais para estações de tratamento:

- *Acesso.* A via de acesso entre a rodovia pública e o local da estação de tratamento deve ser pavimentada, sem declives acentuados. De preferência, deve ter largura suficiente para permitir a passagem de dois caminhões-tanque. Quando não for possível, devem ser providenciados pontos de passagem frequente. Idealmente, o local deve ficar situado em uma área onde o congestionamento na via pública não cause problemas para os caminhões-tanque que busquem acesso. O acesso através de áreas residenciais deve ser evitado ao máximo. Quaisquer pontes ao longo das rotas de acesso previstas devem oferecer altura suficiente para permitir a passagem dos caminhões-tanque.
- *Preços dos terrenos.* Os preços de terrenos aumentarão o custo de capital de sistemas "extensivos", como leitos de secagem de lodo, lagoas de estabilização e alagados construídos, a menos que já haja disponibilidade de áreas públicas. Contudo, os preços dos terrenos nas áreas limítrofes da cidade tendem a subir com o tempo. Se houver aquisição de áreas para permitir a instalação de leitos de secagem, lagoas e alagados construídos, nenhuma das quais exigindo obras pesadas de engenharia civil, o terreno se torna um ativo que poderá ser vendido posteriormente quando a estação de tratamento for transferida para outro local ou instalações

extensivas forem substituídas por instalações mecanizadas fechadas menos extensivas.

- *A disponibilidade de serviços de utilidade pública, em particular água e luz.* No caso da água, talvez seja possível abastecer um local remoto a partir de uma fonte local de água subterrânea.
- *Topografia.* Em termos ideais, o local deve propiciar desnível suficiente para permitir que a parte do tratamento de líquidos da estação funcione em grande medida por gravidade. Um declive suave será melhor para a localização de processos de tratamento, como lagoas de estabilização, ao passo que um local plano será adequado para muitos processos de manuseio de sólidos. Com um projeto cuidadoso, as unidades com área útil menor podem ser localizadas em terrenos com maior declividade. No entanto, será melhor evitar locais com declives acentuados, que podem ser suscetíveis a deslizamentos de terra e provavelmente exigirão obras de engenharia civil dispendiosas e vias de acesso com declives acentuados.
- *Geologia e hidrogeologia.* Evite áreas com rochas próximas à superfície e/ ou lençol freático alto, elementos que tendem a gerar custos elevados de construção. Um lençol freático alto também afeta as opções de descarte de líquidos, visto que o descarte por meio de módulos de percolação e valas de infiltração é difícil e afeta adversamente a qualidade das águas subterrâneas. Consulte as entidades competentes para verificar se o local proposto não está dentro de uma área ambientalmente sensível.
- *Suscetibilidade a inundações.* As estações de tratamento não devem ser instaladas em áreas suscetíveis a inundações. Um critério de projeto típico adotado nos países desenvolvidos é que o local não deve correr o risco de inundar com frequência superior a uma vez a cada 50 ou 100 anos. Quando for impossível evitar o uso de uma área sujeita a inundações ocasionais, o projeto deve assegurar que as unidades de tratamento sejam elevadas o suficiente para mantê-las afastadas do nível mais alto de inundação previsto.
- *Proximidade de corpos d'água.* A fração líquida tratada do esgoto séptico normalmente é lançada em um corpo d'água. No caso de estações pequenas, o lançamento de líquido tratado em uma vala de infiltração ou módulo de percolação pode ser possível se o lençol freático estiver a certa distância abaixo da superfície e o solo tiver boas características de percolação.
- *Cobertura de árvores.* Para evitar a obstrução da radiação solar, não deve haver árvores próximas a lagoas e leitos de secagem. Elas podem ficar nos limites do local, a uma distância apropriada de lagoas e leitos de secagem, para tapar a visibilidade do local.

O objetivo deve ser identificar locais com área suficiente para atender às necessidades de tratamento durante pelo menos 30 anos, e preferencialmente por um período maior. Quando os sistemas de planejamento forem sólidos e as decisões de planejamento levarem à ação, deve ser possível selecionar locais preferenciais dentro do contexto de uma estrutura geral de ordenamento territorial. O cenário mais provável em muitos países é que essas condições não se apliquem, de modo que não é possível vincular a seleção do local a uma estrutura geral de planejamento. Quando os sistemas de planejamento são deficientes e as ocupações informais são generalizadas, não é aconselhável supor que um local destinado a uma finalidade específica permaneça inexplorado por tempo indeterminado.

O Quadro 3.5 fornece informações sobre as etapas a serem seguidas para identificar um local adequado para a estação de tratamento.

Quadro 3.5 Etapas na identificação e avaliação de um local adequado para a estação de tratamento

1. Obtenha o melhor mapa que mostre a área de planejamento inteira, de preferência em formato eletrônico, para que outras cópias possam ser feitas.
2. Nesse mapa, trace as principais vias, áreas construídas e os locais de eventuais aterros sanitários/lixões, instalações de tratamento de águas residuais e de esgoto séptico. Sistematize informações sobre topografia, preferencialmente usando contornos, mas, se não for possível, demarque os limites aproximados de áreas com declives acentuados. Mostre também os limites aproximados de áreas suscetíveis a inundações.
3. Identifique áreas que possam propiciar locais de tratamento adequados, concentrando-se sobretudo na distância de viagem dos centros populacionais, no distanciamento de empreendimentos existentes e previstos e na proximidade de uma rodovia principal.
4. Obtenha informações sobre os preços de terrenos nessas áreas e identifique os terrenos de propriedade do governo fora de uso atualmente.
5. Nesta fase, o objetivo é identificar áreas adequadas para a instalação de uma ou mais estações de tratamento. O próximo passo será identificar e investigar possíveis localizações para as estações de tratamento nessas áreas, o que exigirá tratativas com os proprietários de terrenos para sondar sua disposição para vender ou, no caso de entidades governamentais, transferir terrenos.
6. Com base em discussões e preços de terrenos avaliados, identifique locais para uma investigação mais detalhada e aprofundada.

A falta de área adequada e/ou a oposição dos moradores da região podem dificultar a identificação de um local razoavelmente central que ofereça área suficiente para abrigar tecnologias de tratamento não mecanizadas e permita o distanciamento suficiente das áreas residenciais a fim de evitar a objeção dos moradores. Nessas circunstâncias, existem duas opções:

- Selecionar um local menos central e aceitar distâncias maiores de transporte de esgoto séptico; ou
- Selecionar uma tecnologia mecanizada e fechada.

A segunda opção somente será viável se for possível fornecer os sistemas técnicos e gerenciais necessários para a operação da tecnologia mecanizada. Os planejadores também precisam reconhecer que os custos operacionais dos sistemas mecanizados tendem a ser muito mais altos que os dos sistemas não mecanizados, e fazer uma avaliação realista da possibilidade e consequências de cortes de energia.

Independentemente dos diversos pontos abordados acima, a disponibilidade de áreas frequentemente influencia a escolha do local para uma nova estação de tratamento de lodo fecal ou esgoto séptico. A compra de área, mesmo relativamente pequena, necessária para opções de tratamento mecanizado pode ser difícil, sobretudo onde há forte oposição local à instalação da estação de tratamento. Nessas circunstâncias, pode ser necessário recorrer ao uso de áreas pertencentes ao governo, mesmo quando sua localização não é ideal.

Uma vez selecionado um local adequado, será necessário um levantamento topográfico, que deve mostrar todas as estruturas existentes, cotas com linhas de contorno interpoladas e a localização dos limites do local.

Avaliação de carga

A avaliação realista da carga hidráulica, orgânica e de sólidos suspensos é indispensável para o sucesso do funcionamento da estação de tratamento. A instalação entrará em colapso se a carga efetiva ficar muito acima da carga projetada. Do mesmo modo, uma carga baixa pode ocasionar problemas hidráulicos e biológicos, o que dificulta o trabalho da equipe operacional da estação. A avaliação da carga precisa levar em consideração:

- A carga hidráulica na estação, expressa como o volume de lodo fecal e/ou esgoto séptico entregue à estação de tratamento em um determinado período;
- A carga orgânica na estação, expressa como o DQO ou DBO5 do material entregue à estação em um determinado momento; e
- A carga de sólidos: a massa de SST entregue à estação em um determinado momento.

Os planejadores costumam basear as estimativas de carga na necessidade avaliada. Contudo, conforme explicado no Capítulo 2, quando a necessidade objetiva de remoção e tratamento de esgoto séptico/lodo fecal exceder a demanda dos usuários por esses serviços, o projeto baseado na necessidade avaliada irá superestimar a carga na estação de tratamento, ao menos no curto prazo. Há situações em que grande parte do lodo que se acumula em fossas e tanques permanece no local, e outras em que o material é removido, mas não chega à estação de tratamento. As proporções variam de um lugar para outro, dependendo do tipo de esgotamento sanitário no local, de como os domicílios administram essas instalações e da eficiência dos serviços de remoção e transporte. No entanto, a falta de remoção de todo o lodo que se acumula nas fossas e tanques, e seu transporte para tratamento, é a regra e não a exceção. Os motivos dessa situação variam conforme as circunstâncias locais, mas os cenários mais comuns são os seguintes:

- Os domicílios conectam banheiros sem descarga a grandes fossas que ficam muitos anos sem ser esvaziadas, com algumas aparentemente nunca esvaziadas, talvez devido à perda de sólidos digeridos nas águas subterrâneas do entorno.

- Alguns fossas e tanques extravasam para drenos e corpos d'água que permitem que o lodo digerido escape e, assim, reduzem a demanda por serviços de remoção de esgoto séptico.
- Fossas e tanques ficam inacessíveis, o que dificulta ou até impossibilita a remoção de seu lodo. A inacessibilidade pode ser devido à localização (por exemplo, uma família pode ter construído uma extensão sobre o tanque e demonstrar grande relutância em quebrar um piso bem revestido para obter acesso a um tanque localizado embaixo de uma cozinha) ou à falta de uma tubulação ou tampa de acesso. A segunda situação é mais fácil de resolver, mas ainda impede que as pessoas esvaziem seu tanque ou fossa até o último momento possível.
- O equipamento disponível não processa o lodo espesso, levando a uma situação em que a maior parte do material removido é composta por água sobrenadante. Esse problema será extremo quando o lodo conseguir se solidificar até o ponto em que só permitir a remoção manual, prática extremamente desagradável e perigosa para os trabalhadores. Não é de surpreender que os trabalhadores deixem esse material e removam apenas o líquido sobrenadante. O lodo solidificado acaba se acumulando até o ponto em que a única opção é abandonar a fossa e construir outra.
- As equipes de caminhões-tanque vendem lodo diretamente aos agricultores ou fazem seu despejo ilegal, mais uma vez reduzindo a quantidade de lodo levado para a estação de tratamento.

Essas situações e práticas são, em graus variados, indesejáveis, mas são generalizadas e não se limitam aos países de renda baixa. Por exemplo, registros oficiais da Flórida, nos EUA, indicam cerca de 100 mil tanques sépticos esvaziados a cada ano. Esse número é inferior a 4% dos 2,6 milhões de tanques sépticos do estado e representa uma taxa média de esvaziamento de uma vez a cada 25 anos para cada tanque (Departamento de Saúde da Flórida, Escritório de Programas de Coleta de Esgoto no Local, 2011).

Os planejadores devem identificar e, na medida do possível, quantificar as práticas existentes, determinar como essas práticas afetam a demanda no curto prazo e avaliar o impacto provável de variações futuras na quantidade e qualidade do material entregue para tratamento. Entrevistas com operadores de caminhões-tanque de lodo e registros de cargas de esgoto séptico entregues às instalações de tratamento existentes fornecerão informações sobre as práticas existentes. A avaliação de discrepâncias entre a quantidade de esgoto séptico removida de fossas e tanques e a quantidade entregue para tratamento dará uma indicação da necessidade imediata de tratamento. A demanda futura dependerá de como os planos responderão a práticas indesejáveis: aceitam a situação existente e reduzem as estimativas de carga das estações de tratamento conforme a situação? Ou incluem propostas realistas para reduzir e acabar por eliminar práticas indesejáveis, como despejo indiscriminado de esgoto séptico?

Sempre será melhor planejar a eliminação de práticas indesejáveis, mas os planos devem, na medida do possível, ser flexíveis para lidar com incertezas sobre a magnitude e o ritmo das mudanças futuras. Precisam permitir:

- A situação de curto prazo em que a demanda por serviços pode ser limitada.
- Um cenário futuro em que ações positivas criem conscientização e introduzam incentivos à remoção e entrega regulares de esgoto séptico. Essa ação positiva gera um aumento na carga da estação.

Como acontece com todos os aspectos do planejamento, os esforços para criar demanda por boas práticas de manejo de esgoto séptico/lodo fecal serão mais eficazes se começarem com a análise das informações disponíveis. O Quadro 3.6 ilustra as possíveis implicações disso na prática.

A análise apresentada no Quadro 3.6 sugere que qualquer esforço para promover o aumento da frequência de esvaziamento, talvez abrangendo o esvaziamento programado, deve se concentrar nos subdistritos com a maior demanda. Essa abordagem em etapas para aumentar a frequência de esvaziamento precisaria ser levada em consideração na avaliação do ritmo com que a carga na estação de tratamento se intensificaria ao longo do tempo.

Quadro 3.6 Investigação dos padrões de demanda em Palu, Indonésia

Conforme descrito anteriormente neste capítulo, a avaliação das atividades de esvaziamento de fossas em Palu, na Indonésia, mostrou que as fossas estavam sendo esvaziadas em média apenas uma vez a cada 50 anos. O baixo nível de demanda parecia impedir a possibilidade de introdução do esvaziamento programado na cidade como um todo. Entretanto, a frequência de uma vez a cada 50 anos era claramente uma média que ocultava variações na demanda por serviços de esvaziamento de fossas e tanques. Para compreender isso melhor, os registros municipais foram analisados de forma mais minuciosa a fim de determinar onde a demanda por serviços de esvaziamento era maior. Esse exercício revelou que quase 30% das fossas esvaziadas ficavam em apenas 4 subdistritos de um total de 44 subdistritos (9%), e que mais de 58% ficavam em 11 subdistritos, cerca de 25% de todos os subdistritos. Os subdistritos com maior demanda encontravam-se em áreas mais antigas com densidades demográficas relativamente altas. Nesses subdistritos, todas as famílias tinham água encanada em suas casas, abastecidas pelo sistema municipal ou por fontes próprias de água subterrânea. Por outro lado, os registros revelaram demanda quase inexistente por serviços de esvaziamento nos subdistritos periféricos com densidade demográfica menor e frequência menor de água encanada no domicílio.

Uma possível explicação para a variação na demanda é que os *cubluks* (tanques sépticos) das áreas periféricas eram mais novos e ainda não haviam sido preenchidos. Outra explicação, corroborada por investigações subsequentes, é que, nas áreas com demanda maior e mais uso de água, combinado com a tendência de obstrução das vias de drenagem sob os *cubluks* com o passar do tempo, inevitavelmente verificava-se a sobrecarga hidráulica dos *cubluks* e, portanto, a necessidade de esvaziamento mais frequente. O mecanismo em ação nas vias de drenagem obstruídas é semelhante ao mecanismo observado quando a remoção do lodo de tanques sépticos é negligenciada, acarretando o colapso dos módulos de percolação e valas de infiltração subsequentes.

Avaliação da carga hidráulica

Esta seção descreve três métodos de avaliação da carga hidráulica de uma estação de tratamento. O primeiro emprega informações sobre a atividade atual de esvaziamento de fossas e tanques, e é mais adequado para avaliar as cargas no curto prazo. O segundo usa informações sobre o número total de instalações de esgotamento sanitário no local, enquanto o terceiro tem como base informações sobre a população projetada e o ritmo de acúmulo de lodo. Todos os métodos apresentam dificuldades. Quando houver disponibilidade de informações suficientes, será aconselhável calcular a demanda futura com base em mais de um método e rever a validade das premissas inerentes a cada método caso haja grandes diferenças nos resultados

Avaliação da atividade existente de esvaziamento de tanques e fossas

A opção mais simples para avaliar a carga hidráulica atual em uma estação de tratamento proposta ou existente é a coleta de informações sobre a atividade atual de esvaziamento de fossas e tanques.

O volume (*V*) a ser tratado em um ano é dado por esta equação:

$$V = nt_c$$

onde *V* é expresso em m³ por ano, *n* é o número de cargas de caminhões-tanque entregues durante um ano e t_c é a capacidade média dos caminhões-tanque em m.

Esse é um método simples e de fácil adoção onde houver bons registros dos serviços de esvaziamento e transporte de fossas/tanques existentes. Nos casos em que a investigação sugere que a capacidade média do caminhão-tanque é maior que o volume médio do tanque/fossa, um fator adicional deve ser incorporado em reconhecimento do fato de que os caminhões-tanque não circulam cheios. Informações sobre o número de fossas e tanques esvaziados a cada ano podem estar disponíveis nos registros existentes. Porém, esses registros podem ser deficientes, de modo que é sempre aconselhável fazer um levantamento das atividades dos operadores de esvaziamento de fossas e tanques a fim de verificar a exatidão e confiabilidade desses registros. Diante da ausência de registros, será necessário obter informações sobre os serviços existentes. As etapas sugeridas para a obtenção dessas informações são as seguintes:

- Identificar todos os operadores de caminhões-tanque que atuam na área de planejamento.
- Elaborar uma ficha de registro simples.
- Reunir-se com todos os operadores de caminhões-tanque, se possível em uma reunião coletiva.
- Solicitar aos operadores que preencham a ficha de registro durante um período de pelo menos duas semanas, de preferência maior.

- Coletar e analisar fichas de registro para obter informações sobre o número médio de fossas/tanques esvaziados por semana e o volume médio de lodo fecal/esgoto séptico removido.

Se possível, esse exercício deve ser repetido durante dois períodos distintos para compreender a dinâmica de variação das cargas ao longo de um ano. Vale a pena incentivar os operadores de caminhões-tanque a continuar registrando suas atividades, ressaltando as possíveis vantagens para a eficiência e eficácia de suas operações.

Pontos a serem considerados na avaliação dos resultados desse exercício:

- É provável que a falta de capacidade esteja reprimindo a demanda. Para saber se é esse o caso, deve ser verificado em que medida os serviços de esvaziamento e transporte existentes estão operando a plena capacidade. Por outro lado, pode ser que a demanda esteja sendo reprimida pela inacessibilidade de fossas e tanques. O exemplo da Malásia (Quadro 3.8) destaca a importância da manutenção de registros de tentativas bem-sucedidas e mal-sucedidas de esvaziamento de fossas e tanques.
- Os caminhões-tanque nem sempre transportam a carga completa, de modo que as estimativas baseadas no número de viagens desses caminhões serão muito altas, o que será mais provável nos casos em que a capacidade dos caminhões tender a ser maior que a capacidade média das fossas e tanques.
- A previsão de carga hidráulica futura requer a estimativa do crescimento da capacidade de carregamento.

Quando houver demanda reprimida e/ou planos para ampliar a demanda, esse método subestimará a carga no horizonte do projeto, e um dos métodos descritos a seguir será uma opção mais apropriada para determinar a carga hidráulica.

Carga hidráulica futura com base no tamanho médio de fossas/tanques e frequência de esvaziamento presumida

A carga hidráulica em uma estação de tratamento pode ser avaliada com base em informações sobre o número de tanques e fossas a serem esvaziados no âmbito de sua área de atendimento, uma estimativa do tamanho médio dos tanques/fossas e um intervalo de esvaziamento presumido. Com essa metodologia, a equação para a carga hidráulica é:

$$V = \frac{Nv_t c_r}{T}$$

Onde V é o volume em m^3 entregue à estação de tratamento por ano;

N indica o número de fossas e tanques na área de atendimento;

v_t é a capacidade média das fossas/tanques em m^3;

c_r indica a proporção de instalações no local que passam pela remoção periódica de lodo; e

T é o intervalo médio entre as operações de remoção de lodo das fossas/tanques em anos.

Essa equação pressupõe o esvaziamento completo dos tanques a cada remoção de lodo. Quando o tamanho típico dos tanques for maior que a capacidade média do caminhão-tanque/veículo de remoção de lodo, o volume removido tenderá a ser determinado pelo volume do caminhão-tanque, e não pelo volume do tanque. Quando for esse o caso, t_c deverá substituir v_t na equação. Quando uma área contiver mais de um tipo de instalação de esgotamento sanitário, como, por exemplo, latrinas de fossa seca e tanques sépticos maiores, as cargas de cada tipo de instalação deverão ser avaliadas separadamente.

Esse método funciona bem em áreas com serviços programados de esvaziamento. O principal desafio nessas áreas é identificar todas as instalações existentes no local e estimar os volumes médios de fossas e tanques. Construtoras e outras empresas que constroem fossas e tanques devem poder fornecer informações sobre a variedade de tamanhos das fossas que fabricam, mas será sempre melhor verificar suas informações por meio da observação da construção de novas fossas e tanques em campo. Áreas sem serviços de esvaziamento programado apresentam ainda o problema de determinação dos intervalos médios de esvaziamento das fossas/tanques. Em muitos lugares, como mostra o caso de Palu, o intervalo médio de esvaziamento de fossas e tanques pode ser muito maior do que o intervalo de 3-5 anos que normalmente é considerado ideal. O desafio para planejadores e projetistas é atribuir um valor realista ao intervalo de esvaziamento e avaliar suas chances de variação ao longo do tempo. O desafio fica ainda maior quando fossas e tanques no local estão conectados a drenos e esgotos, para que sólidos possam escapar através das conexões, reduzindo assim a demanda pelo esvaziamento de tanques. Também afetam a carga hidráulica as atividades de operadores de esvaziamento de fossas e tanques não registrados, que podem estar descarregando em locais diferentes dos pontos oficiais de tratamento/descarte.

Cargas futuras com base na taxa de acúmulo de lodo per capita

Outra opção para avaliar futuras cargas volumétricas é basear os cálculos na taxa de acúmulo de lodo per capita. A equação do volume (V, m³) no caso desta opção é:

$$V = \frac{Pqc_oc_r}{1000}$$

Onde P indica a população estimada da área de atendimento, prevendo uma margem para o crescimento da população e, conforme o caso, qualquer população temporária, como, por exemplo, turistas e trabalhadores migrantes;

q é o volume médio removido por pessoa a cada ano (litros per capita por ano), compreendendo a taxa de acúmulo de lodo fecal e uma margem para eventual água sobrenadante removida junto com o lodo; c_o é a parcela da população atendida pelas instalações de esgotamento sanitário no local e descentralizadas que necessitem de serviços de remoção, transporte e tratamento de esgoto séptico, expressa como uma fração; e

c_r indica a proporção de instalações no local que passam pela remoção periódica de lodo.

A população da área atendida pode ser estimada com base em dados censitários.

Outro método é multiplicar o número de domicílios pelo tamanho médio dos domicílios. Informações sobre o número de domicílios podem estar disponíveis em levantamentos da população. Nos casos em que um domicílio equivale a uma edificação avulsa, outra opção pode ser estimar o número de edificações a partir de imagens de satélite. Esta opção não deve ser usada quando uma edificação for composta por vários domicílios ou um domicílio ocupar mais de uma habitação. Na maioria dos casos, a melhor opção será começar com os dados do censo, empregando outros métodos para verificar e confirmar as estimativas, quando necessário. As estimativas demográficas futuras precisarão incorporar uma tolerância para o crescimento populacional futuro.

A taxa de acúmulo de lodo é condicionada a diversos fatores, inclusive temperatura, possibilidade ou impossibilidade de adicionar material alheio a fossas e tanques, e tempo de detenção antes do esvaziamento de uma fossa ou tanque. O Quadro 3.7 sintetiza informações sobre as taxas de acúmulo de lodo extraídas de uma série de fontes e abrange vários tipos de esgotamento sanitário no local. Atente para os intervalos observados na maioria dos casos.

Essa metodologia é mais adequada para áreas nas quais latrinas em fossa e/ou fossas com revestimento são a forma mais comum de esgotamento sanitário no local. O método subestimará o volume de material que necessita de remoção e tratamento quando esse material incluir água sobrenadante de tanques sépticos e fossas sem revestimento, em alguns casos de forma expressiva. Por exemplo, o volume estimado de esgoto séptico removido de fossas e tanques em Dakar, no Senegal, é de cerca de 6.000 m³/dia (Bäuerl et al., 2014). Cálculos baseados na população atendida por fossas e tanques esvaziados regularmente sugerem que isso equivale a quase 600 litros anuais per capita. Esse número alto deve obrigatoriamente incluir um volume de água sobrenadante muito alto, conclusão que é confirmada pelo teor de 4,5 g/litro de sólidos do esgoto séptico, o que indica um teor de água de 99,55%. Quando os cálculos mostram que o volume de esgoto séptico removido fica bem acima da faixa sugerida no final do Quadro 3.7, o objetivo de longo prazo deve indiscutivelmente ser o de melhorar as instalações de esgotamento sanitário no local com vistas a reduzir a infiltração e assegurar a eficiente exfiltração.

Quadro 3.7 Informações sobre taxas de acúmulo de lodo

Um estudo com medições físicas em 107 fossas e tanques sépticos de seis cidades da Indonésia revelou taxas médias e medianas de acúmulo anual de lodo de 25 litros per capita e 13 litros per capita, respectivamente. A diferença entre as taxas média e mediana foi resultado de taxas elevadas de acúmulo em um pequeno número de fossas. Apenas 8% das instalações investigadas eram tanques sépticos convencionais; 83% eram *cubluks* de fossa única e 6% eram pequenos tanques de fibra de vidro. Em 22% das instalações testadas, havia uma saída para um dreno, o que resultava em certa redução da taxa de acúmulo de lodo. Apesar de os resultados revelarem taxas de acúmulo baixas em termos gerais (Mills et al., 2014).

Uma compilação de dados sobre as taxas de preenchimento de latrinas de locais da África Austral mostrou que as taxas de acúmulo normalmente ficavam na faixa de 10 a 70 litros anuais per capita. Outro estudo revelou taxas de preenchimento de latrinas per capita na faixa de 21 a 64 litros/ano e que as fossas normalmente são preenchidas a um ritmo entre 200 e 500 l/ano, independentemente do número de usuários. A partir desses resultados, o relatório sobre as investigações recomendou que as fossas fossem projetadas com base na cifra de 40 litros anuais per capita, ao passo que os programas de esvaziamento de fossas deveriam ser pautados pela cifra de 60 litros per capita por ano (Still e Foxon, 2012).

As taxas de acúmulo de lodo obtidas em estudos realizados na América do Norte costumam situar-se na faixa de 60 a 125 litros per capita por ano, para tempos de detenção superiores a três anos, com uma redução na taxa média de acúmulo com aumento do tempo de detenção (ver, por exemplo, Brandes, 1977; e resumo no Capítulo 3 de Lossing, 2009). As taxas de acúmulo de tanques sépticos em climas mais quentes tendem a ser mais baixas. Estudos conduzidos na África do Sul revelaram taxas na faixa de 27 a 54 litros per capita por ano (Norris, 2000).

O ponto mais importante revelado por esses números é que as taxas de acúmulo de lodo em geral são da ordem de 25 a 70 litros por pessoa por ano. Taxas aparentemente mais altas são suscetíveis de incluir água sobrenadante e, portanto, não representam a taxa efetiva de acúmulo de lodo.

Um desafio importante nos métodos baseados no número de instalações no local e na taxa de acúmulo de lodo per capita é o cálculo de c_o, a parcela das instalações no local que passarão pela remoção periódica de lodo. Isso é bem verdade nos casos em que há demanda limitada por serviços de remoção, transporte e tratamento de esgoto séptico. Por exemplo, a experiência na Indonésia é que a falta de demanda por esses serviços ocasionou uma situação de subcarga em quase todas as estações de tratamento de esgoto séptico. A comparação dos dados sobre a atividade atual de esvaziamento de fossas com dados do número total de instalações de esgotamento sanitário no local pode ser usada para avaliar a situação atual. No entanto, também é necessário considerar como essa demanda pode crescer com o tempo. O Quadro 3.8 lista alguns dos fatores que influenciam a demanda futura. Dada a dificuldade de avaliar o efeito combinado desses fatores, as projeções de carga serão sempre provisórias, o que sugere a conveniência de se adotar uma abordagem por etapas para a oferta de instalações de tratamento, com a correção dos planos à luz da experiência operacional. O Capítulo 5 traz mais informações sobre esse assunto.

Quadro 3.8 Avaliação da demanda futura

Pontos a serem considerados na avaliação da demanda futura:

- *Tendências passadas.* Algum registro disponível indica aumento da demanda ao longo do tempo? Em caso afirmativo, há informações suficientes para permitir a análise mais detalhada a fim de determinar: (a) onde a demanda está aumentando; e (b) os motivos desse aumento?
- *Prováveis mudanças na oferta de esgotamento sanitário.* Há planos de ampliação da coleta de esgoto para novas áreas e, em caso afirmativo, quantas pessoas devem ser contempladas?
- *Mudanças nas práticas de manejo de esgoto séptico.* Há planos de introdução do esvaziamento de fossas programado? A demanda irá aumentar após a introdução do esvaziamento programado. Aperfeiçoamentos nos equipamentos de esvaziamento de fossas, esforços para melhorar a acessibilidade de fossas e tanques, e aplicação da legislação para proibir práticas como conexões de tanques sépticos domésticos ao sistema de drenagem também devem aumentar o volume de material entregue para tratamento.
- *Fortalecimento da legislação.* A legislação para desestimular o despejo ilegal de lodo fecal e esgoto séptico em locais não oficiais de tratamento tende a provocar o aumento da carga nesses locais. O impacto da legislação dependerá dos sistemas e recursos disponíveis para sua aplicação. Sem aplicação, seu efeito será limitado.
- *Esforços para promover o esvaziamento de fossas mais frequente.* É razoável supor que iniciativas para promover o esvaziamento de fossas e tanques ocasionem o aumento da demanda por esvaziamento. O desafio para os planejadores é estimar a magnitude desse aumento.
- *Mudanças nas práticas de esgotamento sanitário resultantes do aumento da densidade urbana.* Em termos específicos, o loteamento e o consequente aumento da densidade habitacional tendem a impedir a construção de novas fossas quando as antigas são preenchidas, o que deixa o esvaziamento como a única opção viável.
- *Liberação da demanda reprimida.* A demanda reprimida é fruto da falta de remoção de esgoto séptico aproveitável e de veículos de transporte. Um indicador de possível demanda reprimida é o pleno uso dos caminhões-tanque, quando fazem 3 ou 4 viagens por dia e talvez trabalham nos fins de semana. Se a demanda for reprimida pela falta de capacidade de transporte, serão necessárias medidas para aumentar a capacidade de transporte e tratamento. Outro indicador é o número elevado de tentativas fracassadas de esvaziamento dos tanques. Dados da Malásia mostram que, nos últimos anos, apenas 40% das tentativas de esvaziar tanques sob demanda foram bem-sucedidas (Narayana, 2017: Figura 7). É provável que o principal motivo para a alta proporção de tentativas frustradas de remoção do lodo seja a indisponibilidade ou inacessibilidade dos tanques. A proporção de tentativas bem-sucedidas ficou abaixo de 30% quando o esvaziamento programado era o padrão.
- *Diminuição da demanda em uma instalação específica devido à construção de novas instalações nas áreas do entorno.* É possível que, mesmo onde a demanda permanecer alta, o aumento do congestionamento do tráfego provoque a ampliação do tempo de viagem, de tal modo que haja redução do volume de lodo entregue a uma determinada estação de tratamento.

Devido às várias incertezas associadas a cada metodologia de cálculo da carga hidráulica, sempre vale a pena conferir os resultados gerados pelos diferentes métodos de cálculo.

A avaliação do crescimento da demanda requer uma análise crítica, e as avaliações sempre estarão sujeitas a incertezas. O relatório de projeto deve indicar claramente as premissas adotadas na avaliação do crescimento da demanda. Premissas claras proporcionam uma base para futuras modificações de procedimentos operacionais em resposta à experiência operacional. Nos casos em que a densificação e o aumento dos fluxos de tráfego puderem afetar a capacidade de entrega em um local específico, o relatório de projeto deve incluir referência à possibilidade de construção de novas estações de tratamento no futuro, em vez da expansão da estação existente.

Essa discussão evidencia a necessidade de pautar as estimativas de carga hidráulica pela melhor avaliação possível da demanda. Os seguintes pontos devem ser considerados na avaliação da demanda:

- Nos locais onde o lençol freático é alto e/ou os mecanismos de percolação das fossas e dos módulos de percolação estão obstruídos, a demanda por esvaziamento de fossas e tanques tende a ser alta.
- Nos casos em que um número expressivo de fossas e tanques lança líquido em excesso no sistema de drenagem, é provável que a demanda inicial por serviços de esvaziamento seja baixa. O grau de possível variação dessa situação no futuro dependerá da capacidade do governo de aplicar leis e estatutos que proíbam o lançamento de efluentes parcialmente tratados no sistema de drenagem.
- As fossas grandes levam vários anos para serem preenchidas, e muitos anos poderão decorrer até contribuírem para a demanda. Nos locais onde a detenção de líquidos em fossas e módulos de percolação não estiver causando problemas para os usuários do esgotamento sanitário, a demanda por serviços de esvaziamento de tanques tende a ser baixa.

Avaliação das cargas orgânicas e de sólidos suspensos

É possível calcular a carga orgânica em uma estação de tratamento de águas residuais planejada por meio da multiplicação da população contribuinte por uma estimativa apropriada das cargas per capita de DBO ou DQO e SST. Essa metodologia não é adequada para o cálculo da carga nas estações de tratamento de lodo e esgoto séptico, pois a digestão e a perda de material dissolvido com água percolada resultam em mudanças marcantes na DQO, DBO e SST do lodo fecal mantido em fossas e tanques sépticos ao longo do tempo.

O outro método para calcular cargas orgânicas e de sólidos suspensos é multiplicar a carga hidráulica estimada por uma concentração de DBO ou DQO efluente presumida ou estimada. Assim, a taxa de carga de DBO é:

$$\lambda_{DBO} = \frac{QL_i}{1000}$$

Onde λ_{DBO} é a taxa de carga de DBO em kg/dia;

Q é a vazão diária em m³/dia; e

L_i é a concentração de DBO do efluente (mg/l).

Equações semelhantes serão aplicadas às taxas de carga para DQO e SST com a concentração de DBO substituída pelas concentrações de DQO e SST, respectivamente.

A exatidão da estimativa de carga depende da exatidão dos dados sobre a carga hidráulica e a concentração do efluente. Desafios para os projetistas de estações de tratamento de lodo fecal e esgoto séptico:

* Grande variabilidade na concentração do lodo fecal/esgoto séptico entre os locais;
* Grande variabilidade na concentração de amostras avulsas de lodo fecal/ esgoto séptico colhidas em locais específicos; e
* Probabilidade de variação da concentração do material a ser tratado conforme as práticas de esvaziamento.

A Tabela 3.3 ilustra o primeiro ponto. A grande variedade de concentrações listadas na tabela ilustra a conveniência de obtenção de informações específicas do local na fase de estruturação.

Tabela 3.3 Informações sobre a concentração do esgoto séptico de vários locais

Localização e tipo	DBO	DQO	SST	Comentários
Esgoto séptico de Accra	600-1.500	7.800	4.760	SSt baseado em 40% de sólidos totais não voláteis
Lodo fecal de banheiros públicos de Accra	7.600	49.000	52.500	Koné e Strauss (2004)
Esgoto séptico de vários locais	840– 2.600	1.200– 7.800	12.000– 35.000	Koné e Strauss (2004), resumido em Strande et al. (2014)
Esgoto séptico de Kampala	–	24.962	19.140	Análise do autor da média de 56 amostras com uma enorme variedade de concentração listadas em Schoebitz et al. (2016): as concentrações medianas ficam muito abaixo
Esgoto séptico de Manila	3.800	37.000	72.000 (número de St)	Citado em Heinss et al. (1999)
Indonésia, amostras de esgoto séptico entregues a oito estações de tratamento	5.000	12.700	18.000	Resultados médios de 160 amostras de esgoto séptico entregues a oito estações de tratamento de esgoto séptico (IUWaSh, 2016, documento não publicado)

Localização e tipo	DBO	DQO	SST	Comentários
Maximo paz, Argentina	2.800	Não registrado	11.500	Números de Fernández et al. (2004) parecem ser a média obtida a partir de várias amostras, cada qual composta por três subamostras de uma carga de caminhão-tanque
Albireh, Palestine	434 (165–1.107)	1.243 (181–9.315)	3.068 (76–13.044)	extraído de Al Sa'ed e Hithnawi (2006) "Grande número de amostras" em um período de quatro meses
Ouagadougou, Burkina Faso (Tranques sépticos)	1.453	7.607	7.077	Números de tanques sépticos e latrinas com fossa extraídos de artigo da autorida de Bassan et al (2013), que também indicaram grandes variações em torno dos valores médios citados aqui
Ouagadougou, Burkina Faso (latrinas com fossa)	1.480	12 437	10 982	

Obs.: todos os valores estão em mg/l

Um indicador útil da provável biodegradabilidade do lodo fecal e esgoto séptico é a proporção de DQO para DBO_5. Via de regra, quanto menor a proporção, maior será a biodegradabilidade do material. As proporções de DQO para DBO dos materiais listados na Tabela 3.3 variam de cerca de 2,5, registrado pelo estudo indonésio, até quase 10 em Manila. Essas proporções se comparam com uma proporção típica de DQO/DBO_5 de cerca de 2 para águas residuais domésticas. Estes são valores médios, e as proporções registradas a partir de amostras avulsas podem variar bastante. Por exemplo, as proporções de DQO/DBO_5 registradas para cargas avulsas em uma estação de tratamento nos EUA variaram de 2,7 a 8,4 (US EPA, 1977). Não obstante, as proporções médias de DQO/DBO_5 obtidas a partir de várias amostras dão uma boa indicação do grau de presença de lodo digerido no material a ser tratado, com as proporções mais altas indicando a presença de material digerido.

A melhor forma de lidar com a grande variabilidade nas características do lodo em um local específico será a obtenção de informações sobre as características das amostras compostas. As amostras compostas devem:

- Ser retiradas de caminhões-tanque ou de outros veículos usados para o transporte de lodo fecal e esgoto séptico;
- Incluir amostras do maior número possível de cargas de caminhões; e
- Incluir amostras colhidas em intervalos no decorrer do processo de descarga, bem misturadas.

Amostras compostas avulsas, embora melhores que as não misturadas, ainda assim fornecem informações sobre uma fração de todo o material entregue para tratamento. Para assegurar que os resultados da amostragem sejam representativos de toda a carga hidráulica, orgânica e de sólidos suspensos, será necessário coletar ao menos 20 amostras e, de preferência, mais amostras compostas, em geral distribuídas ao longo de vários dias. A média dos resultados obtidos a partir deste exercício deve fornecer uma estimativa de exatidão aceitável para a concentração de esgoto séptico/lodo fecal em uma determinada época do ano. É possível que as características do lodo e do esgoto séptico variem ao longo do ano. Assim, o melhor procedimento será a coleta e análise de conjuntos de amostras compostas em intervalos ao longo do ano.

Quando uma estação de tratamento recebe material de diferentes tipos de esgotamento sanitário no local, como, por exemplo, latrinas de fossas secas, fossas sem revestimento e tanques sépticos, será necessário avaliar as cargas hidráulicas, orgânicas e de sólidos suspensos de cada tipo de esgotamento sanitário separadamente. Isso exigirá amostragem composta e análise das cargas fornecidas por cada tipo de esgotamento sanitário, juntamente com informações sobre o volume de material esperado de cada tipo de esgotamento sanitário. A carga na estação passa a ser o somatório das cargas de cada tipo de esgotamento sanitário. Assim, a equação da carga de DBO a partir de uma combinação de latrinas e tanques sépticos seria:

$$\lambda_{DBO} = \frac{\left(QL_i\right)_{\text{Latrinas com fossa}} + \left(QL_i\right)_{\text{Tanques sépticos}}}{1000}$$

As características do material recebido podem variar com o tempo, à medida que as instalações de esgotamento sanitário ou as práticas de esvaziamento de fossas e tanques mudarem. Atente para o seguinte:

- A concentração do esgoto séptico recebido tende a diminuir com o aumento da frequência de esvaziamento de fossas e tanques à medida que diminui a proporção de lodo acumulado para água sobrenadante.
- A concentração do esgoto séptico e do lodo fecal aumenta se os métodos avançados de remoção de lodo levarem ao aumento da remoção de lodo concentrado do fundo de fossas e tanques.

O efeito dessas variações é difícil de prever. É possível obter certa noção de prováveis diferenças de concentração por meio da comparação entre as concentrações do material retirado das instalações esvaziadas com frequência e com baixa frequência. Independentemente disso, os projetistas devem reconhecer que a experiência operacional pode revelar que as cargas hidráulicas, orgânicas e de sólidos suspensos efetivas são diferentes das presumidas na fase de projeto. Essa experiência deve ser usada para:

- Recomendar alterações nas práticas operacionais projetadas para assegurar que respondam à situação real, e não à presumida; e
- Fazer alterações nas premissas de projeto adotadas no planejamento de novas instalações de tratamento.

Tolerância para variações de vazão

A vazão para uma estação de tratamento de esgoto séptico varia com periodicidade diária e mensal, a depender do número de caminhões-tanque. Também irá variar ao longo de um único dia, sobretudo porque a entrega somente é possível durante o horário de funcionamento da estação. As vazões instantâneas de pico dependerão da taxa máxima de descarga de cada caminhão-tanque e do número de caminhões capazes de descarregar simultaneamente. A metodologia normal para lidar com variações em um único dia, entre dias e meses é estimar a vazão média de uma estação em um dado ano e aplicar fatores de pico apropriados para calcular as vazões do mês de pico, do dia de pico e da hora de pico. O pico da vazão instantânea pode ser avaliado por meio do registro do ritmo de descarga dos caminhões-tanque.

A Tabela 3.4 lista as vazões apropriadas para uso no projeto de instalações de tratamento de esgoto séptico.

Tabela 3.4 Vazões usadas no projeto de várias unidades de tratamento

Unidade	Vazão a ser usada no projeto
Instalações e grades de recebimento de esgoto séptico	Vazão instantânea máxima – para os caminhões-tanque vazão quando o caminhão-tanque está cheio – modificada conforme a necessidade para permitir a atenuação da vazão através da instalação de recebimento
Unidades que retêm o esgoto séptico pela média de menos de um dia (decantadores e adensadores por gravidade)	Descarga horária de pico
Unidades com tempo de detenção entre um dia e uma semana (reatores anaeróbios compartimentados, câmaras de separação entre sólidos e líquidos ao estilo indonésio)	Descarga diária de pico
Unidades com tempo de detenção entre uma semana e dois meses (lagoas, tanques de decantação e adensamento ao estilo da África Ocidental, leitos de secagem convencionais)	Descarga mensal de pico
Unidades com tempo de detenção acima de dois meses (leitos de secagem com vegetação)	Descarga média

A análise dos registros de entregas a uma estação de tratamento de esgoto séptico existente pode fornecer informações sobre os principais fatores de pico mensal e diário. Para avaliar o fator de pico mensal, analise o conjunto completo de registros para calcular a taxa média de entrega de esgoto séptico à estação, identifique o mês com a maior entrega de esgoto séptico e use os registros deste mês para calcular a taxa média de entrega durante esse mesmo mês. A divisão do pico do valor mensal pelo valor médio do ano como um todo fornece o fator do pico mensal. A metodologia para calcular o fator de pico diário é semelhante, exceto que o foco recai sobre a identificação do pico do fluxo diário registrado, ou talvez da média dos 10 fluxos diários mais altos registrados, e pela divisão pelo fluxo diário médio. Ao adotar essa metodologia, esteja ciente de que a capacidade limitada de remoção e transporte de esgoto séptico pode reprimir as demandas de pico.

Na ausência de bons registros, ou se houver motivos para acreditar que a falta de capacidade esteja reprimindo o pico de demanda, será necessário estimar os principais fatores de mês e dia. A análise das informações obtidas em nove estações de tratamento, cinco dos EUA e quatro da Noruega, revelou fatores de pico no mês que variam de 1,3 a 2,5, com 10 dos 16 resultados registrados na faixa de 1,7 a 2,1 (US EPA, 1984). A análise dos registros de entrega à estação de tratamento de esgoto séptico de Devanahalli em Karnataka, na Índia (com base nas informações fornecidas em Pradeep et al., 2017) indica um fator de pico mensal de 1,61. O maior número mensal de cargas se deu em agosto, que também foi o mês com maior precipitação. Com base nesses números, um fator de pico mensal de 2,0 deve ser usado na ausência de informações específicas da estação.

Os fatores de pico diário referentes às quatro estações norueguesas mencionadas acima variaram de 2,94 a 4,88 (US EPA, 1984). Provavelmente trata-se de resultados típicos para climas temperados. São limitadas as informações sobre os fatores de picos diários nos países de renda baixa com climas quentes e variações sazonais evidentes nas precipitações. É improvável que a taxa diária máxima de entrega exceda em 1,5 a taxa média de entrega durante o mês de pico. Para um fator de mês de pico de 2,0, isso daria um fator de pico diário de 3,0. No entanto, a única maneira confiável de avaliar os fatores de pico diário será pela coleta de informações diárias sobre o volume de material/número de cargas entregues a uma estação existente por um período mínimo de um ano.

A forma mais simples de calcular o pico de descarga horária é dividir a descarga diária total pelo número de horas em que a estação fica aberta para receber caminhões-tanque, talvez aumentando o número resultante ligeiramente a fim de considerar o fato de que alguns períodos durante o dia serão mais movimentados do que outros. Por exemplo, se uma estação recebe 120 m³ de esgoto séptico durante um período de entrega de oito horas, a vazão média durante esse período de oito horas é de 15 m³/h, três vezes o valor de 5 m³/h calculado ao longo do dia. Se um fator de pico adicionado de 1,33 for aplicado para permitir variações na taxa de descarga dos caminhões-tanque durante o período de oito horas, a vazão de projeto se torna 15 x 1,33 m³/h ou 20 m³/h, que é quatro vezes a taxa de vazão média do dia inteiro.

A outra opção para avaliar a vazão da hora de pico é estimar a taxa máxima possível de entrega de esgoto séptico, com base na capacidade normal do caminhão-tanque e no tempo necessário para um caminhão-tanque retornar ao ponto de recebimento de esgoto séptico, lançar sua carga e sair do caminho pronto para o próximo caminhão-tanque voltar à posição. Será necessária a observação de campo em uma estação de tratamento de esgoto existente para a coleta das informações necessárias para esta metodologia. A vazão de pico calculada conforme esse método representa o limite superior da faixa de possíveis valores de vazão horária de pico, com base na premissa de que a descarga do esgoto séptico ocorre continuamente, sem interrupções, quando algum caminhão-tanque não está retornando a seu lugar, lançando sua carga ou afastando-se da área de descarga. O Capítulo 6 traz mais informações sobre as opções de avaliação das vazões instantâneas de pico.

Opções tecnológicas

A avaliação tecnológica requer informações sobre os seguintes aspectos de cada tecnologia:

* Área necessária;
* Energia necessária;
* Conhecimento e competências necessárias para sua operação, manutenção e reparo;
* Adequação da cadeia de suprimentos para os materiais e peças sobres-salentes necessários;
* Custo geral, inclusive custos de capital e custos recorrentes descontados;
* Custo operacional;
* Seu provável impacto ambiental, sobretudo impactos locais na qualidade do ar ou da água.

Esses aspectos estão interrelacionados de várias maneiras. Por exemplo, pode haver vínculos entre o custo de peças de reposição e a inadequação da cadeia de suprimentos. As causas fundamentais de deficiências no conhecimento e competências operacionais podem ser institucionais, caso em que os esforços de capacitação da equipe que não alterem as estruturas e sistemas institucionais nos quais elas operam serão ineficazes.

É importante fazer duas perguntas ao avaliar uma tecnologia ou processo:

* Qual é o grau de eficácia dessa tecnologia para resolver o problema?
* Como ela pode falhar?

Esses questionamentos ajudam a descartar tecnologias e metodologias inadequadas, seja porque não resolvem o problema, seja pela impossibilidade de se garantir as condições necessárias para o sucesso da operação.

Conforme observado no Capítulo 2, nenhuma situação é estática, de modo que as condições podem mudar no futuro. As estratégias para o aprimoramento do manejo de lodo fecal devem incluir medidas de superação das restrições institucionais, financeiras e de outra natureza. Procedendo-se dessa forma, é possível criar condições que permitam maior variedade de opções tecnológicas. É importante assegurar que as medidas integrantes da estratégia sejam realistas, partindo da situação existente e identificando com clareza as etapas necessárias para o alcance das condições necessárias para a introdução bem-sucedida das tecnologias propostas.

Uma vez descartadas as tecnologias inadequadas ou inviáveis, a atenção pode se voltar para a avaliação comparativa das tecnologias que permanecerem. Esse processo deve incluir a avaliação de seus custos de capital e custos recorrentes. A metodologia padrão para a comparação de custos é descontar todos os custos e eventuais receitas de modo a se chegar a um único custo presente líquido. A taxa de desconto aplicada é determinante para os resultados dos cálculos do custo presente líquido. Por exemplo, se a escolha for entre duas tecnologias, uma com alto custo de capital e baixo custo operacional, e outra com baixo custo de capital e alto custo operacional, uma taxa de desconto elevada favorecerá a opção com alto custo de capital, e uma taxa de desconto baixa favorecerá a opção de custo operacional elevado. Siga a orientação de especialistas econômicos e financeiros para a seleção da taxa de desconto.

Os custos de capital e custos operacionais dos processos de tratamento mecanizado em geral são mais altos do que os custos dos processos não mecanizados, ponto ilustrado pelas constatações das Filipinas sintetizadas no Quadro 3.9.

Quadro 3.9 Comparação dos custos de opções mecanizadas e não mecanizadas nas Filipinas

Um exercício de comparação realizado nas Filipinas sugeriu proporções de custos de capital para esquemas mecanizados e não mecanizados, variando de aproximadamente 2,5 para uma estação com capacidade de 15 m³/dia até cerca de 1,25 para uma estação com capacidade de 380 m³/dia (USAID, 2013). Incluem-se aí os custos de terreno, da estação e dos caminhões-tanque de lodo. Os custos do sistema totalmente mecanizado pressupõem a separação automática de lodo e resíduos sólidos, secagem do lodo por prensa mecânica ou por centrifugação e aeração de alta velocidade do filtrado. Os custos referentes a sistemas "não mecanizados" incluem grades mecânicas, lagoas de estabilização e leitos de secagem de lodo. O custo do terreno presumido foi de US$ 46 por metro quadrado. Para uma estação de 70 m³/dia, o custo de capital de uma unidade mecanizada era mais baixo que o de uma estação não mecanizada, uma vez que o custo do terreno ficou acima de US$ 350 por metro quadrado.

Um exercício semelhante para custos operacionais constatou que os custos estimados do sistema mecanizado eram marginalmente mais altos que os custos do sistema não mecanizado em uma estação com capacidade de 15 m³/dia, aumentando com a ampliação da capacidade da estação até alcançar uma proporção de cerca de 2,35:1 para uma estação com capacidade de 380 m³/dia. A comparação incluiu os custos de pessoal, custos administrativos e testes de qualidade da água, além de custos diretos de tratamento. O pessoal abrangeu o gerente da estação, operadores, técnico de manutenção, químico, secretário, pessoal de apoio de produção e manutenção, segurança, motorista e trabalhadores não qualificados. Na prática, esse nível de provimento pessoal não será necessário para estações de tratamento de pequeno porte. Os custos presumidos para o teste de qualidade da água foram os mesmos para os sistemas mecanizados e não mecanizados, assim como os custos de pessoal e custos administrativos para estações com capacidade até 60 m³/dia. No caso das estações maiores, a comparação pressupôs custos nas estações mecanizadas mais altos do que os custos nas estações não mecanizadas, mas a diferença não excedeu cerca de 10%, independentemente do porte da estação. Os custos de tratamento incluíram os custos de energia e produtos químicos (polímeros para tratamento mecânico do lodo e cloro para a desinfecção de efluentes).

As comparações apresentadas no Quadro 3.9 sugerem que uma opção de tratamento não mecanizado será menos onerosa que uma opção mecanizada, exceto quando os preços do terreno forem muito altos. As comparações da USAID consideraram apenas os custos de tratamento e, conforme indicado no Capítulo 2, uma comparação completa dos custos precisa levar em consideração os custos incorridos para a oferta dos outros elos da cadeia de esgotamento sanitário.

É possível prever situações em que a escolha de uma tecnologia mecanizada permitiria à estação de tratamento se aproximar dos centros populacionais, levando a uma redução nos custos de transporte de esgoto séptico que podem superar o custo adicional do tratamento mecanizado. Se as investigações iniciais sugerirem que esse cenário é possível, será recomendável estender as comparações de custos para que incluam os custos de transporte do esgoto séptico.

Outro motivo para se escolher uma opção mecanizada pode ser que os lugares com localização conveniente e disponíveis são pequenos demais para abrigar um sistema não mecanizado. Isso provavelmente é mais pertinente no caso das estações de tratamento de águas residuais do que de esgoto séptico. As vazões de esgoto séptico são muito menores que as de águas residuais, e o tratamento de esgoto séptico em geral requer muito menos espaço do que o tratamento de águas residuais coletadas pela rede de esgoto que atende à mesma população, apesar de o esgoto séptico ser muito mais concentrado do que as águas residuais municipais. A investigação da USAID sintetizada no Quadro 3.9 estimou a necessidade de área para uma estação com capacidade de 70 m³/dia como 1.100 m² e 4.000 m² para os sistemas mecanizados e não mecanizados, respectivamente. Seria possível fornecer os 4.000 m² necessários para o sistema não mecanizado em um local com 100 metros de comprimento por 40 metros de largura, o que não é uma necessidade muito onerosa. O uso de tecnologias anaeróbias para tratar a parte líquida do esgoto séptico reduziria a área necessária para a opção não mecanizada. As estações de tratamento podem adotar uma combinação de tecnologias mecanizadas e não mecanizadas. Por exemplo, onde houver energia e sistemas de manejo apropriados, o uso de prensas de rosca para a separação entre sólidos e líquidos pode ser seguido pelo tratamento não mecanizado da água sobrenadante.

Outro ponto é pertinente a qualquer discussão sobre custos de capital e custos operacionais. Em muitos países, os custos de capital são arcados por esferas mais elevadas do governo, talvez com o apoio de organismos internacionais, enquanto as entidades locais arcam com os custos operacionais. O governo municipal e outras entidades locais costumam ter restrições financeiras, o que significa que podem ter dificuldades para encontrar o financiamento necessário para a efetiva prestação dos serviços. Isso se aplica bem ao tratamento de esgoto séptico, que é essencialmente um bem público, pelo qual as pessoas relutam em pagar diretamente, e que em geral recebe baixa prioridade dos decisores. Nos casos em que o financiamento para cobrir custos recorrentes é limitado, uma tecnologia ou metodologia com baixos custos operacionais tem mais chances de sucesso do que uma que tenha custos operacionais elevados, apesar de o custo presente líquido da segunda opção ser menor que o custo da primeira. Nesse sentido, as comparações de custos devem cobrir tanto os custos presentes líquidos quanto os custos operacionais, sendo estes últimos avaliados com base na melhor estimativa possível do orçamento operacional disponível.

Pontos principais do presente capítulo

Este capítulo tratou das etapas a serem cumpridas antes do início do projeto detalhado. Em termos específicos, examinou os fatores que afetam a escolha do local da estação de tratamento e os procedimentos para determinar as cargas hidráulica, orgânica e de sólidos suspensos na estação. Principais pontos a serem extraídos do capítulo:

- O planejamento deve sempre basear-se em informações, e deve começar com uma avaliação da situação existente. A avaliação rápida, com base nos registros existentes, observação de campo e conversas com usuários e prestadoras de serviços, pode fornecer informações úteis sobre as instalações e serviços existentes. Ajuda a identificar áreas que requerem investigação mais minuciosa antes do detalhamento do projeto.
- A primeira tarefa é determinar a área de planejamento. Isso será influenciado pelas realidades físicas, mais especificamente os padrões de assentamento e limites administrativos existentes. Deve ser determinada em consulta com o governo municipal e as prestadoras de serviços.
- A localização das estações de tratamento dependerá de suas áreas de atendimento, que, por sua vez, dependerão do grau de descentralização da oferta de tratamento.
- Uma abordagem descentralizada do tratamento resultará na redução das distâncias de transporte do lodo fecal e esgoto séptico não tratado, além dos produtos finais úteis do tratamento. Por outro lado, aumenta as necessidades de mão de obra para a operação e manutenção das instalações de tratamento. Quando as competências operacionais forem limitadas, a necessidade de mobilizar a mão de obra em vários locais será uma indicação de que a descentralização funcionará melhor com tecnologias bastante simples.
- Independentemente de considerações teóricas, fatores como a disponibilidade de áreas públicas muitas vezes determinam a escolha da localização da estação de tratamento.
- Os fatores a serem considerados na avaliação da carga hidráulica, orgânica e de sólidos suspensos na estação incluem a parcela da população atendida por sistemas de esgotamento sanitário no local e descentralizados, os tipos de instalações de esgotamento sanitário encontradas na área de atendimento, a demanda por serviços de esvaziamento e transporte de fossas e tanques, e a natureza e eficiência desses

serviços na área. Os números da Malásia citados neste capítulo mostram que a acessibilidade a fossas e tanques também pode ter uma influência importante nas cargas.

- Na ausência de iniciativas para aumentar o número de conexões de coleta de esgoto, a demanda por serviços de esvaziamento de tanques e fossas aumentará à medida que a população crescer. Se existir legislação aplicada de forma eficaz na entrega às estações de tratamento, isso resultará em aumento constante da carga nas instalações de tratamento de esgoto séptico. Nos casos em que a demanda atual por serviços de esvaziamento de fossas e tanques é baixa, um aumento expressivo nas cargas da estação de tratamento muitas vezes dependerá de uma mudança do esvaziamento imediato para o esvaziamento programado.

- As cargas orgânicas e de sólidos suspensos nas instalações de tratamento dependerão da concentração do material a ser tratado. Para fins de projeto, os cálculos de carga devem usar valores médios de cargas orgânicas e de sólidos suspensos, obtidos pela apuração da média dos resultados do maior número de amostras possível. Para permitir a alta variabilidade de lodo fecal e esgoto séptico, essas amostras devem ser compostas.

- As escolhas entre tecnologias de tratamento mais e menos mecanizado devem levar em consideração as necessidades de gerenciamento de cada tecnologia, inclusive as competências necessárias para sua operação e monitoramento de seu desempenho, as cadeias de suprimentos necessárias para assegurar a disponibilidade de peças sobressalentes e a dependência de tecnologia em tarefas difíceis necessárias em intervalos pouco frequentes.

- As opções também serão influenciadas pelos custos, principalmente pelos custos recorrentes. Quando houver limitação dos recursos financeiros, a melhor linha de ação pode ser a escolha de tecnologias com custos operacionais mais baixos, mesmo que seu custo descontado seja maior que o das tecnologias com custos operacionais elevados.

Referências

Al Sa'ed, R.M.Y. and Hithnawi, T.M. (2006) 'Domestic septage characteristics and cotreatment impacts on Albireh Wastewater Treatment Plant efficiency', *Dirasat Engineering Sciences* 33(2): 187–97, Amman: University of Jordan <https://journals.ju.edu.jo/DirasatEng/article/view/1430> [acessado em 26 de janeiro de 2018].

Arthur, J.P. (1983) *Notes on the Design and Operation of Waste Stabilization Ponds in Warm Climates of Developing Countries*, World Bank Technical Paper Number 7, Washington, DC: World Bank <http://documents.worldbank. org/curated/en/941141468764431814/pdf/multi0page.pdf> [acessado em 26 de janeiro de 2018].

Bassan, M., Tchonda, T., Yiougo, L., Zoellig, H., Mahamane, I., Mbéguéré, M. and Strande, L. (2013) 'Characterization of faecal sludge during dry and rainy seasons in Ouagadougou, Burkino Faso', paper presented at the *36th WEDC International Conference, Nakuru, Kenya*, Loughborough: Water, Environment and Development Centre, University of Loughborough <https://wedc-knowledge.lboro.ac.uk/resources/conference/36/ Bassan-1814.pdf> [acessado em 7 de fevereiro de 2018].

Bäuerl, M., Edthofer, M., Prat, M-A., Trémolet, S. and Watzal, M. (2014) *Report on the Financial Viability of Faecal Sludge End-Use in Dakar, Kampala and Accra*, London: Trémolet Consulting <www.tremolet.com/publications/ report-financial-viability-faecal-sludge-end-use-dakar-kampala-and-accra> [acessado em 26 de janeiro de 2018].

Brandes, M. (1977) *Accumulation Rate and Characteristics of Septic Tank Sludge and Septage*, Research Report W63, Toronto, Canada: Applied Science Section, Pollution Control Branch, Ministry of the Environment <https://ia802708.us.archive.org/32/items/accumulationrate00bran/ ACCUMULATIONRATE_00_BRAN_07915.pdf> [acessado em 26 de janeiro de 2018].

Dayal, R., Wijk-Sijbesma, C.A. van y Mukherjee, N. (2000) *Methodology for Participatory Assessments With Communities, Institutions and Policy Makers: Linking Sustainability with Demand, Gender and Poverty* [pdf], METGUIDE, Washington, DC: World Bank – Water and Sanitation Program <www.ircwash.org/sites/default/files/Dayal-2000-Metguide.pdf> [acessado em 27 de fevereiro de 2018].

Fernández, R.G., Inganllinella, A.M., Sanguinetti, G.S., Ballan, G.E., Bortolotti, V., Montangero, A. and Strauss, M. (2004) *Septage Treatment Using WSP, Proceedings, 9th International IWA Specialist Group Conference on Wetlands Systems for Water Pollution Control* and *6th International IWA Specialist Group Conference on Waste Stabilization Ponds, Avignon, France, 27 September – 1 October 2004*.

Florida Department of Health, Bureau of Onsite Sewage Programs (2011) *Report on Alternative Methods for the Treatment and Disposal of Septage* <www.floridahealth.gov/environmental-health/onsite-sewage/_documents/ septage_alternatives.pdf> [acessado em 18 de novembro de 2017].

Heinss, U., Larmie, S.A. and Strauss, M. (1999) *Characteristics of Faecal Sludges and their Solids–Liquid Separation*, Eawag/Sandec

<https://www.sswm.info/sites/default/files/reference_attachments/ HEINSS%20et%20al%201994%20Characteristics%20of%20Faecal%20 Sludges%20and%20their%20Solids-Liquid%20Seperation.pdf>.

Indonesia Urban Water, Sanitation, and Hygiene (IUWASH) (2016) *IPLT Technology Options Section Guide*, Appendix B, Jakarta, Indonesia: IUWASH (unpublished document).

Koné, D. and Strauss, M. (2004) 'Low-cost options for treating faecal sludges (FS) in developing countries: challenges and performance', paper presented at the *9th International IWA Specialist Group Conference on Wetlands Systems for Water Pollution Control* and the *6th International IWA Specialist Group Conference on Waste Stabilization Ponds, Avignon, France, 27 September – 1 October* <https://www.eawag.ch/fileadmin/Domain1/ Abteilungen/sandec/publikationen/EWM/Journals/FS_treatment_LCO. pdf> [acessado em julho de 2018].

Lossing, H.A. (2009) *Sludge Accumulation and Characterization in Decentralized Community Wastewater Treatment Systems with Primary Clarifier Tanks at Each Residence*, MSc thesis, Kingston, Ontario: Department of Civil Engineering, Queen's University <https://qspace.library.queensu.ca/handle/1974/1854> [acessado em 26 de janeiro de 2018].

Lüthi, C., Morel, A., Tilley, E. and Ulrich, L. (2011) *Community-led Urban Environmental Sanitation Planning: CLUES*, Dübendorf: Eawag <www.eawag.ch/en/department/sandec/projects/sesp/clues> [acessado em 4 de outubro de 2017].

Mills, F., Blackett, I. and Tayler, K. (2014) 'Assessing on-site systems and sludge accumulation rates to understand demand for pit emptying in Indonesia', In *Proceedings of 37th WEDC International Conference, Hanoi, Vietnam,* Loughborough: Water, Engineering and Development Centre, University of Loughborough <https://wedc-knowledge.lboro.ac.uk/resources/ conference/37/Mills-1904.pdf> [acessado em 26 de janeiro de 2018].

Mukheibir, P. (2015) *A Guide to Septage Transfer Stations*, report for SNV Netherlands Development Organisation by Institute for Sustainable Futures, University of Technology, Sydney, Australia <www.snv.org/public/ cms/sites/default/files/explore/download/a_guide_to_septage_transfer_ stations_-_october_2016.pdf> [acessado em 11 de janeiro de 2018].

Narayana, D. (2017) *Sanitation and Sewerage Management: The Malaysian Experience, FSM Innovation Case Study*, Seattle, WA: Bill & Melinda Gates Foundation <www.susana.org/_resources/documents/default/3-2760-7- 1503648469.pdf> [acessado em 4 de fevereiro de 2018].

Nichols, P. (1991) *Social Survey Methods: A Field Guide for Development Workers*, Oxford: Oxfam GB <https://policy-practice.oxfam.org.uk/publications/ social-survey-methods-a-field-guide-for-development-workers-115403> [acessado em 15 de fevereiro de 2018].

Norris, G. A. (2000) *Sludge Build-Up in Septic Tanks, Biological Digesters and Pit Latrines in South Africa*, South Africa: Water Research Commission <www.wrc.org.za/Knowledge%20Hub%20Documents/Research%20 Reports/544-1-00.pdf> [acessado em 26 de janeiro de 2018].

Parkinson, J., Lüthi, C. and Walther, D. (2014) *Sanitation 21: A Planning Framework for Improving City-wide Sanitation Services*, IWA/Eawag/GIZ <www.iwa-network.org/filemanager-uploads/IWA-Sanitation-21_22_09_14-LR.pdf> [acessado em 4 de outubro de 2017].

Peal, A., Evans, B., Blackett, I., Hawkins, P. and Heymans, C. (2014) 'Fecal sludge management: analytical tools for assessing FSM in cities', *Journal of Water, Sanitation and Hygiene for Development* 4(3), 371–83 <http://dx.doi.org/10.2166/washdev.2014.139>.

Pradeep, R., Sarani, S. and Susmita, S. (2017) 'Characteristics of faecal sludge generated from onsite systems located in Devanahalli', paper presented at the *4th FSM Conference, Chennai, India* <www.susana.org/_resources/documents/default/3-2741-7-1488813934.%20et%20alpdf> [acessado em 3 de novembro de 20172017].

Schoebitz, L., Bischoff, F.,Ddiba, D., Okello, F., Nakazibwe,R., Niwagaba, C.B., Lohri, C.R. and Strande, L. (2016) *Results of Faecal Sludge Analyses in Kampala, Uganda: Pictures, Characteristics and Qualitative Observations for 76 Samples*, Dübendorf: Swiss Federal Institute of Aquatic Science and Technology (Eawag) <www.eawag.ch/fileadmin/Domain1/Abteilungen/sandec/publikationen/EWM/Laboratory_Methods/results_analyses_kampala.pdf> [acessado em 7 de fevereiro de 2018].

SFD (2017) *SFD Toolbox*, Eschborn, Germany: Sustainable Sanitation Alliance (SuSanA), Deutsche Gesellschaft für Internationale Zusammenarbeit (GIZ) GmbH <http://sfd.susana.org/toolbox> [acessado em 4 de fevereiro de 2018].

SSWM (sin fecha) 'City sanitation plans' [online] <www.sswm.info/content/city-sanitation-plans-csp> [acessado em 18 de novembro de 2017].

Still, D. and Foxon, K. (2012) *Tackling the Challenges of Full Pit Latrines Volume 2: How Fast Do Pit Toilets Fill Up? A Scientific Understanding of Sludge Build Up and Accumulation in Pit Latrines*, WRC Report No. 1745/2/12, Gezina, South Africa: Water Research Commission <www.wrc.org.za/Pages/DisplayItem.aspx?ItemID=9759&FromURL=%2fPages%2fKH_DocumentsList.aspx%3fdt%3d%26ms%3d2%3b67%3b%26d%3dTackling+the+challenges+of+full+pit+latrines+Volume+2%3a+How+fast+do+pit+toilets+fill+up%3f+A+scientific+understanding+of+sludge+build+up+and+accumulation+in+pit+latrines%26start%3d121> [acessado em 26 de janeiro de 2018].

Strande, L., Ronteltap, M. and Brdjanovic, D. (2014) *Faecal Sludge Management: Systems Approach for Implementation and Operation*, London: IWA <www.sandec.ch/fsm_book> [acessado em 17 de novembro de 2017].

Tayler, K., Parkinson, J. and Colin, J. (2003) *Urban Sanitation: A Guide to Strategic Planning*, Rugby: Practical Action Publishing <https://doi.org/10.3362/9781780441436> [acessado em 7 de fevereiro de 2018].

USAID (2013) *Philippine Water Revolving Fund Follow-up Program: Business Case and Model Contract for a Septage Management Project under a Public Private Partnership Agreement*, Manila, Philippines: USAID <https://smartnet.niua.org/sites/default/files/resources/PA00JMVP.pdf> [acessado em 26 de janeiro de 2018].

US EPA (1977) *Feasibility of Treating Septic Tank Waste by Activated Sludge*, Cincinnati, OH: Municipal Environmental Research Laboratory, EPA <https://nepis.epa.gov/Exe/ZyPDF.cgi/9101BHQM.PDF?Dockey=9101BHQM.PDF> [acessado em junho de 2018].

US EPA (1984) *Handbook: Septage Treatment and Disposal*, Cincinnati, OH: Municipal Environmental Research Laboratory.

WaterAid (2016) *Comparison of Tools & Approaches for Urban Sanitation*, September 2016 <https://nepis.epa.gov/Exe/ZyPDF.cgi/30004ARR.PDF?Dockey=30004ARR.PDF> [acessado em 19 de junho de 2018].

WSUP (2017) *From Pilot Project to Emerging Sanitation Service: Scaling up an Innovative Public Private Partnership for Citywide Faecal Waste Collection in Dhaka* <https://www.wsup.com/content/uploads/2017/08/05-2017-From-pilot-project-to-emerging-sanitation-service.pdf> [acessado em 5 de outubro de 2017].

CAPÍTULO 4
Introdução aos processos e tecnologias de tratamento

Este capítulo apresenta as tecnologias relacionadas a lodo fecal e esgoto séptico, e explica as opções de combinação dessas tecnologias para que se alcance os objetivos relacionados ao seu tratamento, que costumam ser definidos em termos de normas nacionais e internacionais. O capítulo ressalta o ponto de que as propostas de tratamento de lodo fecal e esgoto séptico precisam levar em conta sua elevada concentração e natureza de digestão parcial. As unidades de tratamento e suas funções são introduzidas e vinculadas às principais etapas do tratamento: recebimento e tratamento preliminar, separação entre sólidos e líquidos, tratamento da parte líquida, secagem da parte sólida e tratamento com vistas ao uso final seguro. São enfatizados os benefícios da separação entre sólidos e líquidos antes do tratamento separado das partes líquida e sólida do efluente. Embora o tema principal do capítulo seja a distinção de tratamento entre esgoto séptico e lodo fecal, são abordadas opções de tratamento conjunto com esgoto. A última seção do capítulo descreve um método de criação do processo e seleção das tecnologias apropriadas.

Palavras-chave: objetivos do tratamento, processos de tratamento, alta concentração, efluentes parcialmente estabilizados, tratamento conjunto, unidades de tratamento.

Objetivos do tratamento

Conforme afirmado no Capítulo 1, o objetivo básico do tratamento é tornar o material tratado seguro para o reaproveitamento ou descarte no meio ambiente. Os processos de tratamento de esgoto séptico e lodo fecal visam esse objetivo por meio da "estabilização" do resíduo fecal, transformando-o de seu estado não tratado, no qual é desagradável e instável, apresenta alto teor de patógenos e alta demanda de oxigênio, em produtos estáveis, com baixo teor de patógenos e baixa demanda de oxigênio. Todos os processos de tratamento de esgoto séptico e a maioria dos processos de tratamento de lodo fecal produzem um efluente líquido e um resíduo de lodo. Os objetivos específicos do tratamento são os seguintes:

- Reduzir a demanda de oxigênio, os sólidos suspensos e as concentrações de nutrientes na fração líquida do efluente conforme determinam as leis ambientais nacionais.
- Reduzir as concentrações de patógenos na fração líquida a níveis que permitam lançamento ou reaproveitamento seguro.

- Reduzir o teor de água do lodo até o ponto em que este atua como sólido, sofra grande redução de volume e, portanto, fique mais fácil e menos oneroso de manusear e transportar.
- Reduzir a quantidade de patógenos no lodo a níveis que permitam seu uso final ou descarte seguro. O lodo tratado destinado ao uso final costuma ser chamado de biossólido.

Para assegurar a satisfação dos objetivos relacionados ao descarte e reaproveitamento de efluentes e reaproveitamento de biossólidos, países e organismos internacionais definem padrões de efluentes e biossólidos.

Normas de lançamento de efluentes

A maioria dos países formulou normas nacionais para o lançamento em corpos d'água, que geralmente abrangem a demanda de oxigênio, os sólidos suspensos e os nutrientes. Normas nacionais referentes a patógenos são menos comuns, mas organismos internacionais como a Organização Mundial de Saúde (OMS) e a Organização para Alimentação e Agricultura (FAO) definem quantidades aceitáveis de patógenos para efluentes líquidos e biossólidos destinados ao uso agrícola.

As normas de lançamento de efluentes de muitos países são semelhantes às normas originais da "Comissão Real" criadas no Reino Unido no início do século XX. Essas normas definem as concentrações máximas permitidas de demanda bioquímica de oxigênio em cinco dias (DBO5) e os sólidos suspensos totais (SST) de 20 mg/l e 30 mg/l, respectivamente. Nas áreas em que o ambiente receptor é muito sensível, serão necessários padrões mais altos de DBO5 e SST, juntamente com os padrões máximos permitidos para nutrientes, inclusive amônia, nitrato, nitrogênio total e fósforo. Alguns países especificam padrões mínimos em termos de demanda química de oxigênio (DQO) em vez de DBO5. A Tabela 4.1 resume as normas da Malásia, que abrangem tanto a DBO quanto a DQO, juntamente com nitrogênio amoniacal ionizado (NH_4-N), nitrato (NO_3), fósforo (P) e óleo e graxa (O&G).

Tabela 4.1 Normas de lançamento de esgoto da Malásia

Parâmetro	Lançamento de efluentes em rio ou córrego				Lançamento de efluentes em água parada (lagoas e lagos)			
	Norma A		Norma B		Norma A		Norma B	
	Absoluto	Projeto	Absoluto	Projeto	Absoluto	Projeto	Absoluto	Projeto
DBO$_5$	20	10	50	20	20	10	50	20
SS	50	20	100	40	50	20	100	40
DQO	120	60	200	100	120	60	200	100
NH$_4$-N	10	5	20	10	5	2	5	2
NO$_3$	20	10	50	20	10	5	10	5
P	N/a	N/a	N/a	N/a	5	2	10	5
AO&G	5	2	10	5	5	2	10	5

Fonte: SPAN (2009)

A norma B é a normal aplicável em termos gerais, enquanto a norma A se aplica a locais especificados a montante dos pontos de captação para abastecimento de água potável. Nesse sentido, ao especificar padrões mais altos de NH_4-N, NO_3, P e O&G para efluentes lançados em água estagnada, as normas da Malásia ilustram o ponto de que as normas de lançamento devem estar relacionadas à natureza do corpo d'água receptor e aos possíveis usos da água a jusante do ponto de lançamento. As normas também distinguem entre um valor absoluto, que nunca deve ser excedido, e um valor mais baixo, de projeto, definido em um nível que deve assegurar que a norma absoluta seja sempre atendida. A distinção entre normas absolutas e normas de projeto reconhece e leva em consideração a variação inevitável nos resultados da amostragem de efluentes. A prática mais comum é especificar uma norma que não pode ser excedida acima de uma pequena margem, geralmente em torno de 5%, de todas as amostras colhidas. Conforme já observado no Capítulo 1, a metodologia mais comum para avaliar a probabilidade de presença de patógenos é o teste de detecção de bactérias indicadoras. As normas nacionais de lançamento de efluentes normalmente não limitam a quantidade de bactérias indicadoras nos efluentes lançados nos cursos d'água. Em vez disso, seu foco é assegurar resultados aceitáveis, especificando níveis aceitáveis para a presença de bactérias indicadoras e, em alguns casos, patógenos específicos, em água potável tratada e em corpos d'água usados para fins recreativos (ver, por exemplo, *Government of South Africa*, 1996). A Tabela 4.2 reproduz as diretrizes da OMS de 1989 para o uso de esgoto tratado na agricultura. Os nematoides intestinais incluem o *Ascaris*, *Trichuris*, além dos ancilostomídeos *Ancylostoma* e *Necator*.

Reconhecendo que essas diretrizes são desnecessariamente rigorosas, as orientações da OMS de 2006 recomendam uma metodologia de Avaliação

Tabela 4.2 Diretrizes da OMS de 1989 para o uso de esgoto tratado na agricultura

Categoria	Condição de reaproveitamento	Grupo(s) exposto(s)	Nematoides intestinais (média aritmética, número de ovos por litro)	Coliformes fecais (média geométrica, número por 100 ml)
A	Irrigação de culturas que devem ser consumidas sem cozimento, campos esportivos, parques públicos	Trabalhadores Consumidores população	≤1	≤1,00
B	Irrigação de culturas de cereais, culturas industriais, forrageiras, pastagens e árvores	Trabalhadores	≤1	Sem limite
C	Irrigação localizada de culturas na categoria B se a exposição aos trabalhadores e à população não ocorrer	Não há	Não se aplica	Não se aplica

Quantitativa de Risco Microbiano (AQRM) para determinar níveis aceitáveis de patógenos na água para a irrigação (Organização Mundial da Saúde, 2006). Os dados necessários para as metodologias baseadas na AQRM podem não estar disponíveis a nível municipal, e consequentemente os planejadores muitas vezes precisam seguir as diretrizes mais conservadoras de 1989. Blumenthal et al. (2000) fornecem mais informações sobre o raciocínio teórico que embasa as diretrizes de 2006.

A produção per capita de esgoto séptico será tipicamente da ordem de 100 litros por pessoa por ano, o que se compara às vazões típicas diárias de esgoto de 50 a 150 litros por pessoa, a depender dos esquemas de abastecimento de água e esgotamento sanitário. Embora esses números variem bastante, dependendo das circunstâncias locais, ilustram o fato de que o volume de efluentes líquidos produzido por uma estação de tratamento de esgoto séptico será consideravelmente menor do que o produzido por um sistema de coleta de esgoto que atenda à mesma população. Dado o volume relativamente pequeno de efluentes líquidos produzidos pelas estações de tratamento de esgoto séptico, e a dificuldade de produzir efluentes que atendam às diretrizes de irrigação irrestritas da OMS, uma boa opção para o descarte do efluente líquido será usá-lo no nível local para a irrigação de árvores e outras culturas que requerem contato mínimo dos trabalhadores.

Normas e diretrizes para o descarte e reaproveitamento de sólidos

As diretrizes nacionais e internacionais impõem restrições às concentrações de patógenos nos biossólidos a serem usados na agricultura e aquicultura. Assim como as diretrizes para o uso de efluentes tratados na irrigação, as diretrizes da OMS abrangem os patógenos, seja representado por coliformes fecais ou por Escherichia coli, e os nematoides intestinais. A Agência de Proteção Ambiental dos EUA (EPA) distingue entre biossólidos Classe A e Classe B, adequados para uso irrestrito e restrito, respectivamente. Há poucas diretrizes (se é que alguma) sobre o uso de biossólidos para outros fins que não a agricultura. Na ausência de tais diretrizes, o foco para usos não agrícolas deve ser a remoção de riscos à saúde dos trabalhadores. O Capítulo 10 fornece mais informações sobre as diretrizes da OMS e outras normas internacionais pertinentes. Quando não for possível cumprir as normas exigidas para o reaproveitamento, os produtos sólidos dos processos de tratamento devem ser descartados em um aterro controlado.

Manuseio de lodo fecal e esgoto séptico parcialmente estabilizados e de alta concentração

Muitos dos processos de tratamento descritos neste livro são semelhantes aos processos adotados para o tratamento de esgoto doméstico. Entretanto, o lodo fecal e o esgoto séptico diferem do esgoto doméstico em dois aspectos importantes. Primeiro, são muito mais concentrados do que o esgoto doméstico, segundo, conforme já observado, o volume recebido nas estações de tratamento é muito menor do que o volume de esgoto doméstico gerado por uma população equivalente. Essas diferenças são consideradas sucessivamente abaixo.

Os números citados na Tabela 3.3 mostram que as concentrações de DQO e SST de esgoto séptico costumam exceder 5.000 mg/l, e podem atingir 50.000 mg/l. O lodo fecal seco pode ser ainda mais concentrado. Estudos realizados na África do Sul constataram que o teor de umidade do conteúdo de latrinas com fossa normalmente fica na faixa de 60 a 80%, fornecendo teor de sólidos na faixa de 20 a 40% e concentrações de SST superiores a 200.000 mg/l (Bakare et al., 2012: Figura 4). Esses números são comparáveis às concentrações típicas de DQO e SST de efluentes gerados por um sistema de coleta de esgoto nas faixas de 500-1.200 mg/l e 200-600 mg/l, respectivamente (Henze e Comeau, 2008). As concentrações de nitrogênio no lodo fecal e no esgoto séptico são igualmente altas, com concentrações de nitrogênio amoniacal ionizado (NH_4-N) em geral variando de 300 a 2.000 mg/l. Esse intervalo se compara a concentrações típicas em torno de 40 mg/l em esgoto doméstico.

A alta concentração do lodo fecal e esgoto séptico gera as seguintes dificuldades de tratamento:

- Seu elevado teor de sólidos ocasiona altas taxas de acúmulo de lodo em tanques e lagoas. Os projetistas precisam levar em consideração as implicações operacionais disso.
- Sua elevada concentração orgânica aumenta as necessidades de tratamento bem acima das necessidades do esgoto doméstico, o que muitas vezes cria a necessidade de vários processos de tratamento, aplicados em série.
- O alto teor de amônia pode inibir os processos biológicos, reduzindo a eficácia do tratamento e acarretando concentrações de nitrogênio no efluente líquido que excedem as normas de lançamento.
- Concentrações elevadas de nutrientes no efluente tratado podem dificultar o cumprimento das normas de lançamento. A maioria dos nutrientes contidos no lodo fecal e esgoto séptico está presente na forma dissolvida, e permanece na água sobrenadante após a decantação (Henze e Comeau, 2008). Isso significa que níveis elevados de nutrientes no efluente podem representar um problema, principalmente para o tratamento conjunto com esgoto doméstico, o que se aplica mesmo após a separação inicial entre sólidos e líquidos do esgoto séptico.

O ponto referente ao volume pode ser ilustrado pela comparação da produção total de esgoto doméstico per capita com as taxas de acúmulo de lodo em fossas e tanques no local. A primeira pode ultrapassar 100 litros por pessoa por dia, ao passo que, conforme mostrado nos números do Quadro 3.7, é improvável que as últimas excedam 100 litros por pessoa por ano. Mesmo admitindo-se que o esgoto séptico inclua lodo acumulado e água sobrenadante, o volume de esgoto séptico será inferior a 1% do volume de esgoto doméstico

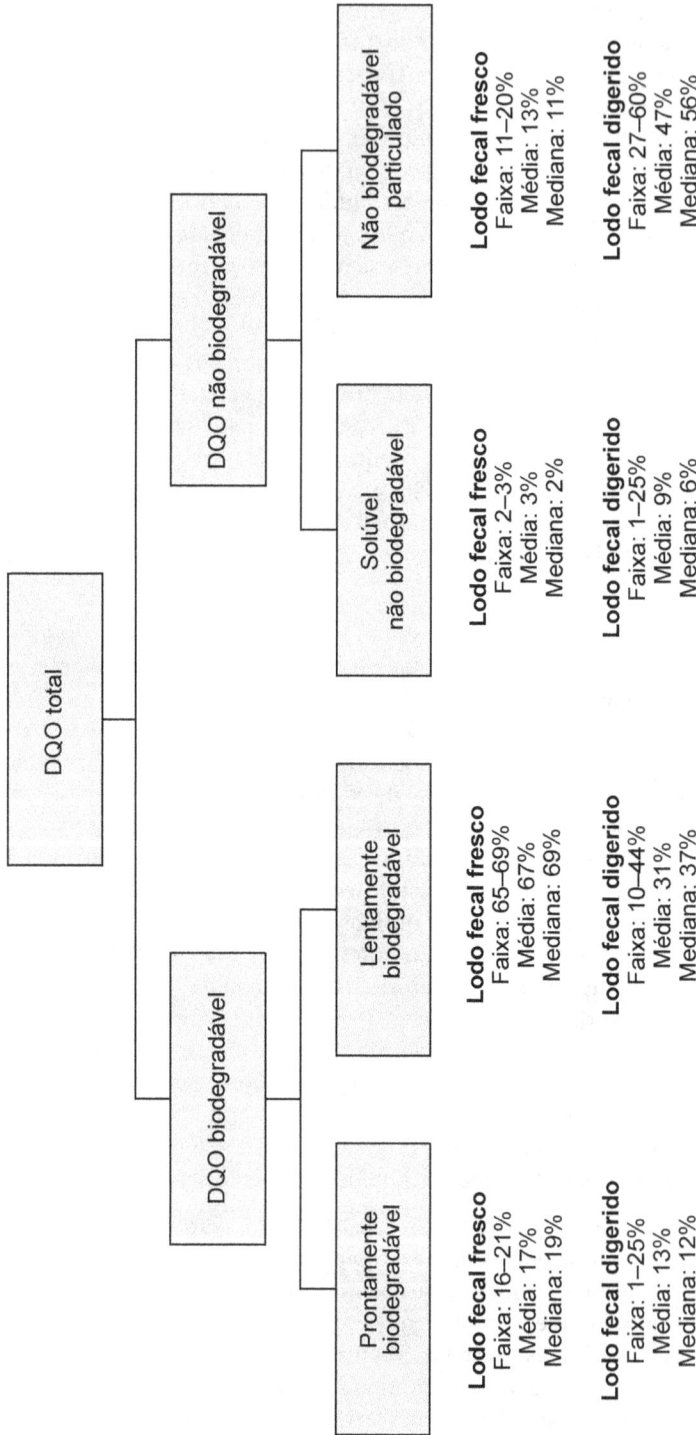

Figura 4.1 Frações típicas de biodegradável e não biodegradável de lodo fecal fresco e digerido; os valores de DQO prontamente biodegradável são a soma dos valores apresentados para bactérias acidogênicas, matéria orgânica fermentável e ácidos graxos voláteis.

Fonte: Lopez-Vazquez et al. (2014: Tabela 9.3)

gerado por um sistema de coleta de esgoto que atenda à mesma população. Esse aspecto tem implicações para a escolha da tecnologia de tratamento, e é considerado mais adiante nos Capítulos 6 a 10.

A biodegradabilidade do material a ser tratado também afeta as opções de tratamento. O lodo fecal e o esgoto séptico diferem do esgoto doméstico, e entre si na biodegradabilidade de suas frações líquida e sólida. A Figuras 4.1 ilustra esse ponto. Baseia-se na Tabela 9.3, na publicação *Faecal Sludge Management: Systems Approach for Implementation and Operation* (Lopez-Vazquez et al., 2014), que lança mão de informações extraídas de diversas fontes.

As frações exibidas na Figura 4.1 referem-se a casos específicos, e as frações reais variam conforme as circunstâncias locais. No entanto, a figura permite tirar as seguintes conclusões:

- *O lodo fecal fresco contém uma proporção elevada de material biodegradável.* A Figura 4.1 mostra uma média de 84% de DQO biodegradável, dos quais cerca de um quinto é 'prontamente biodegradável' e o restante, "lentamente biodegradável".
- *O lodo fecal digerido contém uma proporção muito mais alta de material biodegradável.* A média mostrada na Figura 4.1 é de 56%, dos quais quase 85% são particulados e, portanto, possivelmente decantáveis.
- *A parcela biodegradável do lodo fecal digerido, embora menor que a do lodo fecal, ainda deve ser significativa.* A média mostrada na Figura 4.1 é de 44%, dos quais cerca de 30% são prontamente biodegradáveis.

A redução da biodegradabilidade do lodo fecal digerido decorre do fato de ser parcialmente estabilizado, tendo ficado exposto a condições anaeróbias em fossas e tanques por vários anos. Estudos realizados na África do Sul descobriram que o material prontamente biodegradável existe em uma camada bastante fina no topo das latrinas de fossa seca, mas que a maior parte do conteúdo apresenta baixa biodegradabilidade (Bakare et al., 2012). Conforme observado no Capítulo 3, a relação DQO/DBO$_5$ do lodo constitui um bom indicador de estabilização. No caso do lodo fecal fresco, normalmente ficará em torno de 2, semelhante ao do esgoto doméstico. Para o lodo totalmente digerido, pode subir para 10 ou mais.

Diferenças na biodegradabilidade de esgoto séptico e lodo fecal afetam as opções de tratamento. Atente para o seguinte:

- O lodo fecal removido de banheiros públicos esvaziados com frequência e dos sistemas de esgotamento sanitário à base de contêiner (CBS) oferece espaço considerável para tratamento biológico adicional. A biodigestão é uma opção para esse tipo de lodo, que reduz os problemas de odor e prepara o lodo para tratamento biológico adicional.
- O lodo fecal removido de latrinas de fossa seca tende a oferecer um espaço limitado para o tratamento biológico adicional. Normalmente, é melhor considerá-lo como um sólido que requer mais secagem, em vez de um líquido a ser tratado.

- A remoção de esgoto séptico de tanques sépticos com esvaziamento pouco frequente, fossas sem revestimento e latrinas de fossa úmida oferece menos espaço para o tratamento biológico. A maior parte de sua DQO não biodegradável está associada a material particulado, assim como uma alta proporção de sua DQO biodegradável. A remoção deste material do fluxo líquido torna o líquido mais passível de tratamento e, portanto, o tratamento de esgoto séptico normalmente deve incluir a separação inicial entre sólidos e líquidos.

Uma parcela elevada dos nutrientes contidos no lodo fecal e esgoto séptico está presente na forma dissolvida, e permanece na água sobrenadante após a decantação (Henze e Comeau, 2008). A presença desses nutrientes, sobretudo nitrogênio total e amônia, deve ser levada em consideração na avaliação das opções de tratamento para a fração líquida do esgoto séptico.

Esses pontos devem ser levados em conta ao avaliar as opções de vinculação de tecnologias para o alcance dos objetivos identificados no início deste capítulo.

Unidades de tratamento e suas funções

Nenhum processo de etapa única é capaz de atingir todos os objetivos listados anteriormente neste capítulo. Portanto, as estações de tratamento de lodo fecal e esgoto séptico precisam incluir várias unidades de tratamento, ligadas de tal modo a assegurar o efetivo alcance dos objetivos. Essas unidades precisam oferecer todas ou parte das seguintes funções:

- *Recebimento do lodo fecal/esgoto séptico.* De caminhões-tanque a vácuo, veículos menores e carrinhos de mão usados para o esvaziamento manual.
- *Remoção de sólidos grosseiros, partículas, gorduras, óleos e graxas (GOG) e objetos flutuantes.* Caso contrário, estes podem ficar presos ou entupir a tubulação e/ou se permanecer nas unidades de tratamento subsequentes, causando obstruções e prejudicando o desempenho.
- *Estabilização de lodo fecal fresco para reduzir odores e torná-lo mais propício aos processos de tratamento subsequentes.*
- *Separação de sólidos e líquidos.* Isso permite a redução do tamanho das unidades de tratamento subsequentes nas estações de tratamento de esgoto séptico.
- *Tratamento do líquido removido do esgoto séptico ou lodo fecal.* Esse processo reduz a carga orgânica e o teor de amônia e patógenos a níveis compatíveis com os esquemas de descarte/reaproveitamento pretendidos para o efluente líquido.
- *Desidratação de sólidos.*
- *Redução do teor de patógenos no líquido tratado e no lodo fecal.* Os níveis de patógenos devem necessariamente ser compatíveis com os esquemas de descarte/reaproveitamento propostos.

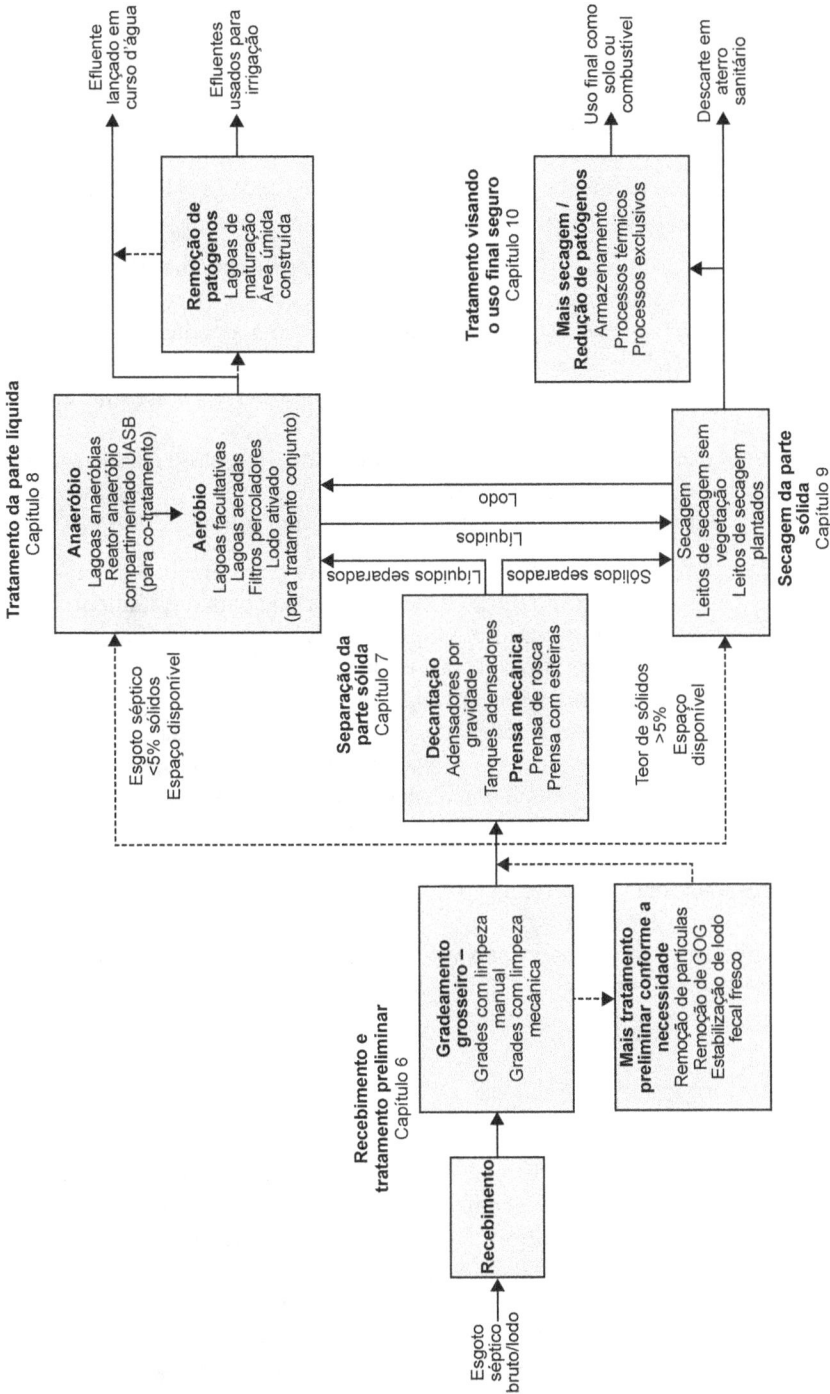

Figura 4.2 Etapas e opções de tratamento de lodo fecal e esgoto séptico.
Observação: As linhas tracejadas indicam as rotas seguidas em alguns casos, mas não em todos.

A Figura 4.2 mostra as opções de combinação dos processos de tratamento visando os objetivos gerais de tratamento.

Todas as vias de tratamento mostradas na Figura 4.2 envolvem o recebimento de lodo fecal/esgoto séptico e gradeamento grosseiro para a remoção de resíduos sólidos grosseiros. A remoção de partículas e GOG e a estabilização do lodo fecal fresco podem ser necessárias, a depender da natureza do material a ser tratado e dos requisitos dos processos de tratamento posteriores. Após tratamento preliminar, a Figura 4.2 mostra três opções:

1. *Oferta da separação de sólidos e líquidos* seguida pelo tratamento separado das frações sólida e líquida do efluente.
2. *Tratamento do efluente como líquido* com foco na redução da carga orgânica, como em uma estação de tratamento de esgoto convencional. Esse processo produz lodo, que deve obrigatoriamente ser tratado como chorume.
3. *Tratamento do efluente como chorume*, de forma que passe por secagem suficiente para permitir seu manuseio como um sólido. O excesso de água removida do lodo precisa ser tratado como um líquido.

A primeira e a segunda opções são adequadas para o tratamento de esgoto séptico, ao passo que a terceira opção é mais apropriada para o tratamento de lodo fecal. A separação entre sólidos e líquidos será a opção preferencial para o esgoto séptico, exceto no caso de estações de tratamento menores em locais onde as competências de manejo e operação são limitadas.

O líquido separado requer tratamento para reduzir a demanda de oxigênio líquido e a carga de sólidos suspensos e para secar o lodo. Pode ser necessário tratamento adicional para reduzir a quantidade de patógenos a níveis seguros, principalmente quando o efluente tratado se destinar a uso "irrestrito" em irrigação. Da mesma forma, os sólidos submetidos a secagem podem exigir tratamento adicional para a remoção de patógenos, redução ainda maior do teor de água, ou ambos.

A próxima subseção fornece mais informações sobre as diversas etapas de tratamento mostradas na Figura 4.2. Os Capítulos 7 a 10 fornecem informações detalhadas sobre as opções para cada etapa.

Recebimento e tratamento preliminar

Toda estação de tratamento precisa contar com meios para o recebimento do material que chega. Também é essencial o gradeamento grosseiro para remover objetos grandes, como lixo e materiais têxteis, pois esses objetos podem causar obstruções a jusante e/ou danificar os processos de tratamento subsequentes. Nas estações que recebem lodo fecal e esgoto séptico, é aconselhável que cada um conte com instalações de recebimento próprias, com fluxos de tratamento parcial ou totalmente separados. Nos casos em que o esgoto séptico deve ser tratado conjuntamente com esgoto, é possível adicionar o esgoto séptico a montante das grades da estação de tratamento. No entanto, dada a conveniência de separar sólidos do esgoto séptico líquido antes do tratamento conjunto com esgoto, normalmente serão necessárias instalações separadas de recebimento e tratamento preliminar.

É comum a remoção de partículas ser omitida, pela premissa de que o material particulado contribui apenas com uma pequena parcela dos sólidos que se acumulam em tanques e lagoas. A suposição é que um pequeno aumento no acúmulo de lodo não justifica a complexidade adicional associada à remoção de partículas. Essa é uma suposição razoável para pequenas instalações que recebem material de tanques e fossas com paredes revestidas. Pode não ser justificável quando uma parcela expressiva do material recebido provém de latrinas com fossa sem revestimento. A remoção de partículas é essencial para estações que funcionam com equipamentos mecânicos se esses equipamentos forem suscetíveis a danos por material particulado.

O GOG é capaz de obstruir a tubulação e reduzir a eficácia dos processos de tratamento a jusante. Mais especificamente, o GOG se acumula na camada de escuma na superfície de lagoas e reatores anaeróbios, e pode afetar seu desempenho, a menos que seja removido periodicamente. Nos casos em que o lodo fecal ou esgoto séptico é direcionado para leitos de secagem sem tratamento prévio, o GOG pode impedir a evaporação e, assim, retardar o processo de secagem. O desafio, conforme explicado no Capítulo 6, é facilitar a remoção de GOG de forma eficaz e simples.

Entre as opções para estabilizar o lodo fecal fresco e reduzir os problemas de odor e de atração de vetores estão a digestão parcial e a estabilização com cal. Ambas apresentam desafios, e normalmente não são apropriadas ou convenientes para lodo fecal e esgoto séptico bem digeridos.

O Capítulo 6 detalha as modalidades de recebimento e tratamento preliminar de esgoto séptico e lodo fecal.

Separação de sólidos e líquidos

A separação entre sólidos e líquidos antes do tratamento separado das partes líquida e sólida do esgoto séptico oferece as seguintes vantagens:

- Redução da carga orgânica exercida pelo componente líquido, reduzindo assim a necessidade de espaço e/ou energia para o tratamento desse componente.
- Remove o material decantável do fluxo líquido, reduzindo a taxa de acúmulo de lodo e, portanto, a necessidade de remoção de lodo nas unidades subsequentes de tratamento de líquidos.
- Ao remover o material decantável, que contém uma alta parcela de sólidos não biodegradáveis, aumenta a proporção biodegradável do fluxo líquido.

Essas vantagens significam que o processo de tratamento de esgoto séptico deve incluir uma etapa exclusiva de separação entre sólidos e líquidos, exceto quando o teor de sólidos do esgoto séptico for baixo, a estação proposta for pequena, a capacidade de manejo for limitada e a disponibilidade de espaço não for uma restrição. Nessas circunstâncias, o lançamento direto em lagoas anaeróbias é uma opção se o desafio que implica a remoção periódica do lodo puder ser superado. A separação entre sólidos e líquidos será sempre desejável antes do tratamento conjunto com esgoto.

Os principais mecanismos para a separação entre sólidos e líquidos são: decantação, filtragem e pressão. O lodo separado por decantação física normalmente apresenta teor de sólidos na faixa de 5 a 10% e requer mais secagem. O teor de sólidos da massa produzida por prensas mecânicas, que adotam uma combinação de pressão e filtração, costuma ficar na faixa de 15 a 30%, o que significa que as necessidades de secagem subsequentes são reduzidas ou, em alguns casos, eliminadas por completo. O Capítulo 7 traz mais informações sobre as diversas opções de separação entre sólidos e líquidos, identificando as pré-condições para seu uso e apresentando suas vantagens e desvantagens.

Tratamento da parte líquida

Conforme já observado, tanto o lodo fecal quanto o esgoto séptico são muito mais concentrados do que o esgoto doméstico, situação que normalmente permanece mesmo após a separação entre sólidos e líquidos. Uma consequência disso é que o tratamento do fluxo líquido em geral requer várias etapas. A aplicação de processos anaeróbios antes dos processos aeróbios reduz os custos de energia e/ou as necessidades de espaço. Como os processos anaeróbios dependem diretamente da temperatura, as vantagens desse esquema são maiores em climas quentes. Uma segunda consequência é que a taxa de acúmulo de lodo nas unidades de tratamento anaeróbio e tanques de decantação será maior para o esgoto séptico, e em particular para o lodo fecal, do que para o esgoto. Se o lodo de lagoas e tanques não for removido regularmente, se acumulará rapidamente, reduzindo sua capacidade e obstruindo as vias de fluxo. O resultado será o fraco desempenho da estação e, inevitavelmente, a completa falha do sistema. Um terceiro ponto a ser considerado é a possibilidade de que o teor de amônia do lodo fecal e esgoto séptico iniba os processos de tratamento. Esse ponto é explorado em mais profundidade no Capítulo 8.

Conforme mostrado na Figura 4.2, os processos de tratamento da fração líquida produzem sólidos, o que traz a necessidade de remoção periódica seguida de secagem juntamente com os sólidos previamente separados. Por outro lado, os processos de secagem de sólidos produzem líquidos, o que exigirá tratamento se não houver outra opção de descarte seguro. Embora o volume desse líquido costume ser pequeno, sua concentração invariavelmente será alta.

O Capítulo 8 analisa cada opção de tratamento dessa fração líquida em detalhes.

Secagem da parte sólida

Dependendo da tecnologia adotada para a separação de sólidos e líquidos, pode ser necessária uma redução adicional no teor de água da parte sólida. O teor de água do lodo separado a partir de processos de decantação normalmente será superior a 90%. Assim, será necessária uma nova secagem para que o material possa ser manuseado como um sólido. O teor de sólidos da "massa" produzida por prensas de lodo é maior, e a massa geralmente se comportará como um sólido. Contudo, uma nova redução de seu volume pode ser conveniente, sobretudo quando o ponto de descarte final ficar a certa distância da estação de tratamento. O Capítulo 9 descreve as opções de secagem de sólidos em detalhes.

Requisitos para o tratamento adicional visando o reaproveitamento de sólidos

Serão necessárias mais reduções no número de patógenos e/ou no teor de água para tornar os biossólidos adequados para uso como condicionador de solos ou combustível sólido. Ao considerar as opções de tratamento, será importante levar em consideração seus custos, sobretudo os custos operacionais, e sua confiabilidade para a redução da quantidade de patógenos para níveis seguros. As opções de reaproveitamento somente serão viáveis financeiramente se:

$$R_{PT} = C_{PT} - C_D$$

Onde R_{TP} é a receita gerada com a venda de produtos tratados;

C_{PT} é o custo do tratamento adicional necessário para tornar os produtos de tratamento adequados para reaproveitamento; e

C_D é o custo de descarte na ausência de tratamento.

O custo do tratamento até o ponto em que os biossólidos apresentam qualidade suficiente para o descarte (por exemplo, para um aterro) é a mesma para os dois lados da equação e, portanto, não está incluída.

Na maioria dos casos, a R_{PT} não será maior do que $(C_{PT} - C_D)$ e, assim, normalmente haverá uma deficiência de receita de $[(C_{PT} - C_D) - R_{PT}]$. Nesses casos, para que o reaproveitamento dos biossólidos seja viável do ponto de vista financeiro, será necessário um subsídio de tal modo a dar a seguinte forma à equação:

$$R_{PT} + S = C_{PT} - C_D$$

Onde S indica eventuais subsídios disponíveis para promover o reaproveitamento de produtos tratados.

Devido aos custos ambientais, o custo econômico do descarte em aterro sanitário pode exceder seu custo financeiro, de modo que alguma forma de subsídio possa ser justificada. No entanto, ao considerar o uso de subsídios, é importante assegurar que o governo esteja disposto a assumir um compromisso de longo prazo com o subsídio para fins de recuperação de recursos. A geração de receita dependerá das condições de mercado e da capacidade da entidade responsável pela comercialização dos produtos do tratamento de vender no mercado. O Capítulo 10 examina as opções para o uso final de biossólidos produzidos pelos processos de tratamento de lodo fecal e esgoto séptico. Incluem-se aí metodologias bem reconhecidas, se não sempre adotadas de forma generalizada, e metodologias que ainda estão em fase experimental ou piloto.

Tratamento conjunto com esgoto

O tratamento conjunto de esgoto séptico nas estações de tratamento de esgoto é a regra quando quase todos os domicílios têm acesso à rede de coleta de esgoto e, portanto, o volume de esgoto séptico será pequeno em comparação com o volume de esgoto. É mais difícil quando a cobertura de coleta de esgoto é limitada e muitos domicílios usam esgotamento sanitário no local, como é o caso na maioria dos países de renda mais baixa. A alta concentração do esgoto séptico e do lodo fecal significa que volumes relativamente pequenos de ambos podem ter um grande impacto nas cargas orgânica, de sólidos suspensos e de nitrogênio em uma estação de tratamento de esgoto. Possíveis consequências: aumento no volume de gradeamentos e de partículas que requerem remoção; aumento da emissão de odores nas cabeceiras; aumento das taxas de acúmulo de escuma e lodo; aumento da carga orgânica, provocando sobrecargas e falha do processo, e a possibilidade de intensificação de odor e espuma nos tanques de aeração. Em função de sua característica de digestão parcial, o esgoto séptico e o lodo fecal em geral se degradam a um ritmo mais lento que o esgoto doméstico, e é provável que sua presença tenha um impacto adverso na eficácia dos processos de tratamento. A natureza intermitente das cargas de lodo fecal e esgoto séptico dá origem a cargas instantâneas elevadas e, assim, agrava os problemas identificados acima. Apesar dessas possíveis desvantagens, as instalações de tratamento de esgoto com capacidade ociosa são um recurso possível a ser estudado. Mesmo quando o tratamento conjunto não é uma opção, as estações de tratamento de esgoto existentes podem fornecer espaço em locais estratégicos, perto de áreas de demanda por serviços de manejo de esgoto séptico.

As opções para lidar com o esgoto séptico e lodo fecal por meio de processos de tratamento de esgoto incluem o seguinte:

- Adicione o esgoto séptico ao fluxo de esgoto em um bueiro a montante ou nas cabeceiras da estação de tratamento. Esta opção trata o esgoto séptico como um efluente líquido. É mais provável que seja apropriado para esgoto séptico desconcentrado com um teor de água superior a 95%. O pré-tratamento sempre será necessário para o lodo fecal concentrado.
- Faça a secagem do lodo fecal em conjunto com o lodo produzido ao longo do processo de tratamento de esgoto. Para a adoção dessa opção sem pré-tratamento, o teor de sólidos do lodo fecal deve ser de pelo menos 5%..

- Proceda ao pré-tratamento do lodo fecal/esgoto séptico para que a fração líquida possa ser tratada com o fluxo de esgoto e o lodo submetido a secagem com o lodo gerado pelo processo de tratamento de esgoto.

Possíveis riscos associados à incorporação de esgoto séptico concentrado em esgoto doméstico de concentração bem menor:

- A qualidade do efluente cai e não atende mais às normas de lançamento, algo que tende a ser bem problemático quando houver normas rigorosas para a amônia.
- O volume de lodo gerado aumenta e supera a capacidade dos esquemas de manuseio de lodo na estação de tratamento.

Para reduzir esses riscos, o pré-tratamento será sempre preferível, independentemente do local de incorporação do esgoto séptico e lodo fecal aos fluxos de tratamento de esgoto. Deve incluir sempre o gradeamento e, no caso de lodo fecal latrinas com fossa, remoção de lixo e outros sólidos grosseiros. A separação entre sólidos e líquidos também será necessária para o esgoto séptico, processo que reduzirá as concentrações orgânicas e de sólidos suspensos na fração líquida do esgoto séptico e, portanto, reduzirá a carga nas instalações de tratamento de esgoto. Após a separação, a fração líquida do esgoto séptico deve ser direcionada para a cabeceira do processo de tratamento de esgoto, ao passo que a fração sólida é direcionada para as instalações de secagem de lodo da estação.

Normalmente, será mais apropriado manusear o lodo fecal como um lodo a ser submetido a secagem, juntamente com o lodo gerado pelo processo de tratamento de esgoto. Pode ser necessária a biodigestão prévia do lodo fecal fresco oriundo de banheiros públicos e sistemas CBS.

Seleção de processos e tecnologias de tratamento apropriados

As escolhas relativas aos processos gerais de tratamento e às tecnologias específicas de tratamento dependerão do seguinte:

- Características do material a ser tratado;
- Esquemas propostos para uso final/descarte dos produtos do tratamento;
- Custos das diversas opções; e
- Fatores contextuais, como disponibilidade de espaço e energia, e recursos da entidade encarregada do processo de tratamento.

É melhor adotar uma abordagem gradual para a seleção dos processos de tratamento mais apropriados. As etapas sugeridas estão listadas com uma breve explicação abaixo.

1. *Identificar possíveis locais para as instalações de tratamento.* Leve em consideração os fatores identificados no Capítulo 3, tendo em mente a possibilidade de que a adoção de opções de tecnologia parcialmente

fechadas, inclusive tecnologias que incorporam processos mecânicos, facilite o uso de locais relativamente pequenos, relativamente próximos às áreas habitacionais.

2. *Avalie as cargas hidráulica, orgânica e de sólidos.* Adote os métodos descritos no Capítulo 3, levando em consideração as condições atuais e futuras de carga, além das variações de vazão.

3. *Defina a metodologia para a separação entre sólidos e líquidos e selecione uma tecnologia apropriada.* Essa etapa recebe prioridade porque a metodologia para a separação de sólidos e líquidos e a tecnologia escolhida influenciarão as necessidades de tratamento preliminar e as necessidades subsequentes de tratamento de líquidos e de secagem de sólidos. O Capítulo 7 examina as opções para a separação de sólidos e líquidos.

4. *Avalie as opções de tratamento da parte líquida e selecione a opção mais apropriada.* Leve em consideração o volume e as características do material entregue à instalação, a metodologia selecionada para a separação de sólidos e líquidos, a localização, a qualidade necessária do efluente e os recursos necessários para as diversas opções de tratamento. Em relação aos recursos necessários, os requisitos operacionais e gerenciais e as verbas de cobertura dos custos operacionais são muito importantes. O Capítulo 8 traz informações sobre tecnologias e processos de tratamento de líquidos.

5. *Avalie as necessidades e opções de secagem de sólidos.* As necessidades de secagem de sólidos dependerão das características dos sólidos a serem submetidos a secagem e do teor final dos sólidos necessário. Os esquemas adotados para a separação de sólidos e líquidos terão forte influência nas características do lodo entregue para secagem, ao passo que o teor final necessário dos sólidos dependerá dos esquemas propostos para descarte/uso final. Quanto às opções de tratamento da parte líquida, as opções de secagem de sólidos devem ser avaliadas em relação à localização, seus custos e suas necessidades de recursos e de manejo. O Capítulo 9 contém informações sobre tecnologias e processos para a secagem da fração sólida.

6. *Determine as necessidades e opções de recebimento e de tratamento preliminar.* O principal objetivo do tratamento preliminar é proteger os processos de tratamento posteriores, ou seja, as necessidades de tratamento preliminar dependerão das tecnologias escolhidas para a separação de sólidos e líquidos, tratamento dos líquidos e secagem dos sólidos. A avaliação das necessidades e opções de tratamento preliminar deve, portanto, seguir a seleção da tecnologia para estágios posteriores no processo de tratamento. Assim como acontece com outras etapas do processo de tratamento, as escolhas devem refletir os custos, a localização e a disponibilidade de recursos físicos e institucionais. As decisões relativas à inclusão de meios específicos para a remoção de material particulado e GOG e à estabilização do lodo bruto dependerão

das características do lodo recebido e da capacidade institucional para operar e manter as instalações necessárias. O Capítulo 6 fornece informações sobre tecnologias de tratamento preliminares e orientações sobre quando devem ser usadas.

7. *Determine o tratamento adicional necessário para assegurar que os produtos tratados sejam seguros e adequados para qualquer uso final proposto.* Quando o uso final pretendido é como insumo agrícola, os produtos tratados precisam atender às normas obrigatórias referentes a patógenos. Estas dependerão do tipo de cultura e se a população terá ou não acesso à área onde os produtos tratados serão usados. Os requisitos mais rigorosos são aqueles relacionados à presença de helmintos. O lodo destinado a uso como biocombustível ou ração animal deve obrigatoriamente passar por processo de secagem para atingir o teor mínimo de sólidos condizente com o uso proposto. Os processos que envolvem incineração e pirólise somente serão viáveis financeiramente se previrem a redução do teor de água. O Capítulo 10 oferece mais informações sobre tecnologias para a preparação de biossólidos para uso final.

Às vezes, será necessário rever as etapas anteriores à luz de decisões tomadas em relação às etapas posteriores do processo. Assim, o leitor deve considerar a sequência indicada acima como um guia, e não como uma sequência fixa a ser seguida de forma rígida em todas as ocasiões.

Pontos principais do presente capítulo

O presente capítulo introduziu tecnologias de tratamento e avaliou opções para combinar unidades de tratamento específico com processos gerais de tratamento. Seguem abaixo os principais pontos derivados deste capítulo.

- Muitos dos processos adotados no tratamento de lodo fecal e esgoto séptico seguem ou derivam de princípios semelhantes aos adotados nas estações de tratamento de esgoto doméstico. Entretanto, a seleção e a estruturação dos processos de tratamento de lodo fecal e esgoto séptico precisam levar em consideração sua alta concentração, composição variável e natureza de produto parcialmente estabilizado.
- O baixo volume de lodo fecal e esgoto séptico em relação ao volume de esgoto também pode influenciar a escolha de tecnologias.
- Todas as estações de tratamento devem oferecer meios para o recebimento e gradeamento grosseiro dos efluentes. Quando uma estação recebe tanto lodo fecal como esgoto séptico, muitas vezes será apropriado adotar sistemas separados para cada tipo de efluente. Outras necessidades de tratamento preliminar dependerão das condições locais e das tecnologias empregadas em fases posteriores do processo de tratamento.
- Onde a disponibilidade de espaço não é uma restrição e a capacidade de manejo é limitada, pode ser apropriado descarregar o esgoto séptico após o gradeamento diretamente em unidades simples de tratamento de

líquidos, como lagoas anaeróbias. O lodo fecal submetido a gradeamento pode ser descarregado em leitos de secagem de lodo, seja diretamente ou após o tratamento em um biodigestor de pequena escala.

- Em todos os outros casos, convém oferecer instalações de separação entre sólidos e líquidos antes do tratamento separado das frações líquida e sólida. A separação entre sólidos e líquidos será importantíssima quando os planos previrem o tratamento conjunto de esgoto séptico com esgoto doméstico.

- As necessidades de tratamento após a separação dependerão do processo de separação entre sólidos e líquidos adotado. O teor de sólidos da massa proveniente das prensas de lodo pode passar de 20%, ao passo que o atingido nos adensadores por gravidade tende a ficar em torno de 5%. O teor de sólidos obtido por meio de processos por batelada, como tanques adensadores e leitos de secagem de lodo, dependerá do tempo de detenção na unidade.

- Devido à alta concentração do esgoto séptico, mesmo após a separação entre sólidos e líquidos, o tratamento aeróbio da fração líquida demandará uma extensa área física, consumo expressivo de energia ou ambos. O fornecimento de tratamento anaeróbio antes do tratamento aeróbio reduz a carga nas unidades de tratamento aeróbio subsequentes e, por conseguinte, reduz os custos e/ou a necessidade de espaço para o tratamento da fração líquida.

- Será necessário tratamento especializado adicional para adequar os biossólidos produzidos no processo de tratamento ao uso final. As necessidades de tratamento dependerão do uso final pretendido.

Referências

Bakare, B.F. Foxon, K.M., Brouckaert, C.J. and Buckley, C.A. (2012) 'Variation in VIP latrine sludge contents', *Water SA* 38(4) [online] <https://pdfs.semanticscholar.org/2e0e/a4ed1dae179c069acf4d9c22d0ba8a82ed3d.pdf> [acessado em 6 de novembro de 2017].

Blumenthal, U., Mara, D.D., Peasey, A., Ruiz-Palacios, G. and Stott, R. (2000) 'Guidelines for the microbiological quality of treated wastewater used in agriculture', *Bulletin of the World Health Organization* 78(9), 1104–16 <www.who.int/bulletin/archives/78(9)1104.pdf?ua=1> [acessado em 29 de janeiro de 2018].

Government of South Africa (1996) *South African Water Quality Guidelines, Volume 2 Recreational Use* [pdf], Department of Water Affairs and Forestry <www.iwa-network.org/filemanager-uploads/WQ_Compendium/Database/Future_analysis/082.pdf> [acessado em 4 de novembro de 2017].

Henze, M. and Comeau, Y. (2008) 'Chapter 3 – Wastewater characterization', in M. Henze, M. van Loosdrecht, G. Ekama and D. Brdjanovic (eds.), *Biological Wastewater Treatment: Principles Modelling and Design*, London: IWA Publishing <https://ocw.un-ihe.org/pluginfile.php/462/mod_resource/content/1/Urban_Drainage_and_Sewerage/5_Wet_Weather_and_Dry_Weather_Flow_Characterisation/DWF_characterization/Notes/Wastewater%20characterization.pdf> [acessado em 13 de janeiro de 2018].

Lopez-Vazquez, C., Dangol, B., Hooijmans, C. and Brdvanovic, D. (2014) 'Co-treatment of faecal sludge in municipal wastewater treatment plants', in L. Strande, M. Ronteltap, and D. Brdjanovic (eds.), *Faecal Sludge Management: Systems Approach for Implementation and Operation* [pdf], London: IWA Publishing <www.unesco-ihe.org/sites/default/files/fsm_ch09.pdf> [acessado em 15 de março de 2017].

SPAN (National Water Services Commission) (2009) *Sewage Characteristics and Effluent Discharge Requirements*, Cyberjaya: SPAN <www.span.gov.my/files/MSIG/MSIGVol4/04_Sec._3_Sewage_Characteristics_and_Effluent_Discharge_Requirements.pdf> [acessado em 21 de novembro de 2017].

World Health Organization (1989) *Health Guidelines for the Use of Wastewater in Agriculture and Aquaculture*, World Health Organization Technical Report Series 778, Geneva: World Health Organization <http://apps.who.int/iris/bitstream/10665/39401/1/WHO_TRS_778.pdf> [acessado em 12 de janeiro de 2018].

World Health Organization (2006) *Guidelines for the Safe Use of Wastewater, Excreta and Greywater, Volume 2 Wastewater Use in Agriculture*, Geneva: World Health Organization <www.who.int/water_sanitation_health/wastewater/wwuvol2intro.pdf> [acessado em 12 de janeiro de 2018].

CAPÍTULO 5

Planejamento e estruturação visando a eficiência operacional

O grande foco desta obra está nos processos de tratamento. Entretanto, mesmo o melhor projeto de processo não assegura a eficiência operacional, a menos que os operadores possam operar a estação. O presente capítulo examina como os projetistas podem assegurar a operabilidade das estações. O capítulo ressalta a necessidade de combinar a capacidade de tratamento com a carga da estação, considerar a disponibilidade de recursos na seleção de tecnologias e projetar processos flexíveis que permitam a continuidade do tratamento quando as unidades de tratamento forem desativadas para fins de manutenção ou reparo. A necessidade de sistemas gerenciais eficientes recebe destaque e são apresentadas estruturas institucionais para a oferta desses sistemas. São fornecidas informações sobre o projeto a fim de garantir a segurança dos operadores e facilitar as boas práticas operacionais. A importância operacional da precisão e qualidade da construção é enfatizada. Por fim, são fornecidas informações sobre as opções para assegurar que os operadores compreendam e adotem bons procedimentos e práticas operacionais.

Palavras-chave: procedimentos operacionais, recursos, capacidade, segurança, acesso do operador.

Introdução

Os requisitos gerais de qualquer processo de tratamento são que funcione de maneira eficiente e alcance sistematicamente os objetivos para os quais foi projetado. Isso tem mais chances de acontecer se planejadores e projetistas avaliarem e aprenderem com a experiência operacional anterior e atual. Também é necessário que:

- A capacidade de tratamento corresponda à carga hidráulica, orgânica e de sólidos suspensos da estação;
- A seleção de tecnologias leve em conta a disponibilidade de recursos;
- A estrutura do processo facilite a eficiência operacional;
- Os sistemas gerenciais viabilizem e facilitem os procedimentos operacionais;
- Os detalhes do projeto facilitem o acesso seguro do operador para executar esses procedimentos;
- As instalações sejam construídas com precisão e conforme as normas mínimas exigidas para assegurar a eficiência operacional; e
- Os gestores e a equipe operacional possuam sólidos conhecimentos sobre os requisitos operacionais do processo de tratamento.

A última condição tem mais chances de ser atendida se houver procedimentos operacionais padrão (POPs) formais que sejam seguidos pela equipe em suas rotinas. O termo "procedimentos operacionais" abrange todas as tarefas necessárias para a operação e manutenção das instalações, monitoramento do desempenho, e reparo e troca dos componentes do sistema quando necessário.

Avaliação da experiência operacional

As perguntas a seguir devem ser feitas ao avaliar a experiência operacional anterior e atual.

- Quais foram as premissas de projeto das estações existentes? De que maneira as práticas operacionais atuais divergem dessas premissas?
- A experiência operacional revelou problemas e questões com projetos anteriores?
- Em caso afirmativo, o que a prática operacional sugere quanto às opções para superar esses problemas e resolver as questões levantadas?

A observação de estações de tratamento existentes e conversas com os operadores fornecerão um ponto de partida para responder a essas perguntas. Isso pode ser feito informalmente, mas será melhor se forem criados sistemas para monitorar sistematicamente o desempenho das instalações existentes e explorar os pontos de vista dos operadores sobre as dificuldades operacionais que essas instalações apresentam. Além de melhorar o entendimento sobre o que funciona e o que não funciona, e sobre a natureza e a causa dos problemas, o monitoramento de rotina fornece informações locais sobre a concentração do esgoto séptico e o desempenho do sistema, o que irá embasar as premissas de futuros projetos.

A análise da prática operacional fica mais fácil e mais eficiente se os procedimentos operacionais efetivos puderem ser comparados aos especificados nos POPs formais. Esses procedimentos devem ser produzidos de uma forma ou de outra, pois fornecem a estrutura na qual os operadores executam as tarefas a elas atribuídas. São de grande relevância quando os operadores carecem de capacitação e qualificações formais. Contudo, procedimentos operacionais não examinados podem revelar-se impraticáveis ou, pior ainda, gerar resultados que não foram previstos pelo projetista, o que evidencia a necessidade de uma metodologia reflexiva ao projeto que permita a aprendizagem com a experiência operacional.

Quando equipamentos eletromecânicos são instalados em estações de tratamento existentes, sempre vale a pena avaliar se os operadores os utilizam. Por exemplo, a investigação pode revelar que, para reduzir a conta de luz, os aeradores em lagoas aeradas funcionam apenas por períodos limitados, e isso se é que são ativadas. Em muitos casos, lagoas anaeróbias com necessidade de espaço idêntica ou um pouco maior funcionam igualmente bem.

Todo o exposto acima se refere a tecnologias e práticas já existentes, de forma que haja experiência operacional para servir de base. Nem sempre será esse o caso. O tratamento de lodo fecal e esgoto séptico constitui uma área em desenvolvimento, de modo que algumas das tecnologias descritas neste livro ainda não foram adotadas em escala. Iniciativas em escala piloto podem proporcionar informações sobre o desempenho dessas tecnologias e dotar a equipe operacional de experiência na operação das tecnologias. É importante avaliar os desafios a serem enfrentados ao dar escala às tecnologias e acompanhar a experiência operacional, ajustando metodologias e projetos à luz dessa experiência.

Opções para combinar capacidade operacional e carga

Será difícil operar a estação de tratamento se não houver equilíbrio entre a capacidade de tratamento e a carga na estação. É óbvio que a estação não funcionará de forma eficiente se a carga exceder a capacidade de tratamento disponível, mas também poderão surgir dificuldades operacionais se a capacidade de tratamento operacional ficar muito acima da carga. A segunda situação ocorre quando a demanda existente por serviços de esvaziamento de fossas e tanques é baixa, mas a estação de tratamento é projetada para o fluxo previsto muito maior no horizonte projetado. Nessas circunstâncias, é provável que os operadores tenham dificuldade em operar a estação conforme o pretendido pelos projetistas. Por exemplo, a carga em lagoas anaeróbias pode ser insuficiente para assegurar condições plenamente anaeróbias, e os fluxos que passam pelos adensadores por gravidade e reatores anaeróbios compartimentados podem não bastar para manter as velocidades projetadas, acarretando taxas de decantação mais altas do que as projetadas. Opções para responder a essa situação:

- Organize a construção em série para que a capacidade da estação aumente de forma incremental à medida que a carga aumentar; e
- Construa a estação com capacidade para manipular as cargas previstas no horizonte projetado, mas organize em etapas o comissionamento das unidades de tratamento para que a capacidade operacional corresponda à carga.

Em tese, a construção em série é mais econômica. Ela somente incorre em gastos de capital quando necessário e, portanto, não consome recursos escassos para financiar ativos não produtivos. Também permite que as lições aprendidas com a operação das primeiras unidades construídas sejam incorporadas ao projeto de unidades posteriores.

Na prática, o financiamento para a construção muitas vezes é fornecido por meio de programas custeados pelo governo central e organismos internacionais, e é oferecido apenas para iniciativas com prazo determinado. Quando for esse o caso, a opção de comissionamento em série pode ser mais realista, a despeito de seu custo financeiro teoricamente maior.

Tanto a construção em série quanto o comissionamento em série se beneficiam de uma metodologia modular em que há a instalação de várias unidades de tratamento menores, em vez de uma unidade grande. Algumas tecnologias são mais adequadas para a metodologia modular do que outras. Por exemplo, os leitos de secagem são modulares por natureza. O custo de construção de um número maior de leitos menores não será muito maior do que o da construção de um número menor de leitos maiores com a mesma capacidade total. Com efeito, a criação de mais leitos pode facilitar a operação. Outras tecnologias, como, por exemplo, prensas mecânicas, operam com capacidades mínimas e são mais dispendiosas, além de oferecer menos espaço para a instalação e comissionamento em módulos. Mesmo assim, conforme explicado na seção sobre a concepção de processos abaixo, sempre será aconselhável criar unidades específicas em número suficiente para permitir rotas alternativas ao longo do processo de tratamento.

Mesmo quando a construção, o comissionamento ou ambos se dão em série, haverá situações em que a carga em uma determinada unidade de tratamento será menor do que a carga projetada para essa unidade. Os POPs devem fornecer orientações para os operadores responderem a essa situação.

A influência da disponibilidade de recursos na escolha da tecnologia

Uma tecnologia de tratamento só funciona de forma eficiente se dispuserem dos recursos necessários para operar continuamente. Portanto, as opções tecnológicas devem levar em consideração a disponibilidade de recursos. Na falta dos recursos exigidos por uma dada tecnologia, essa tecnologia não será viável. Assim, as opções seriam o uso de outra tecnologia ou a adoção de medidas para garantir os recursos necessários para o sucesso da implantação da tecnologia no longo prazo. Exploramos abaixo pontos específicos a serem considerados em relação à disponibilidade de recursos.

Disponibilidade de energia

Uma fonte de energia confiável será necessária para as tecnologias à base de energia, como bombas, gradeamento mecânico e reatores de lodo ativado. A melhor opção será sempre o uso de energia da rede trifásica pública. No entanto, a eficiência operacional somente será possível se essa fonte for confiável, apresentar poucas quedas e oferecer a tensão projetada. Essas condições nem sempre são atendidas em países de renda mais baixa. Interrupções frequentes no abastecimento criam a necessidade de fontes de energia alternativas; além disso, a baixa tensão no sistema de alimentação pode ocasionar picos de corrente, causando superaquecimento e queima dos motores. Fontes de energia alternativas incluem geradores a diesel e painéis solares. A operação de geradores a diesel é dispendiosa e seu tempo de funcionamento pode ser restringido pela indisponibilidade ou custo proibitivo do combustível. A energia solar pode ser uma opção para sistemas com baixo consumo de energia, mas requer capacidade de armazenamento da bateria e pode não ser capaz de atender à demanda durante períodos prolongados de nebulosidade. Esses pontos sugerem que as tecnologias à base de energia não devem ser cogitadas, a menos que um fornecimento de energia confiável e acessível seja ou possa ser disponibilizado. O Quadro 5.1 descreve uma alternativa ao bombeamento para a remoção do lodo de tanques que requerem remoção frequente.

Quadro 5.1 Uso de pressão hidrostática como alternativa ao bombeamento

As bombas necessitam de um fornecimento de energia confiável, manutenção regular e sistemas eficientes para a entrega de peças sobressalentes. Pode ser difícil garantir essas condições em alguns locais. A pressão hidrostática oferece uma alternativa ao bombeamento, onde lodo contendo água suficiente para agir como um líquido deve ser removido do fundo de um tanque. A Figura 7.5 mostra como esse princípio é usado na remoção do lodo de tanques com tremonha. A remoção do lodo ocorre através de um tubo, que se estende até o fundo do tanque na extremidade inferior e entra em uma câmara abaixo do nível do líquido no tanque na extremidade superior. Há uma válvula na conexão com a câmara. A abertura da válvula provoca uma diferença de pressão entre as extremidades inferior e superior do tubo, o que faz com que o lodo ao redor do fundo do tubo flua através dele até a câmara. Os projetos europeus de estações de tratamento de esgoto adotam rotineiramente esse mecanismo para remover o lodo dos tanques de decantação, usando pequenos diferenciais de pressão. Um diferencial de pressão maior pode ser necessário para o lodo mais espesso gerado pelos processos de tratamento de esgoto séptico. O mecanismo somente será eficaz quando a extremidade inferior do tubo estiver contida em uma tremonha com laterais bem inclinadas. Assim como no bombeamento, a remoção regular do lodo é essencial. Sem ela, a solidificação do lodo no fundo do tanque provocará uma situação em que ele não fluirá com facilidade, situação que irá trazer a necessidade de remoção manual.

Sistemas de gerenciamento e assistência

- *Disponibilidade de consumíveis e peças sobressalentes.* A operação ininterrupta de uma tecnologia ou processo somente é possível se houver boas cadeias de suprimentos para assegurar a pontual entrega de todos os consumíveis e peças sobressalentes necessários. Na avaliação da viabilidade das tecnologias, é importante investigar a disponibilidade dos consumíveis e peças sobressalentes necessários. Se não for possível garantir a disponibilidade de algum destes, dificuldades operacionais e interrupções no serviço serão inevitáveis.
- *Serviços pós-venda do fabricante.* São maiores as chances de haver boas cadeias de suprimentos para peças fabricadas se o fabricante for nacional ou se tiver um representante ou agente no país com conhecimento técnico adequado e capacidade para adquirir unidades de reposição e peças sobressalentes e entregá-las aos clientes. Alguns fabricantes oferecem contratos de serviço por um período determinado que podem ajudar a assegurar a disponibilidade de peças sobressalentes e serviços de manutenção. Mesmo que isso não seja possível, deve-se dar preferência ao equipamento para o qual existem peças sobressalentes

e de reposição disponíveis no nível local, desde que isso possa ser feito sem sacrificar a qualidade.

- *Recursos gerenciais e operacionais.* Nenhuma tecnologia será capaz de permanecer em funcionamento se as tarefas essenciais de operação e manutenção forem negligenciadas. Assim, cada opção tecnológica deve ser avaliada em termos da capacidade dos sistemas gerenciais futuros existentes e possíveis de assegurar a execução dessas tarefas com rapidez e eficácia. A seção sobre estruturas e sistemas de gerenciamento abaixo fornece mais informações sobre a avaliação de estruturas e sistemas de gerenciamento, e as opções para fortalecê-los são apresentadas mais adiante neste capítulo.

- *Informação e sistemas de informação.* Ao considerar as opções de processos, é importante identificar suas necessidades de informação e avaliar a capacidade dos sistemas de gerenciamento futuros existentes e possíveis de fornecer essas informações. Por exemplo, a operação eficiente de processos de tratamento de lodo ativado e aeração prolongada requer informações sobre os sólidos suspensos na mistura de licor no reator. Da mesma forma, informações sobre taxas de dosagem de polímeros e teor de água da massa de lodo serão necessárias para otimizar o desempenho das prensas de lodo.

Recursos financeiros

É impossível operar um processo com eficiência se os recursos disponíveis forem insuficientes para cobrir seus custos operacionais. Ao avaliar as opções de tecnologia, será necessário, portanto, avaliar os custos operacionais de cada tecnologia em relação aos fundos que, realisticamente, se espera que estejam disponíveis para operação e manutenção. Há dois aspectos relacionados a isso: primeiro, a disponibilidade de recursos para custear as tarefas rotineiras de operação e manutenção; segundo, as opções para financiar grandes reparos e trocas. Os recursos alocados para a operação e manutenção de rotina devem cobrir os custos de mão de obra, energia e quaisquer materiais necessários para a operação de rotina, como, por exemplo, os polímeros essenciais para o desempenho efetivo das prensas mecânicas. Os projetistas devem discutir a disponibilidade de recursos para cobrir esses custos com a entidade que ficará responsável pela operação da estação. O relatório de projeto deve incluir uma avaliação dos custos operacionais gerais das tecnologias preferenciais, inclusive uma reserva para custos de reparo e troca, e comparar esses custos com a melhor estimativa do orçamento operacional. Quando necessário, a necessidade de aumento do orçamento operacional deve ser destacada, e as opções de captação dos recursos necessários devem ser identificadas e avaliadas. Ao avaliar as possíveis necessidades de reparo e troca de equipamentos, deve-se considerar a possibilidade de operações em outra moeda.

Os contratos para o fornecimento de equipamentos mecânicos devem incluir a exigência de que o fabricante ou seu agente forneça manuais de instruções no idioma do país e treinamento para a equipe do cliente. Quando a equipe operacional não estiver familiarizada com o equipamento recém-instalado, o contrato deverá, em termos ideais, prever um longo período de transferência após o comissionamento, durante o qual a equipe da empresa que forneceu o equipamento trabalhará juntamente com a equipe operacional. Isso servirá para identificar e solucionar problemas operacionais imprevistos e para treinar a equipe operacional na correta operação e manutenção do equipamento.

Estruturação do processo visando a eficiência operacional

A continuidade da operação de algumas tecnologias só pode ser garantida se forem precedidas por unidades que as protejam de possíveis danos. Por exemplo, as prensas mecânicas podem ser vulneráveis a danos causados por pequenos objetos presentes no lodo de entrada e, portanto, devem ser precedidas de um gradeamento minucioso para a remoção desses objetos. Outras tecnologias dependem de alguma forma de pré-tratamento. Por exemplo, algumas tecnologias de secagem, inclusive as prensas mecânicas, somente serão eficazes se o lodo que entra for primeiro dosado com um polímero. Esses exemplos evidenciam a necessidade de considerar as opções de tratamento como partes de um processo integral, e não como tecnologias independentes.

Planejadores e projetistas também devem reconhecer que até mesmo a tecnologia mais simples irá falhar se as tarefas essenciais de operação e manutenção não puderem ser realizadas ou se forem negligenciadas. Portanto, o projeto geral do processo deve respeitar as necessidades de operação e manutenção. Pontos a serem considerados:

- *A necessidade de manter o fluxo durante a execução de tarefas de manutenção e reparo.* Sempre que possível, frentes de tratamento paralelas devem ser oferecidas para que ao menos uma frente possa continuar funcionando enquanto outra está suspensa para manutenção ou reparo. Esse é um requisito essencial para instalações como lagoas anaeróbias e reatores anaeróbios compartimentados que precisam ser desativados periodicamente para a remoção do lodo. Do mesmo modo, componentes mecânicos como bombas, mecanismos de gradeamento e aeradores devem contar com unidades de reserva.
- *A natureza e programação das tarefas essenciais de operação e manutenção.* É mais provável que a equipe operacional realize tarefas que são necessárias com frequência, mas relativamente fáceis, do que tarefas necessárias infrequentes que envolvam esforços e/ou dificuldades consideráveis. Por exemplo, os sólidos que se acumulam nos tanques com tremonha descritos no Capítulo 7 precisam ser removidos várias vezes ao dia. O lodo pode ser removido por meio de pressão hidrostática, eliminando assim a necessidade de manutenção de bombas. Os tanques adensadores,

também descritos no Capítulo 7, e as lagoas anaeróbias necessitam de menos remoção de lodo, o que em geral requer o uso de equipamentos mecânicos.

- *As consequências se tarefas essenciais de operação e manutenção forem negligenciadas.* Perguntas a serem feitas ao avaliar essas consequências incluem "Como essa tecnologia pode falhar?' e "Qual será o nível de resistência da tecnologia no caso de tarefas operacionais de rotina serem negligenciadas?"
- *Como respondem as tecnologias a variações na carga hidráulica e orgânica.* As estações de tratamento de esgoto séptico e lodo fecal estão mais sujeitas a variações de cargas no curto prazo do que as estações de tratamento de esgoto doméstico, devido à grande variabilidade na concentração do efluente e à intermitência das cargas. Possíveis dificuldades operacionais decorrentes de oscilações no fluxo devem ser consideradas na seleção de tecnologias, com prioridade para as tecnologias com melhor capacidade para lidar com essas variações. Via de regra, quanto mais tempo durar a detenção hidráulica de uma unidade, melhor será sua capacidade de lidar com as variações na carga.
- *A necessidade de manejo do lodo e da escuma.* O teor de sólidos do esgoto séptico é elevado, e o do lodo fecal não raro é ainda maior. Conforme já observado, isso significa que o lodo e a escuma se acumulam com muito mais rapidez em lagoas e tanques do que seria o caso do esgoto doméstico. Na falta de remoção do lodo e da escuma, estes se acumulam nas unidades de tratamento, reduzindo o volume efetivo dessas unidades. Também podem bloquear as entradas, saídas e tubulações de conexão da unidade de tratamento. Se a remoção do lodo for negligenciada indefinidamente, as unidades de tratamento acabarão sem capacidade e as operações entrarão em colapso. A negligência da remoção da escuma pode ocasionar obstruções da tubulação, provocando o colapso do sistema até antes. O Quadro 5.2 dá exemplos de problemas decorrentes de negligência no manejo eficiente do lodo, e a Foto 5.1 ilustra um desses problemas.

Os projetistas devem examinar as opções de automatização cuidadosamente. Como os custos de mão de obra nos países de renda baixa costumam ser muito mais baixos do que nos países industrializados, tem menos força a necessidade de reduzir o contingente de pessoal para reduzir os custos, que é um dos fatores determinantes da automatização. A equipe pode enfrentar problemas operacionais em caso de pane dos sistemas automatizados. Por exemplo, uma visita do autor ao local revelou que equipamentos caros das estações de tratamento de esgoto séptico de Pula Gebang e Duri Kosambi em Jacarta, embora estivessem em boas condições, não estavam funcionando bem porque o sistema de controle automático havia sofrido uma pane.

Assim como acontece em outros tipos de equipamentos mecânicos, os sistemas de controle automático somente devem ser considerados se o fabricante puder garantir a disponibilidade de manutenção local e sistemas de reparo a custo acessível.

Um ponto importante, que em geral passa despercebido, é a necessidade de proteção contra furto e vandalismo. O furto pode ser um problema para qualquer peça que possa ser vendida ou usada em outro local.

Quadro 5.2 Exemplos de problemas decorrentes de negligência ou protelação da remoção de lodo

Um estudo realizado no início dos anos 2000 na estação de tratamento de Achimota, em Accra, Gana, revelou que os tanques de separação de lodo eram esvaziados a cada 4 ou 5 meses, em vez das 7 ou 8 semanas previstas no projeto. Não surpreende que isso tenha ocasionado uma grande redução no desempenho da separação entre sólidos e líquidos (Montangero e Strauss, 2004).

Em 2014, menos de dois anos após o comissionamento, o lodo e a escuma já estavam causando problemas operacionais na estação de tratamento de esgoto séptico que atende Tegal, em Java Central, na Indonésia. Pequenos arbustos haviam germinado na camada de escuma das lagoas anaeróbias e as tubulações de interconexão ficaram obstruídas, levando os operadores de caminhões-tanque a descarregar diretamente nas lagoas facultativas, e não através da câmara de descarga (ver a Foto 5.1).

Operadores da Indonésia relatam que muitas vezes é difícil remover o lodo dos tanques Imhoff. O alto teor de sólidos do esgoto séptico que chega acarreta o rápido acúmulo de lodo. Os operadores muitas vezes precisam adicionar água ao conteúdo do tanque para facilitar a remoção do lodo, o que invalida o objetivo do tratamento de separar sólidos de líquidos. Estudos com reatores anaeróbios de fluxo ascendente (RAFA) instalados na América Latina e conforme os planos de ação da Índia em Ganga e Yamuma concluíram que a falta de remoção do lodo acumulado nos reatores estava afetando muito o desempenho dos reatores (Chernicharo et al., 2015; Khalil et al., 2006).

Foto 5.1 Problemas no manejo de lodo em lagoa anaeróbia, em Tegal, na Indonésia (observe a falta de acesso do operador aos tanques)

Estruturas e sistemas gerenciais visando a eficiência operacional

Mesmo a tecnologia mais simples apresentará falha se for gerenciada de maneira ineficaz, ponto ilustrado pelas conclusões de uma análise do desempenho de estações de tratamento de esgoto doméstico na Índia, que revelou que lagoas de estabilização simples figuravam entre os piores desempenhos. A explicação provável é que os gestores presumiram que baixa manutenção era equivalente a falta de manutenção, com o resultado de que as lagoas receberam pouquíssima atenção operacional (análise do autor com base no Conselho Central de Controle da Poluição, Índia, 2007). A avaliação das estruturas e sistemas de manejo existentes deve, portanto, se dar na fase de planejamento, a fim de identificar e solucionar pontos fracos e restrições que possam impedir a operação e manutenção eficientes da estação.

Perguntas a fazer em relação às estruturas e sistemas institucionais:

- *Onde recaem as responsabilidades institucionais pela gestão do lodo fecal?* Os órgãos municipais costumam assumir a responsabilidade pelo manejo de esgoto séptico e lodo fecal, mas não o priorizam. Os decisores muitas vezes o tratam como um complemento sem importância das atividades de outra secretaria municipal (em geral a secretaria responsável pelo manejo de resíduos sólidos).

- *Quem detém a responsabilidade oficial pelas decisões operacionais?* Quem as toma na prática? É provável que haja problemas se houver uma grande discrepância entre responsabilidades atribuídas oficialmente e responsabilidades efetivas.

- *Quem tem o poder de aprovar despesas com operação, manutenção e reparo?* Caso um orçamento inadequado restrinja a capacidade da entidade operacional de executar tarefas essenciais adequadamente, quais são os procedimentos a serem seguidos para assegurar o aumento do custeio?

- Com relação ao último ponto, *que sistemas existem para assegurar a aquisição oportuna de materiais e peças e a troca completa de unidades avariadas ou desgastadas?* Há sistemas para assegurar a disponibilidade de peças sobressalentes e de reposição essenciais? Os detentores de responsabilidades operacionais possuem os poderes executivos e financeiros necessários para assegurar a pronta execução das tarefas essenciais de aquisição? O Quadro 5.3 identifica uma opção para facilitar a aquisição imediata.

- *Há restrições institucionais para liberar os recursos necessários para tarefas ocasionais de reparo e manutenção?* Caso as peças sobressalentes precisem ser importadas, qual é o nível de eficiência dos sistemas de pedido e pagamento dessas peças? Procedimentos aduaneiros podem prolongar o tempo necessário para importar as peças sobressalentes? Essas peças podem ficar sujeitas a taxas de importação que aumentariam os custos?

- *Qual é o espaço nos sistemas organizacionais existentes para a contratação e retenção de funcionários com as devidas qualificações?* Essa pergunta é importantíssima ao considerar opções que envolvam tecnologias e procedimentos sofisticados.

Quadro 5.3 Uso de contratos gerais para agilizar reparos

Uma opção para facilitar respostas em tempo hábil a panes nos equipamentos é a celebração de contratos gerais com fornecedores e centros de manutenção locais para o fornecimento de elementos e serviços conforme uma lista de custos que cubra as atividades de reparo e troca que venham a ser necessárias. Os elementos da lista seriam "chamados" quando necessário, o que eliminaria a necessidade de realização de um processo licitatório detalhado sempre que uma peça de reparo ou reposição fosse necessária. A adoção dessa abordagem não elimina a necessidade de um bom sistema de almoxarifado, com a manutenção de todos os elementos e peças comumente necessários em estoque.

O pessoal atribuído às tarefas de manejo de esgoto séptico em geral são trabalhadores com pouca qualificação ou terceirizados com contratos temporários. Muitos são empregados com remuneração diária, sem estabilidade no emprego e sem benefícios previdenciários ou plano de saúde. Esses esquemas não são propícios à contratação e retenção de pessoal com conhecimento, experiência e competências para operar algo que não sejam as tecnologias mais simples. Nos casos em que houver esses esquemas, os planejadores têm a obrigação de fazer uma avaliação realista das medidas de capacitação necessárias antes de tentar introduzir novos processos e tecnologias avançados de tratamento. Estes podem incluir:

- *Criação de novos cargos dentro da estrutura municipal.* O espaço para isso dependerá da divisão de poderes entre as esferas municipal e superiores do governo. Se as decisões relativas a admissão de pessoal couberem a esferas mais altas, o foco deve ser na introdução de sistemas que se apliquem a todos os municípios.
- *Introdução de novos esquemas institucionais* que ampliem o espaço para a contratação do pessoal especializado necessário. Entre as opções institucionais estão:
  - Criação de um órgão semiautônomo no município com responsabilidade específica pelo manejo do esgoto séptico. A Indonésia adota essa metodologia por meio de seu sistema de unidades municipais de execução técnica (Unit Pelasana Teknis Daerah, ou UPTD, no idioma indonésio). A experiência indonésia mostra as limitações dessa metodologia, em que as UPTD têm poderes financeiros e de contratação de pessoal limitados (Tayler et al., 2013).
  - Atribuição da responsabilidade operacional a uma entidade existente especializada na prestação de serviços, como, por exemplo, um provedor de água existente.
  - Criação de uma empresa pública com a missão de gerir serviços de manejo de esgoto séptico em favor dos municípios. Isso pode ser feito

no âmbito estadual, provincial ou regional, ou em um nível mais local. O uso dos serviços da empresa pública pelos municípios pode ser uma exigência ou uma decisão voluntária.

- Contratação de empresas do setor privado para gerir serviços de manejo de esgoto séptico por meio de algum esquema de parceria público-privada. As empresas do setor privado podem ser responsáveis por todos os aspectos do manejo de esgoto séptico ou por aspectos específicos, entre os quais sua remoção, coleta e tratamento, e a prestação de serviços laboratoriais.

À exceção do primeiro desses esquemas institucionais sugeridos, todos expandiriam as atribuições da entidade operacional, permitindo que esta introduza equipamentos e pessoal especializados, uma linha de ação que raramente será viável para as secretarias municipais, salvo nas cidades de maior porte. Ao considerar as opções com a introdução de novos esquemas institucionais, primeiro será necessário convencer os altos decisores da necessidade de mudança, e depois realizar eventuais alterações na legislação que se façam necessárias para facilitar a adoção das mudanças institucionais propostas.

Consideração dos operadores na fase de projeto

Há dois aspectos do projeto do ponto de vista dos operadores a serem considerados. O primeiro é assegurar a segurança dos operadores e, com efeito, da população. O segundo é assegurar que os projetos facilitem a execução das tarefas operacionais, sem esquecer de assegurar o bom acesso do operador para sua realização. Nesse sentido, a seguir serão explorados aspectos do projeto voltados para garantir a segurança dos operadores e facilitar os procedimentos operacionais.

Elaboração de projetos visando a segurança

As estações de tratamento devem sempre ser projetadas de modo a assegurar a segurança dos trabalhadores e da população em geral. Para isso, é necessário que:

- As estações de tratamento sejam cercadas, com cercas projetadas para impedir, ou no mínimo deter, o acesso não autorizado da população.
- As instalações devem ser projetadas para minimizar o contato do trabalhador com o lodo fecal e o esgoto séptico. Quando não for possível evitar o contato, os trabalhadores devem receber vestimenta de proteção adequada e ser incentivados a usá-la.
- Espaços fechados onde possa haver concentração de gases gerados pela biodigestão anaeróbia devem ser evitados sempre que possível. Nos casos em que estiver previsto no projeto um espaço fechado, como é o caso dos biodigestores em cúpula, o projeto deve minimizar a necessidade

de acesso ao espaço fechado por parte dos trabalhadores. Quando não for possível evitar entradas ocasionais, o projeto geral do processo deve permitir um período, preferencialmente de semanas, entre cada entrada de um trabalhador em espaços fechados, como é o caso dos biodigestores em cúpula. Os procedimentos de acesso devem ser definidos nos POPs. Devem ser fornecidos equipamentos de segurança adequados, de uso obrigatório pelos trabalhadores.

- A fiação elétrica deve passar por sulcos na parede ou ficar presa firmemente à parede. Fios pendurados devem ser evitados, assim como fiação que passa por áreas onde há risco de alagamento. Todos os materiais devem ser fixados com firmeza a uma parede ou teto.
- Vedações ou paredes elevadas devem ser colocadas ao redor dos tanques a uma altura mínima 1.067 mm (42 polegadas) acima do nível do solo do entorno (segundo especificações do Departamento do Trabalho dos EUA, sem data). Onde for necessário acesso frequente, devem ser instaladas vedações e portões fechados ou correntes.
- Superfícies antiderrapantes devem ser colocadas em locais como áreas de manuseio de polímeros, onde derramamentos podem deixar os pisos escorregadios. As superfícies com pisos revestidos podem ficar escorregadias quando molhadas e, portanto, devem ser evitadas.
- Avisos de alerta devem ser colocados onde há formação de uma camada de escuma e, talvez, o crescimento da vegetação em uma lagoa dificultem a distinção entre uma lagoa coberta de escuma e solo firme.
- Quando o tamanho e a profundidade das lagoas assim justificarem, um pequeno barco deve ficar à disposição. Coletes salva-vidas também devem estar disponíveis onde houver o perigo de queda na lagoa.

Projeto para facilitar os procedimentos operacionais

As unidades de tratamento terão desempenho insatisfatório e inevitavelmente deixarão de funcionar se os operadores negligenciarem as tarefas essenciais de operação e manutenção. A probabilidade de os operadores realizarem essas tarefas dentro dos cronogramas será bastante reduzida se as acharem difíceis, perigosas ou desagradáveis, o que significa que os projetistas devem sempre analisar seus projetos do ponto de vista dos operadores. Apresentamos abaixo exemplos das implicações disso na prática, destacando dificuldades operacionais comuns e falhas de projeto, e sugerindo formas de solucionar as dificuldades e de retificar as falhas de projeto.

Acesso para a remoção do lodo de lagoas e tanques. As lagoas e tanques anaeróbios e facultativos requerem remoção periódica do lodo, que costuma ser espesso demais para ser bombeado. Nesses casos, as únicas opções serão escavá-lo manualmente ou removê-lo com um trator equipado com uma carregadeira frontal. Essas duas opções requerem acesso às lagoas após a retirada da água sobrenadante por drenagem ou bombeamento. O esquema normal para lagoas maiores é o uso de rampas de acesso para veículos. Para lagoas menores, que são a configuração típica das estações de tratamento de esgoto séptico, o projeto deve permitir o acesso do operador por meio de degraus ou uma rampa. Os projetistas dos tanques mostrados na Foto 5.1 não previram isso. Para remover o lodo dos tanques, os operadores têm de entrar na lagoa por escadas apoiadas nas paredes e depois passar o lodo para colegas que estejam no nível do solo, por exemplo, com o uso de baldes. É uma tarefa lenta e difícil, e é provável que isso tenha contribuído para a negligência na remoção do lodo, que fica bem evidente na fotografia. Uma vez cheias de lodo, as lagoas oferecem pouca ou nenhuma eficiência no tratamento.

Foto 5.2 Grade vertical sem acesso para o operador

Projeto de grades que permite acesso para limpeza. A Foto 5.2 ilustra uma falha de projeto comum: uma grade vertical sem acesso, o que impossibilita a limpeza da grade, a menos que o operador suba no tanque. Isso é algo que provoca relutância, com o resultado de que a tarefa quase certamente é negligenciada.

A Foto 5.3 mostra uma grade na estação de tratamento de esgoto que atende à cidade de Naivasha, no Quênia. Essa configuração é muito melhor. Observe a grade ligeiramente inclinada, a área levemente rebaixada na qual os operadores podem limpar as grades e a plataforma na lateral da grade na qual o operador pode se posicionar para limpar a grade. Essa configuração poderia ter sido aprimorada ainda mais com a substituição da área rebaixada atrás do fluxo por uma calha que conduzisse até a lateral e permitisse que as grades fossem empurradas para um carrinho de mão. O Capítulo 6 traz mais informações sobre esse esquema.

Prevenção de decantação em locais de difícil acesso. A Figura 5.1 representa um corte longitudinal através das baias de descarga e conexões com as câmaras de separação de sólidos (CSS) na estação de tratamento de esgoto séptico de Tabanan, na Indonésia, que será descrito em mais detalhes no Capítulo 7. Os caminhões-tanque descarregam o esgoto séptico no decantador mostrado à esquerda que, em seguida, passa pela grade sob uma parede do defletor e através de uma série de tubos no próprio CSS. Já indicamos as dificuldades que os operadores enfrentam ao limpar uma grade vertical. O outro problema com o projeto refere-se à decantação dos sólidos. Os sólidos tendem a se fixar no ponto indicado pela seta na figura, onde são de difícil remoção. Este é um exemplo específico do problema mais geral de fixação não intencional e indesejada de sólidos, muitas vezes em locais inacessíveis. Os projetistas devem sempre estar cientes da possibilidade e projetar com vistas a minimizar a decantação, exceto quando for algo necessário como parte do processo de tratamento. Quando não for possível evitar um certo grau de decantação, o projeto deve assegurar que os operadores tenham acesso para remover os sólidos fixados.

Foto 5.4 Obstrução da tubulação de conexão

Acesso para limpar obstruções na tubulação. Os projetistas não podem ignorar a possibilidade de obstrução da tubulação. O risco será reduzido se os tubos forem dimensionados adequadamente e colocados em inclinação suficiente para assegurar o transporte dos sólidos, mas será de difícil eliminação por

Foto 5.3 Grade inclinada com acesso para o operador

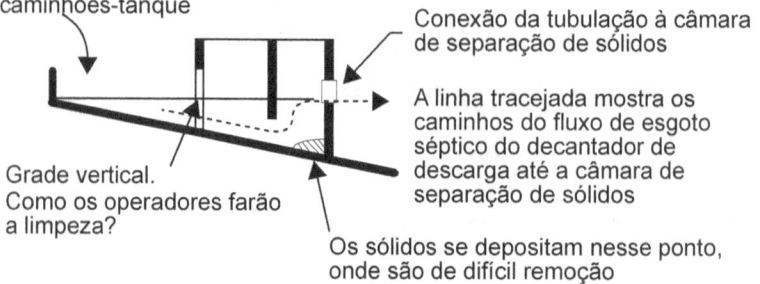

Esgoto séptico depositado pelos caminhões-tanque

Conexão da tubulação à câmara de separação de sólidos

A linha tracejada mostra os caminhos do fluxo de esgoto séptico do decantador de descarga até a câmara de separação de sólidos

Grade vertical. Como os operadores farão a limpeza?

Os sólidos se depositam nesse ponto, onde são de difícil remoção

Figura 5.1 Entrada para a CSS ilustrando possíveis dificuldades operacionais

completo. É mais provável que ocorram obstruções nas curvas e mudanças no sentido do tubo, de modo que os projetistas devem sempre levar em conta como essas obstruções serão removidas. A Foto 5.4 mostra uma conexão entre dois tanques e ilustra esse ponto. Um tubo horizontal, visível apenas na fotografia, proporciona a conexão entre os dois tanques e se conecta aos tubos verticais de ambos os lados, que se estendem abaixo da profundidade máxima presumida da camada de escuma. Como o nível na lagoa no lado a montante se elevou, o tubo deve estar quase submerso, o que sugere sua obstrução parcial. Os tubos verticais foram estendidos até acima do nível da água do tanque, permitindo que sejam limpos para a retirada de obstruções que possam ocorrer neles. A fotografia mostra essa dinâmica. O detalhe é semelhante ao detalhe padrão usado em entradas e saídas de tanques sépticos. Sua fragilidade reside no fato de que é difícil obter acesso para eliminar obstruções que ocorram no tubo horizontal. Um detalhamento melhor seria uma abertura na parede do tanque, protegida em ambos os lados por calhas de escuma, o que reduziria o comprimento da conexão com a largura da parede e facilitaria o acesso no caso improvável de obstrução da abertura.

Acesso para os veículos de entrega. A obstrução mostrada na Foto 5.4 foi resultado direto da falta de atendimento adequado das necessidades de acesso de veículos na fase de elaboração do projeto da estação. Em tese, a conexão mostrada é entre uma lagoa facultativa e uma lagoa de maturação. Na prática, os operadores de caminhões-tanque estavam descarregando esgoto séptico na primeira lagoa, ignorando a lagoa anaeróbia mostrada na Foto 5.1. Isso aumentou a carga na lagoa, ocasionando a formação de uma camada de escuma, que acelerou a manifestação do problema de obstrução. O problema poderia ter sido evitado ou minimizado por meio da redução da inclinação íngreme da rampa de acesso à câmara de recebimento de esgoto séptico e da configuração da estrutura da lagoa de modo a impossibilitar aos condutores dos caminhões-tanque despejar suas cargas diretamente na lagoa facultativa. Esse exemplo evidencia a necessidade de projetar com vistas a incentivar boas práticas operacionais e desestimular más práticas.

Outros pontos para os quais os projetistas devem atentar estão listados e brevemente explicados abaixo.

- Válvulas devem ser instaladas com folga suficiente para facilitar a operação da alavanca ou do volante, e para permitir a operação da chave inglesa quando a válvula precisar ser removida/trocada.
- A tubulação não deve ser instalada no nível do solo ou acima dele em locais que obstruam o acesso. Isso é de suma importância nas rotas pelas quais os operadores terão de circular com carrinhos de mão e caixas.
- As vias de acesso dentro da estação de tratamento, principalmente aquelas projetadas para o acesso de veículos e para permitir a circulação de carrinhos de mão e lixeiras, devem ser pavimentadas.

- Braçadeiras de desmontagem devem sempre ser fornecidas em trechos de tubos flangeados retos, sobretudo aqueles localizados dentro das casas de bombas e das câmaras.
- As válvulas enterradas devem ser instaladas com caixas de válvulas ou em câmaras para que possam ser localizadas e operadas. As câmaras são mais caras, mas são mais visíveis e, por esse motivo, em geral são a opção preferencial.
- Bombas e outros equipamentos devem ser instalados com folga suficiente para permitir a desmontagem para manutenção e reparo. Os fabricantes de bombas costumam fornecer informações sobre o espaçamento necessário entre e ao redor das bombas.
- Os pontos de lubrificação ou ajuste precisam ficar facilmente acessíveis, caso contrário essas tarefas tenderão a ser negligenciadas.
- O acesso a chaves e controles deve ser fácil. Devem ser agrupados em painéis de controle localizados em edificações com tranca nas portas. A função de cada chave e cada controle deve ser claramente identificada. Na medida do possível, o projeto deve permitir que a energia seja desconectada de alguns controles para que seja feita sua manutenção e reparo enquanto outros controles continuem funcionando.
- Os projetos devem prever o acesso seguro para a coleta de amostras e avaliação de processos, o que é importantíssimo para reatores fechados, como reatores anaeróbios compartimentados (ABR) e RAFA.
- Os equipamentos auxiliares necessários para a manutenção dos equipamentos mecânicos devem ser de qualidade adequada. Por exemplo, as prensas de lodo necessitam de uma fonte de água de lavagem de alta pressão. O sistema simples de água de lavagem instalado para dar apoio às prensas de rosca nas duas estações de tratamento de esgoto séptico de Jacarta se mostrou inadequado, com o resultado de que a equipe teve dificuldade para manter as prensas limpas. Consequentemente, o desempenho saiu prejudicado (observação da equipe de Stantec).

Providências para assegurar a construção precisa e de boa qualidade

A função da boa documentação do contrato e da efetiva supervisão do local

Uma construção de má qualidade pode comprometer o desempenho operacional. As empreiteiras têm responsabilidade direta pela construção, mas a qualidade do seu trabalho é fortemente influenciada pelas informações que lhes são fornecidas e pela qualidade da supervisão durante a construção. A construção de boa qualidade depende do seguinte:

- Clara definição das obrigações, responsabilidades e direitos das partes do contrato;
- Desenhos e especificações precisos que fornecem todas as informações necessárias à empreiteira para executar as obras;

- Supervisão das obras da empreiteira por pessoal experiente e preparado, que frequente o local regularmente para que possa apontar erros e defeitos assim que ocorrerem;
- Uma exigência contratual de que a empreiteira corrija materiais e mão de obra inaceitáveis às próprias custas.

A metodologia padrão da supervisão é que o cliente designe um engenheiro/gerente de projeto que receba a responsabilidade formal por todos os aspectos da supervisão, conforme estipulado nos documentos contratuais (ver, por exemplo, FIDIC (1999), que adota o termo "Engenheiro"). Nos casos em que o projeto tiver sido realizado por um consultor, o contrato do consultor também poderá prever um engenheiro/gerente de projeto e outro pessoal de supervisão. Sendo este o caso ou não, é aconselhável ter um mecanismo formal para receber subsídios dos projetistas da estação de tratamento e, quando apropriado, dos fabricantes de equipamentos nas principais etapas do processo de construção. Isso pode ser feito por meio da inclusão de cláusulas com a devida redação nas Condições Especiais do Contrato: as condições contratuais aplicáveis apenas ao contrato específico ao qual estão relacionadas.

O contrato deve prever um período de responsabilização por defeitos, com abrangência mínima de seis meses e, de preferência, um ano, a partir da conclusão formal da obra, durante o qual a empreiteira ou fornecedora de equipamentos fica responsável pela correção ou substituição de quaisquer materiais, equipamentos e mão de obra defeituosos.

Convém sempre que a organização com responsabilidades operacionais participe da supervisão, mesmo quando outra organização for responsável pelo projeto e construção, o que ajuda a evitar situações em que a operadora se recusa a receber as instalações fornecidas por terceiros devido a defeitos de construção.

Providências para assegurar a solidez da construção

A plena consideração das boas práticas de construção foge ao escopo deste livro. No entanto, relacionamos e analisamos brevemente abaixo os pontos de particular relevância para o projeto das instalações de tratamento de lodo fecal e esgoto séptico.

Corrosão. Os componentes da estação de tratamento muitas vezes ficam expostos a condições altamente corrosivas, o que provoca a rápida oxidação dos componentes de aço. Os projetos devem levar essa dinâmica em conta, com o uso de outros materiais sempre que possível. Quando isso não for possível, os componentes de aço devem ser revestidos com um material adequado a fim de evitar a corrosão. A galvanização é uma possibilidade, embora possa ser difícil assegurar a completa galvanização de elementos maiores, principalmente quando é necessária a montagem de componentes no local. Em muitos casos, uma opção melhor seria aplicar um revestimento epóxi ou tinta betuminosa.

A corrosão seria um tanto problemática nos casos em que o gás sulfeto de hidrogênio, produzido durante os processos de tratamento anaeróbio, puder se acumular em espaços confinados e se combinar com a água para produzir ácido sulfúrico. Nessas situações, deve ser usado cimento resistente ao sulfato no concreto e na argamassa.

Construção sem vazamentos. Os tanques de concreto rachm se contiverem armação insuficiente, e o concreto tende a lascar se água penetrar no reforço e causar ferrugem. Os tanques de concreto armado devem ser projetados de acordo com os códigos que contemplam a construção de estruturas de retenção de água, que necessitam da previsão de uma quantidade mínima de armação de aço, com um espaçamento de barras da ordem de 150 mm, cobertura mínima e juntas de contração localizadas adequadamente. Em geral, é possível combinar este último com juntas de construção. O normal é não haver a necessidade de juntas de expansão para as estruturas razoavelmente pequenas necessárias nas estações de tratamento de lodo fecal e esgoto séptico. Todas as estruturas devem ser testadas quanto a vazamentos logo que possível após a construção, e somente devem ser aceitas se os vazamentos não excederem os limites especificados que, por sua vez, devem se basear nos códigos e diretrizes pertinentes. *The Constructor: Civil Engineering Home* (sem data) fornece mais informações sobre juntas em estruturas de concreto destinadas a reter líquidos.

Qualidade do concreto e outros materiais. Sempre que possível, a equipe de supervisão local deve providenciar a coleta e o teste de cubos de concreto para assegurar que a qualidade do concreto esteja em conformidade com as especificações. Quando a falta de instalações de teste dificultar essa providência, os supervisores devem assegurar que a mistura de concreto atenda às especificações e que os materiais, em particular o cimento, sejam armazenados corretamente. Amostras de outros materiais, inclusive areia, cascalho e tijolos, devem ser inspecionadas e, quando necessário, enviadas para a realização de testes a fim de assegurar a conformidade com as especificações.

A importância da precisão da construção

A Foto 5.5 mostra parte de um vertedouro de transbordamento em um clarificador na estação de tratamento de esgoto séptico de Keputih, em Surabaya, na Indonésia. Em função de a uma ligeira variação na altura do vertedouro, não há fluxo ao longo do comprimento do vertedouro mais próximo da câmera. Assim, um pequeno erro de construção resultou em desequilíbrio do fluxo através do clarificador, e certamente afetará seu desempenho. Trata-se de um problema comum em clarificadores e decantadores. A resposta normal ao problema é a colocação de uma placa de vertedouro de metal, fabricada com encaixes em V, no interior do vertedouro de concreto. Isso facilita o nivelamento preciso do vertedouro e reduz seu comprimento efetivo. Assim, a profundidade do fluxo através dos encaixes em V é aumentada, o que facilita assegurar a uniformidade do fluxo. O vertedouro de Keputih está equipado com uma placa metálica, mas, como fica evidente na Foto 5.5, não foi nivelado corretamente.

Foto 5.5 Fluxo desequilibrado resultante do nivelamento incorreto do vertedouro

Os níveis de tubulações e canais devem ser especificados nos desenhos, e os supervisores do local devem verificar se a construção é realizada conforme esses níveis. Recuos devem ser evitados, e os níveis devem sempre permitir a livre descarga, o que requer que os poços úmidos da estação de bombeamento ofereçam armazenamento abaixo do nível invertido do tubo de entrada mais baixo e que os operadores não permitam a sobrecarga dos poços úmidos.

Opções para capacitar o pessoal e propiciar boas práticas operacionais

Capacitação

O pessoal só terá condições de operar as estações de tratamento se tiver o conhecimento e as competências apropriadas para suas funções e o equipamento que precisam operar. A capacitação dos gestores deve abranger os processos de tratamento e a logística para assegurar a operação segura e eficiente desses processos. Também deve contemplar as necessidades de informação das tecnologias adotadas e a implantação de sistemas de coleta, registro, análise e uso das informações necessárias. Os recursos internos podem ser limitados. Por exemplo, é improvável que as estações de tratamento menores possuam infraestrutura de laboratório para a medição da demanda química de oxigênio (DQO), da demanda bioquímica de oxigênio (DBO), dos sólidos suspensos totais (SST) e das concentrações de coliformes fecais. Nesses casos, os gestores devem ser instruídos em relação aos recursos externos disponíveis e contar com procedimentos claros para obter serviços de entidades externas.

Os operadores precisam ter conhecimento suficiente acerca dos processos de tratamento para entender o que precisam fazer e por que precisam fazê-lo. Contudo, o foco principal do treinamento dos operadores deve ser assegurar a transmissão dos conhecimentos e competências adequados para a realização de todas as tarefas necessárias para a eficiente operação da estação de tratamento. Nos casos em que um processo de tratamento envolva equipamentos mecânicos ou elétricos, é aconselhável que o contrato para o fornecimento desses equipamentos tenha a previsão de treinamento, oferecido pelo fabricante, a todo o pessoal operacional que irá atuar em sua operação e manutenção. Devem ser prestadas orientações sobre os procedimentos a serem seguidos após acontecimentos não planejados, como cortes de energia não programados.

O treinamento para gestores e operadores deve contemplar todos os aspectos de segurança, inclusive prevenção de situações perigosas, uso seguro de equipamentos mecânicos e elétricos, uso de trajes de proteção, prevenção de acidentes e, conforme o caso, resposta a incêndios e outras emergências. Também deve ser dado treinamento em primeiros socorros, com ênfase especial na resposta a ferimentos e problemas médicos associados ao ambiente de trabalho. Para assegurar que esse treinamento possa ser colocado em prática, devem ser disponibilizados equipamentos adequados, inclusive extintores de incêndio e materiais de primeiros socorros. Quando houver uso de produtos químicos no processo de tratamento, deve ser dado treinamento para lidar com o derramamento desses produtos.

O material didático deve ser o mais simples possível, com o uso de recursos visuais sempre que possível, e devem explicar claramente o que constitui boas e más práticas, além de alertar os alunos contra a adoção destas últimas. O Departamento de Assuntos Hídricos e Florestas (2002) da África do Sul oferece o exemplo de um manual de treinamento bem elaborado. O manual é destinado a operadores de estações de tratamento de esgoto doméstico, mas seu estilo e parte do conteúdo podem servir de modelo para a formulação de um guia semelhante para a operação de estações de tratamento de esgoto séptico e lodo fecal.

As seções sobre gradeamento, canais de partículas, lagoas anaeróbias e leitos de secagem têm grande relevância para as tecnologias apresentadas neste livro. Os materiais didáticos devem estar vinculados aos POPs, e os cursos de capacitação devem basear-se nos procedimentos estabelecidos nos POPs.

Talvez seja possível realizar treinamento prático em estações existentes que adotem tecnologias e procedimentos semelhantes aos que deverão ser adotados nas estações onde os operadores irão trabalhar. Independentemente dessa possibilidade, também deve ser prestado treinamento prático nas estações em que os operadores forem trabalhar logo que essas estações entrarem em funcionamento. Este treinamento prático deve ser encarado como uma forma de avaliar a relevância e pertinência dos POPs. Se necessário, os POPs devem ser revistos à luz das lições aprendidas durante o treinamento.

Na medida do possível, o treinamento deve ser ministrado por pessoas com experiência operacional. Na falta de boa experiência operacional em um dado país, poderá ser necessário trazer instrutores de fora, mas será sempre melhor se a capacidade de treinamento puder ser desenvolvida no país, o que significa que os programas de capacitação devem se concentrar inicialmente no treinamento de instrutores do país e no acompanhamento de sua capacidade de transmitir o que aprenderam. As iniciativas de capacitação devem ser avaliadas periodicamente no intuito de assegurar que o treinamento não se torne padronizado e desvinculado da realidade das situações de trabalho da equipe operacional.

Os gestores responsáveis pelo tratamento de esgoto séptico e lodo fecal devem manter um registro de todo o treinamento dado. Os registros da equipe devem incluir detalhes de todos os cursos de treinamento frequentados por cada membro da equipe.

Procedimentos operacionais padrão

Visão geral. Os POPs são conjuntos de instruções escritas que identificam e descrevem as tarefas recorrentes necessárias para assegurar a eficiente operação de um dado processo de tratamento. Eles fornecem aos operadores as informações necessárias para a execução dessas tarefas e, assim, ajudam a assegurar seu correto cumprimento e a uniformidade dos resultados gerados. Deve haver POPs para todas as tarefas rotineiras de operação e manutenção, e estes também devem fornecer orientação sobre os procedimentos a seguir no caso de pane grave dos equipamentos.

É importante que os POPs forneçam informações corretas. Isso pode parecer óbvio, mas há muitos exemplos de POPs e materiais de orientação que prestam informações incorretas. Existe o perigo de que, uma vez produzidos, esses materiais sejam amplamente reproduzidos e usados por pessoas com conhecimento limitado que supõem que estão corretos. Também é importante que os POPs sejam um indicativo da experiência operacional. Os termos de referência produzidos para os consultores encarregados de projetar estações de tratamento geralmente preveem a obrigatoriedade de produção de POPs. Se os consultores não tiverem experiência direta com a operação de estações de tratamento, os POPs que eles produzirem podem ser impraticáveis ou, pior ainda, gerar resultados que não foram previstos pelo projetista. A lição importante a se extrair disso é que os POPs devem ser produzidos por aqueles que têm conhecimento em primeira mão dos princípios descritos nos POPs, ou pelo menos em consulta com essas pessoas.

Os POPs devem ficar acessíveis às pessoas encarregadas de executar as atividades neles descritas, o que requer que sejam compreensíveis para os usuários a que se destinam e fiquem à disposição nos locais de trabalho desses usuários. Para assegurar a boa compreensão, devem ser escritos de forma simples no idioma habitual dos operadores. Devem ser específicos à unidade onde serão usados, e devem fornecer informações passo a passo, inequívocas e descomplicadas. Sempre que possível, devem ser usados fluxogramas, fotografias e diagramas em vez de texto. Cada operação deve ter um POP próprio. Para assegurar sua disponibilidade aos operadores, os POPs relacionados a tarefas específicas devem ser mantidos ou exibidos nos locais de execução dessas tarefas. O ideal é que os POPs que descrevem tarefas específicas estejam disponíveis na forma de fichas plastificadas.

Na prática, muitos redatores dos POPs são engenheiros com conhecimento teórico dos processos, mas com relativamente pouca experiência operacional. Quando for esse o caso, o redator de POPs deve conviver com operadores de tecnologias semelhantes para aprender com sua experiência e pesquisar exemplos de POPs de tecnologias semelhantes na Internet.

Estrutura e conteúdo dos POPs. Os POPs que abrangem todas as operações a serem realizadas em uma estação de tratamento devem ser estruturados da seguinte forma:

Folha de rosto

Sumário

Definições

Breve descrição do processo de tratamento geral, inclusive um diagrama para mostrar as unidades de tratamento e os fluxos que passam pelo sistema.

Uma breve declaração sobre os regulamentos que regem a operação da estação e as normas que ela precisa cumprir.

Um rápido panorama das funções e responsabilidades relacionadas a operação, manutenção e reparo. Essas funções e responsabilidades normalmente devem ser definidas em relação aos cargos/descrições, em vez de pessoas encarregadas.

Uma declaração sobre questões de saúde e segurança relacionadas à estação como um todo.

Informações sobre cada tecnologia de tratamento integrante do processo geral de tratamento, inclusive uma breve descrição da tecnologia, uma declaração de sua finalidade, uma explicação de sua relação com outras unidades de tratamento e uma listagem das tarefas necessárias para a operação e manutenção da tecnologia. Para cada tarefa listada, o POP deve incluir:

- Informações sobre o momento e frequência de realização da tarefa.
- Uma declaração sobre as responsabilidades (definidas em termos dos cargos, e não das pessoas encarregadas) pela realização e supervisão da tarefa.
- Uma descrição passo a passo dos procedimentos operacionais a serem seguidos, inclusive informações sobre métodos, materiais e equipamentos necessários para a execução da tarefa. Quando pertinente, a descrição deve abranger os procedimentos de inicialização.
- Informações sobre procedimentos de manutenção padrão. Assim como no caso dos procedimentos operacionais, essas informações devem ser fornecidas na forma de guias passo a passo.
- Conforme o caso, informações sobre os procedimentos a serem seguidos para desligar ou contornar as instalações.
- Se apropriado, uma lista de materiais e peças sobressalentes a serem mantidas em estoque.
- Uma declaração sobre preocupações de segurança relacionadas à tarefa e à providência a ser tomada para garantir a segurança do operador e da população.
- Amostras de listas de verificação e formulários que o operador tem a obrigação de preencher como parte da prática operacional padrão.
- Uma lista de possíveis problemas, inclusive instruções passo a passo sobre as providências a serem tomadas para a sua solução.

Devem ser usadas fotos, diagramas e pequenos vídeos instrutivos, armazenados em DVD, para embasar as descrições escritas das tarefas.

Além disso, as informações fornecidas aos gestores de operações devem incluir:

- Informações sobre o volume e características previstas do efluente, e uma lista de critérios de projeto para cada processo da unidade de tratamento.
- Uma lista de dados de contato de fornecedores, fabricantes, outros operadores qualificados de instalações de referência, ou quaisquer outros contatos que possam ser úteis para o operador.
- Cópias de manuais técnicos, desenhos e outros materiais de orientação técnica oferecidas pelos fornecedores dos equipamentos.
- Informações sobre sistemas e atividades para o monitoramento do desempenho da estação.

Estilo. Os redatores de POPs devem se esforçar para escrever como se estivessem conversando com a pessoa que executará os procedimentos. Devem ter uma ideia clara de quem será essa pessoa e compreensão de seu provável nível de escolaridade e bagagem de conhecimento. As orientações sobre os procedimentos a serem seguidos devem ser redigidas na voz ativa, com instruções relacionadas a cada etapa operacional começando com um verbo ativo, como "erguer", "ativar" ou "abrir". A simplicidade da linguagem deve ser uma constante. O objetivo deve ser incluir apenas fatos relevantes para as tarefas operacionais a serem executadas. Material suplementar pode ser incorporado aos manuais de treinamento conforme a necessidade. Quando uma tarefa ou procedimento for composto por várias etapas, pode ser apropriado representar cada etapa como um item distinto.

Um erro comum na redação de POPs e materiais de treinamento é supor que o leitor tenha a mesma bagagem de conhecimento que o redator. Esse raramente será o caso. Ao redigir POPs, é importante assegurar que todos os conceitos, ideias e termos sejam explicados por completo quando aparecerem pela primeira vez.

Etapas da elaboração de um conjunto de POPs. Conforme já observado, o primeiro passo da elaboração de um conjunto de POPs para uma determinada instalação deve sempre ser a coleta e análise de informações sobre o desempenho de instalações semelhantes. Um bom próximo passo é a elaboração de um fluxograma aproximado que defina os procedimentos a serem seguidos e identifique responsabilidades para a sua execução. Esse fluxograma pode ser usado como guia na produção de uma versão inicial dos POPs.

A parte da descrição do processo dos POPs deve ser desenvolvida juntamente com o projeto detalhado, e deve ser submetida ao mesmo processo de revisão técnica que os desenhos, especificações e cálculos.

Antes de finalizar os POPs, é aconselhável pedir a um ou mais usuários em potencial que os leiam e expliquem em suas próprias palavras o que acham que os POPs estão pedindo que façam. Qualquer informação incompleta ou imprecisão em suas explicações fornecerá uma indicação de que é necessário mais trabalho para assegurar que os POPs englobem todas as etapas a serem cumpridas para a execução de uma tarefa ou procedimento e possam ser entendidos pelo público-alvo.

Os POPs devem ser revistos e corrigidos periodicamente conforme a necessidade de modo a incorporar as lições aprendidas durante a operação. A primeira revisão deve ser feita o mais rápido possível após a entrada em funcionamento de uma tecnologia ou processo. Normalmente, será quando todas as unidades de tratamento estiverem funcionando conforme previsto e o pessoal operacional estiver estável, com o pessoal permanente ocupando os principais cargos. A EPA dos EUA (2007) fornece mais informações sobre a elaboração de POPs.

Pontos principais do presente capítulo

Os projetistas devem sempre atentar para as consequências operacionais de seus projetos. Os principais pontos referentes ao projeto visando a eficiência operacional estão resumidos abaixo.

- Os projetos devem apoiar-se na experiência operacional com as estações de tratamento existentes. Os projetistas devem visitar as estações operacionais e conversar com seus operadores sobre sua experiência e os problemas operacionais que enfrentam. Na falta de experiência operacional relevante, iniciativas piloto de pequena escala podem fornecer informações operacionais úteis.
- Sempre que possível, os projetos devem ser modulares, o que permite ampliar a capacidade da estação com a construção em série e o comissionamento em série de unidades adicionais para responder a aumentos na carga.
- As opções tecnológicas devem levar em consideração os possíveis efeitos da disponibilidade de recursos na viabilidade de cada tecnologia. Fornecimento de eletricidade, capacidade da entidade operacional para gerenciar e operar, e capacidade financeira para atender aos custos fixos de operação e manutenção são importantíssimos nesse sentido. Ao considerar sistemas mecanizados, a disponibilidade de peças sobressalentes e consumíveis e os serviços pós-venda dos fabricantes devem ser levados em conta.
- As restrições institucionais devem ser consideradas para determinar a probabilidade de que as opções tecnológicas atendam às necessidades operacionais. Na impossibilidade de implantação de sistemas institucionais para viabilizar uma determinada tecnologia, esta não deve ser considerada como uma opção viável.
- As opções tecnológicas devem levar em conta as implicações dessas opções para os tipos de tecnologia adotados em outras etapas do processo.
- Os projetos devem respeitar a necessidade de assegurar a saúde e segurança dos trabalhadores, facilitando o acesso para a realização de tarefas essenciais de operação e manutenção.
- Algumas unidades de tratamento precisarão ser desativadas periodicamente para fins de manutenção, reparo e realização de tarefas operacionais essenciais, como a remoção do lodo. Vias alternativas ao longo do processo de tratamento devem obrigatoriamente ser oferecidas para atender nos momentos em que essas unidades estiverem fora de serviço. Para permitir isso, normalmente é aconselhável fornecer duas ou mais frentes de tratamento para que o fluxo possa continuar em torno das unidades temporariamente desativadas.

- Da mesma forma, bombas de reserva e canais de desvio serão necessários para permitir a continuidade da operação quando o funcionamento de unidades de tratamento e dispositivos mecânicos precisar ser suspenso para permitir a realização de tarefas essenciais de operação, manutenção e reparo.

- Um bom acesso por parte dos operadores é essencial visto que estes tendem a negligenciar tarefas difíceis de cumprir. Ao elaborar propostas, os projetistas devem sempre fazer as perguntas: "Quais tarefas de operação e manutenção são necessárias nesta instalação?" e "O projeto facilita o acesso dos trabalhadores?" Do mesmo modo, configurações e detalhes do projeto devem dificultar a adoção de práticas que possam prejudicar o bom funcionamento da estação.

- A construção precisa e de boa qualidade é um requisito básico para o sucesso da operação. Documentação contratual completa e boa supervisão do local são essenciais para assegurar a boa qualidade do padrão de construção. É sempre aconselhável que representantes da entidade responsável pela operação e manutenção participem das decisões relativas ao projeto e da supervisão da construção.

- A entidade encarregada de elaborar os planos das instalações de tratamento e os desenhos detalhados da estação de tratamento normalmente terão a obrigação de formular POPs para a estação. Estes devem trazer breves descrições das tecnologias, mas seu foco principal deve estar voltado para as tarefas de operação, manutenção e reparo, seus requisitos e sua programação.

- Os POPs devem fornecer orientações sobre as providências a serem tomadas se as condições operacionais, sobretudo a carga da estação, diferirem das previstas no projeto.

Referências

Central Pollution Control Board (2007) *Evaluation of Operation and Maintenance of Sewage Treatment Plants in India*, Delhi: CPCB.

Chernichcharo, C., van Lier, J., Noyola, A. and Ribeiro, T. (2015) 'Anaerobic sewage treatment: state of the art', *Reviews in Environmental Science and Bio/ Technology* 14(4): 649–79 <http://dx.doi.org/10.1007/s11157-015-9377-3> [acessado em 17 de maio de 2018].

Department of Water Affairs and Forestry (2002) *An Illustrated Guide to Basic Sewage Treatment Purification Operations* [online], Pretoria <www.dwaf.gov.za/Dir_WQM/docs/sewage/BasicSewageGuide2002_1.pdf> [acessado em 1° de janeiro de 2018].

Fédération Internationale des Ingénieurs-Conseils (FIDIC) (1999) *Conditions of Contract for Construction for Building and Engineering Works Designed by the Employer* [online], 1st edition, Geneva: FIDIC <http://site.iugaza.edu. ps/kshaath/files/2010/12/FIDIC-1999-RED-BOOK.pdf> [acessado em 15 de fevereiro de 2018].

Khalil, N., Mittal, A., Raghav, A. and Rajeev, S. (2006) 'UASB technology for sewage treatment in India: 20 years' experience', *Environmental Engineering and Management Journal* 5(5): 1059–69 [online]
<www.academia.edu/7422241/UASB_TECHNOLOGY_FOR_SEWAGE_TREATMENT_IN_INDIA_20_YEARS_EXPERIENCE> [acessado em 4 de março de 2017].

Montangero, A. and Strauss, M. (2004) *Faecal Sludge Treatment* [online], Dübendorf, Switzerland: Eawag/Sandec
<www.sswm.info/sites/default/files/reference_attachments/STRAUSS%20 and%20MONTANEGRO%202004%20Fecal%20Sludge%20Treatment.pdf> [acessado em 4 de março de 2017].

Tayler, K., Siregar, R., Darmawan, B., Blackett, I. and Giltner, S. (2013) 'Development of urban septage management models in Indonesia', *Waterlines* 32(3): 221–36 <http://dx.doi.org/10.3362/1756-3488.2013.023> [acessado em 17 de maio de 2018].

The Constructor: Civil Engineering Home (sin fecha) 'Joints in liquid retaining concrete structures' [online] <https://theconstructor.org/structural-engg/ joints-concrete-water-tanks/6723/> [acessado em 16 de fevereiro de 2018].

US Department of Labor (sin fecha) 'Occupational Safety and Health Administration: Fall protection systems criteria and practices', Clause 1926.502(b)(1), [online] <www.osha.gov/pls/oshaweb/owadisp.show_document?p_table=STANDARDS&p_id=10758> [acessado em 15 de fevereiro de 2018].

US EPA (2007) *Guidance for Preparing Standard Operating Procedures (SOPs)* [online], Washington, DC: Office of Environmental Information, US EPA <https:// nepis.epa.gov/Exe/ZyPDF.cgi/P1008GTX.PDF?Dockey=P1008GTX.PDF> [acessado em 28 de dezembro de 2017].

CAPÍTULO 6

Recebimento e tratamento preliminar de lodo de fossas secas e lodo de fossas sépticas

Este capítulo examina as opções de recebimento e tratamento preliminar de lodo de fossas secas e lodo de fossas sépticas. O termo tratamento preliminar refere-se a processos destinados à remoção de sólidos grosseiros, partículas e gorduras, óleos e graxas (GOG), a fim de garantir a operação livre de problemas nos processos de tratamento posteriores. Após uma breve introdução, o capítulo fornece orientações sobre as modalidades de entrega e recebimento do material que chega. Explora a possibilidade de se projetar unidades receptoras para atenuar os picos de vazão. Destaque é dado para a importância do gradeamento grosseiro. São abordadas outras necessidades de tratamento preliminar, inclusive gradeamento fino, remoção de partículas, digestão parcial e remoção de GOG. São fornecidas orientações sobre quando incluir meios para o atendimento de cada uma dessas necessidades e as opções para isso. Em seguida, há uma descrição de cada tecnologia e orientações de projeto apropriadas.

Palavras-chave: acesso, recebimento, tratamento preliminar, gradeamento, estabilização.

Introdução

As instalações receptoras de lodo de fossas secas e lodo de fossas sépticas fazem o papel de interface entre os veículos de entrega desses lodos e a estação de tratamento. Cabe a elas:

- Permitir o acesso de veículos de transporte de lodo de fossas secas e lodo de fossas sépticas, oferecendo espaço adequado para a descarga de seu conteúdo e para sua saída da instalação de tratamento;
- Conter o lodo de fossa séptica/lodo de fossa seca durante a descarga para que não respingue nem extravase; e
- Encaminhar o material para a unidade de tratamento seguinte.

Quando uma estação receber tanto lodo de fossas secas como de fossas sépticas, muitas vezes será apropriado destinar cada um para uma instalação separada.

Após o recebimento na instalação, é necessário o tratamento preliminar visando proteger os processos de tratamento subsequentes e, em alguns casos, melhorar a eficiência desses processos. Deve sempre incluir o gradeamento grosseiro para remover farrapos e objetos volumosos que possam causar obstruções ou interromper os processos de tratamento posteriores. Outras funções de tratamento preliminar possíveis: remoção de material particulado, remoção de GOG e estabilização de lodo fresco a fim de reduzir o odor e facilitar o tratamento. Nos casos em que o desempenho das unidades de tratamento subsequentes puder ser prejudicado pelas variações de vazão, o tratamento preliminar também deve prever o alívio dos picos de vazão.

A Figura 6.1 é uma representação esquemática da interrelação entre essas necessidades. A figura distingue entre os processos de tratamento que serão sempre necessários e aqueles que poderão ser necessários, a depender do porte da estação, das características do material a ser tratado e dos processos de tratamento posteriores a serem adotados.

Para cargas originárias de tanques sépticos que atendem empresas como restaurantes que geram grandes quantidades de GOG, pode ser apropriado fornecer um tanque receptor separado com um septo e uma saída de alto nível. O septo reterá o GOG, que poderá então ser retirado. Em seguida, o conteúdo restante do tanque poderá ser direcionado de volta à vazão principal de lodo séptico, preferencialmente por gravidade ou talvez com o uso da bomba de sucção de um caminhão limpa fossa.

As informações apresentadas neste capítulo são aplicáveis tanto às estações de tratamento autônomas de lodo de fossas secas/lodo de fossas sépticas quanto às estações de tratamento de esgoto doméstico. No caso destas últimas, é possível lançar lodo de fossas sépticas em um poço de visita de montante, mas, por motivos já explicados, sempre será melhor fornecer instalações receptoras separadas e tratamento preliminar para o lodo de fossas secas e o lodo de fossas sépticas antes da separação entre sólidos e líquidos e tratamento conjunto das fases sólida e líquida separadas.

Recebimento de lodo de fossas secas e lodo de fossas sépticas

Acesso de veículos e fluxo de tráfego

Um bom acesso veicular é o primeiro requisito para qualquer estação de tratamento de lodo de fossas secas ou lodo de fossas sépticas. O Capítulo 3 tratou da importância da localização, enfatizando a conveniência de centralidade e proximidade com a rede viária principal. Além desses requisitos, os planejadores precisam assegurar que o acesso ao local seja seguro e adequado para os tipos de veículos que transportam lodo para a instalação. Para isso, é necessário evitar declives íngremes e proporcionar rodovias de acesso adequadamente pavimentadas com largura suficiente para transportar veículos de entrega de lodo de fossas sépticas e uma configuração no ponto de recebimento de lodo de fossas sépticas que permita aos veículos parar após a descarga ou retornar à posição de descarga. Para as instalações de maior porte, deve-se considerar o acesso a instalações de lavagem de veículos e instalações de estacionamento de veículos. Nos locais onde o lodo de fossas secas é entregue em carrinhos de mão ou carroças com tração animal, evitar declives íngremes é imprescindível.

Continuidade do tratamento
Separação sólidos-líquidos seguida ou combinada com o tratamento biológico e secagem

Lodo estabilizado normalmente direcionado aos leitos de secagem

Tratamento adicional
Dependente da situação

Remoção de partículas
Canais parabólicos de partículas
Separadores hidrociclones

Remoção de GOG
Controle de fonte
Flutuação e remoção

Estabilização
Digestão parcial
Estabilização de cal

Gradeamento

Gradeamento
Limpeza manual ou mecânica

Gradeamento fino
Grades parabólicas
Grades finas com limpeza mecânica

Recebimento
Pode incluir a atenuação da vazão

Lodo bruto de fossas sépticas/ fossas secas

Possível recebimento separado levando à instalações de remoção de GOG para o lodo de fossas sépticas com teor de GOG (por exemplo, de restaurantes)

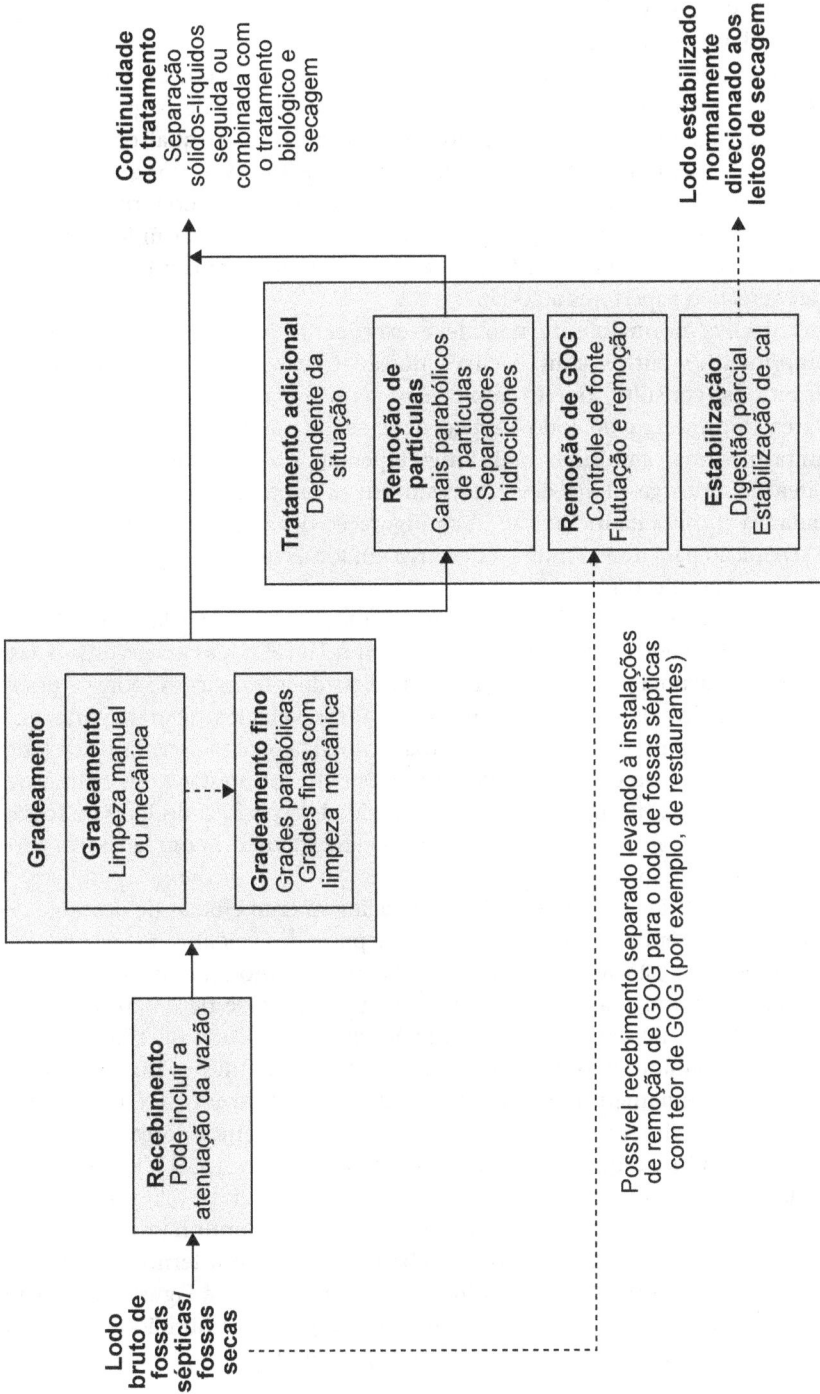

Figura 6.1 Visão geral dos requisitos de recebimento e tratamento preliminar

Quando o lodo de fossas sépticas é entregue por um caminhão-tanque a vácuo, a via que vai da rodovia pública até a estação de tratamento de lodo séptico deve ser idealmente larga o suficiente para comportar dois caminhões de limpeza de fossas sépticas que trafegam em sentidos opostos. É necessário dispor de uma via pavimentada com no mínimo 6,8 m de largura, embora a prática preferencial seja a criação de duas faixas, cada qual com 3,65 m de largura, resultando em uma largura total de 7,3 m (ver, por exemplo, *UK Government*, 2012). Para estações menores, pode ser apropriado fornecer acesso de faixa única com pontos de passagem. O acesso de faixa única requer a largura de via pavimentada mínima de 3,5 m, com passagens intervisíveis, em intervalos não superiores a 200 m.

O declive normalmente não deve exceder 8,33% (1 para 12), embora comprimentos curtos com declives de até 6% (1 para 16,7) possam ser permitidos (consulte, por exemplo, *East Sussex County Council*, sem data). A área de descarga do lodo séptico deve ser plana ao menos conforme o comprimento do caminhão mais longo esperado, e a transição da rampa para a área de descarga plana deve consistir em uma curva vertical, e não uma mudança abrupta na inclinação. A configuração deve incluir barreiras e zonas de separação para desestimular a descarga em locais que não sejam o ponto de descarga especificado.

Uma barreira e uma salinha devem ser colocadas na entrada do local para o registro dos dados dos veículos que entram no local e suas cargas estimadas. A presença de uma ponte de pesagem e a coleta de informações sobre os pesos vazios de todos os caminhões-tanque e outros veículos de transporte que entram no local permitirão chegar a uma estimativa precisa do volume de lodo de fossas secas e/ou o lodo de fossas sépticas entregue à estação. A estimativa pode ser baseada na suposição de uma gravidade específica do lodo de fossas sépticas/lodo de fossas secas de 1. A salinha deve incorporar um lavatório para a lavagem das mãos e um banheiro.

O projeto de áreas de giro, baias de estacionamento e baias de descarga de lodo de fossas sépticas deve indicar o tipo e porte dos veículos que entregarão o lodo séptico à estação de tratamento. O comprimento total do veículo varia de cerca de 7,5 m, para um caminhão com capacidade de 3.000 litros, até cerca de 10 m, no caso de um caminhão com capacidade de 10.000 litros. As larguras variam até o máximo de 2,6 m. Com base nesses números, uma baia de estacionamento padrão para caminhões deve medir entre 8 m e 11 m de comprimento por 3,5 m de largura, dependendo do comprimento do maior caminhão que usar a instalação. As normas da AASHTO (Associação de Autoridades Rodoviárias e de Transportes Estaduais dos EUA) sugerem um raio de giro interno de pelo menos 8,6 m para um caminhão de distância entre eixos fixa (AASHTO, 2004). Com base nisso, o raio interno mínimo das baias de giro deve ser de 10 m. Utilizando o raio interno, a Figura 6.2 mostra um possível esquema da área de giro e descarga do caminhão-tanque em uma pequena estação de tratamento. A largura de 5 m na parte superior do diagrama permite a varredura das rodas dianteiras do veículo quando ele dá ré até o ponto de descarga.

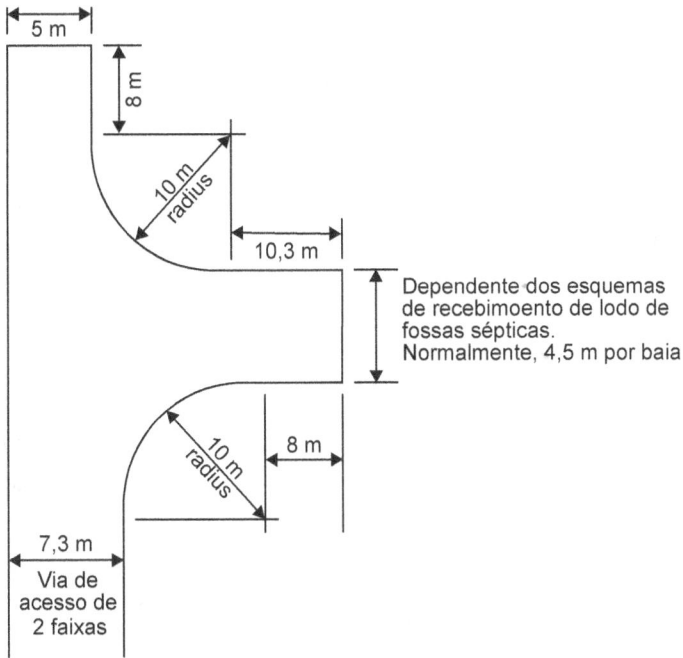

Figura 6.2 Configuração típica da área de giro e descarga dos caminhões-tanque

A superfície da via no ponto de descarga deve se inclinar em direção à instalação receptora de lodo de fossas sépticas, para que o lodo derramado possa ser reconduzido ao fluxo do tratamento. Diques baixos devem ser colocados em torno da área de descarga conforme a necessidade, a fim de evitar o escoamento de derramamentos.

A via de acesso e a área de giro devem ter uma superfície rígida. O cascalho e o macadame à base de água custam menos do que a superfície rígida, mas deterioram-se rapidamente pelo efeito das rodas de caminhões-tanque com cargas pesadas. O tratamento da superfície betuminosa sobre uma base e sub-base granular laminada tenderá a se deteriorar sob cargas de tráfego pesadas e necessitará de reposição periódica. Portanto, a melhor opção será sempre uma camada de concreto asfáltico sobre uma base e sub-base granulares. A profundidade da camada deve ser de pelo menos 50 mm e de preferência 100 mm. Convém seguir a orientação de um engenheiro viário e/ou estrutural, sobretudo quando a base for fraca. O concreto é outra opção, mas é relativamente caro. O custo adicional do revestimento de concreto pode ser justificado para qualquer trecho da via de acesso sujeito a inundações frequentes.

Havendo eletricidade, é aconselhável fornecer iluminação na área de recebimento do veículo para facilitar as descargas feitas após o anoitecer.

Instalações receptoras

Conforme observado na introdução deste capítulo, as instalações receptoras precisam conter o lodo de fossas secas e de fossas sépticas durante a descarga e repassá-los à próxima etapa do tratamento de forma controlada, sem derramamentos e respingos. A prevenção de respingos e derramamentos será de suma importância quando o manuseio do lodo de fossas secas for manual. Possíveis configurações para o recebimento de lodo de fossas secas e lodo de fossas sépticas:

- Peneiras incorporadas na primeira unidade do processo de tratamento;
- Câmaras com paredes laterais e berma no talude;
- Decantadores de base plana, cercados por uma parede de proteção baixa; e
- Tubulações com acoplamentos especializados, projetadas para receber o acoplamento de engate rápido no final de uma mangueira de descarga do caminhão-tanque a vácuo.

Foto 6.1 Descarga direta para um tanque Imhoff: um esquema insatisfatório que provoca derramamentos

A primeira opção é simples, mas não evita extravasamentos e respingos durante a descarga do lodo de fossas sépticas. A Foto 6.1 ilustra esse ponto, mostrando o lodo de fossas sépticas extravasando durante a descarga direta através de uma grade para um tanque Imhoff. Outra falha desse esquema é que a pressão do lodo séptico em queda pode forçar a passagem de sólidos pela grade. Por esses motivos, essa opção não deve ser usada.

Câmara com parede lateral e berma no talude. A Foto 6.2 é um exemplo de câmara receptora com paredes laterais. A profundidade das paredes é de cerca de 1 m, o que deve bastar para evitar respingos além dos limites da câmara. A tubulação de saída para as unidades de tratamento subsequentes fica na parede lateral direita. O piso dessas câmaras deve ser em talude (inclinado) para direcionar a vazão para a tubulação de saída e propiciar inclinação suficiente para evitar o acúmulo de lodo no piso plano da câmara. Conforme explicado mais adiante, deve ser fornecido o gradeamento grosseiro. Uma opção seria prolongar a câmara o suficiente para permitir a instalação de uma grade, como mostra a Figura 6.5. Se a atenuação da vazão for necessária, outra opção seria uma câmara com uma área de plano maior e uma saída de tubulação de pequeno diâmetro seguida por uma câmara de gradeamento, conforme mostrado na Figura 6.4.

Foto 6.2 Câmara de recebimento de lodo séptico. Tegal, Indonésia

Decantador de base plana com parede de proteção baixa. A Foto 6.3 mostra um exemplo de opção de receptor decantador de base plana. Nesse esquema, o lodo de fossas sépticas é descarregado em um decantador, que se inclina em direção a uma saída que incorpora uma grade grosseira. No exemplo mostrado, o lodo de fossas sépticas flui para fora do decantador receptor passando pelas aberturas da parede baixa circundante. Essas aberturas têm a finalidade de permitir que o derramamento e a água usados para lavar a área fluam para o decantador. O problema do fluxo de saída durante a descarga pode ser facilmente superado por meio do ajuste dos níveis para que o decantador fique mais baixo que a via em que o caminhão-tanque se encontra. Uma diferença de altura de 150 mm deve ser suficiente. A parede circundante deve se estender mais 150-200 mm acima da superfície da via. As paredes laterais devem se estender até a mesma altura, e a altura mínima da parede traseira deve ser 600 mm.

Foto 6.3 Unidade receptora decantadora de base plana que pode ser melhorada por meio do ajuste dos níveis para que o decantador fique mais baixo que a via. Gaborone, Botsuana

Foto 6.4 Esquema de recebimento com tampa plástica articulada. Dumaguete, Filipinas
Fonte: Foto de Isabel Blackett

A Foto 6.4 mostra um dispositivo para evitar respingos durante a descarga do lodo séptico, com a necessidade de inserção da mangueira do caminhão-tanque através de abertura em uma tampa plástica articulada que protege o operador de respingos. Seria possível modificar a câmara mostrada na Foto 6.2 para incorporar um esquema semelhante. O esquema poderia ter sido melhorado por meio da diminuição do nível do ponto de recebimento em relação ao caminhão-tanque para que a mangueira do caminhão-tanque não perca firmeza. Com os níveis mostrados, não será possível drenar a mangueira por completo. O derramamento inevitavelmente ocorrerá quando a mangueira for removida do ponto de recebimento, causando transtornos e aumentando o risco de o operador do caminhão-tanque entrar em contato com o lodo de fossas sépticas.

Tubulação com acoplamento especializado. A Foto 6.5 mostra um esquema de acoplamento de engate rápido instalado na estação de tratamento de lodo de fossas sépticas de Pula Gebang em Jacarta, Indonésia. O caminhão-tanque dá ré até o tubo, conecta a mangueira ao acoplamento e solta sua carga de lodo de fossa séptica. O tubo conduz o lodo séptico para instalações mecanizadas de gradeamento e remoção de material particulado, que serão descritas mais adiante neste capítulo. O esquema de Pula Gebang oferece dois pontos de descarga para cada unidade de gradeamento/remoção de partículas, com o caminho de fluxo a partir de um ou de outro dos pontos de descarga selecionado pela operação das válvulas controladas manualmente.

Foto 6.5 Tubulação de recebimento de lodo séptico com acoplamento de engate rápido em Pula Gebang, Indonésia

Nesse esquema, o ponto de descarga deve estar a uma altura que permita o fluxo por gravidade do caminhão-tanque através da unidade de gradeamento/ remoção de partículas. Nas unidades indonésias, o fluxo por gravidade não era possível quando o nível de lodo de fossas sépticas no caminhão-tanque caía, criando a necessidade de bombeamento do lodo. Os operadores sugeriram que isso havia causado problemas nas unidades de gradeamento/remoção de material particulado. Para poupar tempo e combustível, os motoristas de caminhões-tanque estavam descarregando lodo de fossas sépticas em um canal que contornava as grades, permitindo que material que deveria ter sido filtrado passasse aos processos de tratamento posteriores. Em Manila, a Manila Water e a Maynilad Water Services usam sistemas que combinam uma tubulação de acoplamento com uma unidade de entrada de dados automatizada na qual as informações sobre a carga podem ser inseridas. Esses sistemas podem ser apropriados para cidades de grande porte, desde que haja sistemas para o uso das informações coletadas e se mantenha o sistema automatizado de entrada de dados. Em estações de tratamento menores e nos casos em que não é possível garantir os sistemas de apoio de um sistema automatizado de inserção de dados, sistemas mais simples de entrada manual normalmente serão uma opção de gravação de dados mais apropriada.

Esta seção descreveu várias opções de recebimento de lodo de fossas sépticas e lodo de fossas secas. Os pontos a serem considerados na escolha entre essas opções incluem as condições do local, a topografia, as características do lodo de fossas secas ou de fossas sépticas descarregado e o tipo de veículo de entrega. O projeto precisa:

- Assegurar que o material lançado seja contido;
- Minimizar derramamentos;
- Permitir a lavagem da área de lançamento e direcionar a água de lavagem de volta para o fluxo de tratamento;
- Ter inclinações adequadas para direcionar a vazão para uma saída equipada com uma grade grosseira;
- Estar a uma altura que permita o fluxo por gravidade do fundo de um caminhão-tanque; e
- Minimizar o contato entre os trabalhadores e o material descarregado.

Dos esquemas descritos, apenas o mostrado na Foto 6.3 permitirá que o derramamento seja direcionado de volta para a instalação receptora. Quando isso não for possível, o projeto deve prever a coleta da água derramada e direcioná-la através de uma série de drenos abertos ou tubos rasos para uma etapa posterior do processo de tratamento. Pontos a serem considerados na seleção de uma opção de instalação receptora apropriada:

- A descarga em um decantador geralmente é a melhor opção para o lodo de fossa séptica descarregado a partir de grandes caminhões-tanque.
- A opção da câmara de descarga deve ser considerada para vazões menores, inclusive as de caminhões-tanque com capacidade de até 4 m³.

- No caso da opção da câmara de descarga, pode ser cogitada a possibilidade de se alterar o projeto de tal modo a incluir um esquema antirrespingos semelhante ao usado em Dumaguete (Foto 6.4).
- A descarga através de um tubo equipado com um acoplamento de engate rápido será necessária para alguns dispositivos mecânicos de gradeamento/remoção de material particulado. Quando houver disponibilidade de tubos e acoplamentos de engate rápido adequados, essa opção também poderá ser adotada para direcionar a vazão para uma câmara de descarga.

Dimensionamento das instalações receptoras de lodo

As instalações receptoras de lodo precisam ser dimensionadas para acomodar o pico de vazão instantânea entregue à estação sem transbordamento. Para isso, é necessário que:

- A instalação receptora tenha capacidade para armazenar temporariamente o líquido que se acumula porque o ritmo de descarga do caminhão-tanque é maior que o ritmo de capacidade de saída do lodo da instalação; ou
- Sua saída seja grande o suficiente para comportar o pico da vazão.

O primeiro esquema tem a vantagem de resultar em certa atenuação (redução) no pico de vazão para as unidades de tratamento seguintes. Esse ponto é considerado em mais detalhes na subseção sobre atenuação de vazão, mais adiante neste capítulo.

Estimativa de pico de vazão e tempo de descarga. As instalações receptoras precisam ser projetadas para comportar a vazão máxima, que normalmente ocorre quando um caminhão-tanque dá início à entrega da carga. Para estações de maior porte capacitadas para receber cargas de mais de um caminhão-tanque por vez, o pico de vazão será algum múltiplo da vazão máxima de um único caminhão, a depender do número de caminhões capazes de entregar ao mesmo tempo.

Quando não houver uma mangueira conectada ao tubo de entrega do caminhão-tanque, conforme mostrado nas Fotos 6.1 e 6.3, a situação se aproximará do caso teórico de descarga através de um orifício submerso com uma saída de tubulação curta. Essa situação é representada pela equação:

$$Q = 1000 C_d A_{tubo} \sqrt{2gh}$$

Onde Q = taxa de vazão (l/s);

C_d = coeficiente de descarga (determinado empiricamente; ver Dally et al., 1993);

A_{tubo} = área do tubo de descarga (m²);

g = aceleração devido à gravidade (9,81 m/s²); e

h = altura da água no caminhão-tanque acima do tubo de descarga (m)

O valor de C_d dado em textos de base para um orifício submerso com uma saída de tubo curto, sem sobrecarga a jusante, é de 0,8 (Dally et al., 1993). A altura manométrica na saída depende da profundidade do líquido no caminhão-tanque, variando de um máximo quando o caminhão está cheio a zero quando o tanque está vazio. O diâmetro do tanque de retenção em um caminhão-tanque a vácuo normalmente é de 1 ou 2 m, a depender da capacidade do tanque. A Figura 6.3 mostra as vazões previstas pela equação para tubos de descarga de 75 mm e 100 mm de diâmetro, típicos de caminhões-tanque menores e maiores, respectivamente.

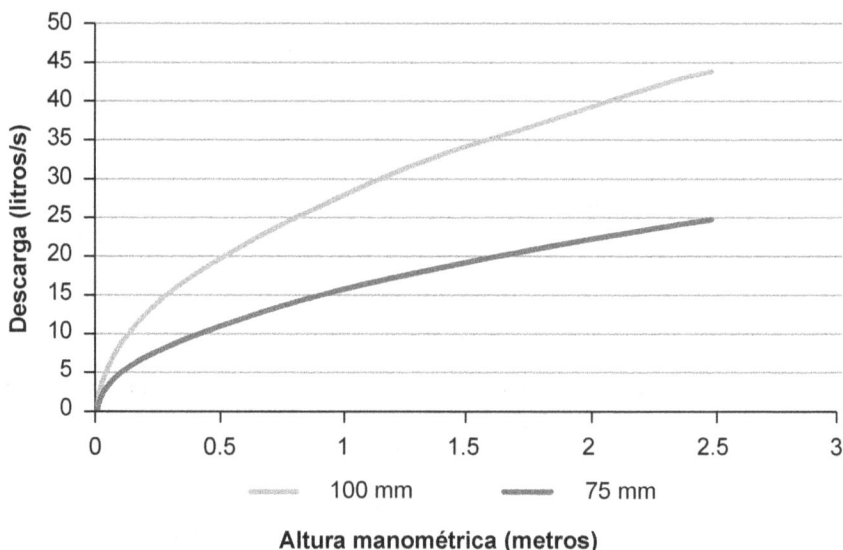

Figura 6.3 Relação vazão-altura manométrica para a descarga de um tanque a vácuo pelo diâmetro do tubo de descarga

Se a descarga de um caminhão-tanque for feita através de um curto trecho de mangueira, conforme mostrado na Foto 6.4, o atrito resultará em ligeira redução da vazão à medida que o líquido percorrer a mangueira. Do mesmo modo, a altura manométrica na saída e, portanto, a vazão, aumentarão se a mangueira descarregar abaixo do nível inferior do tanque. O impacto final na vazão será limitado. Na prática, os operadores de caminhões-tanque costumam abrir apenas parcialmente a válvula na tubulação de saída para reduzir o ritmo de descarga. É difícil conceber isso em termos teóricos. Diante disso, a melhor metodologia será medir o ritmo de descarga diretamente e compará-lo com as descargas previstas mostradas na Figura 6.3. A maneira mais simples de medir a descarga é direcionar a vazão do caminhão-tanque para um contêiner ou câmara de capacidade conhecida e planejar as dimensões, medir o ritmo de aumento do nível de lodo séptico no contêiner e usar essas informações para calcular o ritmo de descarga. Dessa forma serão geradas informações sobre a vazão em uma altura manométrica específica. A vazão real será reduzida à medida que o nível do líquido no tanque cair, como mostra a Figura 6.3.

Uma opção para calcular o tempo necessário para a descarga de um caminhão-tanque é integrar as vazões calculadas teoricamente ao longo do tempo à medida que o nível no caminhão-tanque cai. Uma opção mais simples será registrar o tempo necessário para a descarga de um caminhão-tanque. A observação de um caminhão-tanque de 4.000 litros com uma mangueira de 75 mm de diâmetro feita pelo autor revelou um tempo de esvaziamento total de cerca de 200 segundos, o que dá uma vazão média de 20 l/s. Esse valor está de acordo com as vazões indicadas na Figura 6.3, embora a comparação direta não seja possível porque a descarga se deu através de uma mangueira que se estendia abaixo da saída do tanque para um poço de visita. As respostas a um tópico de discussão no fórum virtual da *Sustainable Sanitation Alliance* (SuSanA) (SuSanA, 2016) sugerem que os tempos de descarga efetivos em geral são mais longos do que o sugerido pelos cálculos. A explicação provável para isso, conforme observado no parágrafo anterior, é que os motoristas de caminhões-tanque não abrem por completo a válvula de descarga ao descarregar no tanque ou na câmara para evitar respingos.

Atenuação da vazão

A vazão para as estações de tratamento de lodo de fossa seca e de fossa séptica é limitada ao período, normalmente dentro de uma faixa de 8 a 10 horas, quando a estação está aberta para receber cargas. Nesse período, a vazão é intermitente, atingindo o máximo quando os caminhões-tanque começam a descarregar e reduzindo-se a zero em outros momentos. As variações de vazão resultantes podem afetar adversamente o desempenho das unidades de tratamento. Em tese, seria possível equalizar as vazões por meio do armazenamento das vazões de entrada após o gradeamento e remoção de material particulado e antes das principais unidades de tratamento, liberando-o lentamente para tratamento. Às vezes, isso é feito em grandes estações de tratamento de esgotos municipais com o uso de bombas para encaminhar a vazão do tanque de armazenamento para as unidades de tratamento posteriores (Ongerth, 1979). Outra opção é usar um braço de drenagem de altura manométrica constante controlado por flutuador para permitir a retirada a uma velocidade constante, independentemente da profundidade do líquido no tanque. Infelizmente, as bombas e os braços de drenagem de altura manométrica constante são vulneráveis a obstruções, principalmente nas pequenas dimensões que serão necessárias para equalizar as baixas vazões recebidas na maioria das estações de tratamento de lodo de fossa seca e de fossa séptica. Por esse motivo, é improvável que a equalização total da vazão em um período de 24 horas seja viável, exceto talvez nas estações de tratamento de maior porte. Uma opção melhor será procurar obter certo grau de atenuação (redução) das vazões de pico com a adoção de métodos relativamente simples.

Ocorrerá certa atenuação da vazão através de uma câmara como a exibida na Foto 6.2 se o diâmetro da tubulação de saída for igual ou menor ao diâmetro da saída do tanque. Entretanto, o efeito será limitado, a menos que o tamanho da câmara seja aumentado para minimizar a profundidade do líquido na câmara. A Figura 6.4 mostra um possível esquema para modificar a câmara de descarga para atenuar as vazões. Aconselha-se considerar esse esquema para a descarga de caminhões-tanque. Será menos apropriado quando o lodo seco das latrinas for entregue em barris e descarregado manualmente, já que é provável que esse material contenha objetos volumosos que podem obstruir a saída. As principais características do projeto são: (a) as dimensões do plano ampliadas da câmara receptora, que permite o armazenamento; e (b) a tubulação de pequeno diâmetro na saída, que restringe a vazão para fora da câmara. Esse diâmetro não deve ser inferior a 75 mm. A grande dimensão do plano da câmara reduzirá a profundidade do lodo de fossa séptica, restringindo a altura manométrica e, por conseguinte, a vazão que passa pelo orifício.

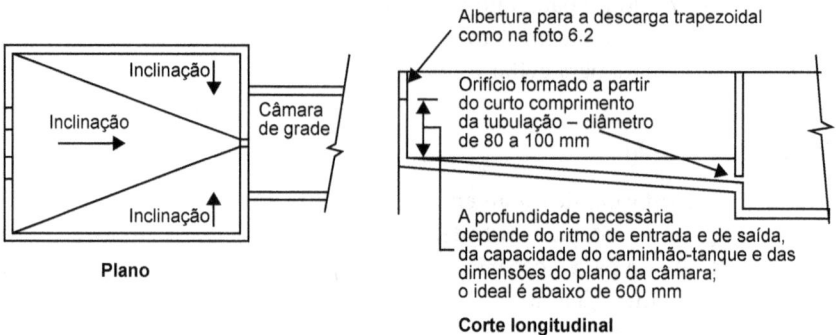

Figura 6.4 Esquema simples para atenuar as vazões de descarga

Um procedimento sugerido para projetar uma câmara de atenuação de vazão do tipo mostrado na Figura 6.4 é o seguinte:

1. Determinar o volume máximo de descarga da câmara a qualquer momento. Esse valor normalmente será igual à capacidade do maior caminhão-tanque que usará a estação. No caso de estações maiores, pode ser necessário considerar a possibilidade de descarga simultânea de mais de um caminhão-tanque.

2. Calcular a área da câmara de atenuação necessária para conter essa vazão, limitando a profundidade do líquido na câmara a, no máximo, de 0,5 m. Nessa profundidade, a Figura 6.3 mostra que, para uma saída de câmara com o mesmo diâmetro da tubulação de saída do tanque, a redução da profundidade máxima na câmara para 0,5 m diminuirá o pico de vazão para menos de 50% da velocidade de descarga de um caminhão-tanque que descarrega a uma altura de 2 m.

3. Selecionar as dimensões da câmara que propiciarão a área necessária, normalmente selecionando uma proporção entre comprimento e largura entre 2 e 3 para 1.

4. Determinar os níveis do piso que permitem queda longitudinal e transversal suficiente para direcionar as vazões para o ponto de saída. As quedas em geral devem ser de cerca de 1 em 40, possivelmente bem mais para lodo espesso.

5. Recalcular a profundidade necessária nas extremidades anteriores e posteriores à câmara, considerando variações no nível do piso. Pode ser apropriado recalcular as dimensões do plano neste ponto para manter a profundidade máxima do líquido na saída abaixo de 0,5 m.

6. Certificar-se de que a abertura ou a tubulação pela qual os caminhões-tanque descarregam está pelo menos 200 mm acima do nível superior do líquido calculado.

7. Verificar se as paredes laterais são altas o suficiente para evitar respingos durante a descarga.

8. Providenciar uma conexão de água e mangueiras para permitir que a câmara seja lavada após o uso.

Esse procedimento superestima a profundidade máxima da câmara, visto que não permite vazão durante a descarga do caminhão-tanque. É possível uma avaliação mais precisa com base na simulação computacional de entradas e saídas à medida que o nível de líquido na câmara sobe; contudo, o procedimento simples descrito aqui dará uma boa ideia inicial do tamanho da câmara necessária. A profundidade sugerida de 0,5 m é um valor arbitrário. Se for necessário intensificar a atenuação da vazão, as dimensões do plano poderão ser aumentadas ainda mais.

Gradeamento

Visão geral do gradeamento

As necessidades de gradeamento dependem da composição do lodo de fossa seca e do lodo de fossa séptica e dos requisitos dos processos de tratamento subsequentes. A composição do material a ser tratado é fortemente influenciada pelo tipo de banheiro. O lodo seco das latrinas secas pode incluir objetos rígidos usados na higiene anal, como, por exemplo, espigas de milho e objetos jogados na fossa pelo buraco sobre o qual o usuário se agacha. Um estudo realizado no Malaui encontrou roupas velhas, sapatos, garrafas, sacolas plásticas, espigas de milho, panos menstruais e frascos de remédios em fossas, juntamente com cascalho, pedras e até pedregulhos que haviam caído das paredes das fossas (WASTE, sem data). Os esvaziadores de fossas podem separar objetos volumosos antes do transporte para a estação de tratamento de lodo séptico, mas alguns objetos podem permanecer no lodo seco entregue à estação de tratamento. É muito mais difícil a passagem de objetos volumosos pelas vedações de água; portanto, a separação dos sistemas que incorporam os sanitários sem descarga e banheiros com caixa para descarga deve estar livre de sólidos volumosos. No entanto, é possível haver a presença de sacolas plásticas e outros materiais nesses resíduos. A remoção de sólidos volumosos é essencial, pois do contrário obstruiriam as tubulações e interromperiam os processos de tratamento. Sólidos menores podem ser compatíveis com processos não mecanizados, mas afetam adversamente o desempenho de alguns processos mecanizados. Considerados em conjunto, esses pontos sugerem o seguinte:

- O gradeamento grosseiro para remover farrapos e sólidos grandes do fluxo de esgoto séptico deve ser oferecido em todas as estações de tratamento.
- Convém usar peneiras para conter farrapos e sólidos grandes no caso de lodo de fossa seca retirado das latrinas secas. Estas devem ser usadas antes do gradeamento.
- O gradeamento fino pode ser necessário quando os processos de tratamento incluem equipamentos mecânicos que podem ser suscetíveis a danos por sólidos que podem passar pelo gradeamento grosseiro. Esse processo pode ocorrer após o gradeamento grosseiro, mas alguns gradeamentos finos mecânicos recebem afluentes diretamente dos caminhões-tanque.

Quando está previsto o uso final de biossólidos, o gradeamento também melhora a qualidade do produto biossólido final por remover a matéria não orgânica da fase de resíduos.

Gradeamento grosseiro

As opções de gradeamento grosseiro incluem grades com limpeza manual, peneiras estáticas e vários tipos de grade mecânica, dos quais alguns também removem partículas. Devido à sua simplicidade, robustez e custo relativamente baixo, as grades grosseiras com limpeza manual normalmente são a melhor opção para estações de tratamento de lodo de fossa séptica de menor porte que atendem a cidades de pequeno e médio porte com populações de até cerca de 400.000 conforme o projeto. No caso de estações de maior porte, pode ser apropriado o gradeamento mecânico. No entanto, é sempre aconselhável avaliar os requisitos de operação e manutenção e os custos antes de escolher uma opção grades. As grades mecânicas devem contar sempre com uma alternativa manual. Os princípios básicos de projeto são semelhantes para as grades com limpeza manual e mecânica.

Gradeamento com limpeza manual. Para facilitar a limpeza, o gradeamento com limpeza manual deve ser composto por grades paralelas em vez de uma grelha. O espaço livre entre as grades não deve ser inferior a 25 mm e, em condições normais, deve ficar entre 40 e 50 mm. A Figura 6.5 mostra um esquema recomendado de gradeamento com limpeza manual no interior de uma câmara de concreto ou de blocos destinado ao recebimento de lodo de fossa séptica. Esse esquema de gradeamento pode ser incorporado a uma unidade

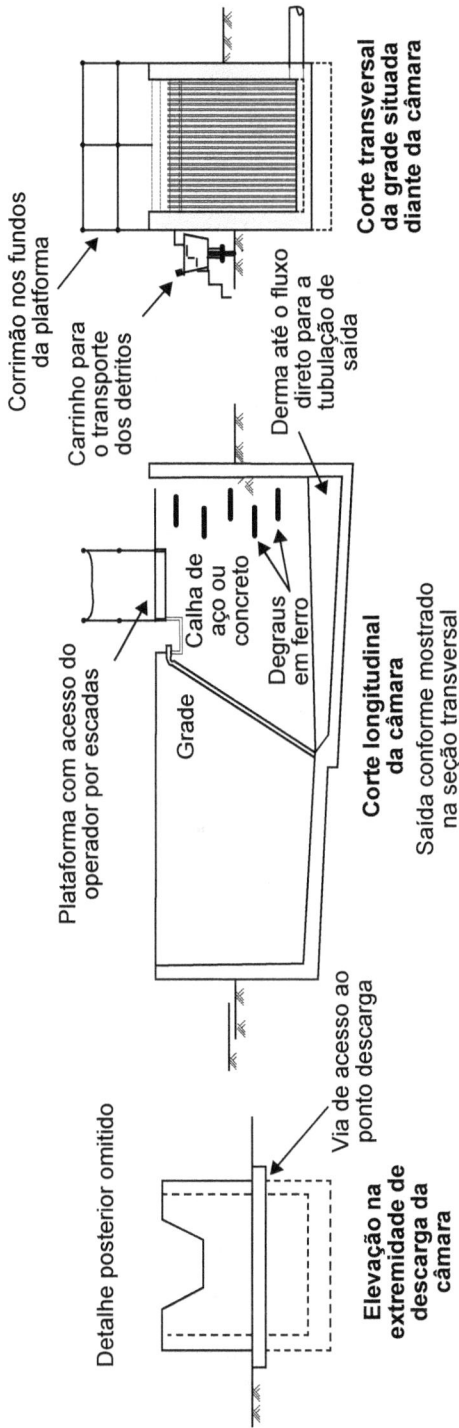

Figura 6.5 Esquema típico de grade com limpeza manual

receptora do tipo mostrado na Foto 6.2, embora isso limitaria as possibilidades de atenuação do fluxo.

Gradeamento com limpeza mecânica. O gradeamento com limpeza mecânica é uma opção para estações de tratamento de grande porte, para as quais as grades com limpeza manual demandam muita mão de obra. São mais dispendiosas do que as grades com limpeza manual, porém os principais desafios que apresentam são de ordem operacional. As grades com limpeza mecânica consomem pouca energia; no entanto, serão ineficazes se a fonte de energia não for confiável. Seu desempenho também depende da existência de sistemas de manutenção adequados e de cadeias de suprimento confiáveis para as peças sobressalentes e componentes de reposição. Para permitir a possibilidade de divisão de grades, sempre deve ser fornecido um canal de desvio equipado com uma grade com limpeza manual no caso das grades mecânicas.

A Foto 6.6 mostra uma grade com limpeza mecânica, instalada em uma estação de tratamento de esgoto em Chandigarh, Índia. A grade é curva, com um dispositivo de limpeza giratório acionado por um pequeno motor. O dispositivo transfere o material coletado na grade para cima e para dentro de uma calha na parte superior da grade. O mecanismo é simples e a principal questão operacional tende a ser a falha do sistema de acionamento do motor do dispositivo giratório.

Considerações operacionais e de projeto para grades com limpeza. As principais considerações de projeto, muitas das quais estão ilustradas na Figura 6.5, são as seguintes:

- *Deve haver ao menos duas grades em paralelo.* Isso permite a continuidade do funcionamento da estação quando uma grade é desativada para reparo ou manutenção.

- Para evitar o acúmulo de lodo seco ou séptico estagnado, *o piso da câmara das grades deve ter inclinação longitudinal em direção à saída.* Além disso, deve haver uma berma no talude para evitar a formação de poças de lodo nos cantos da câmara de gradeamento.

- *As grades devem correr de cima para baixo,* oferecendo aberturas em toda a profundidade da estrutura.

- *As grades nunca devem ser verticais,* pois isso dificulta muito a limpeza. Crites e Tchobanoglous (1998) recomendam uma inclinação entre 45° e 60° em relação ao plano horizontal. Entretanto, esse critério refere-se a grades nas entradas das estações de tratamento de esgoto, que muitas vezes têm de ser profundas devido à profundidade do esgoto que entra. Este não é um fator relativo às estações de tratamento de lodo de fossa séptica, já que os caminhões-tanque descarregam em uma câmara no nível do solo ou acima, permitindo o uso de grades com declives mais planos.

Foto 6.6 Grade curva com mecanismo de limpeza giratório

- *As grades ficam sujeitas a um ambiente corrosivo.* O custo dos materiais resistentes à corrosão, como ferro fundido e aço inoxidável, é elevado. A melhor solução em termos de custos para minimizar a corrosão em geral é o aço com uma tinta ou revestimento adequado, possivelmente à base de alcatrão ou epóxi.

- O ligeiro afinamento das grades para dentro, da frente para trás, reduz a probabilidade de sólidos ficarem presos entre elas.

- *As grades do gradeamento manual devem ser curvadas na parte superior,* conforme mostrado na Figura 6.5. Desse modo, os detritos podem ser encaminhados para uma calha, da qual podem ser puxados ou arrancados e depositados em um carrinho ou em um contêiner portátil. Para que isso seja possível, a câmara de gradeamento precisa ser elevada acima do nível do solo. Pequenos orifícios no fundo da calha permitem que o excesso de água seja drenado de volta ao processo de tratamento.

- O carrinho ou o contêiner portátil é usado para transportar os detritos para um local onde possam ser manuseados e descartados como resíduos sólidos. Esses contêineres e carrinhos ficam pesados quando preenchidos com detritos e, portanto, deve ser fornecido *um caminho pavimentado desobstruído entre a câmara de gradeamento e o local de descarte dos detritos* para facilitar seu deslocamento.

- *Uma plataforma deve ser instalada atrás da grade* para permitir ao operador fácil acesso para limpá-la. Essa é uma característica importante do projeto, mas que muitas vezes é negligenciada. A Figura 6.5 mostra uma plataforma situada atrás da grade, acessada por degraus e com corrimões na parte traseira e nas laterais. Os corrimões nos degraus são substituídos por uma corrente removível. Correntes removíveis também podem ser colocadas na parte da frente da plataforma, imediatamente acima das grades.

- *Os operadores precisam ter acesso à câmara para retirar as obstruções.* Para câmaras mais profundas, a solução pode ser degraus de ferros, como mostra a Figura 6.5, uma escada ou degraus que conduzam ao topo da berma no talude na câmara.

- *Um ponto de água com uma conexão de mangueira deve ser instalado próximo à grade* para permitir a lavagem das grades e do piso da câmara ao final do dia útil.

Critérios de projeto do gradeamento. Os cálculos do projeto de gradeamento devem ser baseados no pico de vazão gerado no momento da descarga do caminhão-tanque, modificado conforme a necessidade de modo a levar em conta todos os esquemas de atenuação de vazão antes do gradeamento. Conforme já indicado, a velocidade de descarga máxima de um único caminhão-tanque pode ser medida diretamente ou pode ser calculada em termos teóricos. Nos casos em que o projeto prevê a descarga de dois ou mais caminhões-tanque, deverá basear-se na descarga do número máximo de caminhões-tanque que podem descarregar simultaneamente.

Os parâmetros de projeto para grades grosseiras incluem a velocidade de aproximação, a largura e a profundidade de cada grade, o vão entre as grades, o ângulo das grades em relação à horizontal e a perda de altura manométrica admissível ao passar pela grade. A Tabela 6.1 define os valores recomendados para esses parâmetros. Essas recomendações aplicam-se a gradeamentos grosseiros que protegem os processos de tratamento de esgoto.

A recomendação de velocidade de aproximação supõe um fluxo razoavelmente constante em um canal a montante da grade. Essa premissa não se aplica à situação normalmente encontrada nas estações de tratamento de lodo de fossa seca e de fossa séptica, onde o fluxo entra no sistema imediatamente a montante da grade e as condições de fluxo são altamente variáveis. Como a largura total das aberturas das grades é menor que a da câmara na qual o gradeamento está situado, a velocidade do fluxo que passa

Tabela 6.1 Critérios de projeto de gradeamento grosseiro

Item	Unidade	Limpeza manual	Limpeza mecânica
Largura de cada grade	mm	5-15	5-15
Profundidade de cada grade	mm	25-40	25-40
Vão entre cada grade	mm	25-50	15-75
Ângulo com a horizontal	graus	45-60	60-90
Velocidade de aproximação	m/s	0,3-0,6	0,6-1
Perda de altura manométrica admissível	mm	150	150

Fonte: Crites e Tchobanoglous (1998)

pelas grades precisa ser maior que a velocidade de aproximação, o que, por sua vez, significa que a altura manométrica da velocidade através da grade é maior que a do fluxo a montante. A conservação de energia requer uma queda no nível superior do líquido que passa pela grade. Ocorrem perdas de altura manométrica na entrada e saída da grade. Textos de base, como os de Metcalf e Eddy, representam a perda de altura manométrica através da grade pela equação:

$$H_{perda} = \frac{1}{0,7} \left(\frac{v_s^2 - v_a^2}{2g} \right)$$

Onde H_{perda} = perda de altura manométrica (m);
   v_s = velocidade do fluxo pelas aberturas da grade (m/s);
   v_a = velocidade de aproximação (m/s); e
   g = aceleração devido à gravidade (9,81 m/s²)
   0,7 é um coeficiente empírico que contempla a turbulência e perdas por corrente parasita relativas a uma grade limpa. O coeficiente sugerido para uma grade parcialmente obstruída é de 0,6 (Crites e Tchobanoglous, 1998; Metcalf e Eddy, 2003).
   Na prática, essa equação não é determinada porque a relação entre v_s e v_a depende da perda de altura manométrica através da grade. A situação é complicada ainda mais pela natureza intermitente e variável das descargas na estação de tratamento. Quando um caminhão-tanque começa a descarregar, o nível do líquido a montante da grade sobe até alcançar um nível de equilíbrio, ponto em que a vazão pela grade se iguala à descarga. O nível começa a cair à medida que diminui o fluxo do caminhão-tanque. O nível de equilíbrio pode ser influenciado pelas condições em etapas posteriores. O entupimento da grade reduz a área disponível para a passagem do fluxo pela grade e, portanto, aumenta a perda de altura manométrica pela grade.
   Dadas as vazões de descarga relativamente pequenas recebidas na maioria das estações, normalmente basta adotar os seguintes critérios para dimensionar as câmaras de gradeamento:

- Largura: mínimo de 300 mm, preferencialmente 450 mm para permitir fácil acesso;
- Profundidade: mínimo de 500 mm, preferencialmente 750 mm;
- Inclinação do piso: 1 em 80 (1,25%).

Esses critérios podem resultar em velocidades de fluxo mais altas na grade do que as sugeridas pelos textos de base. A maneira mais simples de reduzir a velocidade do fluxo seria reduzir a inclinação do piso, mas convém adotar uma inclinação mínima de 1 em 80 para permitir que qualquer material assentado possa atravessar a grade e ser expelido da câmara de gradeamento por meio de lavagem.

A perda máxima admissível de altura manométrica de 150 mm pela grade indicada na Tabela 6.1 é um número conservador. Outros textos permitem uma perda maior. Por exemplo, Escritt (1972) sugere como aceitável um diferencial máximo de 750 mm. Independentemente disso, os procedimentos originais padrão devem ressaltar a necessidade de limpeza periódica da grade. Para obter mais informações sobre grades e canais de partículas, consulte US EPA (1999).

Gradeamento fino

Hoje as peneiras finas são usadas rotineiramente para separar os afluentes que vão para as estações de tratamento de esgoto doméstico, e há exemplos de seu uso para separar o esgoto séptico. Elas removem uma parcela maior de sólidos do que as grades grosseiras, e muitas também removem partículas. Esta subseção traz uma introdução aos tipos de grade fina já em uso em estações de tratamento de lodo de fossa séptica no leste da Ásia. Primeiro, examina as peneiras estáticas, que têm a vantagem de dispensar componentes mecânicos, e em seguida descreve as grades mecânicas instaladas nas estações de tratamento de lodo de fossas secas na Indonésia e nas Filipinas.

Peneira estática. As peneiras estáticas são projetadas de sorte a permitir que a água passe pela grade enquanto os sólidos deslizam para a parte inferior da grade, de onde podem ser removidos manualmente. As peneiras estáticas são simples, sem peças móveis e às vezes são usadas no lugar das grades grosseiras com mecanismo de limpeza. Normalmente são fabricadas em aço inoxidável com uma grade de arame em cunha, proporcionando assim uma abertura muito mais fina do que as grades grosseiras com mecanismo de limpeza. Uma abertura fina significa que a peneira deve remover quantidades significativas de areia e partículas, além de sólidos grossos. A Foto 6.7 mostra uma peneira estática instalada na estação de tratamento de esgoto séptico de Pula Gebang, em Jacarta.

As peneiras estáticas demandam uma altura manométrica muito maior do que as grades com mecanismo de limpeza convencionais, o que cria uma necessidade de bombeamento, a menos que o local da estação de tratamento tenha uma boa declividade. O funcionamento da peneira estática de Pula Gebang evidencia outro problema. Um certo volume de lodo de fossa séptica flui para baixo, em vez de atravessar a peneira, e assim pode se incorporar ao fluxo que passou pela peneira, fornecendo uma rota para que sólidos selecionados entrem novamente no fluxo a jusante da peneira. Isso poderia ter sido evitado por meio do direcionamento desse fluxo de volta para a crista da peneira, mas seria necessário bombeamento, o que, portanto, aumenta a complexidade e o custo do sistema. Na maioria das situações, uma simples peneira com limpeza manual é uma opção melhor do que uma peneira estática.

Foto 6.7 Peneira estática na estação de tratamento de esgoto séptico de Pula Gebang

Gradeamento fino com limpeza mecânica. Nas estações de tratamento de esgoto séptico de Duri Kosambi e Pula Gebang em Jacarta, o gradeamento fica a cargo das unidades de Huber ROTAMAT Ro3.3, projetadas para processar lodo de fossa séptica. Outros fabricantes fornecem equipamentos semelhantes. Nas instalações de Jacarta, cada unidade incorpora uma prensa de gradeamento integrado e uma caixa de areia não aerada com classificador de partículas. A integração desses componentes em uma única unidade reduz a área necessária, ao passo que a natureza fechada da unidade assegura a minimização dos problemas de odor. As duas extensões tubulares inclinadas abrigam parafusos rotativos, que suspendem os sólidos ao mesmo tempo em que permitem que o líquido caia na seção horizontal fechada da unidade de gradeamento. A folga no primeiro parafuso é um pouco maior, permitindo que partículas granulares retornem à fase líquida enquanto retêm partículas de resíduos maiores. As folgas no segundo parafuso são menores e permitem a ele suspender as partículas. Os detritos e as partículas emergem na parte superior dos tubos dos parafusos e caem nos dois contêineres plásticos de resíduos posicionados conforme mostrado na Foto 6.8. O esgoto séptico é entregue ao sistema de gradeamento nas estações de tratamento de Jacarta por caminhões por meio de tubulações com um acoplamento de engate rápido, conforme também mostrado na Foto 6.8.

Devido à sua relativa complexidade e necessidade de uma cadeia de suprimentos confiável para as peças de reposição, as peneiras finas com limpeza mecânica somente devem ser consideradas quando houver necessidade de proteger equipamentos mecânicos sensíveis contra danos.

Foto 6.8 Remoção mecânica combinada de detritos e partículas, em Jacarta

Considerações operacionais e de projeto para grades mecânicas. A maioria dos pontos já levantados em relação aos requisitos operacionais e de projeto de grades com limpeza manual também se aplica às grades com limpeza mecânica. Contudo, as grades mecânicas têm mais chances de falhar do que as unidades estáticas com operação manual, devido ao uso de peças móveis, das quais algumas são instaladas em um ambiente corrosivo. Embora as grades mecânicas possam reduzir as necessidades diárias de mão de obra, requerem manutenção e reparo por mecânicos qualificados. Essas grades dependem de sistemas de suprimento confiáveis para as peças sobressalentes e componentes de reposição que, por sua vez, dependem de sistemas adequados de orçamento e compras. Os custos e as dificuldades de aquisição serão maiores se as peças de reposição forem restritas a fornecedores estrangeiros.

Assim como outros equipamentos mecânicos, as grades mecânicas demandam fonte de eletricidade confiável. Também necessitam de abastecimento de água confiável, capaz de fornecer água para lavagem de alta pressão. As necessidades exatas devem ser confirmadas com o fabricante das grades, mas a pressão necessária em geral fica em torno de 4 bar (400 kPa). Quando a pressão no sistema público de abastecimento de água é baixa, é necessário instalar uma bomba auxiliar ou fornecer à estação de tratamento um abastecimento próprio por meio de poços artesianos.

A maioria das grades mecânicas se destina ao uso com esgoto. Ao considerar o uso de uma grade mecânica para a separação de lodo de fossa seca ou lodo de fossa séptica, é importante assegurar que seja capaz de comportar a alta carga de sólidos prevista dos efluentes. Um teor elevado de GOG também pode ser um problema se o lodo seco for coletado de restaurantes ou cozinhas. A possibilidade de serem necessárias modificações para o processamento de um teor elevado de sólidos e/ou GOG deve ser discutida com os fabricantes após a obtenção de informações sobre as especificidades do material a ser separado. Entre as possibilidades a serem discutidas estão o uso de água de lavagem quente para a remoção de GOG, encurtamento dos ciclos para evitar o cegamento provocado por sólidos mais altos e modificações dos canais ou ampliação da proteção para a parte inferior das grades para melhorar a resistência a impactos de objetos maiores.

Descarte de detritos

Opções para o descarte de detritos devem ser consideradas durante a fase de planejamento. Quando houver um aterro sanitário adequado próximo ao local da estação de tratamento, a opção preferencial será armazenar temporariamente os detritos no local e depois transferi-los para o aterro. Na situação frequente em que não há um aterro controlado adequado, são necessários esquemas alternativos para o descarte dos detritos. Uma opção seria reservar uma área dentro do local da estação de tratamento para o seu descarte, que deve ter um revestimento impermeável adequado e um sistema de drenagem e remoção de chorume, e protegida do escoamento de tempestades da mesma forma que um aterro de resíduos sólidos. A coleta e tratamento de chorume são o maior desafio. Uma resposta a esse desafio é elevar o local de descarte dos detritos o suficiente para permitir que o chorume seja drenado para as instalações de tratamento de líquidos da estação. Se isso não for possível, será necessário tratamento separado para o chorume, talvez em uma série de pequenas lagoas.

Os fabricantes de grades produzem equipamentos para a compactação e lavagem de detritos, mas esses equipamentos são apropriados apenas para instalações de grande porte de tratamento de lodo de fossa seca/lodo de fossa séptica. A experiência com a lavagem manual de grades é limitada, mas é difícil enxaguar toda a matéria fecal de materiais macios como tecidos. É sem dúvida mais importante assegurar que os detritos sejam desidratados antes do descarte no aterro (Thompson (2012) sintetiza os requisitos do Reino Unido a esse respeito). A maneira mais simples de secar os detritos é armazená-los cobertos por várias semanas.

Os operadores que manipulam detritos ficam expostos a agentes patogênicos, sobretudo quando o material separado inclui objetos como fraldas. As grades devem ser projetadas de tal forma a minimizar a necessidade de contato direto do operador com o material separado, mas é difícil evitar o contato por completo, motivo pelo qual os operadores devem ser incentivados a usar luvas e outros trajes de proteção ao trabalhar com detritos. A legislação de alguns países pode exigir o licenciamento dos operadores que transportam detritos para aterros sanitários. Isso ajuda a assegurar a segurança do funcionamento para os operadores e para a população em geral, mas pode acarretar aumento de custos. Deve-se considerar a possibilidade de introduzir sistemas de licenciamento para operadores que transportam detritos e outros materiais potencialmente perigosos para aterros sanitários. É evidente que esses sistemas somente serão eficazes se puderem ser fiscalizados.

Remoção de partículas

O lodo de fossa seca e o lodo de fossa séptica podem conter altas concentrações de partículas, sobretudo quando removidos de fossas ou tanques com paredes ou pisos sem revestimento. Esse alto teor de partículas aumenta o ritmo de acúmulo do lodo nos tanques, lagoas, tubulações e canais, e pode danificar equipamentos mecânicos. As opções para fazer frente à presença de partículas são:

- Aceitar a intensificação do ritmo de acúmulo de lodo que ocorrerá se a remoção de partículas for omitida; ou
- Prever a remoção de partículas durante o tratamento preliminar.

Devido à carga altamente variável nas estações de tratamento de lodo de fossa seca e lodo de fossa séptica, a remoção de partículas não é uma tarefa simples. Assim, conforme já indicado no Capítulo 4, muitas vezes é aconselhável aceitar uma velocidade mais alta de acúmulo de lodo e não oferecer a remoção de partículas. Essa opção é apropriada para estações de pequeno a médio porte que usam tecnologias não fechadas, como leitos de secagem de lodo, lagoas anaeróbias, tanques de espessamento e adensadores por gravidade, que não contam com tanques fechados ou equipamentos mecânicos. Em seguida, as partículas são removidas juntamente com outros sólidos que se depositam nas lagoas ou tanques. Para assegurar que as partículas não assentem nas tubulações que ligam as instalações receptoras e de gradeamento às unidades de tratamento, o objetivo deve ser colocar tubos em declives que permitam fluxos de descarga periódicos com velocidade mínima de 1 m/s. Quando a topografia do local não permitir isso, devem ser fornecidos canais, em vez de tubos, já que serão mais fáceis de limpar.

A remoção de partículas deve ser cogitada nas seguintes situações:

- Nas estações de tratamento projetadas para receber uma carga hidráulica superior a cerca de 250 m³/dia;
- Quando as unidades de tratamento subsequentes incluírem tanques fechados, por exemplo, biodigestores ou equipamentos mecânicos que possam ser afetados pela presença de partículas;
- Quando a investigação mostrar que o efluente contém grandes quantidades de partículas, como pode ser o caso do lodo removido de fossas negras sem revestimento.

É aconselhável avaliar a quantidade de partículas no início da elaboração do projeto da estação de tratamento. A avaliação deve ser realizada para várias amostras compostas provenientes de cargas de caminhões-tanque extraídas de fossas e tanques representativos no âmbito da área planejada da estação de tratamento. A decantação da amostra em um dispositivo apropriado, como um cone Imhoff, permite uma estimativa aproximada do teor de partículas das amostras compostas. A experiência na estação de tratamento de lodo de fossa seca de Kanyama em Lusaka, Zâmbia, sugere que a diluição e a agitação podem ser necessárias no caso dos lodos mais espessos (Jeannette Laramee, Stantec, comunicação pessoal, novembro de 2017). As necessidades de remoção de partículas devem ser discutidas com os fabricantes dos equipamentos mecânicos.

Quando a remoção de partículas for necessária, a opção mais simples será fornecer canais parabólicos controlados por calhas Parshall. Estas são simples, e o fato de serem projetadas para manter uma velocidade de fluxo mais ou menos constante, independentemente da vazão, deve ajudá-las a comportar a variação no fluxo que ocorre no momento da descarga do caminhão-tanque. Separadores hidrociclones de partículas são outra opção. Ambos devem ser mais apropriados para o lodo de fossa séptica do que para o lodo espesso. Como nenhuma das opções foi usada para a remoção de partículas do lodo de fossa séptica, ambas necessitam de uma investigação mais aprofundada. As câmaras de partículas quadradas de fluxo horizontal, opções comuns de remoção de partículas encontradas nas estações de tratamento de esgoto, não processam bem com variações repentinas no fluxo e, portanto, tendem a não ser adequadas para uso em instalações de tratamento de lodo de fossa seca e de lodo de fossa séptica.

Descrição do sistema

Canais parabólicos de partículas. Canais parabólicos de partículas hoje são raramente usados nas estações de tratamento de esgoto, porque exigem uma grande área em relação a outras tecnologias. Contudo, são uma opção para os fluxos relativamente baixos recebidos nas estações de tratamento de lodo de fossa séptica. Não têm peças móveis e são de fácil manutenção. A combinação da forma parabólica com o controle de fluxo a jusante apropriado assegura que a velocidade através do canal permaneça em torno de 0,3 m/s, a velocidade necessária para decantar as partículas e, ao mesmo tempo, manter os sólidos orgânicos em suspensão, em uma série de fluxos. O canal deve ter comprimento suficiente para permitir a decantação das partículas. Normalmente, há dois canais em paralelo para que a operação possa ter continuidade durante o processo de remoção das partículas do canal. O controle a jusante normalmente se dá por uma calha Parshall. A Foto 6.9 mostra um canal de partículas em uma estação de tratamento de esgoto em Naivasha, Quênia.

Foto 6.9 Canal de partículas em uma estação de tratamento de esgoto em Naivasha, Quênia

Separadores hidrociclones. Os separadores hidrociclones são unidades cilíndricas dispostas em torno de um eixo vertical, no qual o fluxo entra tangencialmente, criando um padrão de vazão hidrociclone. As partículas mais leves são empurradas para a lateral do separador por forças centrífugas e acompanham a saída de líquido na parte superior do tanque. As partículas se decantam por gravidade e são coletadas em uma tremonha no fundo do tanque, de onde são retiradas por uma bomba de partículas ou uma bomba de elevação de ar. Os separadores hidrociclones são simples, de modo que o único componente mecânico é a bomba que remove as partículas decantadas. As bombas de elevação do ar têm a vantagem de ser alimentadas por compressores de ar: uma tecnologia comum, para a qual os serviços de reparo e manutenção podem ser oferecidos no nível local. Os separadores hidrociclones são artigos exclusivos, oferecidos apenas por fabricantes especializados. A maioria é vendida apenas em tamanhos maiores do que o necessário para a maioria das estações de tratamento de lodo de fossa séptica. São necessárias mais pesquisas para determinar seu desempenho no regime de fluxo instável criado pela descarga intermitente dos caminhões-tanque. Por esses motivos, demandam investigações mais aprofundadas para que possam ser recomendados para a remoção de partículas do lodo de fossa séptica. As mesmas reservas se aplicam às câmaras de partículas aeradas, outra tecnologia de separação de partículas comumente usada em estações de tratamento de esgoto.

Considerações operacionais e de projeto – Canais parabólicos de partículas. Os canais parabólicos de partículas requerem a remoção regular de partículas. A frequência necessária desta tarefa deve ser determinada empiricamente, pois depende do fluxo e do teor de partículas do lodo de fossa séptica. A remoção de partículas é necessária quando as partículas já decantadas no canal começam a obstruir o fluxo pelo canal.

A construção de uma seção parabólica transversal exata em um canal é difícil na prática. Portanto, os canais de partículas normalmente são construídos com uma seção transversal que se aproxima da seção parabólica.

Critérios e procedimento de projeto – Canais parabólicos de partículas. O fluxo que passa por um canal de partículas parabólico pode ser controlado por meio de uma calha Parshall (Crites e Tchobanoglous, 1998). A calha é necessária para permitir relações específicas entre as várias dimensões; informações a esse respeito são encontradas em textos de base. Contanto que haja queda suficiente a jusante da calha para evitar o efeito de remanso, a equação do fluxo através de uma calha Parshall é:

$$Q = kbh^n$$

Onde Q é o fluxo (m³/s);
    b é a largura da garganta da calha (m);
    h é a profundidade do fluxo acima do piso da calha, medida a montante da calha (m);
    k é uma constante, que varia com a largura da garganta da calha; e
    n é uma constante que varia conforme a largura da garganta da calha, mas fica no intervalo de 1,5 a 1,6.
A equação pode ser reformulada como:

$$h = \left(\frac{Q}{kb}\right)^{\frac{1}{n}}$$

Para obter informações sobre calhas Parshall, inclusive sobre as constantes e dimensões a serem usadas para uma série de larguras da garganta da calha, consulte *OpenChannelFlow* (sem data).

Se a equação for simplificada de modo a admitir que o valor de n é 1,5, pode ser demonstrado que a velocidade a montante do dispositivo de controle de fluxo permanece constante, independentemente da profundidade, se o canal tiver uma forma parabólica.

Partindo-se da teoria matemática padrão, pode-se demonstrar que a área de uma parábola é igual a dois terços de sua altura multiplicada por sua largura. Assim, a largura do canal parabólico de partículas necessário a qualquer profundidade h é dada pela equação:

$$w = 1.5 \left(\frac{A}{h} \right)$$

Onde w = largura do canal de partículas (m); e
    A = área da seção transversal de fluxo (m²)
Essa equação pode ser reescrita como:

$$w = 1.5 \left(\frac{Q}{vh} \right)$$

Onde v = velocidade através do canal de partículas (m/s)

Para manter uma velocidade constante de 0,3 m/s, suficiente para assegurar que os sólidos orgânicos permaneçam em suspensão durante a decantação das partículas, essa equação se torna o seguinte:

$$w = 5 \left(\frac{Q}{h} \right)$$

Para uma determinada largura da garganta da calha, essas equações podem ser usadas para distribuir a largura necessária do canal de partículas ao longo da faixa prevista de fluxos e profundidades. Primeiro, a profundidade no fluxo máximo previsto é calculada com base na equação:

$$h = \left(\frac{Q}{kb} \right)^{\frac{1}{n}}$$

A Tabela 6.2 fornece as dimensões necessárias para canais de partículas controlados por calhas com larguras de garganta de 152 mm (6 pol.) e 228 mm (9 pol.). Os valores de k e n usados para calcular as profundidades de fluxo são extraídos de textos de base e estão apresentados na tabela.

Tabela 6.2 Dimensões do canal para larguras de garganta de calha Parshall de 152 mm e 228 mm

Vazão (l/s)	152 mm largura da garganta k = 2,06, n = 1,58		228 mm largura da garganta k = 3,07, n = 1,53	
	Profundidade do fluxo (mm)	Largura na superfície (mm)	Profundidade do fluxo (mm)	Largura na superfície (mm)
10	113	442	62	803
20	175	570	98	1021
30	227	662	128	1175
50	313	798	178	1403

Os números exibidos na Tabela 6.2, em conjunto com as taxas de descarga calculadas indicadas na Figura 6.3, sugerem que uma calha Parshall com garganta de 228 mm é a escolha apropriada quando os caminhões-tanque possuem um tubo de saída de 100 mm para a descarga e a atenuação do fluxo é limitada. O canal de partículas precisa ter comprimento suficiente para permitir a decantação das partículas.

O comprimento do canal necessário (L_{canal}) pode ser calculado com base na equação:

$$L_{canal} = h \left(\frac{v_h}{v_s} \right)$$

Onde h = profundidade do fluxo (m).

v_h = velocidade do fluxo horizontal (m/s).

v_s = velocidade de decantação (m/s).

O desafio ao aplicar essa equação é determinar uma velocidade de decantação apropriada. Em geral, supõem-se que os canais de partículas devem ser projetados para a decantação de partículas com diâmetro mínimo de 0,2 mm. Usando a Lei de Stokes e admitindo-se uma gravidade específica de partícula de 2,65, a velocidade de decantação na velocidade horizontal de 0,3 m/s é de 0,016 m/s (Agência de Proteção Ambiental dos EUA 1995, páginas 52-55), o que dá um comprimento de canal necessário de 18.75h. Esse valor geralmente é arredondado para 20h. A largura deve ser aumentada em aproximadamente 50% para permitir turbulência na extremidade e a possibilidade de que algumas partículas tenham velocidades de decantação inferiores a 0,016 m/s. No entanto, deve-se tomar cuidado para evitar prolongar demais o canal de partículas a fim de evitar a decantação de outros sólidos, caso isso não seja desejado.

Remoção de GOG

Os GOG estão presentes no lodo de fossa seca e lodo de fossa séptica em graus variados, a depender da fonte. Podem se acumular nas grades e revestir o interior da tubulação, aumentando a probabilidade de obstrução. A lavagem com água aquecida a pelo menos 60°C é uma opção para remover GOG das grades, e é útil fornecer uma fonte de água quente nas estações de tratamento de maior porte (com base na afirmação de Brown e Caldwell (sem data) de que temperaturas acima de 60°C dissolvem gordura). Entretanto, os principais problemas tendem a ocorrer mais adiante no processo de tratamento. Devido à sua densidade, os GOG tendem a flutuar na superfície do lodo e a formar uma camada de escuma com outros materiais flutuantes. Podem afetar os processos de tratamento, perturbando a atividade microbiana nos processos de tratamento biológico aeróbio e reduzindo a evaporação e obstruindo a percolação dos leitos de secagem. A necessidade de remoção de GOG depende de sua quantidade presente no material recebido e de seu possível efeito nos processos de tratamento posteriores.

Em termos ideais, os problemas de GOG na estação de tratamento devem ser atenuados com a adoção do controle de fontes na forma de caixas de gordura instaladas em residências e empresas, principalmente restaurantes e lanchonetes *fast-food*. Além disso, conforme já observado na introdução, pode ser apropriado providenciar instalações separadas de descarga e remoção de GOG para cargas com teor elevado de GOG, a fim de facilitar a remoção de GOG antes da continuidade do tratamento.

A remoção de GOG em uma estação de tratamento exige um processo ou esquema que facilite a flutuação e em seguida remova GOG que se acumulam na superfície do lodo. A opção mais simples é fornecer um tanque ou lagoa com uma calha ou defletor de escuma em torno da saída para evitar a fuga de material flutuante. Nos casos em que a primeira unidade de tratamento após o gradeamento for uma lagoa ou tanque aberto, o projeto irá prever a retenção da escuma. Quando a primeira unidade de tratamento após o gradeamento for um leito de secagem ou uma unidade fechada, como um biodigestor, qualquer problema causado por GOG poderá ser mitigado pela inserção de um tanque equipado com calhas de escuma após o gradeamento. O compartimento do "decantador" de um reator anaeróbio compartimentado (ABR) cumpre esse papel. O desafio desse esquema é remover periodicamente a escuma. O Capítulo 7 traz mais informações sobre esse assunto.

Estabilização

O esgoto séptico retirado de tanques sépticos e fossas sem revestimento normalmente oferece pouca margem para a continuidade da digestão. Por outro lado, o material retirado de sistemas de esgotamento sanitário à base de contêineres (CBS) e fossas negras e caixas de banheiros públicos esvaziadas com frequência costuma ter pouca estabilização, tendo como resultado odor desagradável e características insuficientes de decantação. Convém que esse material conte com estabilização a fim de reduzir odores, controlar vetores, melhorar a capacidade de decantação e minimizar o incômodo associado ao manuseio de resíduos frescos nos processos de tratamento subsequentes. A estabilização será de suma importância se uma estação de tratamento estiver localizada no interior ou nas proximidades de uma comunidade, ou se etapas de tratamento posteriores exigirem manuseio intensivo pelos operadores. Entre as opções de estabilização, há estabilização de cal, digestão aeróbia e digestão anaeróbia.

Estabilização de cal

A *estabilização de cal* envolve a adição de cal hidratada, $Ca(OH)_2$ (também conhecida como hidróxido de cálcio ou cal apagada), ao lodo de fossa seca ou ao lodo de fossa séptica, o que eleva o pH de qualquer um dos dois tipos de lodo em nível suficiente para matar os patógenos. O Capítulo 10 explora esse aspecto da estabilização de cal. O foco aqui está em seu possível papel na estabilização do lodo, na melhoria da capacidade de decantação e na redução de odores. Um trabalho experimental realizado nos EUA na década de 1970 determinou que a adição de cal não aumentava em grande medida a capacidade de decantação do lodo de fossa séptica com decantação deficiente. Em seguida, o foco do trabalho voltou-se para a mistura de cal com o lodo de fossa séptica, antes da secagem em leitos de secagem de partículas (Feige et al., 1975). A mistura foi feita com arejamento por bolhas. Com a dosagem de cal, foram alcançadas concentrações de sólidos de 20 a 25% em menos de uma semana. A pesquisa revelou que o custo recorrente da dosagem de cal foi maior que o custo de capital amortizado da construção de instalações de dosagem.

Investigações mais recentes sobre o possível papel da dosagem de cal na estabilização de lodos com mais de 11% de sólidos secos constataram que a estabilização não ocorreu dentro de 24 horas com doses de cal capazes de produzir um pH de 12. Ocorreu redução mínima nos sólidos voláteis durante o período de 24 horas de estabilização de cal (Anderson, 2014).

Considerados em conjunto, esses resultados põem em dúvida o valor da estabilização de cal para o tratamento preliminar do lodo de fossa seca mal estabilizado. São necessárias mais pesquisas para apurar seus efeitos e sua viabilidade, e este livro não considera em mais profundidade seu uso na fase de tratamento. Para obter mais informações sobre aspectos práticos da estabilização de cal em pequena escala em países de renda baixa, ver USAID (2015).

Digestão aeróbia

A *digestão aeróbia* apresenta dificuldades como etapa preliminar do tratamento nos países de renda baixa, visto que demanda muita energia, o que significa que possui um custo operacional elevado e depende de uma fonte de energia confiável. Além disso, a transferência de ar para líquidos é inibida pela presença de sólidos e depende de mistura adequada (Henkel, 2010). Por esses motivos, a digestão aeróbia não é abordada neste livro.

Digestão anaeróbia

Durante a *digestão anaeróbia*, micro-organismos decompõem a matéria orgânica e a convertem em biogás, que consiste principalmente em metano e dióxido de carbono. A depender da tecnologia usada para esse processo, o biogás pode ser recuperado e reaproveitado como fonte de combustível. Nos países industrializados, os digestores anaeróbios de larga escala são muito usados em estações de tratamento de esgoto centralizadas para estabilizar os sólidos. Esses sistemas demandam mistura mecânica, aquecimento externo para manter as temperaturas necessárias e tanques volumosos que proporcionem o tempo de detenção necessário para se alcançar a inativação do patógeno. Devido à sua complexidade e aos elevados custos operacionais e de capital, não são uma boa opção para o tratamento de lodo de fossa seca e lodo de fossa séptica nos países de renda baixa, de modo que não são tratados em profundidade neste livro. Já foram usados biodigestores de pequena escala no tratamento de lodo de fossa seca e lodo de fossa séptica em países de renda baixa. Passamos a explorar seu uso em mais detalhes.

Biodigestores de pequena escala

Descrição do sistema. Biodigestores já foram usados para o tratamento de lodo de fossa seca e lodo de fossa séptica em vários países. Existem dois projetos básicos: biodigestores de cobertura rígida e biodigestores de *geobag*. Como os biodigestores são simples e não demandam energia, podem ser usados em situações em que não há fonte de eletricidade confiável e a capacidade operacional é limitada. São mais apropriados para o tratamento de lodos mais espessos com um teor de sólidos totais (ST) superior a 4% e um teor de sólidos voláteis superior a 50%. Para lodo de fossa séptica com baixo teor de sólidos, uma etapa de separação entre sólidos e líquidos anterior seria útil, em tese, para minimizar o volume do digestor e manter um tempo de detenção adequado. No entanto, o lodo de fossa séptica normalmente fica bem estabilizado e não requer mais estabilização. Entre as vantagens dos digestores a biogás estão a estabilização parcial de sólidos voláteis, a homogeneização do lodo e o aprimoramento da capacidade de desidratação do lodo. Também é possível certa redução na carga total de sólidos. A recuperação do biogás é outra possível vantagem, embora a produção seja limitada quando o material já passou pelo processo de digestão durante o armazenamento no local. Vogeli et al. (2014) fazem uma boa introdução geral à digestão anaeróbia em pequena escala.

Digestor de cobertura rígida. Os digestores de cobertura rígida de pequena escala normalmente são construídos em concreto, tijolos e gesso de cimento para criar uma cobertura à prova de vazamento de gás. Os volumes em geral variam de 6 m³ a 100 m³, embora sistemas de até 200 m³ tenham sido construídos (BORDA, comunicação pessoal, novembro de 2017). Historicamente, os digestores de cobertura rígida são usados principalmente no tratamento de resíduos de animais e na produção de energia no âmbito doméstico. A Figura 6.6 é uma seção transversal esquemática de um digestor de cobertura rígida usado para tratamento de lodo de fossas secas em Kanyama, Zâmbia, onde o lodo de fossas negras é entregue à estação em barris de 60 litros. Após o gradeamento, o lodo entra no biodigestor pela câmara de entrada mostrada no lado esquerdo da figura. O biogás é coletado na parte superior da cobertura, empurrando o nível da água para baixo à medida que o volume do gás se expande e é canalizado para instalações de cocção próximas. O líquido passa pelo digestor e sai pela saída mostrada à direita.

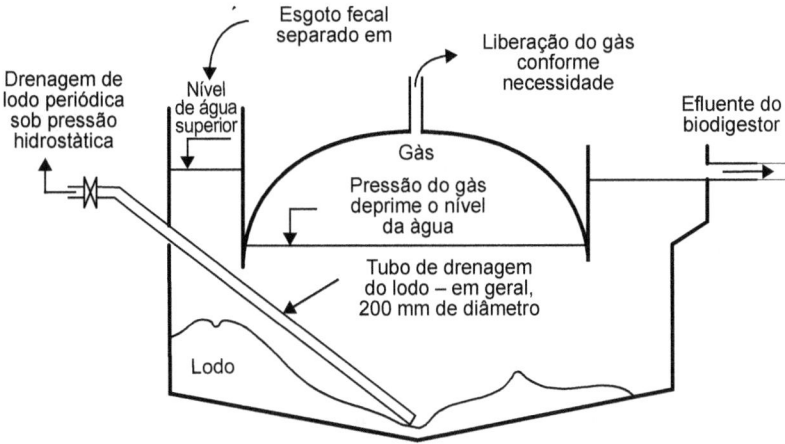

Figura 6.6 Seção transversal de biodigestor de cobertura rígida

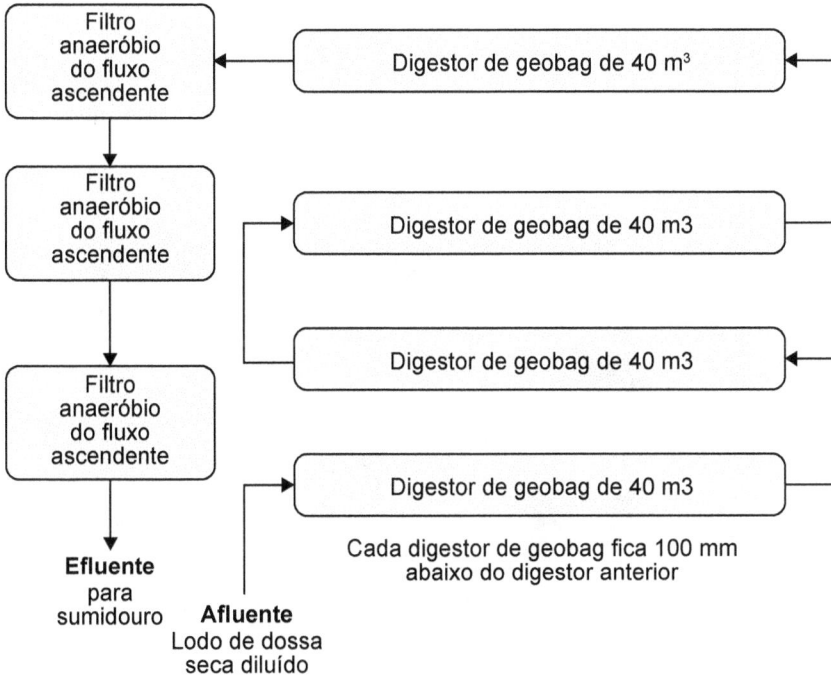

Figura 6.7 Esquema geral de uma estação digestores de *geobag* em Antananarivo, Madagascar

Digestor de geobag. Um digestor de *geobag* (ou geotubo) é um saco ou tubo flexível em geral fabricado em polietileno cujo comprimento é de cerca de cinco vezes sua largura. Os volumes geralmente variam de 4 m³ a 40 m³. A finalidade inicial dos digestores de *geobag* era o tratamento de resíduos animais. A organização mexicana Sistema Biobolsa desenvolveu sistemas de digestão parcial de resíduos humanos. O material desta subseção baseia-se na experiência com dois sistemas de digestores do Sistema Biobolsa, o primeiro como um sistema experimental em Kumasi, Gana, e o segundo como um sistema recém-instalado em Antananarivo, Madagascar. Para aplicações com o lodo de fossa seca, o lodo separado é lançado em um tubo de entrada em uma extremidade do digestor de *geobag*; em seguida, o lodo é impelido ao longo do *geobag* pela entrada do lodo e sai na outra extremidade através de uma tubulação de saída. Dependendo dos volumes para tratamento e do período de detenção desejado, vários digestores de *geobag* podem ser conectados em série, como mostra a Figura 6.7, que se baseia na configuração de quatro *geobags* do sistema de Antananarivo. O biogás é coletado na parte superior dos *geobags*, cada qual equipado com um tubo com válvula para permitir a drenagem e uso do gás. Os *geobags* normalmente são colocados em escavações rasas ou no nível do solo, de tal modo que fiquem parcialmente acima do solo, onde devem ser favorecidos pela luz solar natural, o que aumenta a temperatura operacional interna e ocasiona o aumento das taxas de reação e de inativação de patógenos. No entanto, as oscilações diurnas da temperatura também podem afetar adversamente a atividade microbiana dos organismos metanogênicos, que são sensíveis a variações de temperatura. Outra possível desvantagem do esquema é que a vida útil relativamente curta dos digestores de *geobag* é reduzida ainda mais pela exposição à luz ultravioleta.

Foto 6.10 Digestor de *geobag* em Antananarivo, Madagascar
Fonte: Foto de Georges Mikhael

A Foto 6.10 mostra a estação de Antananarivo em construção. Os *geobags* aparecem atrás dos operários. As escavações em primeiro plano serão preenchidas com cascalho para formar filtros anaeróbios do fluxo ascendente com vistas a oferecer tratamento secundário. Observe a tubulação de interconexão, que permite às bielas eliminar obstruções. A estação de biodigestores de Antananarivo fica localizada em uma área residencial. Os biodigestores de *geobag* são sistemas fechados, com o lodo exposto à atmosfera apenas nos pontos de entrada e de saída final, o que deve permitir que sejam usados mais próximos de áreas residenciais do que tecnologias que deixam uma grande área da superfície exposta à atmosfera. A experiência operacional com o biodigestor de Antananarivo deve esclarecer melhor esse ponto.

Requisitos de entrada e faixa de desempenho. Fatores que afetam o desempenho dos biodigestores:

- *Teor de sólidos do lodo recebido.* Isso influencia o ritmo de acúmulo do lodo. Os biodigestores homogêneos de pequena escala seguem o princípio de que a matéria orgânica permanece em suspensão quando há um teor de sólidos elevado. Sasse (1998) afirma que a agitação não é necessária para impedir a decantação de sólidos quando o teor de ST do material recebido for superior a 6%, o que sugere que seria necessária na presença de teores de ST mais baixos. O WEF (2010) recomenda um teor de sólidos secos na faixa de 4 a 6% para os digestores de larga escala, ao passo que Nelson e Lamb (2002) relatam uma faixa mais ampla de 3 a 10% de teor de sólidos como adequada para os digestores mistos. Na ausência de mistura externa, será necessário um método eficaz para a remoção do lodo dos sólidos acumulados. Diante de um teor de sólidos maior de chorume espesso, a maior parte da matéria orgânica permanece em suspensão. Essa é a premissa segundo a qual os digestores de pequena escala que processam adubos animais operam: para esses sistemas, presume-se que o material que entra no digestor, diferente daquele que é digerido, saia do sistema. Nelson e Lamb (2002) relatam que é necessário um mínimo de 11 a 15% de teor de sólidos secos para evitar a decantação de sistemas de fluxo pistão que processam adubos animais. Os sólidos não podem permanecer na solução e tendem a se decantar em concentrações mais baixas de sólidos, o que sugere que os digestores de *geobag* longos, que funcionam como reatores de fluxo pistão, podem ser mais adequados para chorumes mais espessos. No entanto, é necessária uma investigação mais aprofundada para comprovar isso e a aplicabilidade dessas premissas operacionais a sistemas de tratamento de lodo humano de fossas secas.
- *Razão carbono/nitrogênio (C:N) do lodo recebido.* O desempenho ideal requer uma razão na faixa de 16 a 25:1 (Deublein e Steinhauser, 2011). Nas razões mais baixas de C:N do lodo de fossa seca, o acúmulo de amônia pode elevar o pH do conteúdo do reator e reduzir o rendimento (Verma, 2002).
- *Tempo de retenção de sólidos. O tempo de detenção de sólidos (TRS) é o principal parâmetro adotado no projeto de biodigestores para o tratamento de resíduos orgânicos espessos.* No caso desses resíduos, a decantação é

teoricamente mínima, e admite-se que o TRS e o tempo de detenção hidráulica (TDHR) são iguais. Se o TRS for curto demais, a metanogênese não ocorrerá e o conteúdo do reator sofrerá acidificação. A depender da extensão de resíduos frescos previstos nas estações de tratamento, um TRS de 15 a 30 dias a uma temperatura mínima de 25°C deve permitir tempo suficiente para a metanogênese, hidrólise suficiente e acidificação dos lipídios (De Mes et al., 2003). A PennState Extension (sem data) sugere que, para alcançar uma redução efetiva do odor, o TRS deve ser de pelo menos 20 dias.

- *Carga orgânica e redução de sólidos.* Há relatos de que os digestores de cobertura rígida de pequena escala usados como decantadores para o tratamento primário de esgoto atingem 25 a 60% de remoção da demanda bioquímica de oxigênio (DBO) (Mang e Li, 2010). A remoção de DBO no caso do lodo de fossa seca ou do lodo de fossa séptica tende a ser consideravelmente mais baixa, pois já ocorreu digestão significativa durante a detenção em fossas e tanques sépticos. O potencial de redução de carga orgânica em um biodigestor depende do grau de digestão prévia em uma fossa ou tanque do material recebido. Os poucos estudos disponíveis registram a remoção da demanda química de oxigênio (DQO) na faixa de 20 a 40% para aplicações de lodo de fossa seca (ver a Tabela 6.3). O WEF (2010, Figura 25.2) afirma que se pode prever reduções voláteis de sólidos em torno de 50% após 17 dias e 55% após 18 dias a temperaturas de 20°C e 25°C, respectivamente.

- *Produção de gás.* O biogás é composto principalmente de metano (em geral, 55-70%) e dióxido de carbono (em geral, 35-40%) (Cecchi et al., 2003). O metano pode ser armazenado e usado como combustível. Na falta dessa opção, o metano deve ser queimado, pois é um potente gás de efeito estufa. A produção de biogás depende da quantidade de material não digerido no lodo de fossa seca ou lodo de fossa séptica a ser tratado. Em termos específicos, o teor de sólidos voláteis do lodo representa a fração de material sólido que pode ser transformado em biogás. A produção de biogás a partir de lodo armazenado em fossas negras e tanques sépticos é limitada porque a digestão de matéria orgânica já ocorreu. A produção a partir de lodo fresco, o único tipo de lodo para o qual a biodigestão deve ser considerada, será maior. Um estudo constatou valores médios da produção de metano de cerca de 50 e 275 l/kg de sólidos voláteis destruídos por lodo de fossa negra e resíduos frescos de banheiros portáteis, respectivamente (Rose et al., 2014). No caso do lodo de banheiros portáteis, a maior parte da produção de metano se deu nos primeiros 10 dias. Outros estudos registraram um rendimento médio de 200 a 250 l de biogás total/kg de DQO (citado em Forbis-Stokes et al., 2016). A produção de biogás pode ser inibida pela presença de amônia. Um estudo identificou pouco efeito no teor de nitrogênio amoniacal total (NAT) de até 3 g/l, mas reduções de 66, 86 e 90% na produção de biogás para amostras com teor de NAT de 5, 8 e 10 g/l, respectivamente (Colon et al., 2015). Esta breve discussão sugere que, dado o volume relativamente pequeno de gás produzido, a produção de gás não deve ser o principal fator para o tratamento de biodigestores.

Os dados disponíveis limitados sobre o desempenho do tratamento de digestores de biogás de pequena escala que processam lodo de fossa seca e lodo de fossa séptica estão resumidos na Tabela 6.3. Os números da produção de biogás corroboram os resultados de Rose et al. de que a produção de biogás é muito menor no caso do lodo de fossa negra bem digerido do que de material fresco retirado de banheiros portáteis.

Tabela 6.3 Características e desempenho do tratamento dos digestores de biogás em pequena escala

Localização e fonte das informações	Tipo e volume do sistema	Fonte do afluente	Características do afluente	HRT[2]	Eficiência no tratamento e produção de biogás
Kanyama, Lusaka, Zâmbia (BORDA, comunicação pessoal, 2017)	Digestor de cobertura rígida (tijolos): 58 m³ de volume; (53 m³ de volume líquido)	Lodo de fossas negras secas sem revestimento domésticas	1,2 m³ de lodo de fossa seca por dia 12 a 20% e DQO geralmente a 80.000 mg/l[1] (mais 1 a 2 m³ de água por dia para os equipamentos de separação de sólidos e resíduos e de limpeza)	20 dias	20-25% de remoção de DQO[1] 63 l de biogás / kg de sólidos secos
Devanahalli, Bangalore, Índia (CDD, comunicação pessoal 2017)	Digestor de cobertura rígida (fibra de vidro pré-fabricada) 6 m³ de volume em paralelo (4,4 m³ de volume líquido cada)	Esgoto séptico de fossas rudimentares domésticas (sem revestimento) e tanques sépticos (Nota: os valores são para a fase sólida após a separação entre líquidos e sólidos)	1,1 m³ de fluxo de entrada por dia Sólidos secos = 4 a 6% DQO = 20.000 a 60.000 mg/l	8 dias	<5% de remoção de DQO[1] 19 l de biogás / kg de sólidos secos

Localização e fonte das informações	Tipo e volume do sistema	Fonte do afluente	Características do afluente	HRT[2]	Eficiência no tratamento e produção de biogás
Kumasi, Gana (Sarpong, 2016)	Digestor de *geobag* de 8m³ de volume em série	Material fecal fresco de banheiros em contêineres (esvaziados 2 a 3 vezes por semana)	0,4 m³/dia (durante 21 dias por mês) DQO = 35.500 mg/l (faixa: 20.000 a 40.000 mg/l) Sólidos secos = 5 a 10%	90 dias	39% de remoção de DQO Informações sobre biogás indisponíveis

Notas: [1] A DQO do afluente e a eficiência do tratamento são calculadas com base em um balanço de massa.

[2] Os tempos de detenção hidráulica e de chorume são teoricamente iguais para chorumes espessos. Na prática, parte do lodo passa pelo processo de decantação.

Considerações operacionais e de projeto. A experiência de campo em Lusaka mostra que a acúmulo de sólidos apresenta problemas operacionais consideráveis para biodigestores com cobertura rígida de tratamento de lodo de fossas negras. O projeto do biodigestor de Kanyama prevê um tubo de drenagem, que se estende até o centro do biodigestor, conforme mostrado na Figura 6.5. A intenção dos projetistas era de que o lodo fosse drenado do biodigestor sob pressão hidrostática. Na prática, o esquema não foi eficaz e o lodo permaneceu no fundo do biodigestor, com a necessidade de remoção manual periódica (WSUP, 2015). O motivo para isso reside no fenômeno conhecido como *"piping"*: a tendência de formação de canais através do lodo, resultando na remoção de água sobrenadante relativamente clara em vez de lodo. O ponto importante aqui é que o lodo que se deposita em uma superfície levemente inclinada não se desloca para um ponto de retirada central, a menos que seja direcionado a esse ponto por um raspador. Na ausência de um sistema de raspagem mecânica, é necessária uma tremonha com inclinações laterais de 60° em relação ao plano horizontal (45° no caso de tremonhas circulares) para assegurar que o lodo se desloque para um ponto de drenagem na parte inferior da tremonha (Instituto de Controle da Poluição da Água, 1980). Esse princípio pode ser aplicável a um biodigestor de cobertura rígida, mas demandaria uma alteração fundamental no projeto, e não pode ser recomendado sem testes em campo. O Capítulo 7 traz informações sobre o projeto de tanques com fundo em tremonha. A remoção e o gradeamento de partículas antes da biodigestão têm certo efeito nas taxas de acúmulo de sólidos, mas os problemas com acúmulo de lodo persistem. Possíveis respostas a esses problemas incluem:

- *Remoção manual periódica do lodo.* Essa resposta requer pelo menos dois biodigestores em paralelo para permitir a continuidade da operação enquanto um biodigestor passa pelo processo de remoção do lodo. Os trabalhadores encarregados dessa remoção no biodigestor terão de trabalhar em um espaço confinado que contém lodo anaeróbio e que pode conter metano, o que representa um sério risco para eles. Em termos ideais, os operadores somente devem entrar em um digestor de cobertura rígida com aparato de respiração e equipamentos de proteção. Caso não seja possível, o conteúdo deve passar pelo processo de digestão durante vários meses antes da tentativa de remoção manual. Mesmo assim, deve-se redobrar o cuidado ao se trabalhar no biodigestor. Apenas um trabalhador deve entrar no espaço confinado de cada vez, com uma corda presa à cintura para que os outros trabalhadores possam puxá-lo para fora caso seja dominado pelo gás.
- *Remoção periódica do lodo com o uso da mangueira de sucção do caminhão-tanque.* Essa resposta exige que o lodo permaneça suficientemente líquido para ser transferido pela sucção do caminhão-tanque. Será necessário movimentar a mangueira pelo tanque, e pode ser difícil alcançar todos os pontos no interior do biodigestor. O melhor seria usar esta opção em conjunto com a remoção manual. Após retirar o máximo de lodo possível do biodigestor com a mangueira de sucção, o esvaziamento manual para a retirada do lodo restante deve aguardar vários dias ou até semanas, o que reduz o risco de gases perigosos. Independentemente disso, deve-se tomar muito cuidado ao entrar no biodigestor, conforme explicado acima.
- *Agitação com acionamento mecânico para manter os sólidos suspensos.* Trata-se da prática padrão em digestores anaeróbios de grande porte. No entanto, a mistura aumenta a complexidade e o custo, requer uma fonte de energia confiável e, devido à dependência de equipamentos mecânicos que funcionam em um ambiente difícil, é suscetível a panes. Hoffman (2015) sugeriu o uso de uma "bomba de biogás" para a movimentação do lodo nos biodigestores de cobertura rígida. O sistema que propôs foi baseado no sistema Vaughan Rotamix, um sistema de mistura exclusivo, conforme descrito pelo Grupo de Biotecnologia Ambiental da Universidade de Marmara (2011). O sistema usa bombas para fornecer fluxo recirculado no biodigestor através de uma série de bicos. O sistema Rotamix usa bombas "picotadoras" para reduzir o tamanho dos sólidos que passam pelos bicos. A probabilidade de falha é reduzida pelo fato de o sistema não possuir peças móveis no interior do biodigestor. Entretanto, ele não foi testado em campo com lodo de fossa séptica. Requer uma fonte de eletricidade confiável, bons sistemas de manutenção de bombas

e uma cadeia de suprimento de peças sobressalentes confiável. Mesmo com a mistura, as partículas e o lodo condensado se acumulam com o tempo e os digestores precisam ser esvaziados manualmente. Seria possível realizar uma fase piloto dessa metodologia para estações de tratamento de maior porte, mas é improvável a viabilidade para estações menores com recursos técnicos limitados.

Os defensores do uso de biodigestores de *geobag* alegam que esses digestores resolvem ou pelo menos reduzem o problema de acúmulo de lodo. O Quadro 6.1 sintetiza os procedimentos recomendados pelo Sistema Biobolsa para reduzir problemas com o acúmulo de lodo. Esses métodos foram desenvolvidos para pequenos biodigestores usados no tratamento de resíduos de animais, e é necessário monitoramento para determinar a qualidade de seu funcionamento em escala maior do que normalmente seria necessário nas estações de tratamento de lodo de fossa seca. Contudo, é improvável a total eliminação da deposição e do acúmulo de lodo.

Os operadores do biodigestor de *geobag* de Antananarivo diluem o lodo de fossa seca e o lodo de fossa séptica recebidos na proporção de uma parte de lodo de fossa seca/fossa séptica para duas partes de água limpa a fim de reduzir o teor de sólidos do afluente da faixa de 11-15% para 4-5%. As informações secundárias resumidas no parágrafo sobre o teor de sólidos do lodo recebido nas páginas 172 e 173 sugerem que a diluição não é necessária e pode acarretar o aumento do acúmulo de lodo. Mais pesquisas de campo são necessárias para confirmar ou modificar essa conclusão.

Para permitir a continuidade da operação da estação de tratamento durante a remoção do lodo dos biodigestores de cobertura rígida e durante a retirada e troca das *geobags*, biodigestores de pequena escala devem ser instalados em paralelo. Isso possibilita a continuidade do funcionamento de uma unidade enquanto a segunda unidade estiver fora de serviço.

Os biodigestores somente coletam gás se forem herméticos. Para assegurar o atendimento dessa condição, os pedreiros encarregados da construção de digestores de cobertura rígida necessitam de treinamento especializado para levar a cabo a construção da cobertura hermética. Uma opção genérica seria adquirir digestores pré-fabricados de cobertura rígida e digestores de *geobag* de fornecedores especializados. A tubulação e os equipamentos de gás são suscetíveis à corrosão devido a pequenas quantidades de sulfeto de hidrogênio contidos no biogás, e precisam ser reparados ou trocados com mais frequência do que a estrutura principal do digestor. Sasse (1998) estima uma vida útil de seis anos para esses componentes. O pessoal necessário para trabalhar na manutenção da infraestrutura de gás deve receber treinamento sobre considerações e procedimentos de segurança.

Quadro 6.1 Prevenção e remoção do acúmulo de lodo nos digestores de *geobag*: Procedimento operacional padrão do Sistema Biobolsa

A organização empresarial social mexicana Sistema Biobolsa desenvolveu um digestor de *geobag* para a digestão parcial de resíduos humanos. A organização Água e Saneamento para as Populações Carentes Urbanas (WSUp) intermediou a adoção de esquemas de tratamento de lodo de fossa seca em Kumasi, Gana, e em Antananarivo, Madagascar, com base na metodologia do Sistema Biobolsa (Tabela 6.3). Os procedimentos operacionais padrão (POPs) resumidos abaixo foram desenvolvidos pelo Sistema Biobolsa com vistas a reduzir o acúmulo de lodo nos digestores de *geobag* de tratamento de adubo animal. É possível que ocorram problemas maiores ao lidar com lodo seco e lodo séptico de fossas e tanques mal construídos, que tendem a apresentar um alto teor de partículas.

O Sistema Biobolsa recomenda a agitação diária do conteúdo do digestor de *geobag* para evitar o acúmulo de lodo em áreas "mortas" e a formação de uma camada de escuma. A agitação deve ser realizada todos os dias antes da adição do lodo fresco, pela manhã ou à noite, quando a geomembrana não está muito quente e quando há pouco ou não há gás no digestor. A agitação é aplicada progressivamente ao longo do digestor de *geobag*, com a intenção de gerar ondas que movem os sólidos decantados ao longo e inevitavelmente para fora do digestor. O digestor deve ser "purgado" em intervalos de dois a três anos para a remoção dos sólidos depositados. É adicionada água ao digestor através do tubo de entrada enquanto o conteúdo do digestor é agitado. A água flui pelo digestor e transporta os sólidos suspensos pela agitação para fora do digestor através do tubo de saída. A reativação é necessária em intervalos de 8 a 20 anos ou sempre que os operadores observarem uma queda significativa, porém inexplicável, na produção de biogás. O objetivo da reativação é remover os sedimentos que se acumularam ao longo dos anos, apesar da purga do conteúdo do digestor, já que na purga é adicionada água e o digestor é agitado. Uma bomba de lodo é usada para remover o lodo da parte inferior do digestor. Em seguida, o digestor é lavado com uma mangueira de alta pressão, após o que é substituído em sua posição original.

Fonte: com base no Sistema Biobolsa (sem data)

Projeto de biodigestor. Os pontos mais importantes a serem considerados no projeto do biodigestor são o volume e as dimensões do reator. O volume do reator é dado pela equação:

$$V_{reator} = Q_{T,BD} \, R_{BD}$$

Onde V_{reator} = volume total do reator (m³);

$Q_{T,BD}$ = fluxo hidráulico projetado (m³/dia); e

R_{BD} = tempo de detenção no biodigestor (dias).

O tempo de detenção deve ficar no intervalo de 15 a 30 dias. O volume total do reator deve ser dividido em pelo menos dois biodigestores, com capacidade adicional para a continuidade do tratamento quando um dos biodigestores for desativado para remoção de lodo e reparos.

O volume de digestores de cobertura rígida normalmente consiste na soma do volume de gás na parte superior da cobertura, do volume da cobertura abaixo do nível máximo de armazenamento de gás e do volume em uma seção de base cônica levemente inclinada. Somente o segundo e o terceiro destes fazem parte do volume do reator.

$$V_{reator} = \frac{2\pi r^3}{3} - \frac{\pi h^2(3r-h)}{3} + \frac{\pi r^2 d}{3}$$

Onde r = raio da cobertura (m);

   h = altura máxima do volume de gás (em geral, 0,8 a 1,2 m); e

   d = profundidade da base cônica (m).

Esse cálculo é um pouco conservador, pois o volume de gás na parte superior da cobertura diminui durante o uso e, portanto, o volume de gás nem sempre corresponde à capacidade máxima de armazenamento. Projetos de outros tipos de biodigestores apresentam geometrias diferentes, porém devem considerar da mesma forma apenas o volume de líquido e de lodo, e não o volume de gás, no cálculo do volume do reator do biodigestor.

Pontos principais do presente capítulo

Este capítulo tratou do projeto de instalações para o recebimento de lodo de fossa seca e lodo de fossa séptica e o tratamento preliminar necessário para assegurar que a continuidade do fluxo seja compatível com as necessidades de instalações de tratamento posteriores. Principais pontos apresentados no capítulo:

- As instalações receptoras devem ser projetadas para facilitar o acesso e agilizar os tempos de entrega dos veículos de transporte de lodo de fossa séptica e lodo de fossa seca. A criação de instalações receptoras separadas para lodo de fossa séptica e lodo de fossa seca deve ser considerada nos casos em que a estação de tratamento recebe os dois tipos de lodo.
- As instalações receptoras devem ser projetadas de modo a comportar a taxa máxima de descarga dos veículos usados no transporte de lodo de fossa seca e lodo de fossa séptica. No caso de caminhões-tanque convencionais, isso depende do tamanho da mangueira de descarga do caminhão. A inclusão de atenuação de fluxo no projeto das instalações receptoras reduz a carga hidráulica nas unidades de tratamento subsequentes.
- Muitas vezes a atenuação do fluxo é aconselhável. As instalações de atenuação de fluxo devem ser simples e projetadas com inclinações que possam ser lavadas para evitar o acúmulo de lodo e partículas.
- Deve sempre haver o gradeamento grosseiro, que pode ser combinado com o recebimento do lodo de fossa séptica. Na maioria dos casos, grades com limpeza manual são a melhor opção. Devem ser em esquema de gradeamento, com inclinação em um ângulo não superior a 60° em relação ao plano horizontal e com bom acesso para permitir que os operadores juntem e removam os detritos.

- Os sistemas de gradeamento mecânico podem ser apropriados para estações de maior porte se o seu custo de capital muito mais alto puder ser justificado e se houver sistemas de manutenção eficazes e cadeias de suprimento de peças sobressalentes/de reposição.
- É aconselhável a remoção de GOG quando houver a possibilidade de que estes afetem adversamente os processos de tratamento subsequentes. A opção mais simples é usar calhas específicas para coletar a escuma que sobe para a superfície de tanques e lagoas e remover periodicamente GOG com a escuma.
- O gradeamento mecânico fino e a remoção de partículas podem ser necessários para proteger as prensas mecânicas contra danos. A remoção de partículas também deve ser considerada quando as unidades de tratamento subsequentes tiverem tanques e reatores fechados.
- As providências para a remoção de partículas precisam levar em conta o fato de que os fluxos de caminhões-tanque e outros veículos de entrega são intermitentes e variáveis. Os canais parabólicos de partículas são uma boa opção para a remoção de partículas, pois combinam simplicidade à capacidade de separar as partículas da matéria orgânica.
- A estabilização pode ser necessária quando o material a ser tratado estiver fresco e mal digerido. A estabilização de cal é possível, mas a maioria dos sistemas instalados até hoje adota a digestão parcial, usando biodigestores de cobertura rígida ou de *geobag*. A biodigestão não é necessária no caso do lodo de fossa séptica, lodo de fossa negra e outros resíduos que já estejam bem digeridos.
- Os dois tipos de digestor são suscetíveis ao acúmulo de lodo e partículas. A remoção de partículas a montante dos biodigestores gera certo efeito sobre a taxa de acúmulo, mas não elimina a necessidade de evitar o acúmulo de lodo ou de removê-lo quando se acumula. A segurança é uma consideração importante para os reatores fechados, sobretudo no caso dos reatores anaeróbios, como biodigestores com cobertura rígida. Para evitar a necessidade de os trabalhadores entrarem em espaços repletos de lodo em processo de digestão, que podem produzir gases perigosos, deve haver ao menos dois biodigestores em paralelo.

Referências

American Association of State Highway and Transportation Officials (AASHTO) (2004) *A Policy on Geometric Design of Highways and Streets*, 5th edn, Washington, DC: AASHTO.

Anderson, K. (2014) *Treatment of Faecal Sludge, with Hydrated Lime: Small Scale Experiments*, The Netherlands: WASTE <www.janspitcsdelft.nl/downloads/150/file_block/93480f8b0e432d03a6d94e27876a50f9> [acessado em 18 de novembro de 2017].

Brown and Caldwell (sin fecha) *Fats, Oil and Grease Best Management Practice Manual* [online], prepared for the Oregon Association of Clean Water Agencies <www.klamathfalls.city/sites/www.klamathfalls.city/files/Recycling/FOG-manual-english.pdf> [acessado em 21 de novembro de 2017].

Cecchi, F., Traverso, P., Pavan, P., Bolzonella, D. and Innocenti, L. (2003) 'Characteristics of the OFMSW and behaviour of the anaerobic digestion process', in J. Mata-Alvarez (ed.), *Biomethanisation of the Organic Fraction of Municipal Solid Wastes*, London: IWA Publishing.

Colón, J., Forbis-Stokes, A.A. and Deshusses, M.A. (2015) 'Anaerobic digestion of undiluted simulant human excreta for sanitation and energy recovery in less-developed countries', *Energy for Sustainable Development* 29: 57–64 <https://doi.org/10.1016/j.esd.2015.09.005> [acessado em 17 de maio de 2018].

Crites, R. and Tchobanoglous, G. (1998) *Small and Decentralized Wastewater Management Systems*, Boston, MA: WCB McGraw Hill.

Dally, J.W., Riley, W.F. and McConnell, K.G. (1993) *Instrumentation for Engineering Measurements*, 2nd edn, New Delhi: Wiley India Pvt.

Deublein, D. and Steinhauser, A. (2011) *Biogas from Waste and Renewable Resources: An Introduction*, Weinheim: Wiley-VCH Verlag GmbH & Co. KGaA.

East Sussex County Council (sin fecha) *Design Standards for Industrial Roads* <www.eastsussex.gov.uk/media/1768/design_standards_for_industrial_roads.pdf> [acessado em 21 de fevereiro de 2018].

Environmental Protection Agency (2005) *Wastewater Treatment Manuals: Preliminary Treatment,* Environmental Protection Agency Ireland, Ardvacan, Wexford <https://www.epa.ie/pubs/advice/water/wastewater/EPA_water_treatment_manual_preliminary.pdf> [acessado em 25 de junho 2018].

Escritt, L.B. (1972) *Public Health Engineering Practice, Volume II: Sewerage and Sewage Disposal*, London: Macdonald and Evans.

Feige, W., Oppelt, E. and Kreiss, J. (1975) *An Alternative Septage Treatment Method: Lime Stabilization/Sand-Bed Dewatering* [online], Cincinnati, OH: Municipal Environmental Research Laboratory, Office of Research and Development, US Environmental Protection Agency <https://nepis.epa.gov/Exe/ZyPDF.cgi/9100SNQA.PDF?Dockey=9100SNQA.PDF> [acessado em 8 de março de 2018].

Forbis-Stokes, A.A., O'Meara, P.F., Mugo, W., Simivu, G.M. and Deshusses, M.A. (2016) 'On-site fecal sludge treatment with the anaerobic digestion pasteurization latrine', *Environmental Engineering Science* 33(11): 898–906 <http://dx.doi.org/10.1089/ees.2016.0148> [acessado em 17 de maio de 2018].

Henkel, J. (2010) *Oxygen Transfer Phenomena in Activated Sludge* [online], PhD thesis, Department of Civil Engineering and Geodesy, Darmstadt Technical University, Germany <http://tuprints.ulb.tu-darmstadt.de/3008/1/Henkel-2010-Oxygen_Transfer_Phenomena_in_Activated_Sludge.pdf> [acessado em 3 de março de 2018].

Hoffman, T. (2015) 'Innovative faecal sludge (FS) treatment: appropriate decentralised treatment system design', presentation from *FSM3, 3rd International Faecal Sludge Conference, Hanoi, Vietnam.*

Institute of Water Pollution Control (1980) *Manuals of British Practice in Water Pollution Control: Unit Processes, Primary Sedimentation*, Maidstone, Kent: IWPC.

Mang, H.-P. and Li, Z. (2010) *Technology Review of Biogas Sanitation (Draft) Biogas sanitation for blackwater, brown water, or for excreta and organic household waste treatment and reuse in developing countries*, Eschborn, Germany: GIZ <www.susana.org/_resources/documents/default/2-877-gtz2010-en-technology-review-biogas-sanitation-july.pdf> [acessado em 3 de março de 2018].

Marmara University Environmental Biotechnology Group (2011) 'Lectures 1, Anaerobic digester mixing systems', Marmara University, Turkey [online] <http://mebig.marmara.edu.tr/Enve737/Chapter1-Mixing.pdf> [acessado em 8 de janeiro de 2018].

De Mes, T., Stams, A., Reith, J. and Zeeman, G. (2003) 'Methane production by anaerobic digestion of wastewater and solid wastes', in J. Reith, R. Wijfells, and H. Barten (eds), *Status and Perspectives of Biological Methane and Hydrogen Production*, pp. 58–94, The Hague: Dutch Biological Hydrogen Foundation.

Metcalf & Eddy (2003) *Wastewater Engineering Treatment and Reuse*, 4th Edition, New York: McGraw Hill.

Nelson, C. and Lamb, J. (2002) *Final Report, Haubenschild Farms Anaerobic Digester* [online], St Paul, MN: The Minnesota Project <www.build-a-biogas-plant.com/PDF/HaubenshchildCaseStudy.pdf> [acessado em 3 de março de 2018].

Ongerth, J.E. (1979) *Evaluation of Flow Equalization in Municipal Wastewater Treatment* [online], Cincinnati, OH: US EPA Municipal Environmental Research Laboratory <https://nepis.epa.gov/Exe/ZyPDF.cgi/300007H3.PDF?Dockey=300007H3.PDF> [acessado em 17 de novembro de 2017].

OpenChannelFlow (sin fecha) 'Parshall flumes' [online], <www.openchannelflow.com/flumes/parshall-flumes> [acessado em 19 de fevereiro de 2018].

PennState Extension (sin fecha) 'Anaerobic digestion for odour control' [online] <https://extension.psu.edu/anaerobic-digestion-for-odor-control> [acessado em 19 de fevereiro de 2018].

Rose, C., Parker, A. and Cartmell, E. (2014) *The Biochemical Methane Potential of Faecal Sludge* [online], Cranfield University, UK <www.cce.edu.om/iwa2014/Presentations/06BMP.pdf> [acessado em 21 de fevereiro de 2018].

Sarpong, D. (2016) *Treating Container Toilet Waste in Kumasi, Ghana*, MSc thesis, School of Water, Energy and Environment, Cranfield University, UK.

Sasse, L. (1998) *DEWATS Decentralised Wastewater Treatment in Developing Countries*, Bremen, Germany: BORDA <www.sswm.info/sites/default/files/reference_attachments/SASSE%201998%20DEWATS%20Decentralised%20Wastewater%20Treatment%20in%20Developing%20Countries_0.pdf> [acessado em 13 de março de 2018].

Sistema Biobolsa (sin fecha) *Manual de Usuario: Uso y mantenimiento del biodigester* [online] <http://sistemabiobolsa.com/wp-content/uploads/2016/07/Manual-de-usuario_-Biodigestor_-Sistema-Biobolsa.pdf> [acessado em 14 de março de 2017].

SuSanA (2016) 'Time taken for faecal sludge tankers to discharge?' [online] <http://forum.susana.org/99-faecal-sludge-transport-including-emptying-of-pits-and-septic-tanks/18932-time-taken-for-faecal-sludge-tankers-to-discharge> [acessado em 8 de março de 2018].

Thompson, B. (2012) *The Treatment and Disposal of Sewage Screenings and Grit* [online], Technical Note TRPM TN005, Stockton on Tees, UK: ThompsonRPM <http://79.170.44.80/thompsonrpm.com/wp-content/uploads/2012/02/website-techhnical-note-5-v2.pdf> [acessado em 3 de março de 2018].

UK Government (2012) *Design Approach Statement – Roads: Appendix A HS2 Rural Road Design Criteria* [online] <www.gov.uk/government/uploads/system/uploads/attachment_data/file/405938/HS2_Rural_Road_Design_Criteria.pdf> [acessado em 3 de março de 2018].

USAID (2015) *Implementer's Guide to Lime Stabilization for Septage Management in the Philippines* [online], Manila: USAID <http://forum.susana.org/media/kunena/attachments/818/ImplementersGuidetoLimeStabilizationforSeptage ManagementinthePhilippines.pdf> [acessado em 3 de março de 2018].

US EPA (1999) *Wastewater Technology Fact Sheet: Screening and Grit Removal* [online] <www.3.epa.gov/npdes/pubs/final_sgrit_removal.pdf> [acessado em 3 de março de 2018].

Verma, S. (2002) *Anaerobic Digestion of Biodegradable Organics in Municipal Solid Wastes*, Master's thesis, Department of Earth & Environmental Engineering Fu Foundation School of Engineering and Applied Science, Columbia University, USA.

Vögeli, Y., Lohri, C.R., Gallardo, A., Diener, S. and Zurbrügg, C. (2014) *Anaerobic Digestion of Biowaste in Developing Countries: Practical Information and Case Studies*, Dübendorf, Switzerland: Swiss Federal Institute of Aquatic Science and Technology (Eawag) <www.eawag.ch/fileadmin/Domain1/Abteilungen/sandec/E-Learning/Moocs/Solid_Waste/W3/Anaerobic_Digestion_Biowaste_2014.pdf> [acessado em 3 de março de 2018].

WASTE (sin fecha) *Testing and development of desludging units for emptying pit latrines and septic tanks: Results of nine months field-testing in Blantyre – Malawi* [online] <www.speedkits.eu/sites/www.speedkits.eu/files/Summary%20field%20testing%20pit%20emptying%20Blantyre.pdf> [acessado em 3 de março de 2018].

WEF (2010) *Design of Municipal Wastewater Treatment Plants, WEF Manual of Practice no. 8*, 5th edn, Alexandria, VA: WEF Press.

WSUP (2015) *Introducing Safe FSM Services in Low-income Urban Areas: Lessons from Lusaka* [online], Topic Brief <http://thesff.com/system/wp-content/uploads/2017/01/Introducing-safe-FSM-services.pdf> [acessado em 7 de janeiro de 2018].

CAPÍTULO 7

Separação de sólidos e líquidos

A separação de sólidos e líquidos é um aspecto essencial no tratamento de lodo de fossas secas e lodo de fossas sépticas. Pode ser utilizada tanto como tratamento para reduzir cargas orgânicas quanto como desidratação de lodo. No entanto, será recomendado separar as frações sólida e líquida antes de tratar cada fração separadamente. Este capítulo explora as alternativas para a separação de sólidos e líquidos, identifica tecnologias que estão atualmente em uso e sugere tecnologias que poderão ser utilizadas no futuro. Tecnologias que unem a separação de sólidos e líquidos com a redução de carga orgânica e a desidratação do lodo são apresentadas no início do capítulo, mas o foco principal é em tecnologias cuja única finalidade é a separação de sólidos e líquidos. As tecnologias que dependem da decantação física são consideradas em primeiro lugar, seguidas por aquelas que dependem da pressão. Este capítulo refere-se principalmente ao lodo de fossas sépticas, que tem mais probabilidade de requerer a separação de sólidos e líquidos do que o lodo de fossas mais espessos.

Palavras-chave: separação de sólidos e líquidos, lodo de fossas sépticas, tecnologias, parâmetros de projeto, mecanismos de separação.

Introdução

Contexto

Todos os processos de tratamento de esgoto envolvem a separação de sólidos e líquidos. A única função de algumas tecnologias, por exemplo, decantadores, é separar os sólidos da vazão líquida. Outras tecnologias, como tanque Imhoff, tanques sépticos e lagoas, unem a separação de sólidos e líquidos com o tratamento biológico. É possível prosseguir diretamente do tratamento preliminar para o tratamento total da vazão de lodo de fossas secas/lodo de fossas sépticas como líquido ou lodo. Muitas estações de tratamento adotam esta abordagem, utilizando lagoas anaeróbias ou leitos de secagem para separar sólidos em conjunto com o tratamento biológico e a desidratação de lodo, respectivamente. Esta abordagem pode ser adequada para pequenas estações de tratamento em cidades onde a área está disponível e as competências operacionais são limitadas. Em outras situações, como demonstrado no Capítulo 4, é geralmente aconselhável prever providências específicas para a separação de sólidos do líquido antes do tratamento das frações separadas, a menos que o material recebido tenha um teor de sólidos igual ou superior a 5%. Este capítulo identifica e descreve as alternativas para obter a separação de sólidos e líquidos e inclui breves referências a tecnologias que utilizam a separação de sólidos e líquidos com tratamento biológico ou desidratação, mas o foco principal é em tecnologias cuja função principal é a separação de sólidos e líquidos.

Objetivos

A separação de sólidos e líquidos serve para:

- Reduzir as cargas de sólidos orgânicos e suspensos na fração líquida do lodo de fossas secas e lodo de fossas sépticas, diminuindo assim a área e/ou a potência necessária para o seu tratamento subsequente e reduzindo os problemas de acumulação de sólidos.
- Reduzir o teor de água dos sólidos separados e, assim, diminuir o volume e a maior parte dos sólidos a serem manuseados, fazendo com que os requisitos de espaço e/ou potência para as tecnologias subsequentes de desidratação e secagem sejam menores. As tecnologias descritas neste capítulo reduzem o teor de água para 95% ou menos.

A separação de sólidos e líquidos deve ser sempre considerada para o lodo de fossas sépticas. É menos provável que seja apropriado para o lodo fresco de fossas secas proveniente de sanitários públicos esvaziados com frequência e de sistemas de banheiro seco. É possível que o material retirado dessas instalações tenha um teor de água inferior a 95% e tenha características de decantação insatisfatórias. A estabilização de cal ou o tratamento de biodigestor, seguido de desidratação em um leito de secagem de areia, podem ser uma melhor opção para este tipo de material. O material retirado das fossas negras secas é, em sua maioria, bem digerido, mas o seu elevado teor de sólidos pode significar que não são necessárias providências distintas para a separação de sólidos e líquidos.

Mecanismos de separação

Os mecanismos adequados para obter a separação de sólidos e líquidos incluem:

- Decantação física por gravidade;
- Pressão;
- Filtragem;
- Evaporação e evapotranspiração, que combina a evaporação com a transpiração das estações de tratamento; e
- Utilização do movimento centrífugo criado por rotação rápida.

Os decantadores e os adensadores por gravidade utilizam mecanismos de decantação física. As prensas mecânicas utilizam uma combinação de pressão e filtração através de um tecido ligado a uma placa filtrante. Os leitos de secagem de lodo de fossas sépticas dependem de processos complexos de decantação, filtração e evaporação. Leitos de secagem com vegetação usam evapotranspiração, além dos mecanismos que ocorrem nos leitos de secagem sem vegetação. O movimento centrífugo é resultado da inércia, que se dá em um corpo que continua em linha reta e, portanto, longe do centro de rotação. Isto é muitas vezes descrito em termos de força centrífuga, que é comumente visto como uma força aparente, igual e oposta à força centrípeta, atraindo um corpo rotativo para longe do centro de rotação. Centrifugadores usam movimento centrífugo para atirar material mais denso para o exterior de um fluxo rotativo, assim como os separadores de vórtices, que são usados principalmente para a separação de partículas.

A decantação e a filtração separam a água livre facilmente separável. Além da água livre, o movimento centrífugo, pressão e evaporação removem parte da água que está ligada aos sólidos nos lodos de fossas (Bassan et al., 2014). O Capítulo 9 enumera e descreve brevemente os vários tipos de *água retida nos sólidos*.

Panorama das tecnologias

Tecnologias atualmente utilizadas em países de baixa renda para separação de sólidos e líquidos incluem:

- *Leito de secagem de lodo*, que separa o sólido e líquido através da evaporação, decantação e filtração;
- *Lagoas anaeróbias*, que combinam a separação de sólidos e líquidos com a redução das cargas orgânicas;
- *Tanques Imhoff*, desenvolvidos para integrar a separação de sólidos e líquidos em um compartimento superior com a digestão de sólidos decantados em um compartimento inferior;
- *Tanques sedimentadores/adensadores (TSA)*, reatores carregados por bateladas que permitem que os sólidos decantem enquanto a água sobrenadante continua a ser utilizada em instalações de tratamento de líquidos;
- *Prensas mecânicas*, que utilizam a pressão para forçar o líquido a sair dos esgotos sépticos através de um tecido filtrante ou de uma peneira fina. Os tipos comuns incluem filtro prensa de esteira, que utiliza tecidos filtrantes ligados a placas filtrantes para reter o lodo, e prensas de rosca, que retêm o lodo dentro de uma peneira cilíndrica.

Outras tecnologias com potencial para serem utilizadas na separação de sólidos e líquidos do lodo de fossas sépticas em países de baixa renda incluem:

- *Adensadores por gravidade*, que dependem dos mesmos mecanismos de decantação que os tanques Imhoff e TSA; e
- *Leitos de secagem por decantação*, a partir das quais a água é removida por decantação, bem como por evaporação.

Os *tanques Imhoff* são usados na Indonésia e em alguns outros países, e é composto por dois compartimentos interligados, localizados um acima do outro. O modelo de dois compartimentos separa os sólidos de digestão da vazão através do tanque, reduzindo assim a possibilidade de ressuspensão e transporte de lodo. A decantação ocorre no compartimento superior e os sólidos que se acumulam na parte de baixo caem através das aberturas entre os compartimentos e são digeridos no compartimento inferior (para maiores informações, ver Tilley et al., 2014). Os tanques de Imhoff têm um histórico comprovado para o tratamento de esgoto diluído, mas não é uma boa escolha de tratamento para o lodo de fossas sépticas, que tem um teor de sólidos muito mais elevado do que o esgoto doméstico. Este alto teor de sólidos leva ao rápido acúmulo de lodo, fazendo com que haja necessidade de remoção de lodo em intervalos semanais ao invés dos seis a nove meses recomendados para tanques de tratamento de esgoto doméstico. Isto limita o tempo de digestão ao ponto de comprometer a lógica da inclusão do tanque de digestão inferior. Por esta razão, este livro não recomenda o uso de tanques Imhoff e eles não são mais considerados. No entanto, o mecanismo de decantação usado no compartimento superior é o mesmo usado nos espessamentos, levando à conclusão de que os adensadores por gravidade podem ser uma opção para a separação de sólidos e líquidos. Esta opção é explorada mais adiante.

Os *centrifugadores* são utilizados para engrossar os lodos nas estações de tratamento de esgoto, e não existe qualquer razão técnica para que não sejam utilizados para a separação de sólidos e líquidos dos esgotos sépticos e dos lodos de fossas secas. Entretanto, seus custos de energia são altos e são mecanicamente complexos e caros. Por estes motivos, não são considerados adequados para utilização nos países em desenvolvimento e não serão mais considerados neste livro. Da mesma forma, os biorreatores de membrana e os espessadores de tambor rotativo também não são considerados devido a seus altos custos de capital e operacionais e à necessidade de profissionais altamente qualificados.

A Figura 7.1 resume as outras opções de separação de sólidos e líquidos apresentadas acima, indicando onde serão abordadas nos capítulos subsequentes.

Os pontos-chave a serem considerados ao comparar as opções são:

- A concentração de sólidos separados, que influenciará os requisitos de desidratação dos sólidos;
- A carga orgânica e a concentração de sólidos em líquido separado, que influenciará os requisitos de tratamento de líquidos;
- A área necessária para a escolha: as taxas de aplicação superficiais calculadas podem ser usadas para comparar as necessidades de áreas das tecnologias de separação de sólidos e líquidos que dependem da sedimentação física.

No final deste capítulo, a Tabela 7.5 apresenta uma comparação das várias opções consideradas no capítulo em relação aos pontos acima identificados.

```
┌──────────────────┐                        ┌──────────────────┐
│   Lodo de fossa   │                       │ Leito de Secagem │
│ seca parcialmente │───────────────┐       │  Apresentado no  │
│   estabilizado e  │               │       │    capítulo 9    │
│    peneirados     │               │       └──────────────────┘
│    >5 % sólidos   │               │
└──────────────────┘               │
```

Alternativas de separação por gravidade
Neste capítulo

Alternativas de vazão por batelada
Tanques sedimentadores
Câmara de separação de sólidos
Leitos de secagem

Lodo de fossa séptica peneirado
1 a 2% sólidos

Alternativas de vazão contínua
Adensadores por gravidade incluindo tanque com fundo em tremonha

Lodo

Líquido

Prensas Mecânicas
Filtro prensa de esteira
Prensa de rosca

Considerar para o lodo de fossa séptica com baixo teor de sólidos onde a área está disponível e as habilidades operacionais são limitadas

Lagoa Anaeróbia
Apresentado no capítulo 8

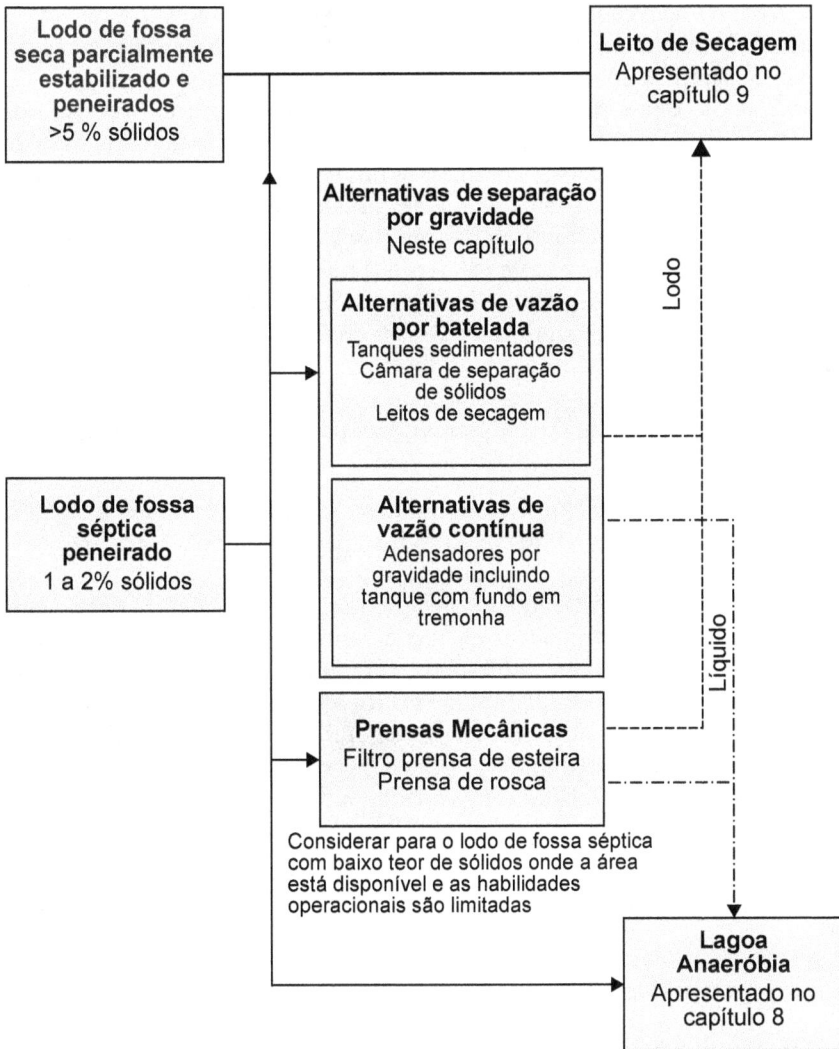

Figura 7.1 Alternativas para separação de sólidos e líquidos

Leitos de secagem de lodo

Os leitos de secagem de lodo consistem em uma camada de areia, coberta com cascalho, que ficam dentro de paredes baixas e com um sistema de drenagem para captar o líquido que percola através do leito. O lodo úmido é despejado em um leito com uma profundidade de 200-300 mm. Em seguida, ele é deixado no leito para que a água percole e evapore da superfície até que o material tenha secado o suficiente para que possa ser removido com pás ou outro equipamento adequado. A sua principal função é desidratar o lodo e, ao fazê-lo, separam os sólidos dos líquidos. Muitas das estações de tratamento existentes dependem da secagem dos lodos como principal processo de tratamento. O lodo de fossas secas e lodo de fossas sépticas que chegam são despejados nos leitos com ou sem gradeamento preliminar. O lodo seco é removido e descartado localmente ou levado a um aterro sanitário. Em muitos, mas não em todos os casos, o líquido percolante é tratado em lagoas. Este sistema possui a vantagem da simplicidade. Sua desvantagem é que necessita de uma grande área, especialmente quando o material a ser tratado tem um baixo teor de sólidos, como provavelmente é o caso do lodo de fossas sépticas.

Considere os leitos de secagem de lodo como uma opção para a separação de sólidos e líquidos juntamente com a desidratação de lodo onde as seguintes condições são atendidas:

- O material a ser tratado tem um alto teor de sólidos, geralmente superior a cerca de 3%. Nos casos em que o material a ser tratado é lodo fresco de fossas secas, será recomendada a biodigestão prévia.
- O volume a ser tratado é baixo. A maioria das estações de tratamento existentes que dependem exclusivamente de leitos de secagem para separação de sólidos e líquidos e desidratação é projetada para menos de 20 m³/dia. Nos casos em que houver áreas disponíveis, pode-se considerar esta opção para cargas hidráulicas maiores, de até talvez 50 m³/dia.
- A área está disponível.
- Faltam a capacidade de gerenciamento, o conhecimento e as habilidades necessárias para processos de tratamento mais complexos.

O Capítulo 9 apresenta mais informações sobre o planejamento e o projeto dos leitos de secagem de lodo.

Lagoas anaeróbias

Como seu nome sugere, lagoas anaeróbias são lagoas cheias o suficiente para operar em modo puramente anaeróbio. As que são utilizadas para o tratamento de esgoto doméstico são tipicamente de 3-5 m de profundidade. Há discussões, que serão explicadas mais adiante no Capítulo 8, de que a profundidade das lagoas utilizadas no tratamento de lodo de fossas sépticas deve estar na extremidade inferior desta faixa. Tal como os leitos de secagem de lodo, as lagoas anaeróbias são simples, exigindo poucas habilidades operacionais especializadas. Elas são amplamente utilizadas como primeira etapa no tratamento de lodo de fossas sépticas com instalações de separação de sólidos e líquidos diferentes, omitidas ou contornadas. Elas exigem uma área maior do que as tecnologias descritas mais adiante neste capítulo, mas suas principais desvantagens são operacionais. Os sólidos se acumulam nas lagoas anaeróbias, reduzindo o volume da lagoa e criando uma necessidade de remoção periódica de lodo. Se a remoção de lodo for negligenciada, o desempenho da lagoa se degradará e eventualmente falhará. O intervalo de remoção de lodo para lagoas anaeróbias que tratam esgotos domésticos é normalmente medido em anos, mas o alto teor de sólidos de lodo de fossas secas e lodo de fossas sépticas significa que o intervalo de remoção de lodo para lagoas que não são precedidas por outras formas de separação de sólidos e líquidos provavelmente será medido em meses.

Considere as lagoas anaeróbias para separação de sólidos e líquidos juntamente com a primeira etapa do tratamento biológico quando:

- O material a ser tratado é lodo de fossas sépticas com um baixo teor de sólidos, de preferência 1% ou menos;
- O volume a ser tratado é baixo - normalmente até cerca de 50 m³/dia, embora possa haver situações em que as lagoas anaeróbias serão uma opção para vazões mais altas;
- A área está disponível; e
- Faltam a capacidade de gerenciamento, o conhecimento e as habilidades necessárias para processos de tratamento mais complexos.

O desafio ao usar lagoas será garantir que elas passem pela remoção de lodo regularmente. Uma maneira de conseguir isso será projetar lagoas que permitam a decantação periódica de líquido, seja por gravimetria ou com o uso de bombas, deixando os lodos secarem. As funções de separação de sólidos e líquidos e a desidratação de lodo serão, portanto, separadas por tempo, e não por local. Esta é uma versão simplificada do princípio subjacente à operação de reatores em bateladas sequenciais. Esta abordagem exigirá unidades suficientes para permitir que algumas funcionem como lagoas, enquanto outras funcionam como leitos de secagem. A seção sobre leitos de secagem, a seguir, desenvolve este conceito ainda mais, enquanto o Capítulo 8 fornece orientação sobre o planejamento e o projeto de lagoas anaeróbias.

Tanques sedimentadores e câmara de separação de sólidos

Descrição do sistema

Tanques sedimentadores são unidades de concreto retangulares, geralmente de 2-3m de profundidade com um piso que se inclina de uma ponta a outra. Existem duas configurações de tanques bastante diferentes, um desenvolvido nas estações de tratamento de lodos de fossas secas (ETLF) Rufisque e Cambérène em Dakar, Senegal, e o outro na ETLF Achimoto em Acra, Gana. As câmaras de separação de sólidos (CSS) utilizadas na Indonésia são semelhantes aos tanques de Dakar, mas incluem a percolação através de um leito de areia permeável. Em todos os três projetos, o lodo de fossas secas ou lodo de fossas sépticas entra no tanque em uma extremidade e flui para fora por um vertedouro na outra extremidade. Os sólidos se dispõem ao longo do comprimento do tanque, como em um decantador convencional retangular.

Ao contrário dos decantadores, os TSA operam em modo de batelada, com cada tanque carregado durante vários dias que depois pode descansar antes da remoção de lodo. Durante este período, a descarga continua sendo feita em um segundo tanque. As CSS da Indonésia compartilham algumas características operacionais e de projeto com as TSA da África Ocidental e, portanto, as três são consideradas em conjunto.

Achimota. Dois tanques foram instalados no final da década de 1980, cada um com 24 m de comprimento por 8,3 m de largura, com um piso inclinado desde o nível do solo na extremidade da entrada até uma profundidade de 3 m na extremidade da saída para fornecer um volume total de pouco menos de 300 m³. Os tanques receberam lodo de fossas sépticas e lodo de banheiros públicos, misturados a uma proporção de aproximadamente 4 para 1 para dar concentrações típicas de influência na faixa de 15.000-20.000 mg/l. Os tanques foram carregados sequencialmente a uma taxa de cerca de 150 m³ por dia. O carregamento continuou por um período de 4 a 8 semanas com o excesso de líquido transbordando para um sistema de lagoa a jusante. Em seguida, o carregamento foi transferido para o outro tanque, enquanto os sólidos acumulados no primeiro tanque foram deixados para secar e consolidar. Os sólidos secos foram removidos do tanque com tratores. O carregamento deste tanque foi reiniciado enquanto o outro tanque seguiu para a secagem e consolidação. Os problemas de mau cheiro durante o período de retenção prolongado foram reduzidos pela formação de uma camada de escuma estável alguns dias após a comissionamento (Heinss et al., 1998).

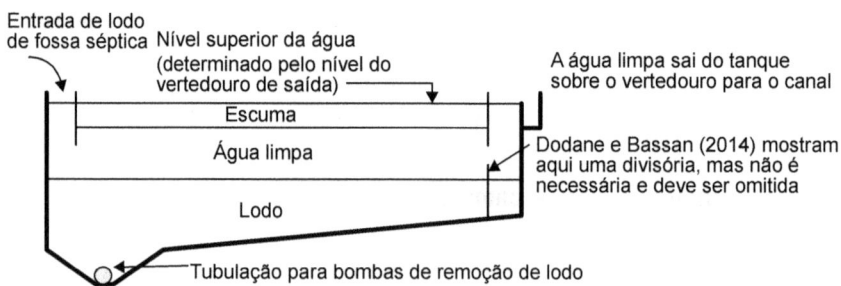

Figura 7.2 Seção longitudinal através do TSA estilo Dakar

Rufisque e Cambérène. Os tanques do Dakar foram construídos na década de 1980 e têm uma configuração semelhante aos decantadores retangulares convencionais, como mostrado na Figura 7.2. A capacidade de cada um dos dois tanques de Cambérène é de 155 m³ (Dodane e Bassan, 2014). O afluente é lodo de fossas sépticas com um teor médio de sólidos inferior a 1%. Ele entra nos tanques em uma extremidade e sai por um vertedouro na outra extremidade.

Com 8,6 horas, o tempo de detenção hidráulica (TDH) dos tanques Cambérène é significativamente menor que o TDH de dois dias dos tanques Achimota e cerca de quatro vezes o TDH dos decantadores convencionais. Na prática, a carga relatada foi muito maior do que a carga planejada, de modo que o TDH real em meados dos anos 2000 foi de apenas 1,7 horas (Badji et al., 2011). As informações sobre a profundidade dos tanques não estão disponíveis, mas, com base nas informações fornecidas em Dodane e Bassan (2014), é possível supor uma profundidade média de cerca de 2,2 m. A esta profundidade, as taxas de aplicação superficial no projeto e as taxas de pico de carga hidráulica são as indicadas na Tabela 7.1. Assim como nos tanques de Achimota, os tanques de Dakar são operados em modo de batelada, mas o ciclo é mais curto. Os dois tanques são carregados alternadamente com lodo de fossas sépticas entregue a um tanque por cerca de uma semana. Em seguida, o carregamento é trocado para o segundo tanque enquanto o material do primeiro tanque é deixado para decantar e se consolidar. Ao final de cada ciclo de duas semanas, são usadas bombas de sucção de um caminhão-tanque a vácuo para remover o lodo e a escuma do tanque que completou o ciclo.

Tabela 7.1 Resumo dos parâmetros de projetos do TSA e CSS

Parâmetro de projeto	Unidade	ELTF de Achimota	ELTFs de Dakar	CSS de Tabanan
TDH	horas	48, reduzindo à medida que os lodos se acumulam	8,6 (projetado) 1,7 (real)	Cerca de 38
Taxa de aplicação superficial (TAS)	m³/m² d	0,75 (0,375 ao longo de todo o ciclo de carregamento)	6–14 (3–7 ao longo de todo o ciclo de carregamento)	Cerca de 1
Taxa de carga de sólidos	kg TS/m² d	3.75–5 ao longo de todo o ciclo de carregamento	2.25 (projetado) 5,5 (real) ao longo de todo o ciclo de carregamento	Desconhecido

Nota: As taxas de carregamento de sólidos para Achimota e Dakar são calculadas com base em informações de Heinss et al. (1998) e Dodane e Bassan (2014) sobre tamanhos de tanques, taxas de carregamento e concentrações de SST dos afluentes. Dodane e Bassan (2014), citando a experiência pessoal fornecida por Pierre-Henri Dodane, sugerem uma taxa de aplicação superficial de 0,5 m/h ou 12 m³/m² / d por decantadores retangulares no tratamento de lodo de fossas secas com um índice de volume de lodo de menos de 100.

Câmaras de separação de sólidos da Indonésia. As CSS indonésias são semelhantes em alguns aspectos aos TSAs da África Ocidental. Assim como os TSAs de Achimota, elas se afastam do ponto de descarga, mas o acesso é bloqueado pelo sistema de descarga e gradeamento no final da entrada da câmara. As bombas portáteis são usadas para remover lodo, da mesma forma que as bombas de sucção do caminhão-tanque a vácuo são usadas para remover lodo dos TSAs de Dakar. Eles diferem dos TSAs da África Ocidental na inclusão de um filtro de leito acima do piso da câmara, que permite a percolação de parte do líquido até um sistema de subdrenagem, e o fornecimento de uma comporta na extremidade mais distante da câmara, que pode ser baixada para permitir que a água sobrenadante seja decantada do tanque. A Figura 7.3 mostra o sistema que atende Tabanan em Bali.

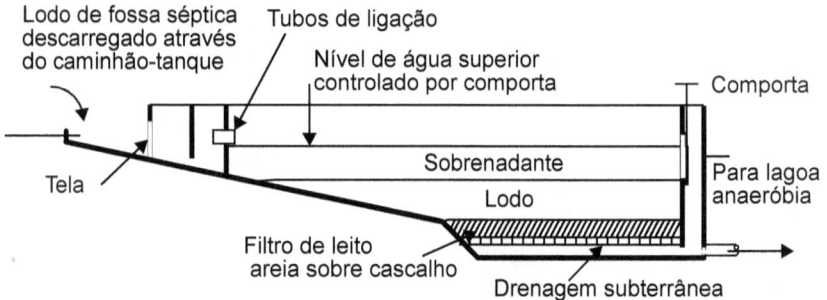

Figura 7.3 Seção longitudinal através da câmara de separação de sólidos de Tabanan

Todas as CSS da Indonésia têm uma configuração básica semelhante, mas os detalhes do projeto variam de uma estação para outra. Unidades anteriores, como a estação de Keputih em Surabaya, omitem os detalhes do filtro de leito, e outras não fazem nenhuma provisão para baixar o nível da água antes que o lodo seja bombeado para fora da câmara. Os projetos de determinadas estações mostram quatro ou cinco câmaras dispostas em paralelo. Os procedimentos operacionais padrão não publicados para a estação de Tabanan especificam que cada câmara deve ser carregada por quatro dias, e o material deve ser deixado para se assentar por mais três dias. A água sobrenadante deve ser decantada em seguida, e os lodos bombeados para leitos de secagem utilizando uma bomba submersível portátil. Um esboço do manual de projetos para instalações de tratamento de lodo de fossas sépticas da Indonésia preparado pelo Ministério de Obras Públicas da Indonésia, afirma que o "tempo de secagem" do lodo deve ser entre 5 e 12 dias, com um dia adicional para a recuperação do lodo. Outra fonte diz que cada câmara é carregada por cinco dias, após os quais a água é decantada, e o leito é deixado para secar entre 10 e 15 dias antes que o lodo seja removido para uma área de secagem para desidratação posterior (Joni Hermana, comunicação pessoal, 2017).

Desempenho

O desempenho dos tanques Achimota foi avaliado em 1994 (Heinss et al., 1998, 1999). As informações de uma avaliação dos tanques de Dakar baseiam-se em informações de Badji et al. (2011, citado em Dodane e Bassan, 2014). O Quadro 7.1 resume as conclusões destas avaliações. Eles mostram que a extensão do período de carregamento de uma semana para quatro semanas resulta no aumento do teor de sólidos do lodo assentado, mas também leva a uma redução significativa da remoção de orgânicos e sólidos suspensos. O teor de sólidos dos lodos nos tanques de Dakar foi superior ao teor de sólidos esperado do espessamento por gravidade.

Quadro 7.1 Resumo das conclusões sobre o funcionamento dos tanques Achimota, Acra, e Cambérène, Dakar

A avaliação dos tanques Achimota constatou que o material retido nos tanques foi dividido em quatro camadas: camadas inferiores e superiores de lodo, uma camada central de "água limpa" e uma camada superior de escuma. Foram registradas concentrações médias de sólidos de 140 g/l (14%) e 200 g/l (20%) na camada de lodo inferior e na camada de escuma, respectivamente. Em pesquisas de laboratório paralelas em cilindros de 1000 ml, as concentrações máximas na camada de lodo atingiram 60-85 g/L após nove dias e mais de 100 g/L após 30 dias (Heinss et al., 1999). Apesar da diferença nas concentrações médias de sólidos dos afluentes, 12 g/L para Acra e 5 g/L para Dakar, estes valores se comparam bem com concentrações registradas de sólidos de lodo de 60-70 g/L (6-7%) após uma semana nos tanques de Dakar (Dodane e Bassan, 2014). Os resultados obtidos nos testes de campo não foram tão bons quanto os obtidos nos testes de cilindro de laboratório, o que sugere que os testes de laboratório tendem a sobrestimar o desempenho de decantação. Não existe informação quantitativa disponível sobre o material removido da CSS do Tabanan, mas a observação sugere que o seu teor de sólidos era baixo.

As pesquisas de 1994 também avaliaram o desempenho dos tanques na remoção de demanda bioquímica de oxigênio (DBO) de cinco dias e sólidos suspensos totais (SST) do fluxo líquido. A remoção de DBO_5 e SST durante os primeiros cinco dias foi, em média, de 55% e 80%, respectivamente. Depois disso, o desempenho deteriorou-se, com a remoção de SST caindo para cerca de 40 % após 20 dias e remoção de DBO_5 caindo para 20% após 10 dias. Em geral, os cálculos de balanço de massa mostraram uma remoção de sólidos razoavelmente boa durante todo o ciclo operacional com 57% de remoção de SST e 48% de remoção de sólidos suspensos voláteis (SSV). A redução da carga orgânica no efluente líquido foi baixa, atingindo apenas 12% para DBO_5 não filtrado e 24% para a demanda química de oxigênio (DQO) não filtrado. A proporção de DBO/DQO caiu de uma média de 9 na entrada para 5,6 na saída, sugerindo que o material pouco biodegradável estava se instalando no lodo, deixando o material mais facilmente biodegradável sair dos tanques no efluente (Heinss et al., 1998, 1999).

Parâmetros do projeto

A Tabela 7.1 resume os parâmetros de projeto TSA e CSS calculados com base nas informações disponíveis sobre tamanhos reais e taxas de carga relatadas.

Estes números mostram que:

- O projeto TDH dos tanques Achimota está na extremidade inferior da faixa recomendada para lagoas de estabilização de resíduos anaeróbios (Ver Tabela 8.3).
- A taxa de aplicação superficial dos tanques de Dakar é inferior à metade dos 15,5–31 m³/m²d recomendados para espessadores que tratam lodo de esgoto primário (Metcalf & Eddy, 2003). O TDH projetado desses tanques é maior que as 2-3 horas de fluxo máximo recomendadas pela prática britânica para clarificadores primários, embora as taxas reais de transbordo em Cambérène sejam similares às recomendadas para os clarificadores primários.
- As taxas de carga de sólidos nos tanques de Dakar são semelhantes às taxas de carga de 4-6 kg/m² h recomendadas por Metcalf & Eddy (2003) para espessadores que tratam lodos primários.

Considerações operacionais

Os três sistemas descritos nesta seção operam em modo de batelada, com um tanque ou uma câmera sendo carregado, enquanto o lodo no outro tanque fica em processo de decantação. Para tal, é necessário dispor de, pelo menos, dois tanques ou câmaras.

O projeto de Dakar inclui um reservatório em uma extremidade com um tubo de remoção de lodo, essa estrutura é também uma das características de decantadores retangulares em estações de tratamento de esgoto. Os decantadores são equipados com um mecanismo de raspagem para empurrar o lodo que se aloja ao longo do cumprimento do tanque de volta para o reservatório. Sem o mecanismo de raspagem, o tubo só remove o lodo do reservatório. Em Dakar, o lodo é removido com bombas de sucção de caminhão limpa fossa, e o procedimento operacional para a CSS de Tabanan, em que uma pequena bomba submersível se desloca na CSS para remover o lodo, é semelhante. Em ambos os casos, o resultado provável será a remoção de uma mistura de lodo do fundo do tanque e de água sobrenadante. As evidências para esse efeito estão disponíveis a partir da experiência relatada com a remoção de lodo de um tanque retangular semelhante, com suave inclinação, em um campo de deslocados internos de Sittwe, Mianmar. Foram instalados tubos em intervalos ao longo do tanque para permitir que o lodo fosse descarregado por gravidade para os leitos de secagem. Um relatório sobre a experiência com a remoção de lodo afirma que "durante os primeiros minutos após a abertura da válvula, um líquido espesso pôde ser removido. Depois disso, apenas um fluido altamente líquido pôde ser retirado" (Kraehenbuehl e Hariot, 2015).

Esses pontos levam a uma importante conclusão: *para tanques com fundo plano ou com inclinação suave, não é possível remover o lodo usando bombas portáteis ou mangueiras de sucção sem remover parte da água sobrenadante.* Isso deve reduzir a eficácia do processo de separação de sólidos e líquidos.

O bombeamento de lodo fica mais difícil se o lodo é deixado por um longo período nos tanques. Na ausência de informações específicas do local, os procedimentos operacionais padrão devem exigir que o lodo seja removido em intervalos de não mais do que duas semanas, e deve ser providenciado acesso para permitir a remoção manual de lodo caso ele venha a se solidificar ao ponto de não poder mais ser removido por bombeamento. Como referido no Capítulo 5, devem ser seguidos procedimentos de segurança rigorosos quando se trabalha em tanques que contêm lodo digerido ou em digestão.

O uso de tratores, como em Achimota, exige que a água sobrenadante tenha evaporado e que a concentração de sólidos do material remanescente seja da ordem de 15%. Isso só é possível com o longo ciclo operacional adotado para Achimota.

Não há informação quantitativa sobre a percolação através do filtro de leito na CSS. A inspeção visual durante uma visita à estação de Tabanan indicou que a quantidade de líquido percolado é relativamente pequena em comparação ao volume removido por decantação e bombeamento para leitos de secagem.

Para garantir que a escuma não escape com o efluente ou bloqueie a vazão até o vertedouro de saída, a profundidade do defletor que protege essa saída deve sobressair à maior profundidade de escuma acumulada. A partir da experiência em Dakar, Dodane e Bassan (2014) sugerem uma profundidade de escuma de 0,4 m e uma profundidade de defletor de 0,7 m abaixo da superfície líquida.

Com base nesses pontos, pode-se concluir que os TSA e as CSS fornecem um meio simples, mas eficaz de separar e decantar sólidos. No entanto, os seus fundos inclinados dificultam a remoção de sólidos decantados sem remover uma quantidade significativa de água sobrenadante. Os tanques de Achimota superaram esta dificuldade estendendo o ciclo de carga-recuperação o suficiente para permitir que o lodo secasse e pudesse ser removido como um sólido, o que aumentou a necessidade de espaço e resultou em uma deterioração gradual na qualidade dos líquidos. Como implementado em Achimota, a opção do TSA contou com tratores para remover o lodo seco, uma opção improvável para estações menores. A seção sobre leitos de secagem mais adiante neste capítulo examina a possibilidade de adaptar o projeto de Achimota para proporcionar a decantação por gravidade em uma bacia relativamente rasa, a decantação do sobrenadante e a secagem do lodo que permanece após a decantação.

O desempenho dos TSA no estilo de Acra e das CSS poderia ser melhorado aumentando a inclinação do fundo o suficiente para permitir que os sólidos se decantem por gravidade até um ponto de remoção do lodo. Isso é difícil e oneroso para os tanques de forma retangular utilizados por ambas as tecnologias. Uma melhor abordagem é, sem dúvida, substituir os tanques de vazão horizontal retangular por tanques com planos circulares ou quadrados e que dependem da vazão radial ou vertical, como nos decantadores e adensadores por gravidade convencionais das estações de tratamento de esgoto. A próxima seção explora essa opção.

Adensadores por gravidade

Descrição do sistema

Adensadores por gravidade convencionais com raspadores mecânicos. Os adensadores por gravidade são utilizados para engrossar o lodo produzido nas estações de tratamento de esgoto antes da digestão e da desidratação. Eles normalmente apresentam plano circular, inclinados para uma tremonha central e equipados com um mecanismo de rotação que move o lodo em direção à tremonha. O fundo do tanque inclina-se em direção a tremonha central em 1 em 6 ou mais, e os lados centrais devem estar a 60° do plano horizontal (US EPA, 1987). Raspadores acionados mecanicamente empurram o lodo decantado em direção à tremonha, da qual é removido por meio de um tubo de remoção de lodo, seja sob pressão hidráulica ou por bombeamento. Um dispositivo é instalado na parte superior dos adensadores para a remoção da escuma. A Figura 7.4 mostra um típico adensador por gravidade motorizado.

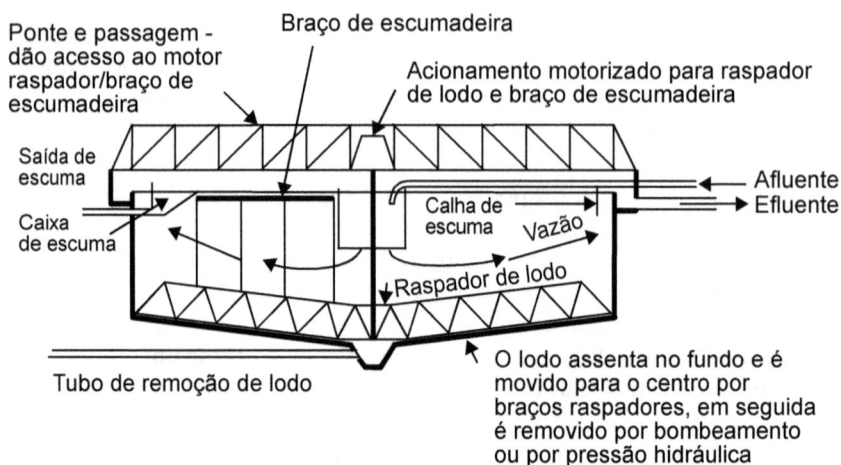

Figura 7.4 Adensador por gravidade convencional

Quando utilizado para aumentar a espessura do lodo primário no tratamento de esgoto, os adensadores por gravidade aumentam normalmente o teor de sólidos do lodo de 2-6% para 4-10% de sólidos secos (Metcalf & Eddy, 2003), e um desempenho semelhante, ou melhor, pode ser esperado com lodo de fossa séptica bem digerido. No entanto, existem poucos exemplos da sua utilização em estações de tratamento de lodo de fossa séptica. Em 2017, um adensador por gravidade foi encomendado para uma estação de tratamento de lodo de fossa séptica em Bali, Indonésia, mas não há detalhes do projeto ou desempenho disponíveis.

Os adensadores por gravidade convencionais são mecanicamente complexos e exigem boas cadeias de fornecimento de peças de reposição e operadores com os conhecimentos e habilidades necessários para a manutenção e reparo do conjunto raspador/escumadeira mecânico e do motor que o aciona. A não remoção regular de lodo resulta em seu acúmulo no tanque, o que aumenta a carga sobre o mecanismo de acionamento do raspador e rapidamente leva a falhas nos rolamentos e à avaria completa da estação. Esses pontos sugerem que os adensadores por gravidade circulares com raspadores acionados mecanicamente devem ser considerados apenas para as grandes estações de tratamento de lodo de fossa séptica com operadores de manutenção mecânica devidamente qualificados disponíveis internamente ou através do mercado local.

Tanque com fundo em tremonha. Adensadores por gravidade convencionais são semelhantes aos clarificadores de plano circular que são usados para decantar sólidos em muitas estações de tratamento de esgoto. As principais diferenças residem no aumento da profundidade da parede lateral e nas taxas de aplicação superficial parcialmente inferiores recomendadas para adensadores por gravidade. As semelhanças entre adensadores por gravidade e decantadores indicam a possibilidade de usar tanques com fundo em tremonha para separação de sólidos e líquidos. Historicamente, decantadores com fundo em tremonha foram usados para decantação primária e secundária em pequenas e médias estações de tratamento de lodo de fossa séptica. Eles não possuem peças móveis e, portanto, são simples de operar - características que os tornam uma proposta atrativa em situações que carecem de um fornecimento de energia confiável e de uma equipe altamente treinada. O afluente entra no tanque por meio de um tubo de alimentação central, flui para baixo através de uma caixa dissipadora de energia e, em seguida, para cima através do corpo principal do adensador, saindo do tanque sobre o vertedouro periférico. A velocidade de fluxo ascendente deve ser inferior à velocidade de decantação dos sólidos para que os sólidos decantáveis desçam ao fundo do tanque. A Figura 7.5 mostra um típico tanque com fundo em tremonha.

Tanques com fundo em tremonha dependem da gravidade e não de um raspador mecanizado para mover o lodo em direção ao tubo de remoção de lodo. Isso simplifica a operação, mas apenas é possível se as laterais do tanque forem acentuadamente inclinadas. A inclinação deve ser de, pelo menos, 60° para a horizontal para os tanques com plano quadrado e 45° para a horizontal para os tanques com plano circular (*Institute of Water Pollution Control*, 1980). Em encostas mais baixas, o lodo tende a grudar nas laterais do tanque enquanto a água relativamente limpa flui para a entrada da tubulação de remoção de lodo. A necessidade de laterais com inclinação acentuada é uma indicação de que a profundidade e, portanto, o custo dos tanques com fundo em tremonha, aumenta rapidamente com o tamanho. Isso limita o tamanho do plano dos tanques com fundo em tremonha a cerca de 9 m de diâmetro, o que significa que eles são apropriados apenas para uso em estações de tratamento de esgoto que atendem pequenas comunidades. Isso não deve ser um problema para a vazão muito menor recebida em estações de tratamento de lodo de fossa séptica.

Os tanques com fundo em tremonha na Grã-Bretanha usam a pressão hidráulica para a remoção de lodo através de um tubo que se estende do fundo da tremonha até uma câmara ao lado do tanque. A Figura 7.5 mostra essa disposição. A tubulação de saída é regulada suficientemente abaixo do nível da água do tanque, proporcionando assim o gradiente hidráulico necessário para gerar vazão de lodo através do tubo quando a válvula que controla a vazão do tubo é aberta. Um vertedouro tulipa ajustável pode ser usado para variar a carga hidráulica. Essa carga é usada para remover lodo do tanque com fundo em tremonha em uma estação de tratamento de lodo de fossa séptica de um campo de deslocados internos de Sittwe, Mianmar. A remoção de lodo é necessária várias vezes por dia, o que significa que ele não tem tempo de se solidificar. Outra opção é bombear o lodo para fora da tremonha, mas isso requer equipamento mecânico, que falha se a bomba se avariar ou não puder ser operada devido a cortes de energia.

◄—2000—►◄—2000—►

inclinação

Entrada da câmara
de descarga de lodo
de fossa séptica

Calha de
escuma
|400|400|

Líquido efluente
para RAC

Lodo para
leito de
secagem

inclinação

Caixa
dissipadora
de energia

Ponte de acesso
(com seção removível
para acesso à tubulação
de entrada)

Vertedouro de saída com
entalhes em "V"

Plano

O tubo vertical permite que
a haste limpe os bloqueios

Válvula para
controlar o
escoamento de
lodo

Canal de saída –
Cai em direção ao
tubo de saída dos
efluentes

Tubo de remoção
de lodo – diâmetro
mínimo de 150 mm

Seção A-A

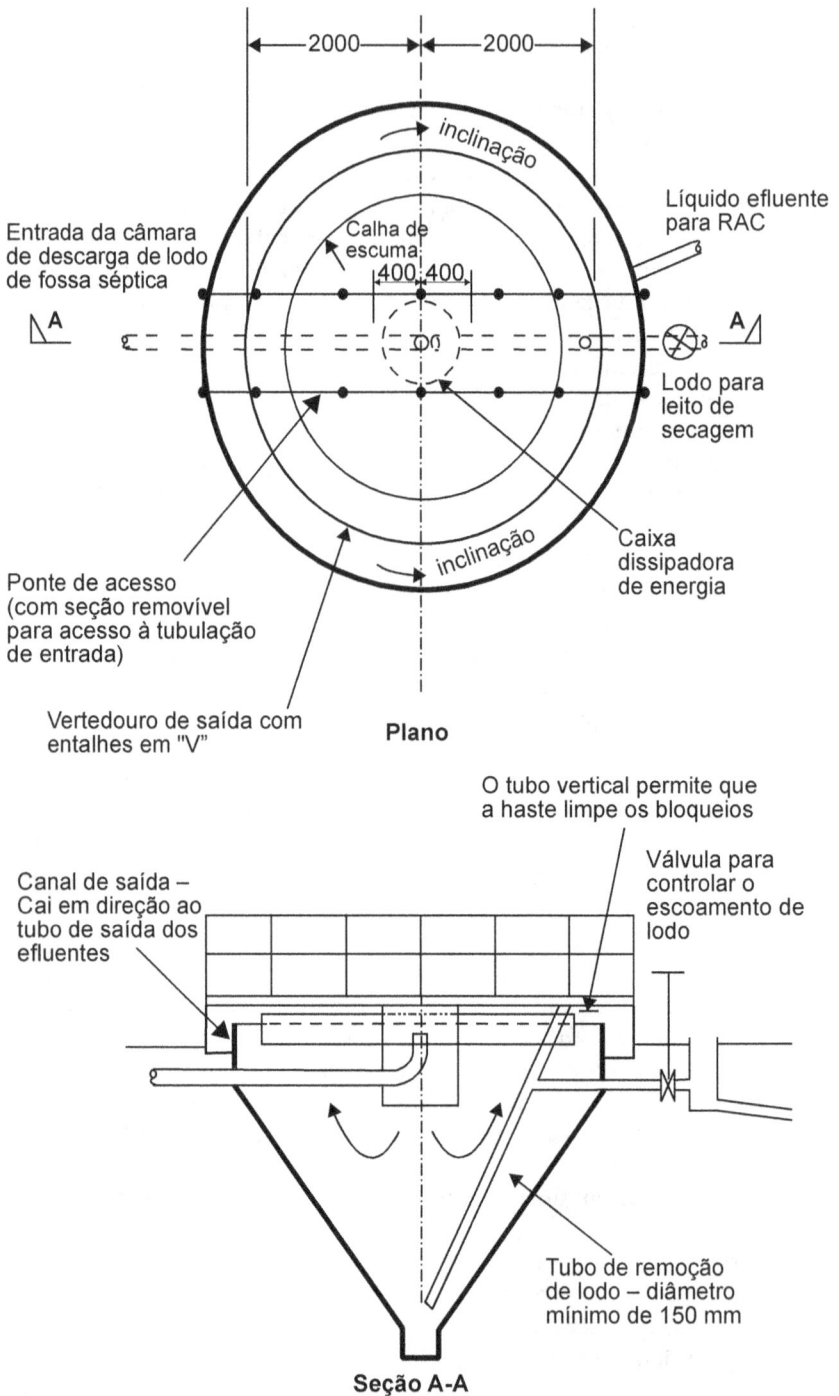

Figura 7.5 Plano e seção de um típico decantador com fundo em tremonha

Foto 7.1 Adensadores por gravidade com fundo em tremonha, Sittwe, Mianmar
Fonte: Foto de Solidarités Internacional

Considerações operacionais e de projeto

O alto teor de sólidos no lodo de fossa séptica significa que o dimensionamento dos adensadores por gravidade geralmente é determinado pela carga de sólidos, e não pela carga hidráulica. O resultado muitas vezes é uma taxa de aplicação superficial inferior à taxa mínima recomendada por textos padrão. Nas estações de tratamento de esgoto, baixas taxas de carga hidráulica podem resultar em condições sépticas, que causam problemas com sólidos flutuantes e de mau cheiro. Esse problema é resolvido com a reciclagem de efluentes para manter condições aeróbias, mas isso requer uma fonte de energia confiável e aumenta tanto os custos operacionais quanto a carga hidráulica nas unidades a jusante. A dependência de uma fonte de energia e equipamentos mecânicos confiáveis significa que é imprudente necessitar de recirculação em estação de tratamento de lodo de fossa séptica menores. É provável que as baixas taxas de aplicação superficial não sejam um problema para o lodo de fossa séptica, uma vez que o lodo de fossa séptica a ser tratado já está bem digerido, e é improvável que sofra mudanças biológicas significativas durante o tempo que estiver no adensador por gravidade. Se for este o caso, é possível projetar adensadores por gravidade para atender aos critérios de carga orgânica e aceitar baixas velocidades que caem para zero durante a noite e em outras ocasiões em que não há descarga na estação. O respaldo para esta perspectiva é dado pelo fato de que a taxa de aplicação superficial recomendada (equivalente à velocidade de fluxo ascendente para tanques de vazão vertical) para o TSA de Dakar é de 0,5 m³/m²h ou 12 m³/m²d, abaixo da faixa de 15,5-31 m³/m²d recomendada para os adensadores por gravidade convencionais. A taxa de 0,5 m³/m²h é uma taxa máxima, e a taxa média de fluxo através dos tanques de Dakar, durante um período de 24 horas, é inferior a um terço desta, caindo para zero durante a noite.

Os adensadores por gravidade devem ser dimensionados para comportar o fluxo estimado de horas de pico, com base na taxa máxima a que os caminhões-tanque descarregam suas cargas na estação, ajustada conforme necessário para permitir qualquer atenuação de fluxo através da recepção de lodo de fossa séptica e nas instalações de tratamento preliminar.

A remoção periódica de lodo é fundamental para o sucesso da operação dos adensadores por gravidade. Sem isso, ocorre um acúmulo excessivo de sólidos, impedindo o funcionamento dos raspadores mecânicos e bloqueando os tubos de remoção de lodo. O elevado teor de sólidos de fossa séptica de afluente faz com que a remoção de lodo seja necessária com muito mais frequência do que para os tanques de tratamento de esgoto doméstico. A experiência com um pequeno tanque com fundo em tremonha usado para a separação de sólidos e líquidos na estação de Sittwe, Mianmar, é que a remoção de sólidos é necessária várias vezes por dia (Solidarités Internacional, comunicação pessoal). A não remoção regular do lodo dos adensadores por gravidade convencionais leva ao acúmulo excessivo de lodo no adensador, resultando no aumento da carga no mecanismo de acionamento do raspador e, eventualmente, a uma falha prematura do rolamento.

O lodo de fossa séptica que chega contém sólidos flutuantes, gorduras, óleo e graxa que flutuam até à superfície dos tanques e formam uma escuma. Devem ser tomadas providências para deter este material flutuante e removê-lo periodicamente. Para deter a escuma, deve ser fornecido um defletor ou uma calha de escuma, normalmente localizada a 1,3 m no interior do vertedouro periférico e estendendo-se por pelo menos 200 mm abaixo da superfície da água. Também é necessária providência para a remoção periódica de escuma. Uma opção é fornecer um vertedouro ajustável, que leva a uma caixa em que um tubo controlado por uma válvula dá acesso à tubulação de remoção de lodo. O vertedouro ajustável deve estar localizado dentro da calha de escuma e, de preferência, perto da passagem que cruza o tanque para permitir o acesso do operador. O primeiro passo para a remoção de escuma é o de os operadores empurrarem-na através da superfície do tanque até a proximidade do vertedouro ajustável, usando um "ansinho" que consiste em uma longa placa plana ligada a um cabo. O vertedouro ajustável pode, em seguida, ser rebaixado e a válvula pode ser aberta para permitir que uma mistura de escuma e líquido seja retirada da parte superior do tanque. A Foto 7.2 mostra o mecanismo mais simples instalado para permitir a remoção de escuma do tanque com fundo em tremonha de Sittwe: uma rampa com um limitador manual.

Foto 7.2 Composição para remoção de escuma, tanque com fundo em tremonha, Sittwe

Critérios e procedimentos de projeto

Para permitir a continuidade da operação enquanto uma unidade é desativada para reparos e manutenção, devem ser fornecidas, em paralelo, pelo menos duas unidades que devem operar em regime de funcionamento e prontidão, e cada uma deve oferecer capacidade suficiente para lidar com todas as cargas hidráulicas e de sólidos suspensos quando a outra for retirada de serviço para reparo ou manutenção.

Tabela 7.2 Critérios de projeto dos adensadores por gravidade

Parâmetro	Símbolo	Unidade	Faixa/valor recomendado	Nota	Referência
Taxa de carga de sólidos	TCS	kg/m² h	4–6	A faixa é para sólidos primários (no tratamento de esgoto)	WEF (2010)
Taxa de aplicação superficial	TAS	m³/m² d	15,5–31	A faixa é a taxa de aplicação máxima para sólidos primários (no tratamento de esgoto)	WEF (2010), Metcalf & Eddy (2003)
Tempo de detenção hidráulica	TDH	h	2–6	Faixa recomendada	WEF (2010)
Profundidade	Z	m	2–4		WEF (2010)

A Tabela 7.2 resume os critérios de projeto recomendados para adensadores por gravidade de plano circular com raspadores acionados mecanicamente. Com exceção da profundidade, esses critérios também são adequados para os tanques com fundo em tremonha que recebem lodo de fossa séptica.

O procedimento de projeto é apresentado abaixo:

1. Calcule a carga do projeto utilizando a equação:

$$L_s = \frac{Q_i P_d TSS_i}{(t_{op})}$$

Onde L_s = carga do projeto em kg/h;
TSS_i = teor médio de sólidos suspensos do afluente em g/l (kg/m³);
Q = fluxo médio para a estação (m³/d);
P_d = dia de pico assumido ou avaliado; e
t_{op} = tempo de operação de estação em horas por dia (h/d).

2. Calcule a área de superfície total (SA_T) (em m²) necessária dividindo a carga de sólidos (L_s) pela taxa de carga de carga de sólidos permitida (SLR):

$$A_T = \frac{L_S}{SLR}$$

3. Calcule a área de superfície individual dos adensadores por gravidade. Como já indicado, pelo menos duas unidades devem ser fornecidas, e a capacidade total das unidades operacionais deve ser suficiente para lidar com a carga de projeto quando uma unidade é retirada de serviço para manutenção ou reparo. Isso exige que:

$$SA_{tanque} = \frac{SA_T}{(n-1)}$$

Onde SA_{tanque} = área de superfície de uma unidade; e
n = número de unidades.

4. Calcule o volume do tanque. O volume (V_{tanque}) de um adensador por gravidade circular é dado pela equação:

$$V_{tanque} = SA_{tanque} Z$$

Onde Z é a profundidade média do tanque.
Para um tanque com fundo em tremonha de plano circular, é dado pela equação:

$$V_{tanque} = \pi[r^2 d + r^3 \tan\theta/3]$$

Onde r = raio do plano do tanque:
d = profundidade desde o nível superior da água até o nível superior da seção de tremonha; e
θ = ângulo dos lados da tremonha em relação à horizontal.

5. Calcule a taxa de aplicação superficial (*TAS*) e o tempo de detenção hidráulica (*TDH*) utilizando as equações:

$$TAS = 24 \ \frac{Q_i P_d}{t_{op} SA_T}$$

$$TDH = 24 \ \frac{(n-1)V_{tanque}}{Q_i}$$

Calcula-se a TAS para o pico de fluxo ao tanque experiente quando um caminhão-tanque descarrega. O TDH calculado é aquele sob condições médias de fluxo de projeto. É mais curto em períodos de pico de fluxo diário, mesmo assim é provável que exceda o intervalo indicado na Tabela 7.2.

6. Calcule a taxa de acumulação de sólidos no adensador e determine uma frequência de remoção de lodo adequada.

$$DS_a = Q(TSS_i) \left(\frac{\%TSS_{rem}}{100} \right)$$

Onde DS_a = taxa de acumulação de sólidos em kg/dia;

Q = fluxo diário em m³/d (pode variar até um máximo de $Q_i P_d$;

TSS_i = concentração de sólidos suspensos no afluente em g/l (kg/m³), se o TSS_i permanecer constante, a DS_a irá aumentar com o aumento do fluxo diário; atingindo um pico quando $Q = Q_i P_d$; e

$\%TSS_{rem}$ = porcentagem de sólidos removidos no adensador.

A taxa de acumulação de lodo é dada pela equação:

$$Q_{lodo} = \frac{100 DS_a}{\%DS \times \rho_{lodo}}$$

Onde Q_{lodo} = taxa de acumulação volumétrica de lodo em m³/d;

$\%DS$ = porcentagem do teor de sólidos do lodo retirado do fundo do tanque, e

ρ_{lodo} = densidade do lodo.

A densidade do lodo pode ser medida em 1000 kg/m³. O teor de sólidos do lodo retirado do fundo do tanque depende da natureza e do teor de sólidos do lodo de afluente. Os valores apresentados para lodo de estação de tratamento de esgoto variam de 2-3%, para lodo ativado, 5-10%, para lodo primário, até 12% para lodo primário digerido anaerobiamente de digestores primários (Metcalf & Eddy, 2003). O valor mais relevante para lodo de fossa séptica é a faixa de 6-7% registado para o TSA em Dakar, tal como descrito no quadro 7.1. Com base nesses números, é provável que o teor de sólidos do lodo removido dos adensadores por gravidade se situe na faixa de 6 a 10%. Números nessa faixa devem ser considerados para o projeto. O número real sob condições operacionais deve ser verificado, e as recomendações de projeto para a taxa de acumulação de lodo e a frequência de remoção de lodo devem ser ajustadas de acordo.

O intervalo para remoção de lodo depende do teor de sólidos e das características de decantação do afluente. A equipe operacional deve determinar um regime de remoção de lodo adequado, baseado na experiência operacional da estação. A massa e o volume do lodo removido durante cada atividade de remoção de lodo são indicados pelas equações:

$$m_w = \frac{DS_a}{f_{\text{remoção de lodo}}}$$

e:

$$V_{\text{lodos}} = \frac{m_w}{\%MS \times \rho_{\text{lodos}}} = \frac{MS_a \times 100}{f_{\text{vaciado}} \times \%MS \times \rho_{\text{lodos}}}$$

Onde $f_{\text{remoção de lodo}}$ = o número de vezes que o tanque passa pela remoção de lodo durante um dia comum;

m_w = massa do lodo removido durante cada atividade de remoção; e

V_{lodo} = volume do lodo úmido removido durante cada evento de remoção de lodo.

É possível determinar primeiro o intervalo de remoção de lodo e, em seguida, utilizar essas equações para calcular a massa e o volume do lodo removido. No caso dos tanques com fundo em tremonha, a melhor opção é determinar o intervalo de remoção de lodo necessário para remover um volume definido de lodo. Nesse caso, a segunda equação é reorganizada para dar:

$$f_{\text{vaciado}} = \frac{MS_a \times 100}{V_{\text{lodos}} \times \%MS \times \rho_{\text{lodos}}}$$

Independentemente do intervalo de remoção de lodo, os fatores críticos para o projeto das instalações subsequentes de desidratação serão o volume de lodo removido em um dia e o conteúdo de sólidos desse lodo.

Como já observado, em estações de tratamento de esgoto convencionais, a prática habitual quando o TDH excede a faixa recomendada é recircular o fluxo a fim de aumentar o fluxo através do adensador por gravidade e assim reduzir o TDH. Para o tratamento de lodo de fossa séptica, isso só é apropriado em estações maiores, onde os recursos necessários para gerenciar a recirculação estão disponíveis. Dado que o lodo de fossa seca normalmente é bem digerido, o aumento do tempo de detenção não deve levar ao aumento da septicidade. Assim, deve ser possível omitir a recirculação, mesmo que o TDH seja inferior ao valor mínimo recomendado indicado na Tabela 7.2. São necessárias mais pesquisas para confirmar esse ponto de vista.

Quando for decidido que a recirculação é ao mesmo tempo necessária e possível, o procedimento para calcular a taxa de fluxo de reciclagem é o que se segue:

- Escolha um TDH (TDH^*) na extremidade inferior da faixa recomendada na Tabela 7.2.
- Determine a taxa de vazão total (Q_T) necessária para atingir este TDH para o volume do tanque calculado na etapa 4 acima, usando a equação:

$$Q_T = \frac{V_{\text{tanque}} \times 24}{TRH^*}$$

- Calcule a taxa de fluxo de reciclagem (Q_R) subtraindo a taxa de fluxo do afluente, uma vez que a taxa de fluxo do afluente varia ao longo do dia (Q) do Q_T,

$$Q_R = Q_T - Q$$

Um exemplo de projeto para um tanque com fundo em tremonha é dado abaixo e revela a necessidade de remoção de lodo frequentemente, confirmando a experiência com o tanque com fundo em tremonha instalado na estação de tratamento de lodo de fossa séptica destinadas ao campo de deslocados internos de Sittwe, Mianmar, que passa por remoção de lodo cerca de 12 vezes ao dia.

Exemplo de projeto: Adensadores por gravidade com fundo em tremonha

Um adensador por gravidade deve ser projetado para tratar um fluxo médio de lodo de fossa séptica de 100 m³/dia com uma concentração média de sólidos dos afluentes de 20.000 mg/l. A descarga em dia de pico para a estação é 1,5 vez a descarga média. Os valores de carga e os parâmetros de projeto presumidos estão listados abaixo.

Parâmetro	Símbolo	Valor	Unidade
Fluxo médio	Q_i	100	m³/d
Fator de dia de pico	P_d	1,5	–
Concentração de sólidos afluente	STT_i	20,000	mg/l
Taxa de carga de sólidos	TCS	6	kg/m² h
TDH desejado	TDH	6	h
Profundidade até o topo da seção de tremonha	d	1	m
% Remoção de TSA	%TSA_{rem}	60	%
Frequência de remoção de lodo	$f_{remoção\ de\ lodo}$	a calcular	eventos/d
Horas de funcionamento	t_{op}	12	h/d
Número de unidades	n	2	–
% teor de sólidos no lodo	%DS	6	%
Densidade do lodo	ρ_{lodo}	1,000	kg/m³

1. Calcule a carga do projeto (L_s):

$$L_s = 100\ \text{m}^3/\text{d} \times 1.5 \times 20\,000\ \text{mg/l} = \frac{1000\ \text{l}}{1\ \text{m}^3} \times \frac{1\ \text{kg}}{1\,000\,000\ \text{mg}} \times \frac{1\ \text{d}}{12\ \text{h}}$$

$$= 250\ \text{kg/h}$$

2. Calcule a área de superfície necessária:

$$A_T = \frac{250\ \text{kg/h}}{6\ \text{kg/m}^2\ \text{h}} = 42\ \text{m}^2$$

3. Determine o número e o diâmetro dos adensadores.
   Projeto para dois adensadores em serviço e outro de reserva, cada um fornecendo 50% da capacidade necessária no pico do fluxo de projeto.
   Raio de cada adensador = $\sqrt{[42/(2\pi)]}$ = 2,58 m, ou seja 3 m.

4. Calcule o volume do tanque:
   Suponha que um tanque com fundo em tremonha, de plano circular, com 1 m de parede lateral vertical acima da tremonha e as laterais inclinadas a 45° do plano horizontal:

$$V_{tanque} = 2 \times \pi \times (3^2 \times 1 + 3^3 \tan 45°/3) = 113 \text{ m}^3$$

5. Calcule e verifique a taxa de aplicação e o tempo de detenção hidráulica:

$$\text{TAS no pico de fluxo diário} = \frac{100 \times 1.5 \text{ m3d}}{42 \text{ m2}} = 3.6 \text{ m/d}$$

$$\text{TRH} = \frac{113 \text{ m}^3 \times 24 \text{ h}}{150 \text{ m}^3/\text{d}} = 0.75 \text{ d} = 18 \text{ h}$$

O TDH é mais elevado e a TAS é inferior à recomendada para adensadores porque tratam lodo de uma estação de tratamento de esgoto.

Para um TDH de 6 horas (0,25 d), (O TDH é ainda maior com o fluxo diário médio) o fluxo total Q_T teria de ser:

$$Q_T = \frac{113 \text{ m}^3 \times 24}{6} = 452 \text{ m}^3/\text{d}$$

O fluxo de recirculação necessário (Q_R) no fluxo médio diário seria (452 − 100) m/d = 352 m³/d ou uma média de cerca de 4 L/s. Dada a natureza digerida do lodo de fossa séptica, é improvável que a septicidade seja um problema e, portanto, nenhuma recirculação foi considerada.

6. Calcule a massa e o volume de sólidos acumulados no fundo do adensador: se 60% dos sólidos que entram nos adensadores por gravidade se dissiparem, a taxa de acumulação de teor de sólido no fluxo de pico será:

$$DS_a = (150 \text{ m}^3/\text{d} \times 20 \text{ kg/m}^3 \times 60/100) = 1800 \text{ kg/d}$$

Com um teor de sólidos de 6%, a produção diária de lodo será:

$$V_{lodo} = [(1,800 \text{ kg/d})(10^{-3} \text{ m}^3/\text{kg})]/6/100 = 30$$

Esse volume é dividido entre dois tanques com fundo em tremonha, de modo que 15 m³ de lodo devem ser removidos de cada tanque todos os dias. Se os tanques passarem pela remoção de lodo quando a profundidade do lodo na tremonha atingir 1,25 m, o volume a ser removido cada vez que o tanque passar pelo processo de remoção é de $(1,25^3\pi)/3$ = 2,04 m³. Cada tanque terá, portanto, de passar pela remoção de lodo entre sete e oito vezes por dia, em intervalos de cerca de 1,5 horas para um dia de trabalho de 12 horas.

Leitos de secagem

Como já observado, os leitos de secagem convencionais são simples e fáceis de operar, mas sua ocupação de área é muito maior do que a de outras tecnologias de separação de sólidos e líquidos. Os leitos de secagem oferecem uma opção viável para combinar a simplicidade dos leitos de secagem convencionais com a redução da necessidade de área (US EPA, 1987). A Figura 7.6 é uma seção diagramática através de um leito de secagem, tal como utilizado nos EUA. Os leitos de secagem são pavimentados de modo que o líquido seja removido por evaporação e decantação, em vez de percolação por meio de areia porosa e leito de cascalho. O lodo é agitado para evitar a formação de crosta na superfície líquida que inibiria a evaporação e é entregue através de um tubo vertical localizado no centro do leito. A partir do ponto mais alto do leito, o fundo desce até as bordas em uma taxa de 0,2-0,3%. O excesso de água sobrenadante é drenado por tubos localizados em cada canto do leito. Esse sistema requer válvulas telescópicas de altura ajustável que podem ser baixadas para permitir que a água sobrenadante seja decantada. Uma série de limitadores manuais proporciona uma alternativa mais simples.

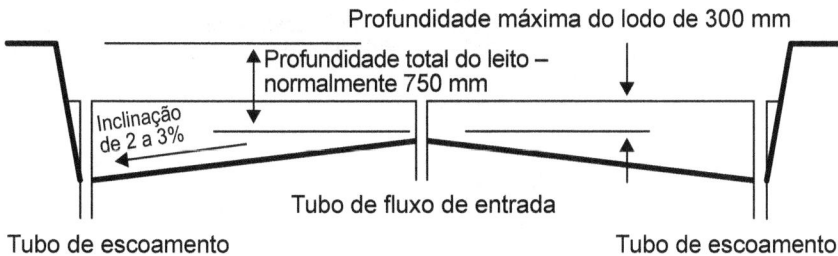

Figura 7.6 Seção por leito de secagem

A Agência de Proteção Ambiental dos EUA sugere que, para lodo com boas características de decantação, é possível decantar 20-30% de sua fração líquida. Considerando que as características de decantação de lodo de fossa séptica digerida são geralmente boas, é possível que uma proporção maior de sua fração líquida possa ser decantada. Vários ciclos de enchimento e decantação são possíveis antes que o lodo parcialmente desidratado seja deixado para evaporar. O tempo de detenção no leito depende das condições climáticas e das disposições tomadas para a mistura. A Agência de Proteção Ambiental dos EUA informou uma taxa de carga de projeto de 244 kg SST/m^2 ano para leitos de secagem em Roswell, Novo México, que tem um clima quente e seco (US EPA, 1987). Como os TSA e as CSS descritos acima, a abordagem do leito de secagem incorpora a ideia de carregamento repetido de uma única unidade, seguido por um período durante o qual o lodo é permitido a desidratar. A taxa de vazão dos TSA de Gana e das CSS da Indonésia, embora significativamente menor do que a dos adensadores por gravidade, é normalmente 50 ou mais vezes maior do que a taxa de remoção de líquido em leitos de secagem convencionais.

Isso sugere que os leitos de secagem devem exigir uma área necessária menor do que os leitos de secagem convencionais. Eles podem, assim, oferecer uma alternativa simples, porém eficaz aos leitos de secagem quando não há área suficiente disponível, e os sistemas de gerenciamento necessários para operar tecnologias mais sofisticadas não existem. A Figura 7.7 apresenta um possível esquema de leito de secagem raso, incorporando características dos TSA de Achimota, e o Quadro 7.2 estabelece um possível ciclo de carregamento e inclui cálculos aproximados e taxas de carga.

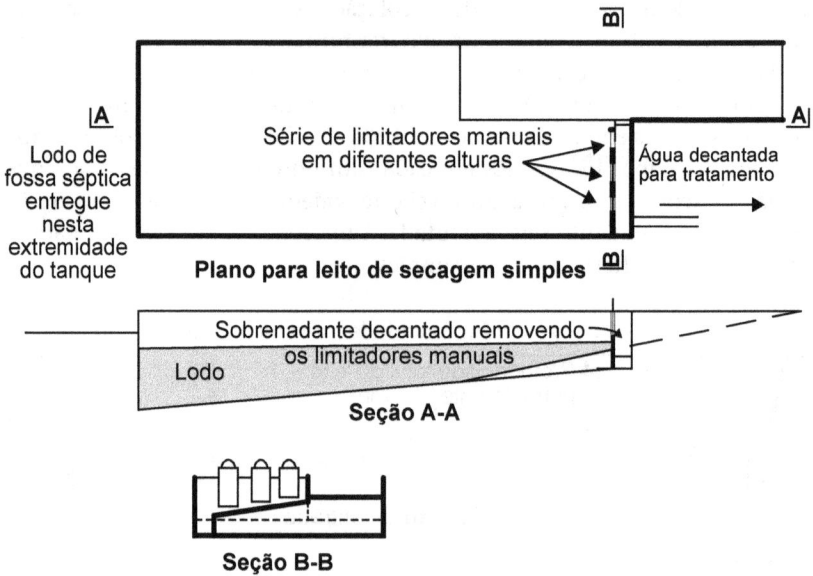

Figura 7.7 Possível disposição de câmara rasa de separação de sólidos e líquidos

Pesquisas adicionais, incluindo testes de campo, são necessárias para avaliar e quantificar os possíveis benefícios de leitos de secagem e estabelecer diretrizes operacionais e de projeto. Pontos a serem estudados incluem a duração do ciclo operacional a ser utilizado, a taxa de carga de sólidos que pode ser alcançada, a profundidade na qual a água sobrenadante pode ser decantada sem reter uma grande quantidade de sólidos, a profundidade ideal de leitos/lagoas e a provável qualidade de água sobrenadante decantada. Devido à falta de prova operacional, nenhuma orientação de projeto detalhada é fornecida aqui. O uso mais adequado para leito de secagem é provavelmente o de conseguir um aumento da taxa de carga de sólidos, em comparação com a obtida com a utilização de leitos de secagem convencionais para lodo de fossa séptica com baixo teor de sólidos.

> **Quadro 7.2 Possível procedimento operacional para leito de secagem**
>
> **Fase de carga** – Três dias. Lodo de fossa séptica descarregada em um leito de secagem simples que deve ter capacidade suficiente para receber todo o lodo de fossa séptica entregue durante este período. Para 40 m³/d, a capacidade de retenção de 3 dias será de 120 m³. Se a profundidade de lodo de fossa séptica for limitada a 600 mm, isso exigirá uma área total de 120/0,6 = 200 m², ou seja, 20 m × 10 m.
>
> **Fase de decantação** – Um dia deve ser suficiente, ao final do qual o líquido sobrenadante pode ser retirado até um nível entre 200 mm e 250 mm. Pode ser feito com o uso de uma série de limitadores manuais definidos em uma faixa de alturas.
>
> **Fase de secagem** – A duração dessa fase depende da taxa de secagem, mas em climas quentes é provável que se situe na faixa de 7 a 15 dias.
>
> **Fase de remoção de lodo** – Depende da disponibilidade de ferramentas e mão de obra, mas normalmente leva cerca de dois dias.
>
> Com base nesses tempos, o ciclo total para um leito de secagem simples fica entre 13 e 21 dias, exigindo entre cinco e sete leitos de secagem.
> A taxa de carga de ST para uma concentração de ST de 10.000 mg/l e um ciclo de carga de 21 dias é de 104 kg de ST/m² por ano. Para um leito de secagem convencional com uma profundidade de lodo de 200 mm e um ciclo de carga mais curto, de 12 dias, a carga de ST é de 61 kg/m² por ano. A área de leito necessária aumenta de 1.400 m² para 2.400 m². Esse procedimento é feito à custa da qualidade reduzida da fração de líquido sobrenadante/percolado retirado do leito.

Prensas mecânicas

Visão geral

Os dispositivos mecânicos de desidratação de lodo são utilizados há muitos anos para a desidratação de lodo de estações de tratamento de esgoto. Exigem menos área do que outros processos de separação de sólidos e líquidos, mas requerem um fornecimento de eletricidade confiável, mão de obra qualificada, um polímero químico caro e uma cadeia de fornecimento eficaz de peças sobressalentes. Esses requisitos devem ser considerados na fase de planejamento.

Dois tipos de prensa são considerados aqui, a prensa de rosca e o filtro prensa de esteira, ambos utilizados no tratamento de lodo de fossa seca e lodo de fossa séptica em países de baixa renda. Eles normalmente são implantados imediatamente após a peneiração e remoção de partículas, e este livro os considera como uma tecnologia de separação de sólidos e líquidos, embora também possam ser usados para a desidratação de sólidos separados, como explicado no Capítulo 9. As prensas mecânicas têm baixo custo de energia em comparação com as centrífugas, outra opção de separação e desidratação mecânica de sólidos e líquidos. Outros custos operacionais a serem considerados ao avaliar as opções de desidratação mecânica incluem despesas de manutenção periódica, peças de reposição e polímero. O custo do polímero é normalmente o maior gasto operacional, e as projeções financeiras também devem levar em conta a possibilidade de eventuais gastos com grandes reparos e reposição de peças defeituosas e desgastadas. As prensas mecânicas requerem operadores treinados com o conhecimento necessário para monitorar o desempenho e ajustar as taxas de dosagem de polímeros para otimizar o funcionamento. O desempenho contínuo depende da disponibilidade de equipe de manutenção com conhecimentos e habilidades adequados e de uma cadeia de fornecimento eficaz para peças sobressalentes.

Os fabricantes de prensas mecânicas devem participar do planejamento e do processo do projeto. O procedimento habitual é especificar o desempenho exigido da prensa e pedir orçamento de vários fabricantes. Uma vez escolhido um fornecedor preferencial, ele participa de perto no projeto detalhado do equipamento.

Descrição do sistema

As prensas mecânicas separam o líquido dos sólidos aplicando pressão no lodo para separar o líquido, e forçam o líquido separado através de um filtro ou de uma malha fina que retém o lodo desidratado. A adição de polímero químico a montante da prensa é necessária para pré-condicionar o lodo e melhorar a eficácia da desidratação. Uma solução diluída de polímero (normalmente 0,5% ou menos) é constituída por uma emulsão ou por um pó e é misturada com o lodo em um tanque de floculação. O lodo é bombeado para o tanque de floculação, de onde escoa para a prensa. O lodo desidratado é transferido para uma esteira transportadora enquanto o líquido drena e é recolhido separadamente. Mais informações sobre as prensas de rosca e de esteira são dadas a seguir.

Prensa de rosca. As prensas de rosca separam o líquido dos sólidos forçando o lodo a passar por uma rosca ou trado contidos dentro de uma cesta de tela perfurada. O diâmetro da rosca aumenta com a distância ao longo do eixo, enquanto o espaço entre as suas lâminas diminui, de modo que o espaço entre o cesto, o eixo e a esteira diminuem continuamente e o lodo é espremido para um espaço progressivamente menor. Isso resulta em um aumento da pressão ao longo da prensa. Sondas de pressão são usadas para controlar e monitorar a pressão para garantir o desempenho do tratamento. A prensa inclinada possui um cone de contrapressão pneumático ou ajustado manualmente que mantém a pressão do lodo constante na extremidade de descarga da prensa. A água espremida do lodo cai em um canal coletor no fundo da prensa que a transporta para a próxima etapa de tratamento. A massa desidratada cai da extremidade da prensa para ser armazenada, descartada ou desidratada em um leito de secagem ou em um secador térmico. A água de alta pressão é usada periodicamente dentro da prensa para limpeza. A Foto 7.3 mostra a prensa de rosca na estação de tratamento de lodo de fossa séptica de Duri Kosambi, em Jacarta.

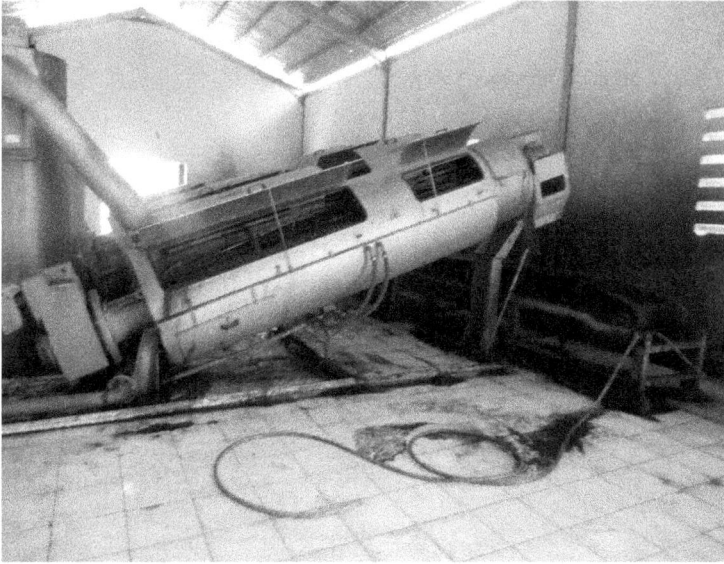

Foto 7.3 Prensa de rosca em Duri Kosambi, Jacarta

Foto 7.4 Filtro prensa de esteira na estação de tratamento de lodo de fossa séptica de Duri Suwung, Denpasar, Indonésia
Fonte: Chengyan Zhang of Stantec

Filtro prensa de esteira. O filtro prensa de esteira separa o líquido do sólido usando gravidade e aplicando pressão entre as esteiras de tecido. O processo normalmente envolve quatro etapas: pré-condicionamento, drenagem por gravidade, compressão linear de baixa pressão e compressão de rolos de alta pressão (e cisalhamento). Após o pré-condicionamento, o lodo passa por uma zona de drenagem por gravidade, onde o líquido do lodo é assim drenado

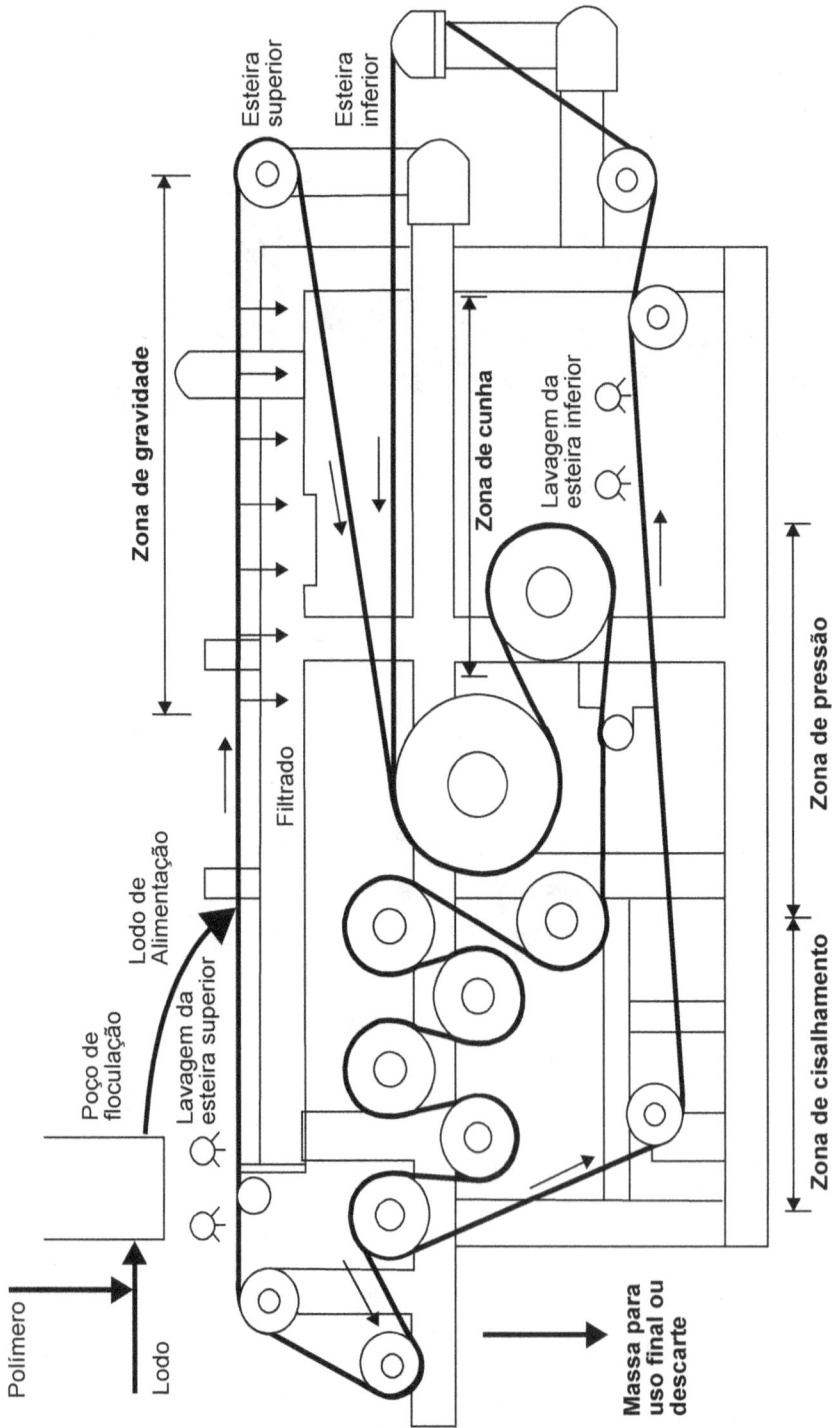

Figura 7.8 Visão esquemática da prensa de esteira
Fonte: WEF (2010)

por gravidade. Em seguida, é movido para uma zona de baixa pressão (às vezes referida como uma zona de cunha), onde duas esteiras se juntam para espremer o líquido dos sólidos, forçando o líquido através das esteiras de tecido. Na maioria dos casos, o lodo é então submetido a uma pressão maior, pois é forçado entre uma série de rolos que criam forças de cisalhamento e compressão para desidratá-lo ainda mais. Em seguida, a massa desidratada é raspada das esteiras para transporte até a etapa seguinte de tratamento ou descarte. As esteiras são limpas com água de lavagem de alta pressão após cada passagem. A Figura 7.8 mostra uma visão esquemática de um filtro prensa de esteira, e a Foto 7.4 é uma imagem de uma instalação para o tratamento de lodo de fossa séptica, respectivamente.

Desempenho

As prensas mecânicas podem receber lodo com teor de sólidos igual ou inferior a 1%, embora seja preferível um teor de sólidos igual ou superior a 2%. O lodo com teor de sólidos inferior necessita de mais tempo para desidratar, de modo a que o dimensionamento das prensas seja determinado pela carga hidráulica, e não pela carga de sólidos, quando o material a ser tratado é lodo de fossa séptica com um teor de sólidos baixo. O teor final de sólidos de lodo desidratado normalmente se situa na faixa de 15 a 25% para ambos os tipos de prensas. O desempenho depende das características do lodo, da dosagem do polímero e das características e funcionamento do equipamento (por exemplo, para prensas de esteira: configuração da drenagem por gravidade, velocidade da esteira, pressão aplicada etc.). O lodo estabilizado ou digerido, incluindo a maioria dos tipos de lodo de fossa séptica, pode ser desidratado a um teor de sólidos superior ao do lodo de fossa seca ou lodo ativado. Ambos os tipos de prensa podem remover 85-95% dos sólidos contidos no lodo cru (WEF, 2010). A Tabela 7.3 apresenta uma comparação resumida da prensa de rosca e do filtro prensa de esteira. Informações adicionais são fornecidas por Gillette et al. (2009).

Tabela 7.3 Comparação resumida dos equipamentos mecânicos de desidratação

Tecnologia	Funcionamento	Manutenção	Desempenho de desidratação	Custo
Prensa de rosca	Água de lavagem de média pressão intermitente (<10% de taxa de aplicação de lodo) Operação mais simples O compartimento fechado mantém o ambiente externo limpo e seguro Baixo consumo de energia	Menos peças para manutenção	Pode receber lodo com baixo teor de sólidos (<1%) 15 a 25% de sólidos secos finais Menos sensíveis às características não homogêneas do lodo	Maior custo de capital Custo operacional ligeiramente menor

Tecnologia	Funcionamento	Manutenção	Desempenho de desidratação	Custo
Filtro prensa de esteira	Água de lavagem contínua (taxa de aplicação de lodo de 50 a 100%) As unidades não fechadas são complicadas de operar, permitem a visibilidade do desempenho do processo, mas apresentam riscos para a saúde decorrentes de gases nocivos e aerossóis Baixo consumo de energia	Equipamento de simples manutenção (rolos, rolamento, esteira) Mais peças para monitorar/ inspecionar e fazer manutenção	Recebe até 0,5% de sólidos (melhor prensa de 3 esteiras) 15 a 25% de sólidos secos finais Pode ser fornecido com maior capacidade para uma unidade simples	Menor custo de capital Custo operacional ligeiramente maior

Considerações operacionais e de projeto

Muitas considerações operacionais e de projeto aplicam-se tanto ao filtro prensa de esteira quanto à prensa de rosca e, portanto, os dois são discutidos em conjunto, observadas as diferenças quando necessário. Os pontos a serem considerados ao avaliar as opções incluem o suporte ao projeto oferecido pelo fabricante, os requisitos pré e pós-tratamento, os requisitos do sistema auxiliar e do suporte, as considerações de operação e manutenção e as considerações ambientais e de segurança.

Suporte do fabricante durante a seleção e o projeto. É necessário devido aos diferentes desempenhos, especificações, necessidades de configuração e necessidades operacionais contínuas de diferentes modelos. Antes de discutir opções com os fabricantes, é importante que se tenha alguma familiaridade com as características do material a ser tratado e ser capaz de avaliar como os produtos oferecidos por eles lidam com essas características. Por exemplo, alguns fabricantes de filtro prensa de esteira apresentam prensas com três esteiras, permitindo que a esteira da zona de drenagem por gravidade seja controlada independentemente da esteira da zona de pressão, o que é de grande valia para lodo diluído.

Requisitos de pré-tratamento e pós-tratamento para o funcionamento eficaz. Os requisitos de pré-tratamento para prensas mecânicas incluem o seguinte:

- *Remoção de partículas e sólidos brutos.* Isso é muito importante para filtro prensa de esteira, uma vez que sólidos não filtrados, principalmente vidro e materiais duros, podem danificar as esteiras. É melhor que isso seja feito usando telas finas limpas mecanicamente, projetadas para remover partículas e sólidos maiores.

- *Balanceamento de vazão e mistura*. São desejáveis para atenuar as variações de vazão resultantes da entrega intermitente de lodo e as características altamente variáveis das cargas de caminhão-tanque. As opções simples de balanceamento de vazão foram consideradas no Capítulo 6. A mistura para homogeneizar as vazões de entrada pode ser realizada em um tanque, usando aeração para agitar o conteúdo do tanque e efetuar a mistura.

- *Condicionamento com polímero*. Como já observado, o procedimento habitual é misturar polímero com lodo em um tanque de floculação localizado à frente da prensa. Os operadores devem ser treinados para monitorar o desempenho e ajustar a dose de polímero conforme necessário, em resposta às características de mudança do lodo. Os fabricantes devem ser solicitados a fornecer orientações sobre o projeto de sistemas para adicionar polímero a suas prensas.

Pós-tratamento, o lodo desidratado é retirado das prensas para ser armazenado ou tratado posteriormente. O lodo separado normalmente cai da prensa para uma esteira transportadora, que o leva para uma área de armazenamento.

Dependendo da utilização final prevista dos sólidos, eles podem necessitar de tratamento adicional. As opções de desidratação e secagem são descritas nos Capítulos 9 e 10. Os líquidos separados em prensas mecânicas necessitam de tratamento adicional para atender aos padrões típicos de descarga de efluentes, como descrito no Capítulo 8. Uma prensa mecânica bem operada obtém reduções no teor de sólidos suspensos e orgânicos do líquido separado que são comparáveis às obtidas por leitos secagem de partículas e significativamente superiores às obtidas por simples decantação.

Os fabricantes de prensas de lodo podem fornecer um pacote completo de tratamento, incluindo remoção de partículas e sólidos, mistura de vazão conforme necessário, provisão para adição e mistura de polímeros, as prensas de lodo propriamente ditas e subsequente provisão para remoção de lodo prensado e líquido.

Muitos fabricantes oferecem sistemas integrados que combinam pré-tratamento, prensas de lodo e transporte de lodo tratado. Por exemplo, as estações de tratamento de lodo de fossa séptica de Duri Kosambi e Pulogebang, em Jacarta, utilizam prensas inclinadas, instaladas como componentes em um sistema integrado de tratamento que compreende:

- Peneiração mecânica e remoção de partículas;
- Dosagem dos polímeros;
- Prensa de rosca de desidratação; e
- Transporte de esteiras transportadoras para áreas de armazenamento/ secagem cobertas.

O funcionamento da prensa mecânica requer uma fonte confiável de água de lavagem limpa e pressurizada. É possível limpar o filtro de esteira usando ar comprimido, mas este método não é amplamente utilizado. Um filtro pode ser usado na tubulação de abastecimento de água de lavagem para evitar que os resíduos entupam os bicos de pulverização. A água de lavagem é fornecida intermitentemente, várias vezes por hora, para prensas de rosca e continuadamente para filtro prensa de esteira. A água de lavagem necessita de tratamento subsequente, o que deve ser levado em conta ao projetar o processo de tratamento de líquidos a jusante. Os requisitos típicos de água de lavagem para as prensas de rosca e prensas de esteira são as seguintes:

- *Prensas de rosca.* A taxa de vazão instantânea de água de lavagem pode variar de 70 a 450 litros por minuto, normalmente a uma pressão de pelo menos 4 bar (400 kPa). A taxa média total de vazão de água de lavagem varia de 2 a 9% da vazão de alimentação de sólidos (com base em WEF, 2010).
- *Filtro prensa de esteira.* A taxa de vazão instantânea de água de lavagem pode variar de 70 a 450 litros por minuto, tipicamente a uma pressão de até 8 bar (800 kPa). A taxa média total de vazão de água de lavagem varia de 50 a 100% da vazão de alimentação de sólidos (com base em WEF, 2010).

O desempenho da prensa mecânica deve ser continuamente monitorizado. Isso é necessário para que a dose de polímero possa ser ajustada conforme necessário em resposta a mudanças nas características do lodo recebido. Também facilita a detecção precoce de quaisquer problemas. Esse tipo de acompanhamento só é possível se a equipe receber formação adequada. As cadeias de fornecimento devem cobrir tanto os produtos consumíveis, em particular o fornecimento de polímeros, como as peças sobressalentes e de reposição. Para assegurar o fornecimento imediato de peças sobressalentes e de reposição, é aconselhável exigir que o fabricante tenha uma presença local, de preferência diretamente, mas, na sua falta, através de um agente autorizado.

O projeto deve levar em consideração a necessidade de manutenção e reparos. Pelo menos duas prensas com seus sistemas associados de dosagem de polímeros e água de lavagem devem ser instaladas para que o tratamento continue caso uma prensa fique fora de serviço. Para permitir períodos em que as prensas são desativadas para manutenção e reparo, a capacidade total fornecida deve exceder o pico estimado de vazão de lodo. Idealmente, uma ou mais prensas em funcionamento e uma prensa de prontidão devem ser fornecidas, com sistemas de dosagem de polímero de reserva e de água de lavagem, conforme o caso. A opção de reduzir os custos de capital, ampliando o período de operação das prensas restantes quando uma prensa é desativada, pode ser considerada. Essa opção só é viável quando as cadeias de fornecimento são boas, de modo a minimizar o tempo de manutenção e reparos.

Quadro 7.3 Experiência com prensas de rosca em Jacarta, Indonésia

As estações de tratamento de lodo de fossa séptica de Duri Kosambi e Pulogebang, em Jacarta, e a estação de tratamento de lodo de fossa séptica vizinha, em Bekasi, fornecem estudos de caso úteis sobre o funcionamento dos sistemas de prensa de rosca de desidratação. Os operadores das estações de Jacarta não ajustam a quantidade de polímero adicionada ao lodo de fossa séptica, tal como foi programado pelo fabricante quando as prensas foram encomendadas. Problemas significativos nas estações de Jacarta, particularmente em Duri Kosambi, eram vazamento das prensas e, por vezes, a má qualidade do material filtrado. O chão ladrilhado estava perigosamente escorregadio por causa do vazamento das prensas. O vazamento foi uma consequência do mau funcionamento dos sensores de pressão e/ou do desgaste das vedações causadas pela má remoção das partículas e dos sólidos a montante das prensas. (Em Duri Kosambi, as telas mecânicas foram evitadas por causa dos problemas observados no título da Figura 8.8). A má qualidade do filtrado estava relacionada à má dosagem do polímero, uma vez que o fornecimento de água para os sistemas de polímero e alguns sensores que controlavam a composição do polímero falharam, resultando em uma mistura *ad hoc* de polímero que fornece concentrações variáveis de polímero para as prensas.

Apesar dessas falhas, ambas as estações produziam lodo adequado para transporte por esteira transportadora para grandes áreas cobertas, descritas como "áreas de secagem do lodo". Na prática, funcionam como áreas de armazenamento e não é necessário mais a secagem. O lodo seco se acumulou ao longo dos anos que as prensas de rosca estavam em funcionamento. Tanto em Duri Kosambi quanto em Pulogebang, a água prensada do lodo é tratada em uma série de lagoas. Em ambos os locais, a aeração está disponível para as lagoas, através de arejadores de superfície, em Duri Kosambi, e arejadores de bolhas, em Pulogebang, mas são usadas apenas de forma intermitente.

A ausência de cadeias de fornecimento eficazes pode comprometer o desempenho de longo prazo das prensas de rosca e de outros dispositivos mecânicos de desidratação. A primeira prensa de rosca em Pulogebang, instalada em 2010, não estava em funcionamento em 2014. O motivo apresentado pela equipe foi a indisponibilidade de reposição de peças avariadas, que só podiam ser obtidas na Alemanha. Do mesmo modo, os atrasos na reposição de sensores de pressão defeituosos parecem ter ocorrido em virtude de as reposições serem inacessíveis ou inalcançáveis. Como o fabricante tinha uma empresa de representantes local em Jacarta, o problema foi causado pela falta de fundos para comprar as peças, em vez da impossibilidade de enviá-las para a Indonésia.

Bekasi, também em Jacarta, fornece um exemplo mais recente e, até o momento, sem problemas no uso de prensas de rosca. As prensas são instaladas em uma nova instalação de tratamento de lodo de fossa séptica de 100 m³/dia, explorada por um serviço de tratamento de lodo recém-formado. Para garantir o funcionamento eficaz das instalações, a concessionária recrutou e treinou uma equipe adequadamente qualificada, envolvendo-os na implementação desde o momento em que o equipamento foi selecionado para que estivesse ciente das decisões chave de projeto e fosse capaz de desenvolver uma relação próxima com o fabricante da prensa de rosca.

Filtro prensa de esteira tem mais necessidade de manutenção do que as prensas de rosca, uma vez que possui mais partes móveis e peças, incluindo esteiras, rolos e rolamentos. A atenção do operador é necessária para ambos os tipos de equipamento para inspecionar falhas de rolamento e manter os bicos de pulverização limpos e eficazes. Os operadores devem também monitorar o estado da esteira e manter a área de drenagem do lodo por gravidade livre de bloqueios e acumulação de lodo.

Os projetos devem levar em consideração as preocupações ambientais e de saúde. As prensas de rosca são compactas e fechadas de modo a não criar um incômodo ambiental. Filtro prensa de esteira pode ser aberto ou fechado. Um sistema aberto é mais barato, permite a inspeção do processo de desidratação e facilita o acesso. A configuração deve proporcionar um bom fluxo de ar em torno das prensas, a fim de minimizar possíveis problemas de saúde e ambientais decorrentes de aerossóis, patógenos e gases nocivos liberados na área ao redor das prensas. Filtros prensa de esteira fechados estão disponíveis, mas eles têm custo adicional, são propensos à corrosão, limitam a visibilidade e geralmente exigem um sistema de tratamento de odores para transporte e/ou tratamento de gases e odores perigosos mencionados acima. Como as prensas mecânicas têm peças móveis, o treinamento de segurança do operador deve abranger a necessidade de tomar as precauções adequadas ao trabalhar perto de equipamentos em movimento. O Quadro 7.3 fornece informações sobre a experiência com prensas de rosca em Jacarta, Indonésia. Isso ilustra alguns dos pontos acima identificados.

Critérios e procedimentos de projeto

A seleção e o dimensionamento da prensa mecânica são baseados principalmente na carga de sólidos e na carga hidráulica. Outros parâmetros que influenciam o projeto incluem o número de horas em que as prensas operam a cada dia e, no caso das prensas de esteiras, a largura da esteira. A Tabela 7.4 resume os critérios de projeto recomendados para prensas de rosca e filtro prensa de esteira.

As taxas de carga indicadas na Tabela 7.4 são compatíveis com as taxas de carga hidráulica e de sólidos nas estações de tratamento de lodo de fossa séptica maiores, onde há mais chances de implantação de prensas mecânicas. Por exemplo, a taxa de carga hidráulica em uma estação de tratamento que receba 400 m³/d de lodo de fossa séptica durante um período de oito horas será de 50 m³/h. Se o teor de sólidos do lodo de fossa séptica for de 1,5%, a taxa de carga de sólidos durante o período de 8 horas será de 750 kg/h e, neste caso, a carga hidráulica será determinante. No caso de lodo de fossa séptica com teor de sólidos superior a cerca de 3%, é provável que a carga de sólidos seja determinante.

Procedimento de projeto de prensa mecânica. Os equipamentos de prensa mecânica devem ser selecionados e projetados em conjunto com os fornecedores, uma vez que os parâmetros de projeto são específicos para cada fabricante e modelo. As informações prestadas aos fornecedores devem incluir o seguinte: carga hidráulica, contendo informações sobre taxas médias e máximas de vazão, período de funcionamento proposto, características do lodo (SST e VSS) e fonte do lodo, a qual pode influenciar as características do lodo e, portanto, o desempenho da prensa. Com base nessas informações, o fornecedor normalmente propõe um sistema para atender às exigências do comprador, prestando informações sobre o tamanho e o número de prensas de rosca, taxa de carga de sólidos (projeto e capacidade máxima), taxa de carga hidráulica (projeto e capacidade máxima), tamanho e capacidade do sistema de polímeros (tamanho da bomba e do tanque de armazenamento), dose e consumo de polímeros, e necessidade de água de lavagem.

Tabela 7.4 Resumo dos critérios de projeto de prensa mecânica

Parâmetro	Símbolo	Prensa de rosca – Faixa recomendada	Filtro prensa de esteira – Faixa recomendada	Notas sobre o papel do fornecedor no projeto
Taxa de carga de sólidos (Tchobanoglous et al., 2014)	λ_s	15 a 1,900 kg/h	180 a 1600 kg/h m	Confirmar com o fornecedor do equipamento; pode variar com as características do lodo
Taxa de carga hidráulica	λ_l	0,3 a 48 m³/h (WEF, 2010)	6 a 40 m³/h m (Tchobanoglous et al., 2014)	Confirmar com o fornecedor do equipamento
Largura do filtro	W_b	Não se aplica	0,5 a 3,0 m (normalmente 1 a 2 m)	Confirmar com o fornecedor do equipamento
Dose de polímero	C_p	3 a 1,5 g de polímero/kg de sólidos secos (WEF, 2010)		Depende das características do lodo e do tipo de polímero Confirmar com o fornecedor de polímero e o fabricante do equipamento após o teste de bancada com amostras de lodo
Tempo de funcionamento por dia	t_{op}	4 a 12 horas/dia (normalmente o mesmo período em que o lodo é recebido do caminhão-tanque)		Prestar essas informações ao fornecedor do equipamento

As etapas de um cálculo aproximado para determinar os parâmetros básicos de projeto e a escala provável de uso do polímero são resumidas abaixo.

1. Determine o pico e a média diária de carga volumétrica e calcule o pico diário de carga de massa:

$$m_{sp} = Q_{sp} \times SST$$

$$m_{sm} = Q_{sm} \times SST$$

Onde Q_{sp} = volume máximo diário de lodo de fossa séptica entregue para tratamento, em m³/d;
Q_{sm} = volume médio diário de lodo de fossa séptica entregue para tratamento, em m³/d;

SST = concentração de sólidos suspensos do lodo de fossa séptica recebido, em g/l (kg/m³);

m_{sp} = pico diário de carga de sólidos secos, em kg/d; e

m_{sm} = carga média diária de sólidos secos, em kg/d.

2. Calcule o pico de carga hidráulica e de sólidos por hora nas prensas:

$$Q_{sph} = Q_{sp}/t_{op}$$

$$m_{sph} = Q_{sph} \times SST$$

Onde Q_{sph} = vazão em horário de pico a ser tratado (m³/h);

m_{sph} = carga de sólidos secos em horário de pico a ser tratado (kg/h); e

t_{op} = número de horas de funcionamento das prensas durante um dia de trabalho normal.

3. Determine o número de unidades necessárias:

Compare a massa calculada e a carga hidráulica com informações sobre a capacidade dos equipamentos fornecida pelos fabricantes de equipamentos. Para prensas de rosca, escolha unidades que forneçam pelo menos capacidade suficiente para lidar com cargas hidráulicas e cargas de sólidos em horário de pico. Deve ser fornecido um mínimo de duas unidades, e os cálculos devem indicar a estratégia proposta para lidar com os períodos em que uma das prensas estiver fora de serviço para reparo e manutenção.

Para o filtro prensa de esteira, a capacidade de largura por unidade deve ser calculada e usada para avaliar a largura necessária da esteira. Esse será o maior dos valores obtidos a partir das equações:

$$w_b = \frac{m_{sph}}{\lambda_s}$$

$$w_b = \frac{Q_{sph}}{\lambda_l}$$

Onde w_b = largura total da esteira necessária (m);

λ_s = capacidade de sólidos secos avaliada do modelo de prensa de esteira a ser considerado (kg / m h); e

λ_l= capacidade hidráulica avaliada do modelo de prensa de esteira a ser considerado (m³ / m h).

4. Calcule a necessidade de dosagem de polímero:

Uma avaliação da exigência anual de polímero é essencial ao comparar os custos operacionais das diferentes opções de separação de sólidos e líquidos. Os picos diários e as necessidades médias anuais de polímeros são dados pelas equações:

$$m_{\text{polímero, dia}} = \frac{m_{sp}C_p}{1000}$$

$$m_{\text{polímero, ano}} = \frac{m_{sm}C_pD}{1000}$$

Onde $m_{\text{polímero, dia}}$ = necessidade máxima diária de polímero (kg);
$m_{\text{polímero, ano}}$ = necessidade anual de polímero (kg);
C_p = necessidade de polímero (g polímero/kg de sólidos em lodo de fossa séptica); e
D = número de dias por ano de funcionamento da estação (d/ano).

A dose do polímero depende do polímero específico utilizado e das características do lodo. O fornecedor do polímero ou o fabricante do equipamento pode indicar a provável dosagem necessária, mas a dosagem deve ser sempre confirmada por meio de testes de jarros.

Exemplo de cálculo de projeto da prensa de rosca

Considere a possibilidade do uso da prensa de rosca para realizar a separação de sólidos e líquidos em uma estação de tratamento projetada para receber 150 m³ de lodo de fossa séptica durante 5 dias por semana, ao longo de 52 semanas do ano.

Parâmetro	Símbolo	Valor	Unidade
Tempo de funcionamento	t_{op}	8	h/d
Pico de carga hidráulica	Q_{sp}	150	m³/d
Carga hidráulica média	Q_{sm}	100	m³/d
Teor de sólidos do afluente	SST	20	kg/m³
Necessidade de polímeros	C_p	10	g/kg de sólidos secos

1. Calcule o pico e a média de carga de massa seca:

$$m_{sp} = 150 \text{ m}^3/\text{d} \times 20 \text{ kg/m}^3 = 3000 \text{ kg/d}$$

$$m_{sm} = 100 \text{ m}^3/\text{d} \times 20 \text{ kg/m}^3 = 2000 \text{ kg/d}$$

2. Calcule o pico de carga hidráulica e de massa seca por hora:

$$Q_{sph} = \frac{150 \text{ m}^3/\text{d}}{8 \text{ h/d}} = 18{,}75 \text{ m}^3/\text{h}$$

$$m_{sph} = \left(18{,}75 \text{ m}^3/\text{h}\right)\left(20 \text{ kg/m}^3\right) = 375 \text{ kg/h}$$

3. Determine o número de unidades necessárias.

Tanto a carga hidráulica quanto a carga de sólidos estão dentro da faixa de projeto de uma prensa de rosca simples, como indicado na Tabela 7.4. Tendo em conta o teor de sólidos relativamente baixo do lodo de fossa séptica de entrada, é provável que a carga hidráulica seja determinante, mas isso deve ser verificado com os fabricantes das prensas de rosca adequadas. Para assegurar o funcionamento contínuo, devem ser fornecidas pelo menos duas prensas de rosca. Fornecer ou duas prensas de rosca, cada qual classificada em 18,75 m³/h para operar em regime de funcionamento e prontidão, ou duas prensas de rosca em funcionamento, cada uma classificada em pelo menos 9,4 m³/h, com uma unidade de prontidão para dar três prensas no total.

Outra opção é determinar as necessidades caso seja fornecido filtro prensa de esteira com base no equipamento disponível (a confirmar com os fornecedores), suponha uma taxa de carga de sólidos de 400 kg/m h e uma taxa de carga hidráulica de 15m³/m h.

4. Com base na carga de sólidos:

$$w_b = \frac{375\,kg/h}{400\,kg/m\,h} = 0,9375\,m$$

5. Com base na carga hidráulica:

$$w_b = \frac{18,75\,m^3/h}{15\,m^3/m\,h} = 1,25\,m$$

A largura necessária da esteira é determinada pela taxa de carga hidráulica. Disponibilizar duas unidades com, pelo menos, a largura de esteira de 1,25 m para operar em regime de funcionamento e prontidão. A maioria dos fabricantes fornece filtro prensa de esteira em uma faixa de larguras padrão, normalmente múltiplos de 0,5m. Fornecer duas prensas com uma largura de esteira de 1,5m proporciona certa capacidade adicional para atender às características variáveis do lodo.

6. Calcule as necessidades diárias e anuais de polímero:

$$m_{polímero,dia} = 3000\ kg\ sólidos/d \times \left(\frac{10\ g\ polímero}{kg\ sólidos}\right) \times \left(\frac{1\ kg}{1000\ g}\right) = 30kg/d$$

$$m_{polímero,ano} = 2000\ kg\ sólidos/d \times \left(\frac{10\ g\ polímero}{kg\ sólidos}\right) \times \left(\frac{1\ kg}{1000\ g}\right) \times$$

$$\left(\frac{52\ semanas \times 5\ días}{1\ año}\right) = 5200\ kg\ polímero/año$$

Observe que a necessidade anual de polímero seco se baseia na carga média durante o ano, e não no pico de carga.

Pontos principais deste capítulo

A Tabela 7.5 resume a informação dada neste capítulo sobre o desempenho das várias alternativas de separação de sólidos e líquidos, e inclui informações sobre a taxa de aplicação superficial para tecnologias que dependem da decantação por gravidade.

Tabela 7.5 Comparação das principais alternativas de separação de sólidos e líquidos consideradas no presente capítulo

Alternativas de separação de sólidos e líquidos	Teor de sólidos de lodo separado	Porcentagem de redução da resistência líquida		Taxa de aplicação superficial (m^3/m^2 d)
		SST	DOB	
Leito de secagem sem vegetação	Pelo menos 20% (mais possível em climas quentes e secos e com mais tempo de retenção)	95%[1]	70 a 90%[1]	0,005 a 0,015
Lagoas anaeróbias	Normalmente 10%	Talvez 80%	Depende da temperatura – cerca de 60% a 20°C	Normalmente cerca de 0,6 dependendo da retenção

Alternativas de separação de sólidos e líquidos	Teor de sólidos de lodo separado	Porcentagem de redução da resistência líquida		Taxa de aplicação superficial $(m^3/m^2\ d)$
		SST	DOB	
Prensas de esteira	Normalmente 12 a 35%, dependendo do tipo de lodo	95%		Não se aplica
Adensadores por gravidade em tanques com fundo em tremonha	4–10% Normalmente 6%	30 a 60%	30 a 50%	Até 30
TSA de Dakar[2]	6%	50% (mas depende da duração do ciclo)	65 a 80%	12
TSA de Achimota[3]	Até 15%	50% ou mais	10 a 20% após 4 semanas de carregamento	0,25 a 0,5

Notas: [1] Ver o Capítulo 9 para obter mais informações.

[2] Informações sobre o estilo dos TSA de Dakar com base em Dodane e Bassan (2014)

[3] Informações sobre o estilo dos TSA de Achimota com base em Heinss et al. (1998). Um desempenho semelhante pode ser obtido com leitos de secagem.

Os pontos principais abordados neste capítulo compreendem os seguintes:

- Os mecanismos de separação de sólidos e líquidos incluem decantação, pressão, filtração e evaporação. As prensas de lodo utilizam menos área do que os sistemas que dependem de decantação, e estes, por sua vez, requerem significativamente menos área do que aqueles que dependem de filtração e evaporação.

- Nos casos em que a área está disponível e as habilidades operacionais são limitadas, os leitos de secagem são uma boa opção para a separação combinada de sólidos e líquidos e desidratação do lodo. Devem ser considerados quando o lodo ou o lodo de fossa séptica a ser tratado apresenta um teor de sólidos igual ou superior a 5%, de preferência após a digestão parcial, se o lodo estiver fresco.

- Quando os recursos operacionais são limitados e o lodo de fossa séptica a ser tratado apresenta baixo teor de sólidos, a separação de sólidos e líquidos pode ser combinada com o tratamento biológico em lagoas anaeróbias. Essa opção só é viável se existirem sistemas eficazes para assegurar que as lagoas passem regularmente pela remoção de lodo.

- Em todas as outras situações, é desejável a separação de sólidos e líquidos antes do tratamento das frações sólida e líquida separadas.

- TSAs são uma tecnologia reconhecida de separação de sólidos e líquidos. Há dois tipos distintos de tanques: o projeto de Gana, que tem um ciclo operacional de oito semanas, com lodo que pode secar até o estado sólido, quando então é removido com tratores; e o projeto de Senegal, que adota um ciclo operacional mais curto, com lodo bombeado para fora no final de cada ciclo. Ambos são processos por batelada.

- O projeto de TSA de Gana possui algumas semelhanças com o conceito de leito de secagem descrito pela EPA dos EUA. A água sobrenadante pode fluir pelo tanque por cerca de quatro semanas, após as quais o conteúdo é deixado para secar por quatro semanas antes de ser removido com tratores. O projeto pode, eventualmente, ser modificado de tal modo a usar tanques mais rasos, provisão para decantação de água sobrenadante e talvez um ciclo operacional reduzido. Esta opção, que combina a decantação inicial em uma lagoa com secagem subsequente no que é efetivamente um leito de secagem, pode ser desenvolvida para utilização em pequenas estações de tratamento onde os recursos de gestão são limitados.
- Os TSAs do Senegal são semelhantes aos adensadores por gravidade retangulares, mas não possuem mecanismo algum de raspagem para transferir o lodo acumulado para um reservatório, de onde pode ser removido por pressão hidráulica ou por uma bomba. Na ausência de tal disposição, é provável que o lodo retirado do reservatório seja misturado com água sobrenadante, o que aumenta seu teor de água. Há também o perigo de o lodo se acumular no tanque ao longo do tempo.
- Uma alternativa para os TSA de estações de médio porte seria fornecer tanques com fundo em tremonha para a separação de sólidos e líquidos, com a remoção do lodo do fundo da tremonha em intervalos regulares. O lodo não terá tido tempo de se solidificar, mas essa alternativa torna muito menos provável que a água sobrenadante seja retirada junto com o lodo. A chave para o sucesso desses tanques é a gestão ativa do processo de remoção de lodo, sem o qual, o acúmulo de lodo leva à falha do sistema. Os cálculos e a experiência operacional sugerem que a remoção do lodo é necessária várias vezes por dia.
- As prensas de lodo são uma opção para estações maiores, e em geral produzem lodo com um teor de sólidos na faixa de 15 a 25%, significativamente acima dos 5 a 10% que podem ser alcançados pela maioria das formas de separação por gravidade. A demanda de energia é baixa, mas um bom desempenho depende da adição de polímeros. Devem ser considerados para estações maiores se os sistemas apropriados de funcionamento e manutenção e cadeias de fornecimento eficaz para polímeros e peças de reposição existirem ou puderem ser estimulados.
- Antigamente, os tanques Imhoff eram usados como uma tecnologia de separação de sólidos e líquidos. Infelizmente, a acelerada taxa de acúmulo de lodo resultante do alto teor de sólidos do lodo de fossa séptica leva a uma necessidade de remoção de lodo frequente, o que prejudica a lógica de um sistema que incorpora a digestão de sólidos. Por essa razão, este livro não recomenda o uso de tanques Imhoff.

Referências

Badji, K., Dodane, P-H., Mbéguéré, M. and Koné, D. (2011) Traitement des boues de vidange: éléments affectant la performance des lits de séchage non plantés en taille réelle et les mécanismes de séchage, Dübendorf: EAWAG/SANDEC <https://www.pseau.org/outils/ouvrages/eawag_gestion_des_boues_de_vidange_optimisation_de_la_filiere_2011.pdf> [acessado em 24 de março de 2018].

Bassan, M., Dodane, P-H. and Strande, L. (2014) 'Treatment mechanisms', in L. Strande, M. Ronteltap, and D. Brdjanovic (eds), *Faecal Sludge Management: Systems Approach for Implementation and Operation*, London: IWA Publishing <https://www.un-ihe.org/sites/default/files/fsm_book_lr.pdf> [acessado em 24 de março de 2018].

Dodane, P-H. and Bassan, M. (2014) 'Settling-thickening tanks', in L. Strande, M. Ronteltap, and D. Brdjanovic (eds), *Faecal Sludge Management: Systems Approach for Implementation and Operation*, London: IWA Publishing <www.un-ihe.org/sites/default/files/fsm_ch06.pdf> [acessado em 3 de abril de 2018].

Gillette, R., Swanbank, S. and Overacre, R. (2009) *Improved Efficiency of Dewatering Alternatives to Conventional Dewatering Technologies*, 2009 PNCWA Webinar, Recent Developments in Biosolids Management Processes, <http://www.pncwa.org/assets/documents/Alternative%20Dewatering%20Technologies%20Gillette%20200908%20pncwa.pdf> [acessado em 8 de março de 2018].

Heinss, U., Larmie, S.A. and Strauss, M. (1998) *Solids Separation and Pond Systems for the Treatment of Faecal Sludges in the Tropics: Lessons Learnt and Recommendations for Preliminary Design*, 2nd edn (SANDEC Report No. 05/98), Dübendorf: Eawag/Sandec <https://www.sswm.info/sites/default/files/reference_attachments/HEINSS%201998%20Solids%20Separation%20and%20Pond%20Systems%20For%20the%20Treatment%20of%20Faecal%20Sludges%20In%20the%20Tropics.pdf> [acessado em   24 de março de 2018].

Heinss, U., Larmie, S. and Strauss, M. (1999) *Characteristics of Faecal Sludges and their Solids–Liquid Separation*, Dübendorf: Eawag/Sandec <https://www.sswm.info/sites/default/files/reference_attachments/HEINSS%20et%20al%201994%20Characteristics%20of%20Faecal%20Sludges%20and%20their%20Solids-Liquid%20Seperation.pdf> [acessado em 24 de marzo de 2018].

Institute of Water Pollution Control (1980) *Manuals of British Practice in Water Pollution Control: Unit Processes, Primary Sedimentation*, Maidstone, Kent: IWPC.

Kraehenbuehl, M. and Hariot, O. (2015) *Assessment of latrine desludging, transport of human waste and treatment at the sludge treatment station (STS) in Sittwe Camp, Myanmar*, Myanmar: Solidarités International (unpublished report).

Metcalf & Eddy (2003) *Wastewater Engineering Treatment and Reuse*, 4th edn, New York: McGraw Hill.

Strande, L., Ronteltap, M. and Brdjanovic, D. (2014) *Faecal Sludge Management: Systems Approach for Implementation and Operation*, London: IWA <www.sandec.ch/fsm_book> [acessado em 17 de novembro de 2017]

Tchobanoglous, G., Stensel, H.D., Tsuchihashi, R. and Burton, F. (2014) *Wastewater Engineering: Treatment and Resources Recovery*, New York: McGraw Hill Education.

Tilley, E., Ulrich, L., Lüthi, C., Reymond, P. and Zurbrügg, C. (2014) *Compendium of Sanitation Systems and Technologies*, 2nd edn, Dübendorf: Eawag/Sandec <http://www.iwa-network.org/wp-content/uploads/2016/06/Compendium-Sanitation-Systems-and-Technologies.pdf> [acessado em 25 de março de 2018].

US EPA (1987) *Innovations in Sludge Drying Beds: A Practical Technology*, Columbus, OH: EPA <https://nepis.epa.gov/Exe/ZyPDF.cgi/200045M2.PDF?Dockey=200045M2.PDF> [acessado em 8 de março de 2018].

WEF (2010) *Design of Municipal Wastewater Treatment Plants, WEF Manual of Practice no. 8*, 5th edn, Alexandria, VA: WEF Press.

CAPÍTULO 8

Tratamento da fase líquida

O presente capítulo examina as opções para o tratamento de esgoto séptico líquido e da fração líquida separada do lodo de fossa seca e do lodo de fossa séptica produzidos pela separação de sólidos e líquidos. As propostas de tratamento precisam levar em conta a elevada concentração do líquido a ser tratado e a necessidade de produzir um efluente que possa ser usado ou lançado no ambiente com segurança, observando as normas de lançamento, quando necessário. Via de regra, isso significa que será necessária mais de uma etapa de tratamento, normalmente com tratamento aeróbio após o tratamento anaeróbio. O volume relativamente pequeno e os teores de sólidos mais elevados do lodo de fossa seca implicam que este seja tratado frequentemente como chorume e não como líquido, sendo este o motivo do presente capítulo concentrar-se no tratamento do lodo de fossa séptica. O tema principal do capítulo são as tecnologias apropriadas para uso em estações autônomas de tratamento do lodo de fossa séptica, mas também são fornecidas informações sobre os aspectos que devem ser levados em conta quando se consideram opções para tratamento conjunto com esgoto doméstico.

Palavras-chave: fração líquida, alta concentração, tratamento anaeróbio, tratamento aeróbio, requisitos para lançamento, requisitos para uso final.

Introdução

Objetivos do tratamento da fase líquida

Como observado nos capítulos anteriores, os principais objetivos dos processos de tratamento do lodo de fossa seca e do lodo de fossa séptica são garantir que os produtos do tratamento não causem nenhum dano à saúde pública ou ao meio ambiente. Quando o efluente líquido é lançado em um curso d'água natural, o principal objetivo é reduzir as cargas de sólidos orgânicos e de sólidos suspensos a níveis que estejam em conformidade com as normas de lançamento aplicáveis e que não afetem adversamente a qualidade da água, sobretudo a concentração de oxigênio dissolvido no corpo d'água receptor. Dependendo da natureza, dos usos e da qualidade do curso d'água receptor, também pode ser necessária a remoção de nutrientes (principalmente nitrogênio e fósforo). Se houver a possibilidade de que o líquido tratado seja usado para irrigar culturas ou áreas públicas, também será necessário reduzir as concentrações de patógenos a níveis seguros para proteger a saúde da população. A maioria dos países de renda mais baixa têm normas de lançamento para concentração de sólidos orgânicos e suspensos no efluente expressas como demanda bioquímica de oxigênio de cinco dias

(DBO$_5$), ou demanda química de oxigênio (DQO), e sólidos suspensos totais (SST). Alguns também estabelecem padrões para nutrientes, entre os quais fósforo, nitrato e amônia, conforme está exemplificado nas normas da Malásia resumidas na Tabela 4.1. As Diretrizes da OMS de 1989 resumidas na Tabela 4.2 recomendam as concentrações de agentes patogênicos aceitáveis para o uso de líquidos tratados em culturas irrigadas e áreas públicas.

Este capítulo trata das opções de tratamento para a redução das cargas de sólidos orgânicos e de sólidos suspensos no efluente. Também contém informações sobre opções simples e de baixo custo para a remoção de patógenos. As opções de tratamento que focam explicitamente na remoção de nutrientes não serão abordadas. O fósforo pode ser removido usando ou sais metálicos ou cal para precipitar os fosfatos e assim eliminá-los da fase líquida. O método de remoção de nitrogênio usado com maior frequência nas estações de tratamento de esgoto consiste no acréscimo de uma fase anóxica aos processos de lodo ativado (Metcalf & Eddy, 2003; WEF, 2010). Estes processos são mais complexos do que as opções relativamente simples de remoção de DBO e SST descritas neste capítulo e têm um custo de capital e operacional muito maiores. Por essa razão, a remoção de nutrientes só deve ser considerada quando o corpo d'água onde o efluente será lançado correr risco de eutrofização. Nos locais onde essa situação ocorre, costuma ser melhor procurar uma opção alternativa para o lançamento do efluente como, por exemplo, destiná-lo à irrigação restrita.

Muitas das tecnologias de tratamento descritas neste capítulo são apropriadas tanto para tratamento autônomo da parte líquida do lodo de fossa seca e do lodo de fossa séptica como para tratamento conjunto com o esgoto. As questões a serem levadas em conta quando se considera o tratamento conjunto são abordadas nos pontos apropriados do capítulo, em uma subseção e no final do capítulo.

Desafios e opções de tratamento

As concentrações de DBO, DQO e amônia do lodo de fossa seca e do lodo de fossa séptica são muito mais elevadas do que as do esgoto doméstico. Isso vale para a fração líquida após a separação da parte sólida da líquida. Outros fatores que devem ser considerados ao avaliar as opções de tratamento são as características do material a ser tratado e a probabilidade de que as estações de tratamento de lodo de fossas estarão sujeitas a grandes variações de carga. Em relação às características do material, o esgoto séptico removido de fossas rudimentares, fossas negras e tanques sépticos esvaziados com pouca frequência normalmente será uniformemente bem digerido, e o potencial de uma maior redução orgânica será menor do que o do esgoto doméstico. As duas medidas de tratamento de qualquer esgoto são o seu teor de sólidos voláteis (SV), normalmente expresso como uma porcentagem dos sólidos totais (ST), e a sua relação DQO/DBO$_5$. Os ST são medidos por meio da evaporação de uma amostra de 1 litro de esgoto e pesagem do resíduo. Os ST consistem em sólidos dissolvidos totais (SDT) e sólidos suspensos totais (SST). O teor de SST do esgoto é determinado pela pesagem do resíduo seco deixado após passar uma amostra de 1 litro de esgoto por papel de filtro de porosidade fina. O teor de SDT é obtido a partir de ST = SST + SDT. A distinção entre SDT e SST é bastante arbitrária, uma vez que o teor de SST medido depende do tamanho do poro do papel de filtro. Os SDT podem incluir sais minerais que estão presentes na água da qual provêm o esgoto. Tanto SDT como SST incluem uma fração de sólidos voláteis (SDV e SSV, respectivamente), que, assim como acontece com os SV, normalmente é expressa como uma fração seja de SDT ou de SST, conforme for apropriado. A percentagem de SV é um substituto para teor orgânico, e um alto valor de SV em relação a ST indica um potencial para posterior tratamento biológico. O teor de SSV do esgoto não tratado situa-se tipicamente na faixa de 75-80% de SST (Metcalf & Eddy, 2003, Tabela 3-15). Os valores apresentados na Tabela 8.1 sugerem que o SSV do lodo de fossa séptica e do lodo de fossa seca normalmente será mais baixo. Também apontam uma tendência de que o teor de SSV das amostras de lodo de fossas é ligeiramente maior que o conteúdo de SV dessas amostras. Uma possível explicação para isso é que o lodo de fossa séptica e o lodo de fossa seca bem digerido contêm uma elevada proporção de partículas finas bem digeridas, que não precipitam facilmente e permanecem na fração líquida, reduzindo o seu teor de SV e, portanto, a sua capacidade de tratamento. Independentemente disso, os valores apresentados na Tabela 8.1 sugerem que há uma margem significativa para o tratamento biológico do lodo de fossa séptica e do lodo de fossa seca.

Tabela 8.1 Variação do teor de sólidos voláteis de fontes de esgoto e de lodo séptico

Fonte líquida	Conteúdo de SV %	Fonte:
Esgoto bruto	76-79 (SSV) 40 (SDV)	Metcalf & Eddy (2003)
Esgoto séptico de cerca de 50 fossas e tanques em Kampala, Uganda	65 (SSV) 60 (SV)	Análise do autor dos dados apresentados em Schoebitz et al. (2016)
Lodo de banheiro público	68 (SV)	Kone e Strauss (2004)
Esgoto séptico	47-73 (SV)	Kone e Strauss (2004)
Esgoto séptico (Hanói, Vietnã)	66-83	Schoebitz et al. (2014)
Esgoto séptico e conteúdo de latrinas de fossa úmida em Ouagadougou, Burkina Faso	60-72 (SSV) 53-61 (SV)	Bassan et al. (2013)

Conforme observado nos capítulos anteriores, tanto a concentração do material a ser tratado como a carga hidráulica das estações de lodo de fossa seca e lodo de fossa séptica podem ser altamente variáveis. Durante o tratamento preliminar e a separação de sólidos e líquidos, ocorrerá algo de redução na variação de concentração e carga hidráulica. No entanto, como foi observado no Capítulo 5, será muito difícil equalizar as vazões relativamente pequenas que chegam às estações de tratamento de lodo de fossa séptica e lodo de fossa seca. Como resultado, a maior parte da carga recebida nessas estações ocorrerá durante o horário diurno, que terá mais de 8-10 horas de duração. Em outros horários, não haverá vazão. Tecnologias com um tempo de retenção longo, por exemplo, lagoas de estabilização, lagoas de aeração e alagados construídos, serão as mais adequadas para lidar com as variações de vazão. Processos de tratamento como os reatores anaeróbios de fluxo ascendente (UASB, do inglês *upflow anaerobic sludge blanket*), que dependem de que seja mantida uma manta de lodo, tornam-se muito difíceis de operar durante períodos prolongados sem vazão. Do mesmo modo, interrupções prolongadas de vazão irão afetar o desempenho dos filtros percoladores e poderão gerar problemas com odores e insetos. Por isso, este capítulo não descreve nem os reatores UASB nem os filtros percoladores em detalhe, mas explora brevemente o seu papel potencial no tratamento conjunto com esgoto doméstico.

Visão geral dos processos e tecnologias de tratamento da fase líquida

Mesmo após a separação das fases sólida e líquida, a alta concentração de material séptico cria a necessidade de mais de uma fase de tratamento para que um padrão aceitável de efluente seja atingido. Havendo a possibilidade de que o líquido tratado seja usado na irrigação de culturas ou em áreas públicas, o projeto deve visar à redução das concentrações de patógenos a níveis seguros. Os processos anaeróbios dispensam energia elétrica e têm um melhor rendimento com afluentes relativamente concentrados, particularmente em climas quentes. Nesse sentido, são uma opção muito boa para a primeira fase do tratamento. Sua principal desvantagem é a demora para iniciar em razão do tempo necessário para que os processos anaeróbios se estabeleçam. O alcance do rendimento de projeto de uma unidade de tratamento anaeróbio para levar várias semanas, porém um processo anaeróbio bem administrado é capaz de remover mais de 70% da carga orgânica. Um tratamento aeróbio complementar será necessário para atender às normas de lançamento, entretanto a inclusão de uma primeira fase de processo anaeróbio irá reduzir o oxigênio e, consequentemente, os requisitos de energia elétrica e/ou área para processos de tratamento subsequentes. A Figura 8.1 mostra como as várias opções de tratamento da parte líquida podem ser interligadas em série, tendo com frequência o tratamento anaeróbio como primeira fase, seguido de tratamento aeróbio e da redução de agentes patogênicos ou etapas adicionais de aperfeiçoamento. Apesar de não serem adequados para tratamento autônomo de material séptico, os reatores UASB podem ser uma opção para o tratamento conjunto com esgoto doméstico. Lodo ativado e arejamento prolongado são opções aeróbias para tratamento conjunto, mas é preciso que os projetistas tenham em conta o impacto do aumento da carga associada com o material séptico no custo da energia elétrica.

Ao avaliar as opções de tratamento, deve-se atentar para os desafios decorrentes do alto teor de sólidos do líquido a ser tratado. Enquanto uma separação prévia das fases líquida e sólida reduz a concentração de sólidos

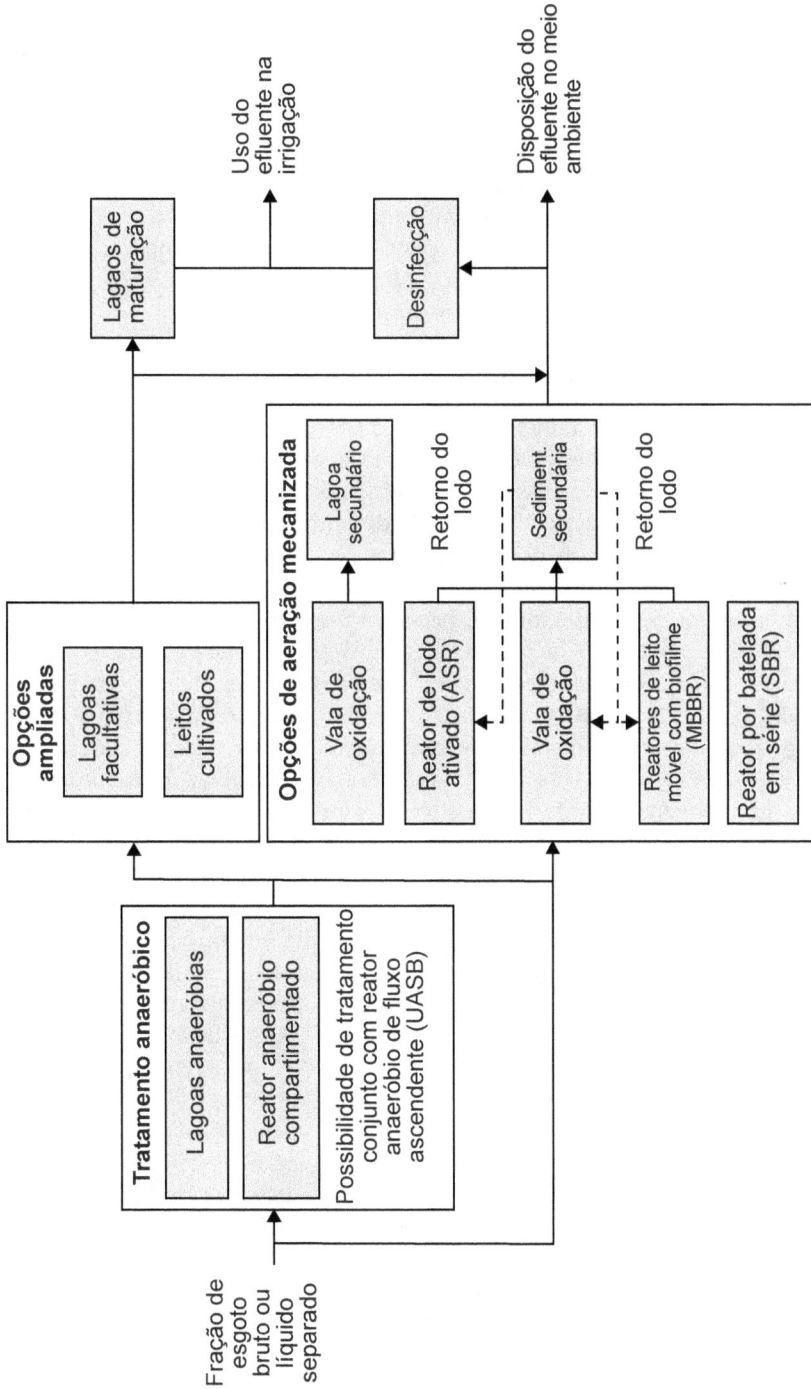

Figura 8.1 Opções de tratamento de fluxo líquido

no afluente, esta ainda será suficientemente alta para causar uma rápida acumulação de lodo nos tanques e lagoas, e opções para lidar com esse lodo devem ser consideradas na fase de projeto. Os lodos removidos das unidades de tratamento anaeróbio e aeróbio/biológico exigirão secagem, como se explica no Capítulo 9. A Figura 8.1 ilustra a possibilidade de desinfecção da água tratada para uso agrícola. Tal tratamento normalmente somente será necessário quando o efluente tratado se destinar a irrigação irrestrita. Dado o volume relativamente baixo de efluente produzido nas estações de tratamento de lodo de fossas secas e de fossas sépticas, normalmente a melhor solução será evitar a necessidade de desinfecção química destinando o efluente tratado para outros fins que não a irrigação irrestrita.

Opções de tratamento anaeróbio

Todos os processos de tratamento anaeróbio abordados neste livro baseiam-se na combinação de processos de decantação e de digestão mesofílica. Esses processos dependem muitíssimo da temperatura, o que significa que normalmente apresentarão um bom rendimento em climas quentes. Boa parte da literatura sobre as opções de tratamento anaeróbio relacionadas ao tratamento de esgoto doméstico, e aos parâmetros de projeto ora apresentados foram extraídos dessa literatura. É necessário aprofundar as pesquisas para determinar os parâmetros de projeto adequados para o lodo de fossas sépticas, e é provável que as constantes de velocidade aplicáveis à digestão anaeróbia de lodo de fossa séptica parcialmente digerido serão menores do que as de esgoto doméstico não digerido. Por exemplo, estudos realizados na estação de tratamento de esgoto de Khirbit-as-Samra, na Jordânia, mostraram que a taxa de biodegradação do lodo de fossas sépticas era menor do que a do esgoto doméstico e do lodo primário em uma estação de tratamento de esgoto (Halalsheh et al., 2011).

O esgoto contém nitrogênio tanto na forma de amoníaco (NH_4) como de amônia (NH_3). O NH_4 predomina quando o pH é neutro, representando tipicamente cerca de 95% do nitrogênio amoniacal total (NAT). Em concentrações elevadas, o NH_3 é tóxico para as bactérias anaeróbias e inibe a metanogênese. Os dados disponíveis sugerem que o limite de inibição ocorre a uma concentração de NH_3 de cerca de 1.000 mg/l (ver, por exemplo, Moestedt et al, 2016; Hansen et al, 1998). As concentrações de nitrogênio total no lodo de fossa seca e no lodo de fossa séptica podem variar de valores típicos de menos de 500 mg/l para o lodo séptico digerido até mais de 5.000 mg/l no lodo de fossa seca fresco (Strande et al., 2014, Tabela 9.2). Com níveis de pH neutro, a maior parte deste nitrogênio estará sob a forma de amônio, que, ao contrário do amoníaco, não irá inibir os processos anaeróbios e por isso não deve apresentar problemas, a menos que os resultados do processo de tratamento levem a um aumento significativo do pH.

Lagoas anaeróbias

As lagoas anaeróbias são a forma mais simples de tratamento anaeróbio. Como o seu nome sugere, trata-se de lagoas tipicamente (mas não sempre) retangulares com uma entrada para o efluente a ser tratado em uma extremidade e uma saída para o efluente tratado, no canto diagonalmente oposto. Devem ser carregadas a uma velocidade que assegure condições anaeróbias em toda a profundidade da lagoa. Assim, os sólidos depositam-se no fundo da lagoa, onde a falta de oxigênio dissolvido promove os processos anaeróbios que degradam os sólidos sedimentados. O líquido separado flui pela lagoa para receber tratamento adicional, o qual muitas vezes ocorre em lagoas facultativas e de maturação. A necessidade de terreno das lagoas anaeróbias é significativamente menor do que a das lagoas facultativas e a dos alagados construídos, porém maior que a dos reatores anaeróbios compartimentados. Seu tempo de retenção é medido em dias em vez de horas, com o qual são razoavelmente bons para lidar com variações de vazão. As lagoas anaeróbias são uma opção para o tratamento conjunto de lodo de fossa séptica e esgoto doméstico, desde que o projeto do processo tenha em conta as elevadas cargas orgânicas e de sólidos contribuídas pelo lodo de fossa séptica.

Considerações operacionais e de projeto

Dimensões. A maioria das lagoas anaeróbias tem 2-5 m de profundidade e uma proporção entre comprimento e largura de no máximo 2:1 (Tilley et al., 2014; Mara, 2004). É possível ter lagoas mais profundas, o que irá aumentar o armazenamento disponível para os sólidos depositados. No entanto, aumentar sua profundidade implica um aumento nos custos de construção, particularmente onde o lençol freático se encontra próximo à superfície, além de dificultar a remoção do lodo. Com exceção das estações de tratamento de maior porte, o relativamente pequeno volume necessário da lagoa significa que será mais prático dispor de menos profundidade e realizar a remoção do lodo com mais frequência. Como já foi referido no Capítulo 5, a probabilidade de que uma tarefa seja realizada tende a ser maior quando esta exige menos esforço e tem intervalos mais frequentes. O intervalo necessário para remoção de lodo irá depender da carga de sólidos e do tamanho da lagoa, mas em geral será muito mais curto do que o período de 3-5 anos tipicamente necessário nas lagoas anaeróbias de tratamento de esgoto. Quando forem usados tanques de separação de sólidos e líquidos, é provável que o intervalo de remoção passe a ser medido em meses, e não em anos.

Configurações de entrada e saída. A entrada e a saída deverão estar situadas em cantos diagonalmente opostos da lagoa. Para evitar a acumulação de lodo ao redor da entrada, é aconselhável conduzir o afluente às lagoas com paredes inclinadas através de uma tubulação ou canal até um ponto a certa distância da margem da lagoa. Estando previsto areia, pode-se aprofundar a lagoa abaixo da tubulação de entrada para recebê-la. O afluente deve ser lançado no sentido vertical descendente a fim de reduzir a possibilidade de circulação na lagoa, que causaria um curto-circuito. Uma calha de escuma deve ser instalada na saída a fim de conter a escuma. Havendo disponibilidade de terreno, as lagoas normalmente são construídas com inclinação dos taludes (laterais e de entrada/saída) de 1:2, o que reduz os custos de construção e facilita o acesso, mas tem um efeito significativo na área necessária para as lagoas relativamente pequenas que em geral são necessárias para o tratamento do lodo de fossa séptica. Por essa razão, nas estações de menor porte, pode ser apropriado construir lagoas com paredes verticais de concreto. As laterais e a base das lagoas anaeróbias costumam estar revestidas. Embora possa ser usada uma membrana impermeável na base, o normal na prática é revestir as laterais com concreto, lajes de concreto pré-moldado ou tijolos. Em todos os casos, deve-se construir uma rampa inclinada de forma a permitir o acesso dos funcionários para a remoção do lodo. Mais informações sobre o detalhamento de projeto para todos os tipos de lagoa de estabilização de resíduos encontram-se disponíveis em Arthur (1983) e Mara (2004).

Projeto visando a continuidade das operações durante a remoção de lodo. O projeto deve contemplar pelo menos duas lagoas anaeróbias, dispostas em paralelo. Deve-se prever uma capacidade suficiente para a carga de projeto quando uma lagoa estiver fora de operação para remoção do lodo. Nos locais com grande variação anual da temperatura ambiente, o volume necessário da lagoa será menor, caso se possa garantir que a remoção do lodo da lagoa sempre ocorra durante os meses quentes do ano, quando a carga permitida na lagoa será a maior.

Haverá produção de gás, principalmente com carga elevadas, o que poderá significar odores, à medida que o metano e o sulfeto de hidrogênio gerados escapam para a atmosfera. Outro aspecto que deve ser considerado é o efeito inibitório da amônia livre nos processos de digestão anaeróbia. Tais efeitos são discutidos mais adiante.

Critérios e procedimentos de projeto

As lagoas anaeróbias são projetadas com base em critérios de projeto derivados empiricamente, dos quais o mais importante é a carga orgânica por unidade de volume. As cargas orgânicas recomendadas para o tratamento de esgoto variam de 100-400 g DBO_5/m^3 d, dependendo da temperatura. Mara (2004) sugere as relações mais específicas entre a temperatura ambiente (T), a taxa admissível de carga orgânica volumétrica (λ_v) e a percentagem de remoção de DBO_5, apresentadas na Tabela 8.2.

Tabela 8.2 Relação entre taxa volumétrica de carga de DBO, remoção de DBO a temperatura na lagoa anaeróbia

Temperatura, T (°C)	λ_v (g DOB_5/m^3 d)	Remoção de DBO (%)
<10	100	40
10 a <20	$20T - 100$	$2T + 20$
20 a <25	$10T + 100$	$2T + 20$
≥25	350	70

A Tabela 8.2 apresenta uma taxa volumétrica máxima de carga de 350 g DBO_5/m^3 d, que reflete a experiência de que os odores são mais prováveis a taxas de carga mais elevadas. Como ficará claro a partir das equações dadas abaixo, o tempo de retenção em uma lagoa anaeróbia é igual à concentração de DBO no afluente dividida pela taxa de carga volumétrica. Isso significa que o tempo de retenção necessário para um DBO de 3.000 mg/l no afluente e uma taxa de carga volumétrica de 350 mg/l é de 8,57 dias. Esse valor equipara-se aos tempos de retenção recomendados de 1-7 dias para esgoto (Mara, 2004; von Sperling, 2007; Tilley et al, 2014). Na prática, há exemplos de lagoas anaeróbias com taxas de carga consideravelmente superiores a 350 g/m³ d. Por exemplo, adotou-se um valor de projeto de 700 g de DBO_5/m^3 d para carga em um sistema experimental de lagoas anaeróbias de tratamento de material séptico em Máximo Paz, Argentina, com uma DBO_5 média no afluente de 2.800 mg/l. Uma avaliação do rendimento da lagoa revelou que a carga real aumentou de 533 para 800 g DBO_5/m^3 à medida que o lodo se acumulou e reduziu o volume efetivo da lagoa. As reduções relatadas em DBO_5, SST, e SSV foram de 90%, 82% e 91%, respectivamente (Fernández et al., 2004). O valor de DBO5 removido é comparável com a taxa de remoção de DBO_5 de 70% sugerida por Mara (2004) e com a taxa de 75-84% apresentada por Arthur (1983), ambas para as lagoas de tratamento de esgoto. Com base nesses resultados, a fim de evitar uma produção excessiva de amônia, Fernandez et al. (2004) recomendaram a adoção de uma carga de projeto de 600 g de DBO_5/m^3 d. O Quadro 8.1 traz evidências extraídas de um estudo conduzido na Nova Zelândia que sustenta a ideia de que a camada de escuma que se forma sobre lagoas anaeróbias com cargas muito altas pode reduzir problemas de odor. Se os resultados desse estudo forem corroborados no caso das lagoas de tratamento de lodo de fossa séptica, a adoção de uma taxa de carga máxima de 600 g DBO_5/m^3 d terá uma sólida justificação. Até que os estudos sobre o rendimento de lagoas sob condições locais confirmem ser possível adotar uma taxa de carga maior, o ideal será adotar os valores mais conservadores indicados na Tabela 8.2.

Quadro 8.1 Estudo sobre o impacto da camada de escuma nas emissões de odores

Estudos realizados em uma estação de tratamento que atende uma processadora de carne em Moerawa, Nova Zelândia, descobriram que uma camada de escuma contínua impediu efetivamente a emissão de odores desagradáveis. Testes com detector de gases realizados 100 mm acima da superfície indicaram uma concentração típica de sulfeto de hidrogênio de 0,35 mg/l acima da camada de escuma de 25 mm de espessura, em comparação com concentrações de 2-15 mg/l nas áreas sem escuma (Rands e Cooper, 1966, relatado em Milner, 1978). Entre as razões apontadas para a baixa concentração de sulfeto de hidrogênio através da camada de escuma, incluem-se a retenção física pela camada de escuma e a oxidação do sulfeto à medida que os gases atravessavam a escuma porosa. Os testes não abordaram metano, embora o relatório do estudo afirme que 85% do gás coletado em uma redoma de vidro sobre uma seção aberta da lagoa era metano.

Tabela 8.3 Resumo dos critérios de projeto para lagoas anaeróbias

Parâmetro	Símbolo	Unidades	Valor/intervalo
Taxa de carga orgânica	λ_v	g DBO/m³ d	350 – Considere a possibilidade de aumentar para 600 quando algo de odor for aceitável
Tempo de detenção hidráulica	θ_A	dias	Depende da concentração do afluente e λ_v
Profundidade	D_A	m	2–5
Proporção entre comprimento e largura	L/W	–	Típicamente 1–2:1
Inclinação da lateral	S	–	1:2 ou vertical, dependendo do tamanho da lagoa

A Tabela 8.3 traz um resumo dos critérios de projeto para lagoas anaeróbias. Abaixo resumimos o processo de projeto para lagoas anaeróbias.

1. Calcule o volume necessário da lagoa (m³):

$$V_A = \frac{L_i Q}{\lambda_v}$$

Onde V_A = Volume da lagoa (m³);
$\quad L_a$ = DBO no afluente (mg/l); e
$\quad Q$ = vazão que passa pela lagoa (m³/d).

2. Calcule o tempo de retenção da lagoa (em dias):

$$\theta_A = \frac{V_A}{Q} = \frac{L_i}{\lambda_v}$$

3. Escolha a profundidade da lagoa anaeróbia (D_A, m) y e calcule a área da superfície (SA_A, m²).

A profundidade selecionada deve situar-se na faixa indicada na Tabela 8.3 e deve ter em conta a área de terreno disponível e a facilidade de construção. Lagoas mais profundas requerem uma área menor, mas sua construção pode ser difícil, particularmente em locais onde o solo é rochoso ou o lençol freático está próximo da superfície. Para vazões relativamente baixas de muitas estações de tratamento de lodo de fossa séptica, normalmente será mais prático limitar a profundidade da lagoa a ≤ 3 m. Nas lagoas com paredes verticais, a área de superfície necessária é dada pela equação:

$$SA_A = \frac{V_A}{D_A}$$

No caso de lagoas com uma relação comprimento-largura de 2:1, a equação pode ser reescrita da seguinte forma:

$$\frac{L^2}{2} = \frac{V_A}{D_A}$$

Onde L é o comprimento da lagoa (m). Na prática, será necessário ter pelo menos duas lagoas, dispostas em paralelo, e a área de cada lagoa deve ser ajustada de modo a permitir isso.

No caso de lagoas com taludes inclinados, a relação entre o volume, a área e a profundidade da lagoa é dada pela seguinte equação (*Alberta Agriculture and Forestry*, 2012):

$$V_A = (A_T + A_B + 4A_M) \left(\frac{D_A}{6} \right)$$

Onde L = comprimento da superfície da lagoa (m);
W = largura da superfície da lagoa (m);
A_T = área de superfície da lagoa = LW (m²);
A_B = área da base da lagoa = $(L - 2sD_A)(W - 2sD_A)$ (m²);
A_M = profundidade média da lagoa $(L - sD_A)(W - sD_A)$ (m²);
V_A = volume da lagoa (m³);
D_A= profundidade da lagoa (m); e
s = declive do aterro (horizontal/vertical).

Conhecidos o volume e a profundidade e adotada uma relação comprimento-largura, esta expressão torna-se uma equação quadrática, que pode ser resolvida tanto para o comprimento como para a largura. Alternativamente, as dimensões exatas das superfícies superior e inferior da lagoa podem ser calculadas usando a calculadora online de volume de lagoa apresentada por *Alberta Agriculture and Forestry* (2012). O comprimento e a largura do aterro da lagoa serão iguais a $(L + 2sF)$ e $(W + 2sF)$, respectivamente, onde F é a borda livre (a distância vertical entre o topo do aterro da lagoa e o nível de água da lagoa).

4. Calcule as concentrações de DBO e SST do efluente:

$$L_e = L_a \left(\frac{1 - \%DBO_{rem}}{100} \right)$$

$$SST_e = SST_a \left(\frac{1 - \%SST_{rem}}{100} \right)$$

Onde L_e = DBO do efluente (mg/l);
L_a = DBO do afluente (mg/l);
$\%DBO_{rem}$ = porcentagem da DBO removida da lagoa;
SST_e = SST do efluente (mg/l);
SST_a = SST do afluente (mg/l); e
$\%SST_{rem}$ = porcentagem de SST removido da lagoa.

Na ausência de informações dos sistemas locais de lagoas, use os valores de remoção de DBO indicados na Tabela 8.2 para estimar DBO_{rem}.

5. Calcule a taxa de acumulação de sedimentos e a frequência de remoção necessária.

$$LS_a = Q \times \frac{SST_a}{1000} \times \frac{\%SST_{rem}}{100} \times \left(1 - \frac{\%SST_d}{100}\right)$$

Onde LS_a = taxa de acumulação de lodo seco (kg/d);

Q = vazão que passa pela lagoa (m³/d);

$\%SST_{rem}$ = porcentagem de remoção de SST na lagoa; e

$\%SST_d$ = percentual de destruição de sólidos (considere 20% se não houver dados disponíveis).

A taxa de acumulação do volume de lodo úmido ($Q_{lodo,\ úmido}$, m³/d) na zona de deposição pode ser calculada a partir da taxa de acumulação de sólidos e de um valor para o teor de ST no lodo. Na ausência de dados, considere um teor médio de 10% de ST no lodo. Presume-se que a densidade do lodo úmido ($\rho_{lodo,\ úmido}$, kg/m³) seja aproximadamente igual à densidade da água. Assim:

$$Q_{lodo,\ úmido} = \frac{SD_a}{(\%ST/100)\rho_{lodo,\ úmido}}$$

A frequência de remoção de lodo necessária ($f_{vremoção}$, dia) pode ser calculada com base no volume da lagoa anaeróbia e na remoção quando a acumulação de lodo for aproximadamente um terço do volume da lagoa. Assim:

$$f_{remoção} = \frac{\frac{1}{3} V_A}{Q_{lodo,\ úmido}}$$

O volume e o teor de sólidos do lodo removido em cada evento de remoção irão influenciar a projeto das instalações de desidratação de lodo posteriores.

Exemplo de projeto de lagoa anaeróbia

Considere o projeto de lagoas anaeróbias para tratar o efluente líquido de um módulo de separação das fases sólida e líquida. As características do afluente e as premissas do processo estão resumidas abaixo:

Parâmetro	Símbolo	Valor	Unidade
Vazão	Q	40	m³/d
Temperatura média diária	T	25	°C
Concentração de DBO do afluente	L_a	2.000	mg/l
Concentração de SST do afluente	SST_a	5.000	mg/l
Profundidade	D_A	3	m
Proporção L:W	–	2:1	–
Número de lagoas	N	2	–
Premissas			
% Remoção de SST	$\%SST_{rem}$	55	%
% de sólidos destruídos	$\%SST_d$	20	%
% ST do lodo úmido	$\%ST_l$	10	%
Densidade do lodo	ρ_{lodo}	1.000	kg/m³

1. *Calcule o volume total necessário da lagoa:*
   A taxa máxima de carga orgânica recomendada a 25°C, conforme recomendado na Tabela 8.2, é 350 g DBO/m³ d. Assim:

$$V_A = \frac{2000\,mg/l \times 40\,m^3}{350\,mg/l} = 229\ m^3$$

Quando a DBO do afluente for significativamente mais alta, pode ser apropriado usar uma taxa de carga mais alta, até (mas não acima) o valor de 600 g/m³ d sugerido após os estudos de Maximo Paz.

2. *Calcule o tempo de retenção na lagoa:*

$$\theta_A = \frac{229\,m^3}{40\ m^3/d} = 5{,}7\ d$$

3. *Determine a área de superfície, dimensões e configuração da(s) lagoa(s):*

$$SA_A = \frac{229\ m^3}{3\ m} = 76\ m^2$$

Considere duas lagoas paralelas, cada uma com área de 38 m² e recebendo 20 m³/d. Essas lagoas são muito pequenas para que as laterais sejam inclinadas, portanto, terão que ser verticais. Para uma relação comprimento-largura de 2, as dimensões de cada tanque são 4,4 m x 8,8 m, totalizando uma área de lagoa de 38,72 m².

4. *Calcule as concentrações de DBO e SST do efluente:*
   Considere um valor de 70% de remoção de DBO:

$$L_e = 2.000\ mg/l\ (1 - 0{,}7) = 600\ mg/l$$

Considere um valor de 55% de remoção de SST:

$$SST_e = 5.000\ mg/l\ (1 - 0{,}55) = 2.250\ mg/l$$

5. *Calcule a frequência de remoção de lodo e a massa e o volume do lodo removido em cada evento de remoção:*
   Calcule a taxa de acumulação de sólidos em cada lagoa, considerando uma taxa de destruição de sólidos de 20%:

$$DS_a = \left(0{,}5 \times 40\ m^3/d\right) \times 5.000\ mg/l$$

$$\times \left[\frac{1.000\ L}{1\ m^3}\right] \times \left[\frac{1\ kg}{1{,}000{,}000\ mg}\right] \times \frac{55}{100} \times (1 - \frac{20}{100})$$

$$= 44\ \frac{kg}{d\ lagoa}$$

Calcule a taxa de acumulação de volume de lodo úmido nas zonas de sedimentação das duas lagoas, considerando 10% de teor de ST no lodo:

$$Q_{lodo,úmido} = \frac{44\ kg/d}{0{,}10 \times 1.000\ kg/m^3} = 0{,}44\ m^3/d$$

Calcule a frequência de remoção de lodo necessária para cada lagoa:

$$f_{remoção} = \frac{\frac{1}{2} \times 229\,m^3/2}{0{,}44\ m^3/d} = 87{,}8\ d\ \left(i.e.\ {\sim}3\ meses\right)$$

O volume a ser removido em cada evento é um terço do volume do tanque:

38 m² (área da lagoa) × 3 m (profundidade da lagoa) × ⅓ = 38 m³

Devem-se escalonar as épocas de remoção de lodo dos dois tanques para que uma sempre esteja em operação.

O cálculo revela a necessidade de remoções de lodo frequentes. Dessa forma, destaca-se a conveniência da separação das fases sólida e líquida para reduzir o teor de sólidos da fração líquida do material séptico separada antes do tratamento.

Reator anaeróbio compartimentado

Os reatores anaeróbios compartimentados (ABR, do inglês *anaerobic baffled reactor*) são tanques de concreto, de alvenaria ou de fibra de vidro pré-fabricados que consistem em vários compartimentos em série (Figura 8.2). Estes reatores removem o material orgânico através da digestão anaeróbia e da decantação de matéria particulada. Tubos ou defletores direcionam os resíduos líquidos por meio de uma abertura situada um pouco abaixo da superfície da água em cada compartimento para o fundo do compartimento seguinte, direcionando o esgoto através de uma camada de lodo sedimentado e proporcionando um contato intensivo entre os poluentes orgânicos e a biomassa ativa. Os reatores ABR usados no tratamento de esgoto geralmente incorporam um compartimento de decantação semelhante ao primeiro compartimento de um tanque séptico, seguido por quatro a seis compartimentos de fluxo ascendente com uma ou mais câmaras de filtração anaeróbia (FA) situadas após estes últimos compartimentos (Sasse, 1998). Devido à compartimentalização, a acidogênese e a metanogênese ocorrem separadas longitudinalmente no reator, com predominância da acidogênese no primeiro compartimento e da metanogênese nos compartimentos posteriores. Esta separação permite que diferentes grupos de bactérias se desenvolvam sob condições favoráveis. Os defensores dos reatores ABR afirmam que tal separação permite que o reator se comporte como um sistema de duas fases sem o custo elevado e os problemas de controle geralmente associados à operação em duas fases. O resultado disso é um aumento significativo da atividade acidogênica e metanogênica. Reynaud e Buckley (2016) sugerem outro benefício da compartimentalização: afirmam que é um forte fator estabilizante uma vez que equilibra flutuações de alimentação ao longo das câmaras do reator.

O compartimento decantador serve para separar os sólidos grandes antes dos compartimentos de fluxo ascendente (Sasse, 1998). Esse compartimento não precisa estar conectado aos compartimentos de fluxo ascendente, e talvez possa ser omitido quando o tratamento no reator ABR é precedido por uma separação de sólidos e líquidos, o que quase sempre é o caso nas usinas de tratamento de lodo de fossa séptica. No entanto, dado que a concentração de sólidos do afluente provavelmente seja elevada, mesmo com a separação de sólidos e líquidos, normalmente será aconselhável incluir um compartimento

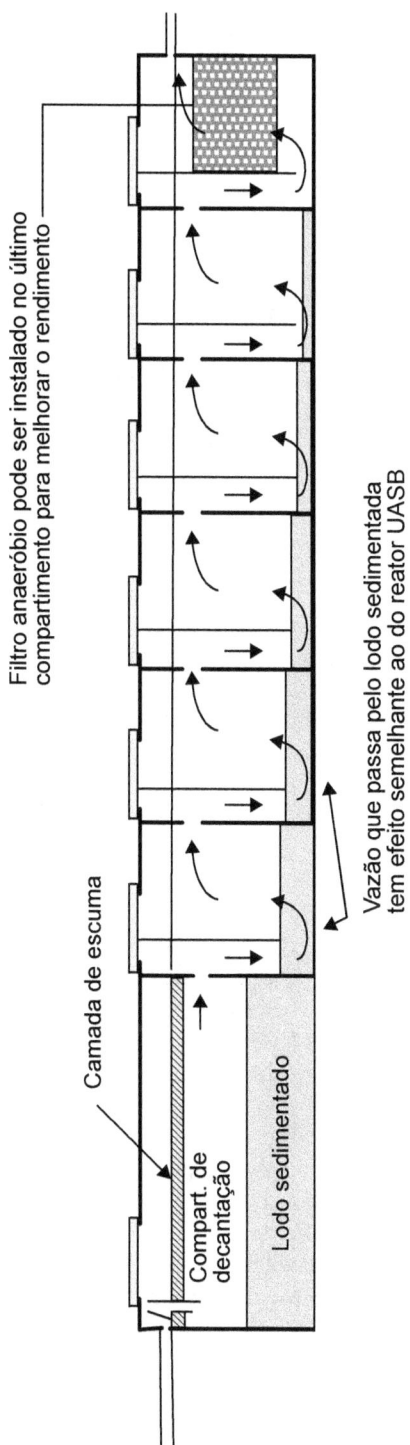

Filtro anaeróbio pode ser instalado no último compartimento para melhorar o rendimento

Camada de escuma

Compart. de decantação

Lodo sedimentado

Vazão que passa pelo lodo sedimentada tem efeito semelhante ao do reator UASB

Figura 8.2 Disposición típica de un RAD

decantador para reter os sólidos e assim reduzir sua taxa de acumulação nos compartimentos de fluxo ascendente subsequentes. Devido à sua área relativamente grande, o compartimento de decantação também tenderá a atenuar as vazões máximas e, dessa forma, reduzirá as oscilações de carga hidráulica nos compartimentos de fluxo ascendente subsequentes.

A Figura 8.2 mostra uma configuração típica de um reator ABR, com um compartimento decantador e um filtro anaeróbio de fluxo ascendente no último compartimento.

Os reatores ABR têm uma pegada pequena, não dependem de energia elétrica e exigem apenas habilidades técnicas limitadas para operar (Gutterer et al., 2009). Ocupam uma área menor do que as lagoas anaeróbias e, por serem fechados, pode ser possível usá-los em locais onde o problema do odor das lagoas anaeróbias impede que estas sejam usadas. Por serem fechados, remover o lodo de um reator ABR será mais difícil do que o de uma lagoa anaeróbia e, por causa da presença de metano e de outros gases, é uma operação potencialmente perigosa.

Rendimento

Grande parte das informações sobre o rendimento dos reatores ABR baseia-se em estudos de laboratório e em escala piloto. Embora a maioria desses estudos relatem uma taxa de remoção de DQO acima de 80%, os estudos no laboratório não levam em conta aspectos importantes da operação de campo, como as variações de vazão diurnas, a necessidade de permitir um período de partida adequado e a influência do desenho da saída da câmara. Outro fator a ser considerado na avaliação do rendimento provável é o elevado teor não-biodegradável do material séptico em comparação com o do esgoto. Isto provavelmente resulte em taxas de remoção de DQO menores do que as registradas no tratamento de esgoto. A Tabela 8.4 contém um resumo dos resultados de estudos selecionados que fornecem informações sobre o rendimento dos reatores ABR sob condições de campo e, num caso, um estudo à escala laboratorial do tratamento de lodo de fossa negra.

Esses achados confirmam que o rendimento dos reatores ABR no campo dificilmente se equipara ao conseguido sob condições controladas de laboratório. Os fatores que contribuem para esse rendimento inferior no tratamento de esgoto comunais provavelmente incluíam baixas taxas de carga orgânica e os picos hidráulicos causados pela intrusão de águas pluviais. O rendimento também será negativamente afetado pela presença de produtos químicos ilegais no lodo de fossa séptica e a acumulação de lodo nos compartimentos de fluxo ascendente. O estudo Bwapwa apoia a opinião de que o maior teor não biodegradável do lodo de fossa seca e do lodo de fossa séptica também irá afetar o rendimento dos reatores ABR.

Tabela 8.4 Rendimento dos reatores ABR em estudos selecionados

Fonte do afluente	Descrição e localização do sistema	Características do afluente	Velocidade do fluxo ascendente	Eficiência do tratamento	Notas e referências
Esgoto séptico de fossas negras de campos de pessoas deslocadas internamente (PDI)	12 compartimentos de ABR após o compartimento de decantação separado (Sittwe, Mianmar)	DQO do afluente: 6.200 mg/l Taxa de carga orgânica: 2,55 kg DQO/m³ d (todo o ABR) Tempo de detenção hidráulica (TRH): 5 h por compartimento	Máxima: 0,9 m/h (durante 8 h de alimentação de fluxo) Média: 0,3 m/h (durante período de 24 h)	55% de remoção de DBO	Relatório inédito, *Solidarités International*, citado em de Bonis e Tayler (2016)
Esgoto comunitário	4-12 compartimentos de ABR Volume do reator: 50-156 m³ (4 sistemas estudados na Índia e na Indonésia)	DQO do afluente: 350-510 mg/l	Máxima: 0,4-1,3 m/h	37-67% de remoção de DQO	Seu baixo rendimento pode ser devido à baixa taxa de carga orgânica (Reynaud, 2014)
Lodo de fossa negra	ABR de 4 compartimentos de escala de laboratório precedidos por "tanque de alimentação" (Tanque de alimentação de 220 l e 20 l por compartimento ABR)	DQO do afluente 1.000-3.000 mg / l	Não fornecido	52-80% de remoção de DQO, principalmente no tanque de alimentação	Bwapwa (2012) Somente 28% da redução de DQO por degradação biológica
Porção líquida do esgoto séptico de fossas domésticas (úmidas) e tanques sépticos	1 decantador, 4 ABR, 2 ABR pré-fabricados com FA Volume do reator de 12 m³ (Devanahalli, Índia)	DQO do afluente: 1.500 mg/l	Máxima: 0,10 m/h (durante 8 h de alimentação de fluxo) Média: 0,03 m/h (durante 24 horas)	58% de remoção de DQO 64% de remoção de ST (inclusive tratamento com FA)	Comunicação pessoal, CDD - Consortium for DEWATS Dissemination, Bangalore, Índia

Fonte do afluente	Descrição e localização do sistema	Características do afluente	Velocidade do fluxo ascendente	Eficiência do tratamento	Notas e referências
Porção líquida de lodo de fossas secas domésticas (úmido)	5 ABR, 1 compartimento de FA; volume do reator: 14 m³ (Dar es Salaam, Tanzânia)	DQO do afluente: 950 mg/l	Máxima 0,36 m/h (durante 8 h de alimentação de fluxo) Média: 0,12 m/h (durante 24 horas)	58% de remoção de DQO (inclusive tratamento com FA)	Comunicação pessoal, BORDA Tanzânia

Até que haja mais informação disponível sobre tratamento em grande escala de líquido de lodo de fossa séptica e lodo de fossa seca em reatores ABR, parece apropriado considerar o valor de 50% para a remoção de DQO nos sistemas que satisfazem os critérios de projeto que serão definidos mais adiante neste capítulo. A remoção de DBO provavelmente será maior do que a remoção de DQO, uma vez que a DBO inclui uma proporção mais elevada de material facilmente degradável. Há pouca informação disponível sobre a remoção de SST nos reatores ABR que tratam o líquido de lodo de fossa seca ou lodo de fossa séptica. Na ausência de informação específica, parece razoável supor que a taxa de remoção de SST será semelhante à de DQO. Geralmente convém adotar valores conservadores para os parâmetros de projeto enquanto não houver informação operacional adicional disponível.

Considerações operacionais e de projeto

Resiliência do reator. Alguns estudos constataram que os reatores ABR são resilientes, recuperando-se bem de eventos de choque de carga hidráulica e orgânica (Barber e Stuckey, 1999). Contudo, vazões máximas elevadas podem resultar na lavagem do lodo, deixando pouca biomassa ativa para o tratamento (Reynaud, 2014). Assim, ao projetar os reatores ABR, é necessário avaliar o impacto das unidades de tratamento a montante na vazão máxima que passará adiante no reator. O objetivo normalmente deverá ser atenuar a vazão o suficiente para assegurar que a máxima no reator ABR possa ser considerada a vazão média ao longo das horas em que a usina de tratamento está recebendo vazão, tipicamente 8-10 horas por dia.

Início. Assim como outros processos anaeróbios, o rendimento do reator ABR depende da disponibilidade de massa microbiana ativa e demora para alcançar o nível ideal. Gutterer et al. (2009) observam que a inoculação com lodo de esgoto velho de tanques sépticos irá encurtar a fase de partida e sugerem ser vantajoso começar com apenas um quarto da vazão diária e ir aumentando lentamente a taxa de carga ao longo dos três primeiros meses de operação.

Necessidades de remoção. O rendimento dos reatores ABR será afetado adversamente pela acumulação de lodo nos compartimentos do reator. Por isso, é fundamental que esteja prevista uma remoção regular. Também pode ser necessário remover a escuma periodicamente, a depender do teor de gordura, óleos e graxa (GOG) e dos módulos de tratamento a montante. Gutterer et al. (2009) recomendam que os reatores ABR para tratamento de esgoto doméstico passem por remoção em intervalos de seis meses a três anos. Já os reatores ABR que tratam lodo de fossa séptica exigirão uma maior frequência. Segundo o relato de operadores de reatores ABR que tratam fase líquida separada na usina de tratamento de lodo de fossa séptica que atende os campos de deslocados nos arredores de Sittwe, Myanmar, o lodo acumulava-se rapidamente nos quatro primeiros compartimentos dos doze do reator ABR, requerendo remoção em intervalos frequentes (de Bonis e Tayler, 2016). Quando o fluxo de saída do reator ABR é monitorado regularmente, um aumento no teor de sólidos será uma indicação da necessidade de remoção do lodo. Deve-se deixar algo de lodo ativo em cada compartimento a fim de manter a atividade anaeróbia (Sasse, 1998).

Opções de remoção. A remoção do lodo pode ser realizada por meio de pequenas bombas submersas e caminhões a vácuo. A remoção manual envolve riscos significativos para a saúde e deve ser evitada. Talvez seja possível moldar o piso de cada compartimento do reator ABR como um funil para poder retirar o lodo do fundo. O lodo poderia ser bombeado ou removido por meio de pressão hidrostática. Esta opção precisa ser testada em campo, e isso pode ser feito em instalações piloto com reatores ABR.

Previsão de fluxos de tratamento paralelos. A fim de garantir a flexibilidade operacional durante eventos de manutenção, o projeto deve contemplar pelo menos dois fluxos com reator compartimentado paralelo. Para assegurar uma boa mistura e evitar custos estruturais elevados, cada fluxo deverá ter no máximo 2,5-3 m de largura.

Número de compartimentos. As informações disponíveis sugerem que aumentar o número de compartimentos melhora a retenção de sólidos. Uma investigação do rendimento dos reatores ABR com um tempo de retenção de 14 dias e com dois a cinco compartimentos encontrou uma relação positiva entre a retenção de sólidos e o número de compartimentos (Boopathy, 1998). Com base nisso, Foxon e Buckley (2006) sugeriram que passagens repetidas pelo leito de lodo têm um maior efeito benéfico no rendimento do tratamento do que manter uma baixa velocidade de fluxo ascendente. No entanto, também notaram que a redução da DQO ocorre quase exclusivamente nas três primeiras câmaras.

Provisão para a continuidade da operação durante a remoção de lodo e as principais atividades de reparos. Quando a remoção do lodo dos compartimentos do reator ABR utilizar bombas submersas ou mangueiras de sucção, essa operação poderá ser feita sem precisar interromper um dos fluxos de tratamento. Com isso, a principal preocupação será somente garantir a continuidade do serviço durante um reparo maior do reator ABR. Uma opção será aceitar taxas de carga mais altas nas demais unidades do reator ABR nas raras ocasiões em que um fluxo estará fora de serviço para reparos. Alternativamente, um fluxo adicional pode ser fornecido para permitir o funcionamento contínuo, enquanto uma das operações de tratamento vigentes está fora de serviço para remoção de lodo e/ou reparo. Nas instalações em que cada fluxo de tratamento foi projetado para receber 50% da vazão de projeto, serão necessários três fluxos, atingindo uma capacidade total de 150% da vazão máxima. Quando forem quatro fluxos, a sua capacidade combinada será 133% da vazão máxima.

Detalhes do projeto e a necessidade de nivelamento preciso. Para minimizar a possibilidade de entupimentos e reter a escuma nos compartimentos do reator ABR, a saída de cada compartimento, com a exceção do último, deverá ficar aproximadamente 20 cm abaixo da superfície da água, como ilustra a Figura 8.2. Quando a saída estiver ligada a uma tubulação, deve-se usar um T em vez de uma curva, com a tubulação vertical estendida sobre o nível da água a fim de possibilitar a operação de remoção de quaisquer entupimentos. Os dutos de saída devem ser cuidadosamente nivelados para assegurar que o fluxo esteja distribuído de forma igual em toda a largura do reator. Cada compartimento deverá estar equipado de um poço de visita. Deverá ainda estar dotado de tubo de ventilação vertical e orifícios de ventilação entre as câmaras acima do nível máximo da água a fim de permitir a liberação dos gases produzidos durante a digestão.

Critérios e procedimentos de projeto

Compartimento de decantação. As diretrizes de projeto dos reatores ABR trazem pouca informação sobre o projeto dos compartimentos de decantação. A abordagem de projeto mais simples é considerar que o desempenho do decantador é semelhante ao do primeiro compartimento de um tanque séptico de dois compartimentos. O código brasileiro (Associação Brasileira de Normas Técnicas, 1993) recomenda uma redução linear na retenção de 24 horas, para uma vazão de 6 m³/d, para 12 horas para vazões de 14 m³/d ou superiores (Franceys et al., 1992). Dado que o primeiro compartimento de um tanque séptico de dois compartimentos normalmente representa cerca de dois terços do volume do tanque séptico, o tempo de retenção do compartimento de decantação tipicamente estará compreendido no intervalo de 8-16 horas, dependendo da vazão. Deve-se prever um adicional equivalente a 50-100% do tempo de retenção calculado para o armazenamento do lodo. Sua profundidade e largura devem ser as mesmas que as dos compartimentos compartimentados de fluxo ascendente. A proporção comprimento-profundidade do compartimento de decantação deve ser de cerca de 1,5.

Compartimentos dos reatores ABR de fluxo ascendente. As diretrizes de projeto atuais fornecem recomendações sobre a velocidade máxima do fluxo ascendente através de cada compartimento e o tempo de retenção mínimo através de todos os compartimentos de fluxo ascendente do reator ABR. O rendimento do reator ABR será influenciado pela temperatura. As equações de projeto existentes baseiam-se na experiência operacional a temperaturas ambientes de 20°C e superiores, e não há necessidade para pesquisa adicional sobre o rendimento dos reatores ABR a temperaturas mais baixas.

A carga orgânica também influencia o rendimento, embora Reynaud e Buckley (2016) sugiram que o fator limitante é a capacidade hidráulica, e não a taxa de carga orgânica. Sasse (1998) recomenda uma carga máxima de 3 kg DQO/m³ d, com base em todo o volume do reator ABR, mas estudos de escala laboratorial demonstraram que cargas mais elevadas são possíveis quando a carga é gradualmente aumentada ao longo de vários meses (Boopathy, 1998; Hui-Ting e Yong-Feng, 2010, citado em Hassan e Dahlan, 2013; Chang et al, 2008). Nguyen et al. (2010) compararam as informações disponíveis sobre a relação entre a taxa de carga orgânica e a remoção de DQO. Seus resultados sugerem que há pouca alteração do rendimento para taxas de carga de até cerca de 15 kg DQO/m³ e que o rendimento se deteriora a taxas de carga mais elevadas. Aparentemente alguns desses resultados baseiam-se em estudos feitos em laboratório, que muitas vezes produzem resultados melhores do que os que se obtêm em campo. Em vista disto, este livro sugere uma taxa de carga de DQO máxima de 6 kg DQO/m³ d, mas reconhece a necessidade de mais estudos nesta área.

Dada a separação da acidogênese e da metanogênese ao longo do comprimento do reator ABR, existe um argumento teórico que favorece a definição da carga em termos de um único compartimento de fluxo ascendente. É possível que isso possa levar a uma variação no tamanho dos compartimentos de fluxo ascendente ao longo do comprimento do reator ABR. Mais estudos são necessários para investigar essa possibilidade. A carga de sólidos suspensos provavelmente também seja importante para o tratamento de lodo de fossa séptica nos reatores ABR, mas não foi abordado pelos atuais critérios de projeto. Aqui também se fazem necessárias mais pesquisas para definir os parâmetros de projeto apropriados.

A Tabela 8.5 contém um resumo dos critérios de projeto recomendados para reatores ABR.

Tabela 8.5 Resumo dos critérios de projeto dos reatores anaeróbios compartimentados

Parâmetro	Símbolo	Unidade	Valor/faixa	Notas/Referência
Velocidade do fluxo ascendente	v_{up}	m/h	1	Na vazão máxima (Gutterer et al., 2009).
Tempo de detenção hidráulica	θ_{ABR}	h	48–72	Figura extraída de Tilley et al. (2014). Foxon e Buckley (2006) sugerem 20-60 horas, com 40-60 horas durante a partida.
Taxa de carga orgânica	λ_{ABR}	kg DQO/ m³ d	6	Carga máxima admissível (Hui-ting e Yong-Feng, 2010; Chang et al., 2008, citados em Hassan e Dahlan, 2013). Sasse sugere um valor de 3 kg DQO/m³ d. A abordagem para carga orgânica deve ser revista à luz de novas pesquisas.

Parâmetro	Símbolo	Unidade	Valor/faixa	Notas/Referência
Número de compartimentos	N_c	–	4–8	A maior parte do tratamento ocorre nos três primeiros compartimentos. Compartimentos adicionais irão diminuir a probabilidade de lavagem do lodo (Gutterer et al, 2009; Reynaud e Buckley, 2016).
Profundidade do compartimento	z_c	m	Tipicamente 1.8–2.5 m	Dependendo das condições do local e dos custos de escavação (Foxon e Buckley, 2006; BORDA, comunicação pessoal).
Comprimento do compartimento	L_c	m	Mínimo de 0,75 m entre a parede e o septo e até metade da profundidade do compartimento ($z_c/2$)	Para garantir uma boa distribuição da vazão ao longo de toda a área de compartimento do reator (Gutterer et al., 2009).

Os passos para projetar um reator ABR são os seguintes:

1. Determinar a carga na estação.

   A carga hidráulica do projeto normalmente será a vazão máxima diária na estação no horizonte do projeto. As cargas orgânicas e de sólidos suspensos devem ser calculadas multiplicando-se a vazão máxima diária estimada pelas concentrações de DQO e de SST no afluente. Estas devem basear-se nas características do material séptico entregue na estação de tratamento, com uma margem adequada para as reduções nas concentrações de DQO e SST em função da separação das fases sólida e líquida.

2. Calcule a vazão máxima através dos reatores compartimentados usando a equação:

$$q_P = \frac{Q_P}{t_P}$$

   Onde q_P = vazão máxima (m³/h);
   Q_P = vazão máxima diária (m³/d); e
   t_P = número de horas por dia em que a estação está em operação recebendo vazão (h/d).

3. Calcule a largura total do compartimento do reator ABR:

$$w_c = \frac{q_P}{L_c v_{up}}$$

   Onde w_c = largura total do reator ABR (m);
   L_c = comprimento do compartimento do reator compartimentado (m). Este deve ser o maior de 0,75 m e da metade da profundidade do compartimento (z_c); e
   v_{up} = velocidade da vazão máxima ascendente (m/h).

4. Determine o número de fluxos de tratamento e a largura de cada um.

    Para garantir uma boa distribuição do fluxo e minimizar os custos estruturais, a largura de cada fluxo de tratamento normalmente não deve passar de 3 m. O número de fluxos de tratamento (N_s) é dado pelo valor inteiro acima do valor de $w_c/3$.

5. Calcule o tempo de retenção no reator ABR

$$\theta_c = \frac{24 N_s N_c V_p}{Q_p} = \frac{24 N_c w_c z_c L_c}{Q_p}$$

Onde θ_c = TRH no ABR (h);

N_s = número de fluxos de tratamento;

N_c = número de compartimentos de fluxo ascendente em série;

V_p = volume do compartimento único (m³) = $w_c z_c L_c/N_s$; e

z_c = profundidade do compartimento selecionado (deverá estar no intervalo 1,8-2,5 m)

Caso a retenção caia abaixo em 48 horas, as opções para aumentá-la são reduzir v_{up}, aumentar z_c e aumentar N_c. Mais pesquisas são necessárias para determinar qual combinação dessas opções será a melhor para altas cargas, tais como as experimentadas por reatores ABR que tratam a fração líquida do lodo de fossa séptica.

Em comum com as outras abordagens de projeto citadas na literatura, as equações de projeto dadas acima não contemplam a redução de volume do reator resultante da acumulação de sedimentos. Isso se explica pelo fato de que a vazão passa através da camada de lodo no fundo de cada compartimento do reator ABR, de modo que essa camada não reduz significativamente o volume efetivo do compartimento.

6. Calcule a taxa de carga orgânica e compare com a carga orgânica máxima recomendada:

$$\lambda_{ABR} = \frac{DQO_a Q_p}{1.000 N_s N_c V_c} = \frac{24 DQO_a}{1.000 \theta_c}$$

Onde λ_{ABR} = carga orgânica no ABR (kg DQO/m³ d); e

DQO_a = DQO do afluente (mg/l).

O valor de DQO_a deve ter em conta a redução da DQO através de qualquer compartimento de decantação disposto à frente dos compartimentos de fluxo ascendente. Na prática, essa redução provavelmente seja limitada e possa ser ignorada para fins de cálculo preliminar. Os valores adotados poderão ser revistos quando houver dados de campo pertinentes.

Os projetos devem basear-se em valores conservadores para λ_{ABR} que não ultrapassem 6 kg DQO/m³ d quando o funcionamento do reator atingir sua capacidade de projeto, mas é possível que este valor venha a ser alterado à luz de novas pesquisas. Quando do comissionamento do reator ABR ou da reativação de fluxos após serem desativados para reparos, a carga deve ser aumentada até este nível ao longo de vários meses.

7. Calcule a concentração de DQO do efluente (DQO_e) com base na concentração de DQO do afluente (DQO_a) e na porcentagem de remoção de DQO adotada. Na ausência de outras informações, considere uma taxa de remoção de DQO de 50%. Assim:

$$DQO_e = DQO_a \, (1 - 0,5)$$

Na ausência de outras informações, considere que o valor de remoção de SST também é 50%, de modo que:

$$SST_e = SST_a \, (1 - 0,5)$$

O cálculo do intervalo entre remoções requer informações sobre a taxa de acumulação de sedimentos em geral e a distribuição do lodo decantado entre os compartimentos do reator ABR. Ainda há pouca informação sobre esses fatores no que se refere ao tratamento de afluentes com elevado teor de sólidos em reatores ABR. Em vista disso, este livro não sugere uma abordagem de projeto para avaliar a taxa de acumulação de lodo e o intervalo entre remoções de lodo, mas os operadores devem determinar os requisitos de remoção por meio de monitoramento permanente da taxa de acumulação de lodo em cada compartimento do reator ABR. Mais pesquisas sobre os requisitos de remoção de lodo de reatores ABR são necessárias.

Exemplo de projeto de reator ABR

Considere o projeto de reatores anaeróbios com defletores para tratar o efluente líquido de um módulo de separação sólido-líquido. As características do afluente e as premissas do processo estão resumidas abaixo:

Parâmetro	Símbolo	Valor	Unidade
Vazão máxima diária	Q_p	40	m³/d
Tempo de fluxo	t_p	8	h/d
Concentração média de DQO do afluente	DQO_a	5.000	mg/l (= g/m³)
Concentração média de SST do afluente	SST_a	4.000	mg/l (= g/m³)
Profundidade do reator ABR (profundidade do líquido)	z_c	2	m (com base nas condições avaliadas do local)
Tempo de detenção hidráulica	θ_c	48	h
Velocidade máxima do fluxo ascendente	v_{up}	1	m/h

1. *Determine a carga:*
   A carga hidráulica projetada baseia-se na vazão diária máxima para a estação de tratamento de 40 m³/d.

2. *Calcule a vazão máxima:*

$$Q_p = \frac{40 \text{ m}^3/\text{d}}{8 \text{ h/d}} = 5 \text{ m}^3/\text{h}$$

3. *Determine as dimensões do reator com base na velocidade máxima de fluxo ascendente:*
Calcule o comprimento do compartimento. O comprimento está sujeito a um valor mínimo de 0,75 m e máximo de $0,5z_c$. Neste exemplo, $z_c = 2$ e o comprimento do compartimento é $(0,5 \times 2) = 1$ m.
Calcule a largura total necessária do reator ABR com base na velocidade máxima de fluxo ascendente:

$$w_c = \frac{5 \text{ m}^3/\text{h}}{1 \text{ m} \times 1 \text{ m/h}} = 5 \text{ m}$$

4. *Escolha o número de fluxos de tratamento paralelos necessários e a largura de cada um:*
Para uma largura máxima de fluxo de 3 metros, serão necessários dois fluxos de tratamento paralelos, cada um com 2,5 metros de largura. Além da remoção de lodo rotineira, que pode ser realizada sem desativar as unidades, apenas uma manutenção mínima deve ser necessária, e não se considera, portanto, nenhuma capacidade de reserva.

5. *Calcule o tempo de retenção no reator ABR*
Calcule o volume total do reator ABR, considerando seis compartimentos em cada um dos dois fluxos de tratamento paralelos:

$$V_{ABR} = 6 \times (2 \text{ m} \times 1 \text{ m} \times 5 \text{ m}) = 60 \text{ m}^3$$

Calcule o tempo de detenção hidráulica:

$$\theta_{ABR} = \frac{(60 \text{ m}^3)}{40 \text{ m}^3 / 24 \text{ h}} = 36 \text{ h}$$

Este tempo é menor que a retenção recomendada de 48 horas. As opções para fornecer a retenção necessária são:
• Aumentar N_c de 6 para 8.
• Aumentar a largura total, reduzindo, a velocidade do fluxo ascendente. A largura total necessária para uma retenção de 48 horas é dada por $48 \times 40/(24 \times 6 \times 2 \times 1) = 6.67$ m.
A segunda opção oferece mais flexibilidade operacional. Adote três fluxos de tratamento, cada um com seis compartimentos de fluxo ascendente de 2,25 m de largura. Cada compartimento tem 2 m de profundidade x 1 m de comprimento, dando um volume total de $3 \times 6 \times 2.25 \times 2 \times 1 = 81$ m³.

6. Verifique a taxa máxima de carga orgânica (λ_{ABR}):

$$\text{Carga de DQO de projeto} = 40 \text{ m}^3/\text{d} \times 5.000 \text{ g/m}^3 \times \left(\frac{1 \text{ kg}}{1.000 \text{ g}}\right) = 200 \text{ kg/d}$$

Reconhecendo que a DQO do afluente de 5.000 mg/l é equivalente a 5.000 g/m³

$$\lambda_{ABR} = 5.000 \text{ g/m}^3 \times 40 \text{ m}^3/\text{d} \times \frac{1 \text{ kg}}{1.000 \text{ g}} \times \frac{1}{81 \text{ m}^3} = 2,47 \text{ kg DQO/m}^3 \text{ d}$$

Este valor está abaixo do valor máximo de 6 kg DQO/m³ d e, portanto, é satisfatório.

7. *Determine as concentrações de DQO e SST do efluente*
Considerando uma redução de 50% de DQO e SST, as concentrações do efluente são:

$$DQO_e = 0,5 \times 5.000 \text{ mg/l} = 2.500 \text{ mg/l}$$

$$SST_e = 0,5 \times 4.000 \text{ mg/l} = 2.000 \text{ mg/l}$$

Será necessário tratamento adicional para atender à maioria dos padrões nacionais de efluentes e, quando necessário, reduzir as concentrações de patógenos no efluente.

Reator anaeróbio de manta de lodo de fluxo ascendente

Antecedentes e descrição do sistema

Os reatores anaeróbios de manta de lodo (UASB) foram usados pela primeira vez no tratamento de esgoto no Brasil e na Colômbia no início da década de 1980. Desde então, têm sido amplamente utilizados em países da América Latina, incluindo Brasil, Colômbia, Chile, Guatemala, México e República Dominicana (Noyola et al., 2012). Muitos foram instalados na Índia durante os planos de ação Ganges e Yamuna. Uma revisão da literatura sobre o rendimento de reatores UASB que tratam esgoto na América Latina, Índia e Oriente Médio obtiveram valores para DQO, DBO5 e remoção de SST nas faixas de 41-79%, 41-84% e 34-69%, respectivamente (Chernicharo et al., 2015).

Os reatores UASB separam o esgoto em três fases: lodo, efluente líquido e gás. O efluente a ser tratado é introduzido no fundo do tanque e eleva-se atravessando uma manta de lodo suspensa. As bactérias anaeróbias da manta de lodo decompõem a matéria orgânica do afluente, transformando-o em biogás, que se eleva pelo reator. Septos separam o gás do fluxo de líquido, dirigindo-o para um ou mais compartimentos de gás, dos quais é retirado e aproveitado ou queimado. O nível da água atinge os vertedouros situados em ambos os lados da cobertura enquanto os sólidos permanecem na manta ou sedimentam-se. Juntos, o compartimento de gás e o arranjo dos defletores são conhecidos como separador GLS (gás-líquido-sólidos). Obtém-se um bom contato entre o lodo e o esgoto com uma distribuição uniforme do fluxo através do fundo do UASB e da agitação causada pela produção de biogás. A Figura 8.3 ilustra um reator UASB típico.

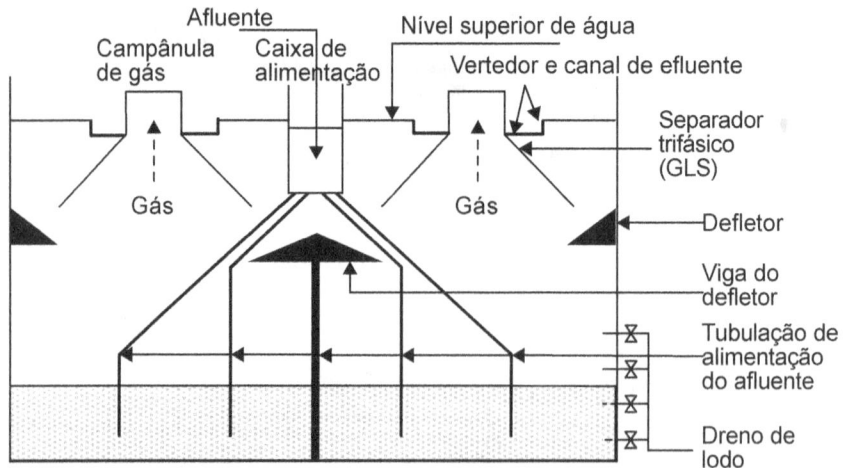

Figura 8.3 Reator UASB típico
Fonte: adaptado de van Lier et al. (2010)

Considerações operacionais e de projeto

Os reatores UASB exigem que os operadores tenham uma compreensão básica dos processos que ocorrem no reator e conheçam e sigam as práticas necessárias para garantir o seu bom rendimento. O sucesso na operação dos reatores UASB depende do monitoramento regular dos níveis de lodo e da concentração de sólidos suspensos e da remoção do excesso de lodo do reator. Para facilitar a retirada de lodo, deve-se equipar o reator com uma série de válvulas a intervalos de cerca de 50 cm ao longo a altura da manta de lodo, estando a primeira válvula posicionada 15-20 cm acima do piso do reator. Estas válvulas também podem ser usadas para recolher amostras, embora fiquem propensas aos efeitos das paredes de modo que as amostras poderão não ser representativas das condições no reator como um todo. Existe também o perigo de que a rápida abertura de uma válvula possa criar um vórtice, que pode levar a erros na avaliação das qualidades do lodo presente na amostra. A melhor alternativa para a amostragem é dotar o reator de uma abertura no topo do separador GLS, que seja adequada para a introdução de um dispositivo de amostragem simples, que possa ser baixado até a profundidade desejada e aberto para coletar a amostra. Para evitar a fuga de gás, a abertura deve ter uma tampa segura, a qual só deve ser removida para a amostragem. Deve-se dotá-la de uma vedação hidráulica para impedir a fuga de gás durante a amostragem (van Lier et al., 2010).

A maioria dos reatores UASB têm volumes entre 1.500-3.000 m³, totalizando uma capacidade de 6.000-12.000 m³/d durante um período de retenção de 6 horas. Já houve reatores UASB construídos com volumes pequenos, de até 65 m³, que permitem uma capacidade da ordem de 260 m³/d, mas estes geralmente eram reatores-piloto para instalações maiores (van Lier et al., 2010). Estes dados sugerem que o intervalo normal para a vazão nos reatores UASB é maior do que na maioria das instalações de tratamento de lodo de fossa séptica. Uma desvantagem mais séria é a impossibilidade de manter uma manta de lodo eficaz quando a vazão do afluente variar de mais de três vezes a vazão média durante a operação diurna até zero durante a noite. Este problema pode ser superado pela equalização da vazão, mas, como já foi indicado no Capítulo 6, será difícil manejar a equalização da vazão de forma efetiva com as cargas hidráulicas recebidas na maioria das estações de tratamento de material séptico.

Estes pontos sugerem que as lagoas anaeróbias e os reatores ABR quase sempre serão melhores opções de tratamento anaeróbio que os reatores UASB nas estações de tratamento autônomas. Entretanto, o tratamento em reatores UASB é uma opção possível de tratamento conjunto, particularmente em situações em que o esgoto é fraco e contém uma concentração relativamente baixa de sólidos orgânicos. Para obter orientações detalhadas sobre o projeto dos reatores UASB, ver van Lier et al. (2010).

Opções de tratamento aeróbio e biológico facultativo

Lagoas facultativas

As lagoas facultativas são a forma mais simples de tratamento secundário. O seu principal objetivo é remover a matéria orgânica e os sólidos, mas podem também remover a amônia que está incorporada na biomassa (Mara, 2004). Quando usadas no tratamento de lodo de fossa seca e lodo de fossa séptica, normalmente vêm após as lagoas anaeróbias. Se o efluente tratado se destinar à irrigação de culturas, será necessário um tratamento adicional em lagoas de maturação. As lagoas de maturação serão discutidas como uma opção para a remoção de patógenos mais adiante neste capítulo.

As camadas superiores das lagoas facultativas são aeróbias, com a introdução de oxigênio por meio de difusão do oxigênio atmosférico e da fotossíntese das algas. Perto do fundo das lagoas prevalecem condições anaeróbias, enquanto nos níveis intermediários as condições são intermitentes, entre aeróbias e anaeróbias, dependendo da hora do dia e de ocorrer ou não fotossíntese.

Seu longo tempo de detenção hidráulica permite que as lagoas anaeróbias trabalhem bem com variações de carga hidráulica e orgânica, mas também significa que exigem mais área do que a maioria das outras tecnologias. Esta desvantagem aparente é mitigada pelo fato de que a carga hidráulica em uma estação de tratamento de lodo de fossa séptica é muito menor do que a de uma estação de tratamento de esgoto que serve a mesma população. Assim, as necessidades de terreno serão relativamente baixas, apesar das concentrações muito mais altas do lodo de fossa séptica e do lodo de fossa seca.

As lagoas facultativas são uma opção para o tratamento conjunto de esgoto com lodo de fossa séptica, mas devem ser precedidas por uma separação das fases sólida e líquida do material séptico. Quando a estação de tratamento atende uma área de captação relativamente pequena e uma grande parcela da população usa soluções individuais de esgotamento sanitário, a carga exercida pelo lodo de fossa séptica pode compreender uma grande parte da carga total na estação, o que deverá ser considerado no projeto.

No tratamento de esgoto, lagoas facultativas corretamente dimensionadas, configuradas e operadas podem remover 70-90% da DBO do afluente (Mara, 2004). As algas presentes nas lagoas contribuem para uma DBO e níveis de SST relativamente elevados no efluente em comparação com outros processos de tratamento – os sólidos suspensos nas lagoas facultativas constituem-se de aproximadamente 60-90% de algas (Mara, 2004). No tratamento de esgoto em lagoas facultativas foi relatada uma eficiência de remoção de SST de 70-80% (von Sperling, 2007).

Considerações operacionais e de projeto

Geometria e profundidade da lagoa. As lagoas facultativas devem ter entre 1,0 e 2,5 m de profundidade, de modo a manter condições aeróbias na superfície e condições anaeróbias no fundo (Tilley et al., 2014). Na prática, a maioria das lagoas tem entre 1,5 e 2 m de profundidade. A sua proporção entre comprimento e largura deveria ser de pelo menos 2:1, e preferencialmente 3:1 para prevenir curtos-circuitos e assim garantir o máximo de tempo de retenção.

As lagoas podem ser construídas com paredes verticais de concreto, mas na prática têm paredes inclinadas, com inclinações internas e externas de 1:3 e 1:2, respectivamente. Qualquer que seja o método de construção adotado, é fundamental que ofereça aos funcionários acesso para a remoção da escuma e do lodo, pois é provável que se a remoção do lodo for uma operação difícil ele nunca será removido.

Prevenção de curtos-circuitos. O rendimento da lagoa pode ser significativamente reduzido devido a curtos-circuitos, que ocorrem quando uma combinação de condições ambientais e de vazão e da geometria da lagoa faz com que a vazão flua diretamente da entrada para a saída da lagoa, enquanto outras áreas permanecem quase estagnadas. Esse curto-circuito pode ser o resultado de ventos ou das forças criadas pelo impulso de entrada do afluente na lagoa. A ocorrência de curtos-circuitos pode ser reduzida com entradas projetadas para minimizar a velocidade de entrada e a instalação de defletores dentro das lagoas para alongar o percurso do fluxo e evitar o fluxo direto da entrada para a saída.

Previsão de remoção eventual de lodo. Embora a necessidade de remoção de lodo das lagoas facultativas seja menos frequente do que a das lagoas anaeróbias, esta operação ainda é necessária ao longo do tempo. A configuração normal de duas ou mais lagoas operando em paralelo permite desativar e secar uma lagoa

Foto 8.1 Lagoa facultativa em Tabanan, Indonésia

para que o lodo seja removido. O líquido removido da lagoa normalmente será bombeado para outra lagoa. Outra opção é remover o lodo usando uma bomba de lodo montada em balsa. Esta opção evita a necessidade de secagem, mas pode deixar algo de lodo no local, acarretando uma eventual necessidade de desativação e secagem para possibilitar a remoção do lodo solidificado que não pode ser bombeado.

Aparência da lagoa. Ao operarem conforme pretendido, as lagoas facultativas têm uma coloração verde-claro causada pela presença de algas, conforme ilustrado pela lagoa facultativa em Tabanan, Indonésia, na Foto 8.1. Se o tanque está sobrecarregado, a cor torna-se vermelho-castanho, com formação de escuma na superfície da lagoa e emissão de odores.

Critérios e procedimentos de projeto
O critério primário do projeto de lagoas facultativas é a carga orgânica máxima permitida. Considerando que os principais processos de transferência de oxigênio ocorrem na superfície ou próximos da superfície, a taxa de carga admissível é definida em relação à área da lagoa e não ao seu volume. Entre as equações empíricas para calcular a taxa de carga admissível nas lagoas facultativas, encontram-se as seguintes:

McGarry e Pescod (1970): $\lambda_s = 60(1,099)^T$
Mara (1987): $\lambda_s = 20T - 120$
Arthur (1983): $\lambda_s = 20T - 60$
Mara (1987, 2004): $\lambda_s = 350(1,107 - 0,002T)^{T-25}$

Onde $\lambda_s =$ é a taxa de carga em kg de DBO_5/ha d; e
$T =$ a temperatura média do mês mais frio em °C.

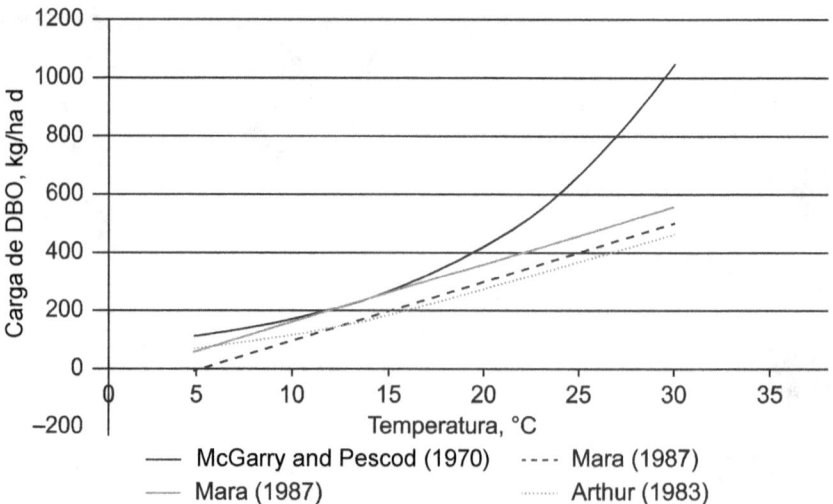

Figura 8.4 Comparação das previsões de taxa de carga admissíveis para lagoas facultativas

A Figura 8.4 representa estas equações graficamente. As equações de McGarry e Pescod e de Arthur preveem a carga máxima que pode ser aplicada a uma lagoa facultativa antes que se torne anaeróbia, uma consideração chave para a elaboração do projeto, e a funcionalidade adequada de uma lagoa facultativa. As duas equações de Mara são equações de projeto que incluem um fator de segurança antes de a lagoa se tornar anaeróbia. Para temperaturas na faixa de 10-17,5°C, as equações de McGarry e Pescod e de Arthur estão em estreita concordância. A temperaturas acima de 20°C, as previsões da equação de McGarry e Pescod divergem significativamente das de outras equações. Com estas considerações em mente, e tendo em conta as incertezas quanto ao desempenho das lagoas no tratamento de lodo de fossa séptica parcialmente digerido, será aconselhável basear os projetos na segunda equação de Mara. A temperatura usada para fins de projeto deve ser a temperatura média do mês mais frio do ano.

A Tabela 8.6 resume os critérios de projeto recomendados para lagoas facultativas. Não inclui o tempo de retenção, que é determinado pela taxa de carga superficial e pela profundidade da lagoa, não sendo, portanto, um critério de projeto independente.

Tabela 8.6 Resumo dos critérios de dimensionamento de uma lagoa facultativa

Parâmetro	Símbolo	Unidades	Valor/faixa	Notas/referências
Taxa de carga da DBO na superfície	λ_s	kg DBO/ ha d	Dependente da temperatura. Calcule usando a equação apropriada	$\lambda_s = 350 \times (1{,}107 - 0{,}002T)^{(T-25)}$
Profundidade	D_f	m	1-2,5 m; comumente 1,5 m	Intervalo recomendado (Mara, 2004)
Proporção entre comprimento e largura	L/W	–	Comumente 2:1–3:1	(Mara, 2004)
Inclinação da lateral	S	–	1:2	Para lagoas com laterais inclinadas

Os passos para a elaboração de um projeto de lagoa facultativa são os seguintes:

1. Calcule a carga orgânica admissível na lagoa (λ_s, kg DBO/ha d), utilizando la siguiente ecuación:

$$\lambda_s = 350 (1{,}107 - 0{,}002T)^{T-25}$$

Onde T = temperatura média do mês mais frio do ano em °C.

2. Calcule a área necessária da lagoa a meia profundidade usando a equação:

$$A_f = \frac{10 L_a Q}{\lambda_s}$$

Onde A_f = área total da lagoa facultativa a meia profundidade (m²);
L_a = DBO da vazão que entra em mg/l (comumente a DBO do efluente da lagoa anaeróbia); e
Q = vazão média diária na lagoa facultativa (m³/d).

3. Escolha a profundidade da lagoa (D_f) no intervalo de 1,5-2,5 m e utilize-a junto com a área da lagoa para calcular o tempo de retenção da lagoa θ_f em dias:

$$\theta_f = \frac{A_f D_f}{Q}$$

4. Determine o número, a área de plano e as dimensões das lagoas, permitindo que, pelo menos, dois fluxos de tratamento em paralelo proporcionem flexibilidade operacional. Para um sistema com dois fluxos paralelos, a área necessária para cada fluxo será $A_f/2$. Usando a área superficial calculada para uma lagoa, determine as dimensões usando uma proporção de comprimento para largura de 2:1-3:1. Se necessário, as dimensões da lagoa podem ser calculadas usando os métodos sugeridos acima para lagoas anaeróbias. Na maioria dos casos, será suficientemente preciso calcular a área de tanque requerida utilizando as dimensões a meia profundidade.

5. Calcule a DBO do efluente (L_e) usando a equação:

$$L_e = L_a \left(1 - \frac{\%DBO_{rem}}{100}\right)$$

Onde L_a = a DBO do afluente; e
$\%DBO_{rem}$ = a porcentagem de DBO removido da lagoa (considere um valor de 70% quando não houver dados disponíveis sobre remoção de DBO em lagoas de tratamento de lodo de fossa séptica sob condições semelhantes).

As lagoas facultativas devem passar por remoção de lodo quando a acumulação atingir 20-25% do seu volume. A taxa de acumulação de lodo, a frequência da remoção e o volume de lodo removido podem ser calculados usando a abordagem já descrita para lagoas anaeróbias. O intervalo de remoção real deve ser determinado usando a taxa de acumulação de lodo real e pode ser diferente do intervalo calculado. Para garantir que isso possa ser feito, os procedimentos operacionais padrão devem trazer orientações sobre o controle da taxa de acumulação de lodo.

Exemplo de projeto de lagoa facultativa

Uma lagoa facultativa será projetada para tratar o efluente líquido de um processo anaeróbio. As características do afluente e os pressupostos do processo são os estabelecidos na tabela abaixo.

Parâmetro	Símbolo	Valor	Unidade
Vazão	Q	40	m^3/d
Concentração de DBO do afluente	L_a	500	mg/l
Concentração de SST do afluente	TSS_a	500	mg/l
Profundidade	D	1,5	m
Temperatura	T	20	°C
Premissas			
% remoção de DBO	%DBO	70	%
% ST do lodo úmido	%ST	10	%
% de lodo na lagoa	–	20	%
% de SD	%SD	10	%
Densidade do lodo	ρ_{lodo}	1.000	kg/m^3

1. Calcule a carga orgânica admissível na lagoa:

$$\lambda_s = 350[1,107 - (0,002 \times 20)]^{20-25} = 250 \text{ kg/ha d}$$

2. Calcule a área necessária da lagoa a meia profundidade:

$$A_f = \frac{10 \times 500 \text{ mg/l} \times 40 \text{ m}^3/d}{250 \text{ kg/ha d}} = 800 \text{ m}^2$$

3. Escolha a profundidade do tanque e calcule o tempo de retenção.
Selecione 1,5 m de profundidade. Volume da lagoa $V_f = 800 \times 1,5 = 1.200 \text{ m}^3$

$$\text{Retenção } \theta_f = \frac{1.200 \text{ m}^3}{40 \text{ m}^3/d} = 30 \text{ d}$$

4. Escolha o número de lagoas em paralelo e calcule suas dimensões. Projete duas lagoas em paralelo e considere uma proporção comprimento-largura de 3:1. A largura necessária da lagoa se aproxima da raiz quadrada de [800 / (3 x 2)], que é igual a 11,55 m. Arredondando para 11,5 m, as dimensões do tanque a meia profundidade são 11,5 m x 34,5 m.

    Considere uma inclinação lateral de 1:2, as dimensões do nível de água superior são 11,5 + (4 x 0,75) por 34,5 + (4 x 0,75) = 14,5 m por 37,5

5. Calcule o da DBO do efluente da lagoa, considerando 70% de remoção:

$$L_e = (1 - 0,7) \times 500 \text{ mg/l} = 150 \text{ mg/l}$$

Dispondo-se de informações sobre a remoção de SST, a taxa de destruição de sólidos na lagoa e o teor de SST do lodo, a taxa de acumulação de lodo poderá ser calculada pelos métodos já fornecidos para lagoas anaeróbias. Para um valor de 80% de remoção de SST ao longo das lagoas, 20% de taxa de destruição de sólidos e 10% de teor de SST no lodo da lagoa, a taxa de acumulação de lodo calculada é 0,064 m^3/d por lagoa.

Caso a lagoa venha a ter o lodo removido quando o volume acumulado deste for igual a 20% do volume da lagoa, o intervalo necessário para remoção de lodo é dado pela equação:

$$f_{remoção} = \frac{0,2(½ \times 1200 \text{ m}^3)}{0,064 \text{ m}^3/día} = 1.875 \text{ dias, i.e. } \sim 5 \text{ anos}$$

O volume de lodo a ser removido de uma lagoa (V_{lodo}) é igual ao volume da lagoa dividido por cinco:

$$V_{lodo} = \frac{½ \times 1200}{5} = 120 \text{ m}^3$$

Lagoas aeradas

Algumas estações de tratamento de lodo de fossa séptica que atendem cidades em países de renda baixa usam lagoas aeradas para tratar a fração líquida do esgoto. As lagoas aeradas são simples, mas a sua dependência de meios de aeração mecânica representa um nível a mais de complexidade em comparação com as lagoas facultativas passivas. Elas podem ser de mistura completa ou parcial. As lagoas aeradas mistas funcionam no modo facultativo e contêm tanto zonas aeróbias como anaeróbias. Usam menos energia elétrica do que as lagoas de mistura completa, mas exigem muito mais terreno. Para as lagoas que operam na região sul e quente dos EUA, a EPA dos EUA (2011) fornece as necessidades estimadas de área de terreno para lagoas de estabilização facultativas, lagoas de mistura parcial e lagoas de mistura completa para tratar 3.785 m³ (1 milhão de galões americanos) de esgoto, a saber, 20, 13, e 1 ha, respectivamente. Isso sugere que lagoas parcialmente mistas requerem cerca de dois terços da área que as lagoas de estabilização facultativas ocupam. É pouco provável que essa economia relativamente pequena de área justifique o aumento no custo operacional e a complexidade resultante do uso de aeração mecânica. Em vista disso, nosso foco aqui são as lagoas de mistura completa.

As lagoas aeradas de mistura completa demandam energia suficiente para manter os sólidos suspensos e para fornecer suficiente oxigênio para manter condições aeróbias em toda a lagoa. Nestes aspectos, são semelhantes aos reatores de lodo ativado (ASR, do inglês *activated sludge reactor*), mas diferem deles em que não há retorno de lodo. Assim como nos reatores ASR, os efluentes das lagoas aeradas de mistura completa têm concentrações elevadas de SST, que precisam ser removidos antes do lançamento final. As lagoas de sedimentação são a opção mais simples para a remoção de SST. O tempo de retenção nessas lagoas normalmente é de 2 dias, suficientemente curto para impedir o crescimento de algas e o aumento resultante na concentração de sólidos no efluente (Mara, 2004).

As lagoas aeradas requerem um fornecimento de eletricidade confiável e algumas habilidades do operador, embora as habilidades necessárias não sejam tantas como as dos reatores ASR e suas variantes. Por essas razões, só devem ser consideradas quando a disponibilidade de terreno for insuficiente para o uso de lagoas de estabilização facultativas.

As lagoas aeradas proporcionam uma opção para o tratamento conjunto da fração líquida do lodo de fossa seca e do lodo de fossa séptica já separados juntamente com a água de esgoto. Assim como acontece com outras opções de tratamento conjunto, a carga exercida pelo líquido separado deve ser levada em conta no dimensionamento da lagoa. Considerando que as lagoas aeradas normalmente são usadas posteriormente à separação de líquidos e sólidos, a existência de partículas e GOG geralmente não é um problema.

O tratamento de esgoto em lagoas aeradas pode remover até 70-90% da DBO do afluente, se devidamente projetadas e operadas. A eficiência de remoção de SST de uma lagoa aerada parcialmente misturada e bem mantida tratando esgoto provavelmente atinge cerca de 80% (von Sperling, 2007).

Considerações operacionais e de projeto

Opções de fornecimento de ar. O ar pode ser fornecido quer por aeradores mecânicos montados na superfície ou como ar comprimido fornecido através de difusores localizados próximos ao fundo da lagoa. Os aeradores de superfície podem ser de alta ou de baixa velocidade, e os difusores podem gerar bolhas tanto finas como grandes. A Tabela 8.7 traz informações básicas sobre as quatro opções de aeração.

Tabela 8.7 Opções de aeração de lagoas

Tipo de aeração	Transferência de oxigênio kg O₂/kWh	Problemas de projeto e de manutenção
Aerador de superfície de alta velocidade de até 50 kW 900-1200 rpm	0,9–1,3	Acionamento direto do motor; pode ser deslocado para a lateral da lagoa para manutenção
Aerador de superfície de baixa velocidade de até 150 kW 40-60 rpm	1,5–2,1	Requer estrutura de apoio
Difusores de bolhas grosseiras Difusores de 5-12 mm	0,6–1,5	Mais robustos do que os difusores de bolhas finas
Difusores de bolhas finas Difusores de 1-3 mm	3,6–4,8 Tendem a deteriorar-se a menos que o sistema seja bem mantido e limpo regularmente	Requer limpeza regular, normalmente em intervalos de 6 meses a 2 anos

Fonte: baseado em Stenstrom e Rosso (2010)

A maioria das lagoas aeradas usa aeradores de superfície de alta velocidade, e algumas usam aeração com bolhas grandes. Os aeradores de superfície de baixa velocidade são usados principalmente nos reatores ASR de estações de tratamento de esgoto de grande porte. A necessidade de uma estrutura de apoio e de uma plataforma de acesso permanente aumenta o seu custo de instalação, além de não serem usados normalmente em lagoas aeradas. Apesar de seu desempenho superior em termos de transferência de oxigênio, os aeradores de bolhas finas dificilmente serão uma boa escolha para as estações de tratamento de lodo de fossa séptica nos países de renda baixa. Eles são suscetíveis a problemas causados pelo entupimento dos difusores e requerem limpeza regularmente, o que normalmente exigirá secar por completo a lagoa: uma tarefa difícil que pode ser negligenciada, levando a uma pane total do sistema. Os sistemas de difusão de ar de bolhas grosseiras são muito menos suscetíveis a problemas pelo entupimento dos difusores, mas as lagoas precisarão ser drenadas para a realização de tarefas importantes de reparo e manutenção, tais como a limpeza da tubulação entupida e a reparação de vazamentos nas conexões da tubulação e de tubos corroídos. O uso do sistema de tubulação plástica, em particular de polietileno com juntas soldadas, deve eliminar os problemas de corrosão e reduzir em grande medida a incidência de vazamentos nas conexões. Não elimina, porém, problemas causados por entupimentos na tubulação. Os aeradores flutuadores de alta velocidade evitam esses problemas e podem ser movimentados, o que os torna mais flexíveis do que os sistemas de difusão de ar. Por essas razões, normalmente são a opção preferida. A Foto 8.2 mostra um aerador de superfície de alta velocidade na estação de tratamento de lodo de fossa séptica de Duri Kosambi, na ilha de Jacarta, Indonésia. Os aeradores são usados de forma intermitente, e a lagoa parece funcionar no modo parcialmente misturado.

Geometria das lagoas. Alguns textos padrão aconselham o uso de lagoas quadradas (Crites e Tchobanoglous, 1998), mas as lagoas aeradas com frequência têm formato retangular.

Necessidade de fluxos de tratamento paralelos e capacidade de aeração reserva. Pelas razões já explicadas para as lagoas anaeróbias e facultativas, será aconselhável fornecer dois fluxos de tratamento em paralelo sempre que a geometria do local o permitir. Os aeradores-reserva devem atender a demanda de aeração calculada caso um aerador fique fora de serviço.

Foto 8.2 Aerador superficial de alta velocidade em Duri Kosambi, Jacarta

Amarração do aerador de superfície e requisitos de espaçamento. Os aeradores de superfície devem ser instalados de forma que possam, se necessário, ser reposicionados e puxados para a margem da lagoa para manutenção e conserto. Isso geralmente se faz amarrando os aeradores no local desejado com cordas ou cabos, como ilustrado na Foto 8.2. Os aeradores de flutuação devem ser dimensionados para assegurar que toda a área da lagoa seja aerada, entretanto se deve evitar turbulência excessiva, que poderia causar a erosão do leito da lagoa. O espaçamento necessário estará tipicamente na faixa de 8-15 m, dependendo do tamanho e da potência do aerador. Aeradores adjacentes devem rodar em sentidos opostos. O espaçamento dos arejadores pode ser diminuído, ou aeradores mais potentes podem ser colocadas na zona de entrada, onde a demanda de oxigênio é maior, com um número menor de aeradores situados na zona de saída a fim de permitir algo de deposição (von Sperling, 2007).

Necessidade de cadeias de suprimentos confiáveis. As lagoas aeradas dependem de equipamentos mecânicos, de forma que se faz necessária uma cadeia de suprimentos confiável para obter peças de reposição. Os funcionários devem ser treinados em tarefas de manutenção de rotina e de reparos simples. Talvez seja mais apropriado contratar oficinas locais para tarefas de conserto mais complexos. Haverá necessidade de acesso a serviços de laboratório, seja internamente ou contratados, para a coleta de informações sobre os parâmetros de afluentes e efluentes necessários a fim de ajustar a prática operacional à luz da experiência operacional.

Critérios e procedimentos de projeto
Os principais parâmetros de projeto de lagoas aeradas são o tamanho e dimensões da lagoa, o tempo de retenção e a quantidade de oxigênio necessária para remover a DBO e a amônia. As profundidades e os tempos de detenção hidráulica da lagoa situam-se nas faixas de 2-5 m e 2-6 dias, respectivamente (Tilley et al, 2014; Arthur, 1983). A eficiência de oxigenação dos aeradores mecânicos de superfície é de 1,2-2,0 kg O_2/kWh (von Sperling, 2007). Os critérios de projeto recomendados para as lagoas aeradas são apresentados na Tabela 8.8.

Tabela 8.8 Resumo dos critérios de projeto de lagoas aeradas

Parâmetro	Símbolo	Unidade	Valor/ intervalo	Notas/referência
Profundidade	z_{AL}	m	2–5	Recomendado (Tilley et al., 2014)
Tempo de detenção hidráulica	θ_{AL}	dias	2–6	Recomendação de 4 dias (Mara, 2004)
Relação comprimento-largura	l:w	–	2:1–4:1	Intervalo recomendado (von Sperling, 2007)
Fator de máxima	pF	–	Normalmente 1,5	Use o fator de máxima mensal para recebimento de material séptico na estação de tratamento

O projeto das lagoas aeradas também requer informações como temperatura de projeto (tipicamente a temperatura ambiente média durante o mês mais frio do ano), vazão e concentrações de DBO e NH3 no afluente, e as concentrações requeridas para o efluente. As etapas do projeto são as seguintes.

1. Calcule a necessidade de remoção de DBO e de amônia: A necessidade de remoção de DBO é dada pela equação:

$$L_{DBOrem} = \frac{Q\,(L_a - L_e)}{1.000\ l/m^3}$$

Onde L_{DBOrem} = necessidade de remoção de DBO (kg/d);
Q = vazão para as lagoas aeradas (m³/d);
L_a = DBO do afluente (mg/l); e
L_e = DBO requerida no efluente (mg/l).
A remoção necessária de amônia é calculada da mesma maneira.

2. Calcule a demanda de oxigênio para a remoção da DBO (DO_{DBO}, kg/d):

$$DO_{DBO} = L_{DBOrem} \times F_o$$

Onde F_o = a proporção entre o peso de oxigênio requerido e o peso da DBO removida, 1.5 (ou seja, 1,5 kg O_2 necessário por kg de DBO removida).

3. Calcule a demanda de oxigênio para a remoção de amônia (DO_{NH3}, kg/d) – se for necessária a remoção de amônia por nitrificação:

$$DO_{NH3} = L_{NH3rem} \times F_n$$

Onde F_n = tipicamente 4.6 (i.e., 4.6 kg O_2 necessário por kg NH_3 removido; e
L_{NH3rem} = remoção de NH_3 necessária (kg/d).

4. Calcule a necessidade real de oxigênio total para a lagoa:
Para encontrar o oxigênio total necessário, calcule a demanda diária média real de oxigênio (AOR_{med}, kg O_2/d) acrescentando os requisitos de oxigênio aos requisitos de DBO e de amônia. Para encontrar o valor máximo diário do AOR (AOR_{max}), multiplique o AOR_{med} por um fator de máxima apropriado (PF). Este normalmente será o fator da vazão diária máxima para a estação de tratamento. Os requisitos de oxigênio médio e máximo são obtidos pelas equações:

$$AOR_{med} = DO_{DBO} + DO_{NH3}$$

$$AOR_{max} = AOR_{med} \times FP$$

A primeira deve ser usada ao estimar o requisito de energia elétrica anual e a segunda ao avaliar a potência necessária do aerador.

5. Calcule a necessidade de energia elétrica:
Este cálculo requer informação sobre a eficiência do equipamento usado para transferir oxigênio para o líquido a ser tratado. Para obter essas informações, deve-se contatar os fabricantes e consultar sua literatura. Os dados do fabricante normalmente indicarão quanto de oxigênio por hora um aerador pode transferir para a água, o espaçamento necessário entre aeradores para assegurar que a lagoa esteja completamente misturada e a necessidade de energia elétrica do aerador. A necessidade

real de energia (P, kW) pode ser encontrada usando o AOR máximo e a eficiência de oxigenação dos aeradores selecionados (EO, kg O_2/kWh). A eficiência de oxigenação do fabricante (EO_m) deve ser ajustada às condições de campo usando um fator de ajuste empírico da EO de 0,55-0,65 (von Sperling, 2007).

$$EO = EO_m \times 0,6$$

$$P = \frac{AOR_{max}}{24\ EO}$$

6. Determine o número de aeradores, o espaçamento entre eles e as dimensões da lagoa:

- *Número de aeradores* = P/P_{aer}, onde P_{aer} é a potência de um único aerador. Na maioria dos casos, os aeradores selecionados para uso em estações de tratamento de lodo de fossa séptica terão uma potência de saída entre 4-18 kW.

- *Espaçamento entre aeradores e dimensões da lagoa.* A principal dimensão usada no cálculo do espaçamento entre aeradores e das dimensões da lagoa é o diâmetro de influência dos aeradores. A Tabela 8.9 fornece informações sobre este e outros parâmetros necessários para o anteprojeto.

Tabela 8.9 Parâmetros de projeto para aeradores de alta velocidade

Potência do aerador		Profundidade de operação (m)	Diâmetro de influência (m)	
Potência (hp)	kW		Oxigenação	Mistura
5–10	3,70–7,35	2,0–3,6	45–50	14–16
15–25	11,0–18,4	3,0–4,3	60–80	19–24
30–50	22,00–36,75	3,8–5,2	85–100	27–32

Fonte: Adaptado de von Sperling (2007)

Para lagoas de mistura completa o diâmetro de influência não deve exceder o diâmetro de mistura. Para lagoas quadradas e retangulares, a dimensão crítica é a diagonal a 45° em relação ao eixo da lagoa, a qual vai definir o ponto em que a zona de influência ou toca o canto da lagoa ou intersecta com a zona de influência de outro aerador. A distância entre qualquer aerador e a lateral da lagoa é o raio de mistura dividido pela raiz quadrada de dois, ao passo que a distância entre aeradores em linha é o diâmetro de mistura dividido pela raiz quadrada de dois. As dimensões da lagoa são definidas pela equação:

$$L = nD/\sqrt{2}$$

Onde L = comprimento da lagoa numa dada direção (m);

n = número de aeradores instalados em linha nessa direção; e

D = diâmetro de mistura (m).

Como os aeradores de superfície podem ser movimentados na lagoa, o procedimento normal deve ser colocar aeradores em número suficiente a fim de atender os requisitos de oxigênio, tendo aeradores reserva disponíveis ou amarrados na margem da lagoa. Os aeradores reserva devem estar preparados para ser movimentados para sua posição caso um dos aeradores em operação precise ser retirado de serviço para manutenção e reparo.

7. Verifique o tempo de retenção nas lagoas.

   A área total da lagoa é dada pela equação $A_{AL} = N(D/\sqrt{2})^2$

   Onde A_{AL} = área total da lagoa (m²); e

   N = número total de aeradores

   Tempo de retenção (dias) = $z_{AL}A_{AL}/Q$

   Isso muda ligeiramente se as dimensões da lagoa forem arredondadas para cima ou para baixo.

8. Determine as dimensões finais da lagoa de sedimentação. Disponha uma lagoa para cada fluxo de tratamento. Para um período de retenção de dois dias, a área de cada lagoa será determinada pela equação:

$$A_p = 2Q/(nz_p)$$

   Onde A_p = área de uma lagoa de sedimentação (m³);

   n = número de fluxos de tratamento; e

   z_p = profundidade da lagoa (m).

   As lagoas devem ser quadradas ou retangulares, com uma relação entre largura e comprimento de não mais de 2:1.

Outras orientações sobre o dimensionamento e posicionamento de aeradores encontram-se disponíveis em Boyle et al. (2002).

Exemplo de projeto de lagoa aerada

O líquido separado já tratado nas lagoas de estabilização de resíduos anaeróbios deve ser tratado em uma lagoa aerada de mistura completa usando aeradores mecânicos de superfície. Os parâmetros de projeto são os definidos abaixo.

Parâmetro	Símbolo	Valor	Unidade
Vazão máxima	Q	100	m³/d
Concentração de DBO do afluente	L_i	1500	mg/l
Concentração de NH₃ no afluente	N_i	180	mg/l
Concentração-alvo de DBO no efluente	L_e	50	mg/l
Concentração-alvo de NH₃ no efluente	N_e	50	mg/l
Massa de O_2 necessária por massa de DBO	–	1,5	–
Massa de O_2 necessária por massa de NH₃	–	4,6	–
Fator EO	–	0,6	–
Fator de carga máxima de DBO diária	pF	1,5	–
Eficiência de oxigenação do aerador dada pelo fabricante	EO_m	2	kg O_2/kWh

1. *Calcule a necessidade de remoção de DBO e de amônia:*

   L_{DBOrem} = 100 m³/d (1.500 – 50 mg/l)(1.000 l/m³)(1 kg/10⁶ mg) = 145 kg/d

   L_{NH3rem} = 100 m³/d (180 – 50 mg/l)(1.000 l/m³)(1 kg/10⁶ mg) = 13 kg/d

2. *Calcule a necessidade de oxigênio para a remoção de DBO:*

$$DO_{DBO} = 145 \text{ kg de DBO/d} \times 1,5 \left(\frac{kg\ O_2}{kg\ DBO}\right)= 217,5 \text{ kg de O}_2/d$$

3. *Calcule a necessidade de oxigênio para a remoção de amônia:*

$$DO_{NH3} = 13 \text{ kg NH}_3 /d \times 4,6 \left(\frac{kg\ O_2}{kg\ NH_3}\right) = 59,8 \text{ kg O}_2/d$$

4. *Calcule a necessidade real total de oxigênio (AOR) para a lagoa aerada:*

$$AOR_{med} = 217,5 + 59,8 = 277,3 \text{ kg O}_2/d$$

$$AOR_{max} = 277,3 \times 1,5 = 416 \text{ kg O}_2/d$$

5. *Calcule o requisito de energia elétrica:*
   Considere uma eficiência de oxigenação do fabricante de 2 kg O$_2$/kWh e um fator empírico de ajuste de campo de 0,6, assim:

$$EO = 2 \left(\frac{kg\ O_2}{kWh}\right) \times 0,6 = 1,2 \frac{kg\ O_2}{kWh}$$

$$P = \frac{416 \text{ kg O}_2 /d}{1,2 \text{ kg O}_2/kWh} = 347 \text{ kWh por dia}$$

   Lagoas de mistura completa requerem aeração contínua. Potência total necessária do aerador = 347/24 = 14,45 kW

6. *Determine o número e o espaçamento dos aeradores e as dimensões da lagoa:*
   Considere dois fluxos de tratamento, cada um com um par de aeradores localizados em uma lagoa retangular, totalizando quatro aeradores.

Demanda de energia elétrica de cada aerador = $\dfrac{\text{Demanda de energia}}{\text{Número de aeradores}}$ = 14.45/4

$$= 3.6125 \text{ kW}$$

Este requisito de energia será atendido por quatro aeradores de 5 hp (3,73 kW).

   Com base na tabela 8.9, escolha a profundidade da lagoa e determine o diâmetro de mistura necessário. Utilize 2 m e 14 m, respectivamente.

Comprimento da lagoa *L* (dois aeradores em linha) = $\dfrac{2 \times 14 \text{ m}}{\sqrt{2}}$ = 19,8 m

Largura da lagoa *W* (um aerador em linha) = $\dfrac{1 \times 14 \text{ m}}{\sqrt{2}}$ = 9,9 m

Tempo de detenção hidráulica (vazão mensal máxima) =

$$\frac{20 \text{ (comprimento da lagoa)} \times 10 \text{ (largura da lagoa)} \times 2 \text{ (profundidade da lagoa)}}{100 \text{ (vazão de projeto)} \times 1.5 \text{ (vazão máxima)}} = 2,67 \text{ días}$$

   Isso considera que as concentrações orgânica e de nitrogênio e amoniacal máximas permanecem constantes ao longo de um intervalo de vazões, de modo que as cargas variam proporcionalmente à vazão.

7. *Determine as dimensões finais da lagoa de sedimentação.*
   Utilize duas lagoas em paralelo de 1,5 m de profundidade, dimensionados para fornecer dois dias de retenção da vazão de projeto.

Área necessaria por lagoa = $\dfrac{2 \text{ (retenção em dias)} \times 150 \text{ m}^3/d}{2 \text{ (n° de lagoas)} \times 1.5 \text{ m (profundidade da lagoa)}}$ = 100 m^2

Utilizar duas lagoas de sedimentação de 10 m x 10 m x 1,5 m de profundidade.

Alagados construídos

Descrição do sistema

Os alagados construídos são sistemas projetados que reproduzem os processos que ocorrem em alagados naturais (Vymazal, 2010). Eles se dividem em três categorias:

- Sistemas de fluxo horizontal de superfície livre (nos quais o fluxo ocorre essencialmente acima do solo).
- Sistemas de fluxo horizontal subsuperficial.
- Sistemas de fluxo vertical.

A maioria dos sistemas em operação em climas quentes é do tipo fluxo horizontal subsuperficial. A preferência por esses sistemas deve-se ao reconhecimento de possíveis problemas com insetos vetores associados aos alagados construídos de fluxo superficial livre e às dificuldades para assegurar uma distribuição igual do fluxo através dos leitos de fluxo vertical. Os lados e a base impermeáveis da estrutura contêm um leito de cascalho, tipicamente de 30-60 cm de profundidade, plantado com plantas aquáticas. O esgoto entra através de uma extremidade da "célula" do leito e precisa ser distribuído através de toda a largura do leito. Em seguida, escoa através do cascalho e sai da célula, na outra extremidade. À medida que isso ocorre, uma combinação de processos físicos e de processos microbianos aeróbios, anóxicos e anaeróbios reduz os sólidos em suspensão, o carbono orgânico e a carga de nitrogênio no esgoto.

Ao contrário dos alagados construídos horizontais, os de fluxo vertical são carregados de forma intermitente, tipicamente 4-10 vezes por dia no caso de esgoto (Tilley et al., 2014). Quando o leito é carregado, o esgoto percola através do leito, puxando ar para o meio de filtragem e, assim, criando condições aeróbias. As plantas aquáticas transferem uma pequena quantidade de oxigênio por meio das suas raízes, mas a sua função principal é manter a permeabilidade do leito. Os organismos são privados de alimento nos intervalos entre os eventos de dosagem, o que evita um crescimento excessivo de biomassa e mantém a porosidade do leito. O regime de dosagem intermitente permite que os alagados construídos de fluxo vertical possam ser carregados a uma taxa maior do que os de fluxo horizontal. Infelizmente, isso também torna a operação desses leitos mais complexa, uma vez que a dosagem intermitente requer ou bombeamento ou a utilização de um sifão. A opção do sifão é mais simples e deve ser usada quando a queda necessária para o funcionamento do sifão estiver disponível.

Até hoje, os alagados construídos são usados principalmente no tratamento de esgoto doméstico, águas cinzas e água de escoamento superficial. As elevadas cargas de sólidos orgânicos suspensos associadas ao esgoto muito concentrado, como o lodo de fossa séptica, podem causar uma mortandade das plantas e uma acumulação de sólidos no leito, resultando na redução da capacidade hidráulica e em uma eventual falha do sistema. Por esta razão, os alagados construídos só devem ser considerados para o tratamento de lodo de fossa séptica após a separação das fases sólida e líquida e o tratamento anaeróbio em lagoas ou em reatores ABR. Por outro lado, as plantas irão morrer se a carga do leito estiver muito aquém do líquido necessário para permitir o crescimento das plantas; por isso, é importante garantir que a área do leito seja compatível com a vazão prevista de lodo de fossa séptica tanto imediatamente como no horizonte do projeto. Isso pode exigir que mais leitos recebam plantas e entrem em operação ao longo do tempo.

Considerações operacionais e de projeto

Necessidade de pré-tratamento. Como dependem do fluxo através de um meio de cascalho ou de areia com porosidade pequena, os alagados construídos são susceptíveis a bloqueios. Este é o caso especificamente quando são usados para manejar o material séptico, com a sua elevada concentração de sólidos suspensos e possível teor de GOG. Daí a importância de que os processos de remoção de sólidos e GOG a montante sejam confiáveis.

Monitoramento do sistema. Os procedimentos operacionais padrão devem incluir a exigência de realizar inspeções regulares no alagado construído para verificar a formação de poças, pois este é um indicador de entupimentos no leito.

Necessidade de várias células. A única forma de reparar os entupimentos passa pela remoção das plantas e do material que compõe o leito, e substituí-los com novas plantas e material. Esta é uma tarefa bastante árdua e requer a desativação da célula como um todo. Para minimizar interrupções causadas por essas atividades, o alagado construído deve ser dividido em várias células e ter a tubulação ligada de forma a isolar células individualmente enquanto estiverem em manutenção.

Manutenção de rotina. São importantes tarefas de manutenção a remoção de vegetação morta e espécies indesejáveis de plantas (por exemplo, mudas de árvores) do leito, a poda de plantas e a substituição das plantas que morreram.

Configuração do leito. A relação comprimento-largura dos alagados construídos de fluxo horizontal deve ser de pelo menos 2:1, o suficiente para criar um trajeto mais longo para o líquido através do leito e reduzir o risco de curto-circuito. Nos leitos de fluxo vertical, essa relação será influenciada pelo método usado para distribuir o fluxo sobre o leito. Os leitos que recebem fluxo através de tubos verticais devem ter uma planta aproximadamente quadrada para reduzir o diferencial de fluxos causado pela perda de carga em tubulações longas. Se o fluxo é introduzido através de um canal paralelo à lateral do leito, a melhor opção provavelmente será uma configuração longa e relativamente estreita. O leito deverá ter um declive longitudinal de cerca de 1% entre a entrada e a saída.

Critérios e procedimentos de projeto

A abordagem mais simples para a criação de alagados construídos é dimensioná-los em função da taxa de carga orgânica por unidade de área de leito. As diretrizes de carga, baseadas nas práticas europeias e norte-americanas, geralmente recomendam valores para a carga orgânica nos alagados construídos de fluxo horizontal na faixa de 7-16 g DBO_5/m d (ver, p.ex., US EPA, 2000). Esta abordagem não contempla nem a temperatura nem o quanto a carga orgânica cai ao atravessar o alagado construído. Um estudo piloto conduzido na Tailândia calculou taxas de remoção maiores nos leitos de fluxo tanto horizontal como vertical. Nos leitos de fluxo horizontal, conseguiu-se uma taxa de remoção biológica de 33,9 g DBO_5/m d a uma temperatura média do esgoto de 27°C e uma taxa de carga hidráulica de 20 cm/d (Kantawanichkul e Wannasri, 2013). O estudo também concluiu que a taxa de remoção aumentava com a elevação da carga hidráulica, e que os alagados construídos de fluxo horizontal tinham um melhor rendimento do que os de fluxo vertical.

Vários pesquisadores desenvolveram equações para modelar o rendimento dos alagados construídos levando em conta a temperatura e as concentrações do afluente e do efluente. A equação de primeira ordem amplamente aceita nos projetos de alagados construídos de fluxo horizontal é a equação de Kickuth:

$$A = \frac{Q \, (Ln \, C_a - Ln \, C_e)}{k_{20}1,06^{(T-20)}dn}$$

Onde A = o alagado construída em m²;
Q = a vazão média diária em m³/d;
C_i e C_e = as concentrações de DBO_5 na entrada e na saída, em mg/l; L_n denota o logaritmo natural;
k_{20} = uma constante a 20°C em dia⁻¹;
T = a temperatura ambiente de projeto em °C;
d = a profundidade do leito em m; e
n = a porosidade do meio de substrato, expressa como uma fração.

Manipulamos a equação e multiplicamos Q por C_i obter a carga. A equação de Kickuth dá a seguinte expressão para carga admissível:

$$L_{cw} = \frac{C_a Q}{A} = \frac{C_a \left(k_{20}1,06^{(T-20)} \right) dn}{\left(Ln \, C_a - Ln \, C_e \right)}$$

Onde L_{cw} = a carga admissível expressa em g DBO_5/m² d.

Na ausência de informações específicas do local, considere um k_{20} de 1,1 dia para os alagados construídos de fluxo horizontal. Se adotarmos uma temperatura de 10°C e valores típicos de profundidade do leito de 40 cm e de porosidade de 40%, esta equação dará uma carga admissível de 12,8 g de DBO_5/m² d em um leito projetado para reduzir a DBO_5 de afluente de 300 mg/l para 30 mg/l. Esses valores estão dentro do intervalo de 7-16 g de DBO_5/m d apresentado acima. A inclusão do termo 1,06(T–20) na equação significa que LCW é altamente dependente da temperatura, aumentando por um fator de cerca de 2,4 quando a temperatura ambiente aumenta de 10°C para 25°C, para se obter uma taxa de carga orgânica de 30,73 g DBO_5/m d a 25°C. Como isso concorda amplamente com as conclusões dos estudos na Tailândia, parece razoável adotar a equação de Kickuth para calcular a carga admissível nos alagados construídos. Para mais informações sobre este e outros aspectos dos projetos de alagados construídos, ver UN Habitat (2008).

Jiminez (2007) relata taxas de remoção de coliformes termotolerantes de 90-98% e de protozoários de 60-100% em leito construídos de fluxo horizontal, mas sugere que, para assegurar 100% de remoção de ovos de helmintos, é necessário tratamento complementar em leito de cascalho de fluxo horizontal. Isso sugere que os alagados construídos não constituem uma opção autônoma para a remoção de agentes patogênicos de maneira a permitir o uso irrestrito do efluente para irrigação.

Os valores mencionados acima se originam da experiência com alagados construídos tratando esgoto doméstico. Existem alguns exemplos do uso de alagados construídos no tratamento da fase líquida do lodo de fossa séptica e do lodo de fossa seca, e mais estudos devem ser realizados para avaliar a sua adequação para esta finalidade. Independentemente disso, uma taxa de carga de cerca de 30 g DBO_5/m^2 d a 25°C, equivalente a 300 kg DBO_5/ha d, é menor que a taxa que pode ser atingida em uma lagoa facultativa à mesma temperatura. Existe a possibilidade de obter renda da venda das plantas colhidas, mas será de pouca importância. No geral, as lagoas facultativas quase sempre oferecem melhor opção para tratamento secundário simples do que os alagados construídos. Uma exceção pode ser uma situação de vazões baixas e evaporação alta nas lagoas abertas, resultando em efluente das lagoas com alta salinidade. Nesta situação, os alagados construídos podem ser uma opção melhor se o efluente tratado se destinar ao uso na irrigação restrita. Para assegurar que o esgoto tratado seja seguro para irrigação irrestrita, faz-se necessário tratamento adicional ou desinfecção. Dados os volumes de água tratada produzida relativamente pequenos, a melhor opção será explorar as opções de utilização do efluente tratado na irrigação restrita.

Outras tecnologias aeróbias

Outras tecnologias usadas no tratamento aeróbio são os filtros percoladores, os reatores com discos biológicos rotativos (RBC, do inglês *rotating biological contactor*), os ASR, os reatores em bateladas sequenciais (SBR, do inglês *sequencing batch reactor*), os reatores de leito móvel com biofilme (MBBR, do inglês *moving-bed biofilm reactor*) e as valas de oxidação, que são uma forma de aeração prolongada. Há poucos exemplos do uso destas tecnologias em países de renda baixa para tratar lodo de fossa seca e lodo de fossa séptica, embora todos tenham potencial para utilização em estações com tratamento conjunto. Estas tecnologias serão apresentadas brevemente a seguir, sendo examinado o seu potencial para tratamento do lodo de fossa seca e do lodo de fossa séptica.

Filtros percoladores

Os filtros percoladores usam micro-organismos ligados a um meio para remover a matéria orgânica do esgoto. O meio típico tem cerca de 2 m de profundidade, é formado por pedras ou formas de plástico com uma grande área superficial, está contido dentro de uma estrutura circular e dispõe de um sistema de drenos. O esgoto a ser tratado é aplicado no topo do meio através de orifícios no braço rotativo, que de preferência deve ser acionado pela força da água ejetada através dos orifícios. O sistema requer uma bomba ou alguma forma de dispositivo sifão para gerar a descarga intermitente que aciona o braço rotativo. O termo 'filtro' engana, já que os filtros percoladores funcionam principalmente com o crescimento microbiológico ligado ao meio filtrante como biofilme. O excesso de biofilme desprende-se e é transportado através do filtro, criando a necessidade de decantação secundária em tanques 'húmus', após a filtração.

Os filtros percoladores dificilmente serão a tecnologia adequada para o tratamento autônomo da fração líquida do lodo de fossa séptica e do lodo de fossa seca, pelas seguintes razões:

- O elevado conteúdo orgânico do meio líquido significa que o projeto é comandado pela carga orgânica, e não pela carga hidráulica. Disso resulta uma taxa de carga hidráulica baixa, que é pouco provável que seja suficiente para manter o meio filtrante adequadamente umedecido.
- O fluxo do líquido é altamente variável, caindo para zero durante 12 a 16 horas por dia, dependendo do horário de funcionamento da estação.
- O teor de sólidos do lodo de fossa séptica e do lodo de fossa seca é alto e vai permanecer muito mais alto do que o do esgoto após a separação das fases sólida e líquida. Altas concentrações de sólidos têm potencial de causar entupimentos nos bicos dos braços de distribuição dos filtros percoladores, causando uma distribuição irregular da vazão e afetando o rendimento do filtro.

Todos os três efeitos listados acima dão origem a problemas de odor e de insetos. A recirculação corrigiria os dois primeiros efeitos, mas exigiria a instalação e operação de bombas, aumentando o custo e complexidade operacional. Pode-se utilizar o gradeamento fino para remover as partículas sólidas maiores em suspensão, que têm a maior chance de entupir os bicos do braço distribuidor, mas isto também aumentaria a complexidade do sistema, uma vez que as peneiras finas requerem limpeza mecânica.

Quando o lodo de fossa séptica ou lodo de fossa seca se destinar a tratamento conjunto com esgoto em estação dotada de filtros percoladores, será importante avaliar o efeito do aumento da carga na operação dos filtros percoladores. A separação das fases sólida e líquida do lodo de fossa seca e do lodo de fossa séptica deve sempre estar presente, e pode também ser desejável passar o líquido separado pelo gradeamento fino antes dos filtros percoladores. Como a adição de lodo de fossa seca e lodo de fossa séptica com concentrações altas terá um efeito maior na carga orgânica do que na carga hidráulica, as taxas de recirculação normalmente terão que ser aumentadas para assegurar que as taxas mínimas recomendadas sejam alcançadas.

Reatores com discos biológicos rotativos
Os RBC são amplamente usados para tratar pequenas vazões de esgoto. Um RBC consiste em uma série de discos montados num eixo montado na horizontal que se estende próximo à superfície da água ao longo de um tanque retangular, de tal forma que os discos fiquem parcialmente submersos. O esgoto flui através do tanque de uma extremidade à outra passando pelos discos parcialmente submersos, que giram lentamente à medida que o eixo é acionado por um pequeno motor elétrico. Bactérias e outros organismos se desenvolvem sobre as superfícies dos discos, formando um biofilme que passa alternadamente pelo esgoto e pelo ar, enquanto os discos giram. O biofilme adsorve oxigênio ao passar pelo ar e o disponibiliza para sustentar os processos do tratamento aeróbio, à medida que o biofilme passa pelo esgoto. O biofilme engrossa ao longo do tempo e, eventualmente, partes dele se desprendem, criando a necessidade de sedimentação em tanques de húmus, da mesma forma como nos filtros percoladores. Os critérios de carga hidráulica e orgânica diários típicos são de 0,08-0,16 m^3/m^2 de superfície de disco (Arundel, 1999) e de 10-15 g DBO/m^2 de superfície do disco, embora sejam possíveis taxas de carga orgânica mais elevadas (Hassard et al., 2015). Os pesquisadores exploraram a possibilidade de utilizar RBCs para tratar esgoto com alta concentração, por exemplo, o proveniente de laticínios (Kadu et al., 2013). O maior problema dos RBCs provavelmente seja a dificuldade em manter condições aeróbias devido à alta concentração e à vazão altamente variável do afluente. É preciso continuar pesquisando essas dificuldades antes que os RBCs possam ser recomendados como opção de tratamento para lodo de fossa séptica e lodo de fossa seca. No entanto, dada a sua baixa demanda de energia e relativa simplicidade, há motivos para explorá-los no tratamento secundário.

Opções de aeradores mecânicos
As opções de tratamento aerado de mistura completa compreendem reatores ASR, valas de oxidação, várias formas de aeração prolongada, SBR e MBBR. Todas elas dependem de processos com crescimento suspenso que aeram o esgoto a ser tratado, juntamente com o lodo que retorna dos decantadores finais. Os reatores MBBR também utilizam processos com crescimento aderido que ocorrem sobre as superfícies de pequenos suportes de plástico suspensos no reator.

Os reatores SBR são essencialmente reatores ASR que operam por batelada, nos quais a aeração e a sedimentação ocorrem como parte de uma sequência temporal no mesmo reator, em vez de ocorrerem em unidades separadas de tratamento, como em um ASR convencional. Os processos do SBR têm a vantagem adicional de, através de ajustes na sequência de funcionamento, poderem ser usados para tratar uma ampla gama de volumes de afluentes e de concentrações, o que os torna mais flexíveis do que os processos convencionais de lodo ativado. Wilderer et al. (2001) fornecem informações detalhadas sobre a tecnologia SBR. Os reatores SBR estão instalados em algumas estações de tratamento nas Filipinas, e as valas de oxidação fornecem tratamento na estação de tratamento de lodo de fossa séptica de Keputih, em Surabaya, Indonésia.

Todos os processos de lodo ativado e aeração prolongada exigem que a concentração de sólidos no reator, os sólidos suspensos no líquido misto (MLSS), sejam mantidos dentro de um intervalo ideal, tipicamente de 2.200-3.000 mg/l, nos reatores ASR e de 4.000-5.000 mg/l nas valas de oxidação. Se o valor de MLSS é muito elevado, pode ocorrer um aumento dos sólidos, acarretando queda nos níveis de oxigênio, sedimentação baixa do lodo e aumento da quantidade de energia necessária para manter o processo. Se o valor MLSS for muito baixo, o rendimento da estação irá cair. Os operadores mantêm o MLSS em um nível adequado através da recirculação do lodo a partir dos clarificadores que se seguem à fase de aeração do processo de tratamento. A eficácia do processo de aeração depende de os operadores saberem quanto lodo deve retornar, o que requer informações sobre os níveis de MLSS no reator. Um operador experiente pode ser capaz de estimar o nível de MLSS pela aparência do conteúdo do reator, mas uma boa operação normalmente requer que as decisões relativas à recirculação se baseiem em informação obtida a partir de amostragem periódica da concentração de MLSS. Para controlar o sistema, o operador também deve dispor de informações sobre a concentração de oxigênio dissolvido no biorreator e a qualidade do efluente. Dispor desse tipo de informação requer acesso a instalações laboratoriais confiáveis. As tecnologias aeradas mecanicamente têm uma alta demanda de energia elétrica, que com frequência irá encarecer os custos operacionais a níveis inexequíveis. Esta é uma preocupação especial para os afluentes com forte concentração, como o lodo de fossa seca e lodo de fossa séptica. Diante da provável dificuldade de cumprir esses requisitos, as opções aeradas mecanicamente devem ser consideradas apenas para cidades grandes, onde a disponibilidade de solo restringe outras opções.

Informações sobre os critérios e procedimentos de projeto nos sistemas de lodo ativado encontram-se disponíveis na literatura convencional sobre esgoto, por exemplo, Metcalf & Eddy (2003) e WEF (2010).

Redução de patógenos

Visão geral

O propósito das tecnologias de tratamento descritas no Capítulo 7 e anteriormente neste capítulo é separar os sólidos e reduzir as cargas orgânica e de sólidos suspensos no efluente líquido. Tais tecnologias não irão produzir um efluente que atenda aos requisitos das categorias A e B da OMS estabelecidos na Tabela 4.2. Assim, será necessário tratamento adicional para remover os agentes patogênicos para que o efluente líquido seja usado na irrigação, e também será desejável se o efluente for ser lançado em corpos d'água usados para recreação ou como fonte de água potável.

As lagoas de maturação, implantadas após as lagoas facultativas e os alagados construídos, são uma opção para reduzir agentes patogênicos simples. Sua desvantagem é a extensa área ocupada por eles. Quando isso for um problema, outros métodos de remoção de agentes patogênicos, entre os quais cloração, tratamento com ozônio e radiação ultravioleta, são teoricamente possíveis. Todos requerem bons sistemas de manejo e uma cadeia de suprimentos confiável, e só serão eficazes com líquidos que têm baixas concentrações de sólidos suspensos. Dado que os lançamentos líquidos das estações de tratamento de lodo de fossa séptica são pequenos em comparação com as vazões das estações de tratamento de esgoto, haverá algumas situações em que os benefícios de produzir um efluente adequado para uso irrestrito na irrigação irão justificar estas opções mais complexas de redução de patógenos. Tendo em mente esses pontos, a estratégia para redução de patógenos deve ser a seguinte:

- Sempre que houver disponibilidade de solo e os estágios de tratamento anteriores incluírem lagoas facultativas ou tratamento em alagado construído, considere a possibilidade de usar lagoas de maturação para reduzir as concentrações de patógenos até os níveis exigidos tanto para a irrigação restrita como irrestrita.
- Se tais condições não se aplicarem, explore as opções de descarte de efluentes líquidos que requeiram o mínimo de acesso pelo funcionário, como, por exemplo, a irrigação de viveiros de árvores.
- Quando o local preferido para a estação de tratamento ficar próximo a um corpo d'água usada para recreação ou como fonte de água, explore opções que evitem o lançamento de efluentes diretamente no curso d'água.

Lagoas de maturação

Como indicado na descrição geral, as lagoas de maturação costumam vir depois das lagoas facultativas e são projetadas para remover agentes patogênicos. A sua profundidade, tipicamente de 1-1,5 m, permite que a luz solar penetre no fundo do tanque e inative os agentes patogênicos. A luz do sol também promove a fotossíntese e o crescimento de bactérias e algas aeróbias. As concentrações de coliformes fecais normalmente são usadas como substituto para a presença de agentes patogênicos específicos, por serem relativamente fáceis de medir.

Considerações operacionais e de projeto

Lugar no processo de tratamento. Dado que o seu propósito principal é remover agentes patogênicos, e não reduzir as cargas de sólidos orgânicos suspensos, as lagoas de maturação devem seguir-se a processos que já tenham removido DBO e TSS.

Configuração da lagoa. As lagoas devem ter uma proporção entre comprimento e largura de pelo menos 2:1 e até 10:1. Proporções mais altas proporcionam melhores condições de fluxo (Mara, 2004). O valor de 2:1 é adequado quando dois ou mais tanques se encontram em série. As lagoas podem ser construídas com paredes verticais de concreto, mas na prática recebem paredes inclinadas, como já descrito no caso das lagoas facultativas. Pode-se usar defletores para evitar curtos-circuitos, mas o processo mais comum é instalar várias lagoas em série, uma vez que esta configuração maximiza a remoção de patógenos.

Nesta fase do processo de tratamento, o teor de sólidos do líquido a ser tratado será baixo e a acumulação de lodo e escuma, por conseguinte, será lenta. Em vista disso, não é fundamental dotar a estação de lagoas em paralelo, embora seja aconselhável projetar a tubulação de interconexão de forma a permitir contornar lagoas individualmente a fim de que possam ser desativadas para manutenção, conserto e remoção do lodo. Entre as opções que facilitam a remoção de lodo, encontram-se a construção de rampas de acesso nas laterais das lagoas e a instalação de bombas de lodo em balsas flutuantes.

Critérios e procedimentos de projeto
A redução de bactérias fecais nas lagoas anaeróbias, facultativas e de maturação pode ser aproximada adotando-se uma cinética de primeira ordem. A equação para uma única lagoa é:

$$N_e = \frac{N_a}{1 + K_b t}$$

Onde N_e = número de coliformes fecais por 100 ml no efluente;
N_a = número de coliformes fecais por 100 ml no afluente;
K_b = constante de velocidade de remoção de coliformes fecais de primeira ordem (dia^{-1}); e
t = tempo de retenção na lagoa (dias).
Quando se tem várias lagoas dispostas em série, a equação passa a ser:

$$N_e = \frac{N_a}{[(1+ K_b t_1)(1 + K_b t_2) \ldots (1+ K_b t_n)]}$$

Onde t_1 a t_n são os tempos de retenção da primeira até a enésima lagoa. Esta equação aplica-se a todas as lagoas, inclusive anaeróbias e facultativas.

A constante de velocidade de primeira ordem (K_b) é dependente da temperatura. Teoricamente, a constante de velocidade irá variar um pouco dependendo do tipo de lagoa, mas para fins práticos de projeto é aproximada pela equação:

$$K_b = 2,6 \times 1,19^{(T-20)}$$

em que T = a temperatura da lagoa (°C).
As etapas do projeto são as seguintes:

1. Calcule o valor de K_b para a temperatura de projeto, que normalmente pode ser obtido com a temperatura ambiente no mês mais frio da temporada de irrigação.

2. Determine os valores de N_a e N_e.

   Para determinar N_a, estabeleça um valor para a contagem de coliformes fecais no afluente bruto da estação de tratamento e calcule a redução provável seguindo os passos anteriores do processo de tratamento. Considere uma redução de 50% por meio de espessantes de gravidade e de tanques de espessamento por decantação, e 90% de redução (1 log) por meio de prensas mecânicas. Utilize a equação para redução de coliformes fecais por meio de lagoas dispostas em série para calcular a redução de coliformes fecais obtida nas lagoas anaeróbias e facultativas. Este exercício dará um valor para N_a.

   Em seguida, escolha um valor apropriado para N_e. Quando o efluente se destinar a irrigação irrestrita este valor será de 1.000 NMP (número mais provável) de coliformes fecais por 100 ml.

3. Selecione um tempo de retenção (θ, dias) para uma lagoa de maturação padrão, sujeito a um valor mínimo nos climas quentes de 3 dias (Marais, 1974), e calcule o número de lagoas de maturação padrão necessárias.

   A equação básica para a redução de agentes patogênicos em n lagoas de maturação de igual tamanho é:

   $$\frac{N_e}{N_a} = \frac{1}{\left(1 + K_b\theta\right)^n}$$

   Onde n é o número de lagoas.

   Esta equação pode ser reescrita como:

   $$n = \frac{\log\left(N_a/N_e\right)}{\log\left(1 + K_b\theta\right)}$$

   A equação pode então ser solucionada para n usando os valores previamente determinados de N_a, N_e, K_b e θ.

   Quando o valor resultante de n for ligeiramente inferior a um número inteiro, deve-se arredondá-lo para esse número inteiro. Se for ligeiramente superior a um número inteiro, uma melhor solução pode ser aumentar ligeiramente o tamanho das lagoas para reduzir n abaixo desse número inteiro.

4. Selecione uma profundidade apropriada para a lagoa, tipicamente de cerca de 1,2 m, e calcule a área necessária de cada uma das lagoas de maturação de igual tamanho, usando a equação:

   $$SA_{MP} = \frac{Q\theta}{z_{MP}}$$

   Onde SA_{MP} = a área de superfície de cada lagoa de maturação em m²;
   Q = a vazão em m³/d; e
   z_{MP} = a profundidade da lagoa selecionada.

O comprimento e a largura da lagoa podem ser calculados a partir da área de superfície da lagoa usando uma proporção mínima de comprimento e largura de 2:1.

Exemplo de projeto: lagoa de maturação em série com lagoas de estabilização de resíduos

Calcule o número de lagoas necessárias para atingir a meta de 1.000 coliformes fecais/100 ml com um sistema que inclui espessamento por gravidade, lagoa anaeróbia com retenção de cinco dias e lagoa facultativa com retenção de 15 dias.

Parâmetro	Símbolo	Valor	Unidades
Temperatura	T	20	°C
Vazão	Q	40	m³/d
Tempo de retenção em lagoa de maturação única	θ_{MP}	3	dias
Contagem de coliformes fecais (CF) no afluente séptico	CF_{sept}	10^8	por 100 ml
Relação comprimento-largura	$L{:}W$	3:1	–
Profundidade das lagoas de maturação	z_{MP}	1,2	m

1. Calcule a constante da taxa de primeira ordem na temperatura de projeto de 20°C:

$$K_b = 2,6 \times 1,19^{(T-20)} = 2,6 \text{ dias}^{-1}$$

2. Calcule a contagem de CF na entrada das lagoas de maturação. A contagem de CF no esgoto séptico bruto é de 108 por 100 ml.

   Considere uma redução de 50% por meio de espessamento por gravidade para atingir uma contagem na entrada da lagoa anaeróbia de 5×10^7 CF por 100 ml.

   A concentração de CF após a lagoa anaeróbia de 5 dias (presumida) e a lagoa facultativa de 15 dias (presumida) é dada pela equação:

$$N_e = \frac{5 \times 10^7}{[(1+(2,6 \times 5)][1+(2,6 \times 15)]} = 9 \times 10^4$$

3. Determine o número de lagoas necessárias para reduzir a concentração de CF no efluente até o nível desejado. Considerando um tempo de retenção de 3 dias em cada lagoa, o número de lagoas de maturação necessárias é dado pela equação:

$$n = \frac{\log(9 \times 10^4/1000)}{\log[1+(2,6 \times 3)]} = 2,07$$

   Usando duas lagoas de retenção de 3 dias, teoricamente será obtida uma concentração de CF no efluente ligeiramente acima da contagem de coliformes fecais alvo. Se a retenção da lagoa aumentar para 3,5 dias, o valor de n cai para 1,95.

   Utilize duas lagoas de maturação, cada uma com 3,5 dias de retenção no fluxo de projeto.

4. Determine as dimensões da lagoa:
   O volume de uma única lagoa = 40 m³/d × 3.5 d = 140 m³
   Considere uma lagoa com profundidade de 1,2 m.
   Área necessária da lagoa = 140/1,2 = 116,67 m²

   Para a proporção comprimento/largura de 3:1, a largura necessária será $\sqrt{(116,67/3)} = 6,23$ m. Arredonde as dimensões para obter o tamanho típico de lagoa de 18,75 m x 6,25 m. Essas são dimensões de orientação e podem requerer ajuste para se adequar à geometria do local.

Tratamento conjunto de lodo de fossa seca e lodo de fossa séptica com esgoto

Este capítulo incluiu referências à maneira em que as várias tecnologias descritas podem ser usadas para tratamento conjunto de líquido separado com esgoto. No entanto, seu foco principal tem sido o tratamento autônomo de lodo de fossa seca e lodo de fossa séptica. Esta normalmente será a opção preferencial ao considerar opções para novas estações de tratamento. No entanto, como observado no Capítulo 4, haverá situações em que as estações de tratamento de esgoto existentes tenham capacidade de sobra, que poderia ser usada para o tratamento de lodo de fossa seca e lodo de fossa séptica. O tratamento conjunto também pode ser considerado uma vez que faz uso eficaz de recursos gerenciais e operacionais limitados. Ao considerar a opção de tratamento conjunto, é importante estar ciente dos seus inconvenientes e do seu projeto a fim de minimizar o efeito dessas desvantagens. Como já foi indicado no Capítulo 4, estas desvantagens incluem a alta concentração do lodo de fossa seca e do lodo de fossa séptica em comparação com a do esgoto, o efeito potencial da sua natureza parcialmente digerida e do elevado teor de amônia dos processos de tratamento e a sua taxa de entrega altamente variável, com a consequente variação na carga da estação.

O Capítulo 7 enfatizou que a separação das frações sólida e líquida é um primeiro passo essencial em qualquer esquema que envolva tratamento conjunto. Deve-se dispor de instalações de recepção separadas para o lodo de fossa seca e o lodo de fossa séptica, que incorporem gradeamento, atenuação do fluxo e outros processos de tratamento preliminar, conforme necessário. O Capítulo 6 traz informações sobre esses requisitos. A fração líquida resultante da separação de sólidos e líquidos ainda irá exercer uma alta carga orgânica e de sólidos em suspensão. As equações básicas para as cargas hidráulica, orgânica e de sólidos suspensos em uma estação de tratamento combinado são:

$$\text{Carga hidráulica } Q_t = Q_w + Q_s$$

$$\text{Carga orgânica ou de sólidos suspensos} = Q_w c_w + Q_s c_s$$

Onde Q_t = vazão total;

Q_w = vazão do esgoto;

Q_s = vazão do lodo de fossa séptica

c_w = concentração de DQO, DBO, NH_4 ou SST no esgoto; e

c_s = concentração de DQO, DBO ou SST na fração líquida do lodo de fossa séptica / lodo de fossa seca separado.

Estas equações podem ser usadas para calcular as cargas tanto diárias como horárias. Neste último caso, os fatores de máximas apropriados devem ser aplicados tanto às vazões do esgoto como do lodo de fossa séptica. As vazões devem ser expressas em m^3/d ou m^3/h, conforme apropriado. As concentrações devem ser dadas em kg/m^3, que equivale a g/l. Por sua vez, a segunda equação pode ser usada com cada parâmetro para calcular as cargas totais de DQO, DBO, NH_4 e SST.

Devido à elevada concentração do lodo de fossa séptica e do lodo de fossa seca em comparação com o esgoto, um volume relativamente pequeno no fluxo de lodo de fossa séptica/lodo de fossa seca resultará em um grande aumento dos sólidos suspensos orgânicos e da carga de nitrogênio na estação de tratamento. Uma maior acumulação de sólidos pode causar uma redução da eficiência de transferência de oxigênio e, portanto, uma diminuição na capacidade de tratamento. Com estes aspectos em mente, a EPA dos EUA (1984) recomenda que a razão entre a vazão do lodo de fossa séptica e a vazão total não exceda 0,036 (3,6%) para lagoas aeradas, 0,0285 (2,85%) para lodo ativado precedido de tratamento primário e 0,0125 (1,25%) para lodo ativado sem tratamento preliminar. Estas recomendações baseiam-se em pressupostos não mencionados pela EPA sobre as concentrações do material séptico e do esgoto e referem-se à capacidade da estação para tratar esgoto quando não há vazão de esgoto. Se a contribuição do esgoto já é 50% da carga projetada, a carga de lodo de fossa séptica admissível é somente 50% dos valores indicados acima; de igual forma, se a contribuição do esgoto é de 75% da carga projetada, a carga de material séptico admissível cai para 25%.

Estudos recentes sugerem a necessidade de rever para menos as recomendações da EPA no caso de estações de lodo ativado projetadas para remover o nitrogênio biológico (Dangol et al., 2013, citado em Lopez-Vazquez et al., 2014). No caso de material digerido de "baixa concentração", com concentrações de DQO e de SST de 10.000 mg/l e 7.000 mg/l, respectivamente, Lopez-Vazquez et al. recomendam que os volumes de lodo de fossa seca não ultrapassem 3,75% e 0,64% da vazão total para condições estacionárias e "dinâmicas", respectivamente. O significado de "dinâmico" não está definido, mas presumivelmente refere-se à natureza intermitente dos lançamentos de lodo de fossa séptica e lodo de fossa seca.

Ambas as recomendações da EPA e o estudo Dangol referem-se a tratamento aeróbio em ASR. Uma opção para melhorar a capacidade de tratamento conjunto seria incluir um estágio anaeróbio antes do tratamento aeróbio. Ao considerar esta opção, deve-se reconhecer que a adição de lodo de fossa séptica digerido à vazão de esgoto pode reduzir a taxa de degradação anaeróbia. Estudos realizados na Jordânia descobriram que 86% da fração biodegradável do afluente que chega a estações que recebem somente esgoto foi digerida após 27 dias, em comparação com apenas 57% da fração biodegradável em uma estação de recebe tanto esgoto doméstico como lodo de fossa séptica (Halalsheh et al., 2004, citado em Halalsheh et al., 2011). Estudos complementares confirmaram que a taxa de biodegradação do material séptico foi inferior à de esgoto doméstico e lodo primário em uma estação de tratamento de esgoto (Halalsheh et al., 2011). A taxa de biodegradação do lodo de fossa séptica aproxima-se a de uma reação de primeira ordem com uma constante de velocidade de 0,024 dia^{-1} a 35°C. Isto compara-se com uma constante de velocidade estimada de 0,103 dia^{-1} para esgoto domiciliar e de 0,113 dia^{-1} para lodo primário. Estas constatações têm relação com uma concentração relativamente baixa de lodo de fossa séptica com um DQO média registrada de

2.696 mg/l no inverno e de 6,425 mg/l no verão, com uma proporção de DQO para DBO de 2,22, o que sugere uma boa biodegradabilidade.

De maneira geral, esses argumentos sugerem que o tratamento conjunto deve ser abordado com cautela. Se possível, os projetos e/ou orientações de carga devem basear-se em estudos de campo, envolvendo estudos piloto de estações ou o monitoramento do efeito das cargas de material séptico no rendimento de uma estação de tratamento de esgoto existente.

Pontos principais do presente capítulo

- O componente líquido do lodo de fossa séptica e lodo de fossa seca precisa ser tratado para reduzir as concentrações de orgânicos, de sólidos suspensos e de patógenos a níveis compatíveis com as normas nacionais e internacionais pertinentes e garantir a proteção da saúde pública e preservar o meio ambiente.
- Dependendo do nível de concentração do líquido, pode ser necessário mais de uma etapa de tratamento, mesmo depois de separação das fases sólida e líquida, para alcançar esses objetivos.
- As tecnologias para tratamento de líquidos envolvem tanto processos anaeróbios como aeróbios e vão de simples sistemas "naturais" até obras de engenharia que dependem de dispositivos mecânicos.
- Os processos anaeróbios dispensam energia externa e têm um impacto ambiental muito pequeno. Por isso, constituem uma boa opção para o primeiro estágio no tratamento de líquidos e representam para as fases subsequentes uma menor demanda de terreno e de energia elétrica.
- Os processos de tratamento anaeróbio adequados para o tratamento do líquido separado do lodo de fossa seca e lodo de fossa séptica incluem as lagoas anaeróbias de estabilização e os reatores ABR. Os reatores UASB de fluxo ascendente devem ser considerados para o tratamento conjunto com esgoto doméstico, mas sozinhos não parecem ser uma boa opção para o tratamento de lodo de fossa seca e lodo de fossa séptica.
- A acumulação de lodo será um desafio operacional para todos os processos anaeróbios.
- As lagoas facultativas e os alagados construídos são simples, mas requerem uma grande área de solo se comparados com outras opções de tratamento. As lagoas facultativas serão uma opção adequada para o tratamento secundário, após o tratamento anaeróbio, quando houver disponibilidade de área e não houver habilidades operacionais suficientes. Devido à sua simplicidade, costumam ser uma opção melhor do que os alagados construídos, que exigem pelo menos tanta área quanto as lagoas facultativas.
- Os sistemas mecanizados com base em lodo ativado, aeração prolongada e suas variantes podem produzir efluentes de boa qualidade, mas dependem de fornecimento de energia elétrica confiável, operadores

treinados e bons sistemas de monitoramento do rendimento. Por causa da sua demanda de energia elétrica, sua operação pode ser cara e estar sujeita a interrupções no fornecimento de energia. Podem ser considerados para estações de maior porte, com gestores experientes, pessoal qualificado, sistemas de monitoramento eficazes e cadeias de abastecimento confiáveis. Os custos operacionais vão ser menores se o tratamento aeróbio mecanizado for precedido por tratamento anaeróbio.

- As lagoas aeradas de mistura completa não requerem recirculação e são, portanto, mais fáceis de operar do que os sistemas de lodo ativado. Assim como outros sistemas mecanizados, dependem de um bom fornecimento de energia e terão um custo com energia elétrica maior. Só devem ser consideradas quando houver espaço para lagoas facultativas e, como com as outras opções mecanizadas, devem vir após o tratamento anaeróbio.

- Quando a vazão for intermitente, os filtros percoladores vão gerar problemas como moscas e odores. A recirculação do efluente tratado ajudará a mitigar esses problemas, mas requer bombeamento e, portanto, depende mais de equipamentos mecânicos, que por sua vez encarecem os custos operacionais. Assim sendo, o filtro percolador não é uma boa opção para o tratamento autônomo de lodo de fossa séptica.

- Havendo disponibilidade de área, pode-se incluir no projeto lagoas de maturação para reduzir a concentração de patógenos dos efluentes a níveis que atendam aos padrões de lançamento e de destinação final. Não sendo possível atingir esses padrões, podem ser exploradas outras opções de descarte/uso final, como, por exemplo, o lançamento em áreas destinadas ao plantio de árvores.

Referências

Alberta Agriculture and Forestry (2012) *Dugout/Lagoon Volume Calculator* <https://www.agric.gov.ab.ca/app19/calc/volume/dugout.jsp> [acessado em 9 de abril de 2018].

Arthur, J.P. (1983) *Notes on the Design and Operation of Waste Stabilization Ponds in Warm Climates of Developing Countries* World Bank Technical Paper Number 7, Washington, DC: World Bank <http://documents.worldbank. org/curated/en/941141468764431814/pdf/multi0page.pdf> [acessado em 26 de janeiro de 2018].

Arundel, J. (1999) *Sewage and Industrial Effluent Treatment*, 2nd edn, Oxford: Wiley Blackwell.

Associação Brasileira de Normas Técnicas (ABNT) (1993) *Projeto, construção e operação de sistemas de tanques sépticos*, NBR 7229, Rio de Janeiro: ABNT.

Barber, W.P. and Stuckey, D.C. (1999) 'The use of the anaerobic baffled reactor (ABR) for wastewater treatment: a review', *Water Research* 33(7): 1559–78 <http://doi.org/10.1016/S0043-1354(98)00371-6> [acessado em 19 de julho de 2018].

Bassan, M., Tchonda, T., Yiougo, L., Zoellig, H., Maahamane, I., Mbéguéré, M. and Strande, L. (2013) 'Characterization of faecal sludge during dry and rainy seasons in Ouagadougou, Burkina Faso', paper presented at the *36th WEDC International Conference at Nakuru, Kenya* <https://wedc-knowledge. lboro.ac.uk/resources/conference/36/Bassan-1814.pdf> [acessado em 7 de fevereiro de 2018].

de Bonis, E. and Tayler, K. (2016) *Latrine Sludge Management in the IDP Camps of Sittwe, Myanmar*, Unpublished report produced for Solidarités International, Paris.

Boopathy, R. (1998) 'Biological treatment of swine waste using anaerobic baffled reactors', *Bioresource Technology* 64: 1–6 <http://dx.doi.org/10.1016/ S0960-8524(97)00178-8> [acessado em 19 de julho de 2018].

Boyle, W.C., Popel, H.J. and Mueller, J. (2002) *Aeration: Principles and Practice*, Boca Raton, FL: CRC Press.

Bwapwa, J.K. (2012) 'Treatment efficiency of an anaerobic baffled reactor treating low biodegradable and complex particulate wastewater (blackwater) in an ABR membrane reactor unit (MBR-ABR)', *International Journal of Environmental Remediation and Pollution* 1(1): 51–8 <http://dx.doi.org/10.11159/ ijepr.2012.008> [acessado em 19 de julho de 2018].

Chang, S., Li, J., Liu, F. and Zhu, G. (2008) 'Performance and characteristics of anaerobic baffled reactor treating soybean wastewater', paper presented at the *2nd International Conference on Bioinformatics and Biomedical Engineering (ICBBE) Shanghai, China* <http://dx.doi.org/10.1109/ICBBE.2008.1030> [acessado em 19 de julho de 2018].

Chernicharo, C.A., van Lier, J., Noyola, A. and Ribeiro, T. (2015) 'Anaerobic sewage treatment: state of the art, constraints and challenges', *Reviews in Environmental Services and Bio/Technology* 14(4): 649–79 <http://dx.doi.org/10.1007/s11157-015-9377-3> [acessado em 19 de julho de 2018].

Crites R. and Tchobanoglous, G. (1998) *Small and Decentralized Wastewater Management Systems*, Boston, MA: WCB McGraw Hill.

Fernández, R.G., Inganllinella, A.M., Sanguinetti, G.S., Ballan, G.E., Bortolotti, V., Montangero, A. and Strauss, M. (2004) 'Septage treatment using WSP', paper presented at the *9th International IWA Specialist Group Conference on Wetlands Systems for Water Pollution Control* and to the *6th International IWA Specialist Group Conference on Waste Stabilization Ponds, Avignon, France, 27 September – 1 October 2004.*

Foxon, K.M. and Buckley, C.A. (2006) *Guidelines for the Implementation of Anaerobic Baffled Reactors for On-Site or Decentralised Sanitation*, Durban: University of KwaZulu-Natal <http://citeseerx.ist.psu.edu/viewdoc/download?doi=10.1.1.568.378&rep=rep1&type=pdf> [acessado em 20 de junho de 2018].

Franceys, R., Pickford, J. and Reed, R. (1992) *A Guide to the Development of On-site Sanitation*, Geneva, Switzerland: World Health Organization <http://apps.who.int/iris/bitstream/handle/10665/39313/9241544430_eng.pdf?sequence=1&isAllowed=y> [acessado em 29 de março de 2018].

Gutterer, B., Sasse, K., Panzerbieter, T. and Reckerzügel, T. (2009) *Decentralised Wastewater Treatment Systems (DEWATS) and Sanitation in Developing Countries*, Loughborough: Water, Engineering and Development Centre, University of Loughborough <https://wedc-knowledge.lboro.ac.uk/details.html?id=10409> [acessado em 29 de março de 2018].

Halalsheh, M., Smit, T., Kerstens, S., Tissingh, J., Zeeman, G., Fayyad, M. and Lettinga, G. (2004) 'Characteristics and anaerobic biodegradation of sewage in Jordan', in *Proceedings of the 10th IWA World Conference on Anaerobic Digestion, Montreal, Canada*, pp. 1450–3.

Halalsheh, M., Noaimat, H., Yazajeen, H., Cuello, J., Freitas, B. and Fayyad, M.K. (2011) 'Biodegradation and seasonal variations in septage characteristics', *Environmental Monitoring and Assessment* 172(1–4): 419–26 <http://dx.doi.org/10.1007/s10661-010-1344-4> [acessado em 19 de julho de 2018].

Hansen, K.H., Angelidaki, I. and Ahring, B.K. (1998) 'Anaerobic digestion of swine manure: inhibition by ammonia', *Water Research* 32(1): 5–12 <http://dx.doi.org/10.1016/S0043-1354(97)00201-7> [acessado em 19 de julho de 2018].

Hassan, S.R. and Dahlan, I. (2013) 'Anaerobic wastewater treatment using anaerobic baffled reactor: a review', *Central European Journal of Engineering* 3(3): 389–99 <http://dx.doi.org/10.2478/s13531-013-0107-8> [acessado em 19 de julho de 2018].

Hassard, F., Biddle, J., Cartmell, E., Jefferson, B., Tyrrel, S. and Stephenson, T. (2015) 'Rotating biological contactors for wastewater treatment', *Journal of Process Safety and Environmental Protection* 94: 285–306 <http://dx.doi.org/10.1016/j.psep.2014.07.003> [acessado em 19 de julho de 2018].

Hui-Ting, L. and Yong-Feng, L. (2010) 'Performance of a hybrid anaerobic baffled reactor (HABR) treating brewery wastewater', paper presented at the *International Conference on Mechanic Automation and Control Engineering, Wuhan, China, 26–28 June 2010.*

Jiminez, B. (2007) 'Helminth ova removal from wastewater for agriculture and aquaculture use', *Water Science and Technology* 55(1–2): 485–93 <http://dx.doi.org/10.2166/wst.2007.046> [acessado em 19 de julho de 2018].

Kadu, P.A., Landge, R.B. and Rao, Y.R.M. (2013) 'Treatment of dairy wastewater using rotating biological contactors', *European Journal of Experimental Biology* 3(4): 257–60 <http://www.imedpub.com/articles/treatment-of-dairy-wastewater-using-rotating-biological-contactors.pdf> [acessado em 20 de janeiro de 2018].

Kantawanichkul, S. and Wannasri, S. (2013) 'Wastewater treatment performances of horizontal and vertical subsurface flow constructed wetland systems in tropical climates', *Songklanakarin Journal of Science and Technology* 35(5): 599–603 <http://rdo.psu.ac.th/sjstweb/journal/35-5/35-5-13.pdf> [acessado em 21 de janeiro de 2018].

Koné, D. and Strauss, M. (2004) 'Low-cost options for treating faecal sludges (FS) in developing countries: challenges and performance', paper presented at the *9th International IWA Specialist Group Conference on Wetlands Systems for Water Pollution Control and the 6th International IWA Specialist Group Conference on Waste Stabilization Ponds, Avignon, France, 27 September – 1 October* <https://www.eawag.ch/fileadmin/Domain1/Abteilungen/sandec/publikationen/EWM/Journals/FS_treatment_LCO.pdf> [acessado em 7 de fevereiro de 2018].

Lopez-Vazquez, C., Dangol, B., Hooijmans, C. and Brdvanovic, D. (2014) 'Co-treatment of faecal sludge in municipal wastewater treatment plants', in L. Strande, M. Ronteltap, and D. Brdjanovic (eds.), *Faecal Sludge Management: Systems Approach for Implementation and Operation*, London: IWA Publishing <https://www.eawag.ch/fileadmin/Domain1/Abteilungen/sandec/publikationen/EWM/Book/FSM_Ch09_lowres.pdf> [acessado em 15 de março de 2017].

Mara, D.D. (1987) 'Waste stabilization ponds: problems and controversies', *Water Quality International* 1: 20–2 <www.personal.leeds.ac.uk/~cen6ddm/pdf%27s%201972-1999/e9.pdf> [acessado em 8 de março de 2018].

Mara, D.D. (2004) *Domestic Wastewater Treatment in Developing Countries*, London: Earthscan <www.personal.leeds.ac.uk/~cen6ddm/Books/DWWTDC.pdf> [acessado em 8 de março de 2018].

Marais, G.V.R. (1974) 'Faecal bacterial kinetics in waste stabilization ponds', *Journal of the Environmental Engineering Division*, American Society of Civil Engineers, 100 (EE1): 119–39.

McGarry, M.G. and Pescod, M.B. (1970) 'Stabilization pond design criteria for tropical Asia', in *Proceedings of the 2nd International Symposium on Waste Treatment Lagoons*, pp. 114–32, Kansas City, KS.

Metcalf & Eddy (2003) *Wastewater Engineering Treatment and Reuse*, 4th edn, New York: McGraw Hill.

Milner, J.R. (1978) *Control of Odors from Anaerobic Lagoons Treating Food Processing Wastewaters*, Cincinnati, OH: Industrial Environmental Research Laboratory, US EPA <https://nepis.epa.gov/Exe/ZyPDF.cgi/9101KSIA.PDF?Dockey=9101KSIA.PDF> [acessado em 7 de abril de 2018].

Moestedt, J., Müller, B., Westerholm, M. and Schnürer, A. (2016) 'Ammonia threshold for inhibition of anaerobic digestion of thin stillage and the importance of organic loading rate', *Microbial Biotechnology* 9(2): 180–94 <http://dx.doi.org/10.1111/1751-7915.12330> [acessado em 19 de julho de 2018].

Nguyen, H., Turgeon, S. and Matte, J. (2010) *The Anaerobic Baffled Reactor: A study of the wastewater treatment process using the anaerobic baffled reactor,* Cape Town: Worcester Polytechnic Institute <http://wp.wpi.edu/capetown/files/2010/12/Anaerobic-Baffled-Reactor-for-Wastewater-Treatment.pdf> [acessado em 13 de maio de 2018].

Noyola, A., Padilla-Rivera, A., Morgan-Sagastume, J.M., Gureca, L.P. and Hernanndez-Padilla, F. (2012) 'Typology of municipal wastewater treatment technologies in Latin America', *Clean Soil Air Water* 40(9): 926–32 <http://dx.doi.org/10.1002/clen.201100707> [acessado em 19 de julho de 2018].

Rands, M.B. and Cooper, D.E. (1966) 'Development and operation of a low cost anaerobic plant for meat wastes', in *Proceedings of 21st Purdue Industrial Waste Conference, Lafayette, IN.*

Reynaud, N. (2014) *Operation of Decentralised Wastewater Treatment Systems (DEWATS) Under Tropical Field Conditions* (PhD thesis), Dresden: Faculty of Environmental Sciences, Dresden Technical University <www.qucosa.de/fileadmin/data/qucosa/documents/18556/Dissertation_Nicolas_Reynaud_Final.pdf> [acessado em 9 de abril de 2018].

Reynaud, N. and Buckley, C.A. (2016) 'The anaerobic baffled reactor (ABR) treating communal wastewater under mesophilic conditions: a review', *Water Science and Technology* 73(3): 463–78 <http://dx.doi.org/10.2166/wst.2015.539> [acessado em 19 de julho de 2018].

Sasse, L. (1998) *DEWATS: Decentralised Wastewater Treatment in Developing Countries,* Bremen: Overseas Research and Development Association (BORDA) <www.sswm.info/sites/default/files/reference_attachments/SASSE%201998%20DEWATS%20Decentralised%20Wastewater%20Treatment%20in%20Developing%20Countries_0.pdf> [acessado em 13 de março de 2018].

Schoebitz, L., Bassan, M., Ferré, A., Vu, T.H.A., Nguye, A. and Strande, L. (2014) 'FAQ: faecal sludge quantification and characterization – field trial of methodology in Hanoi, Vietnam', paper presented at *37th WEDC International Conference, Hanoi, Vietnam* <https://www.dora.lib4ri.ch/eawag/islandora/object/eawag%3A11874/datastream/PDF/view> [acessado em 2 de maio de 2018].

Schoebitz, L., Bischoff, F., Ddiba, D., Okello, F., Nakazibwe, R., Niwagaba, C.B., Lohri, C.R. and Strande, L. (2016) *Results of Faecal Sludge Analyses in Kampala, Uganda: Pictures, Characteristics and Qualitative Observations for 76 Samples,* Dübendorf: Eawag, Swiss Federal Institute of Aquatic Science and Technology <www.eawag.ch/fileadmin/Domain1/Abteilungen/sandec/publikationen/EWM/Laboratory_Methods/results_analyses_kampala.pdf> [acessado em 7 de fevereiro de 2018].

Stenstrom, M.K. and Rosso, D. (2010) *Aeration,* University of California <www.seas.ucla.edu/stenstro/Aeration.pdf> [acessado em 12 de abril de 2018].

Strande, L., Ronteltap, M. and Brdjanovic, D. (2014) *Faecal Sludge Management: Systems Approach for Implementation and Operation,* London: IWA Publishing https://www.un-ihe.org/sites/default/files/fsm_book_lr.pdf [acessado em 20 de junho de 2018].

Tilley, E., Ulrich, L., Lüthi, C., Reymond, P., Schertenleib, R. and Zurbrügg, C. (2014) *Compendium of Sanitation Systems and Technologies*, 2nd edn, Dübendorf: Swiss Federal Institute of Aquatic Science and Technology (Eawag) <http://www.iwa-network.org/wp-content/uploads/2016/06/Compendium-Sanitation-Systems-and-Technologies.pdf> [acessado em 8 de abril de 2018].

UN-Habitat (2008) *Constructed Wetlands Manual*, Kathmandu, Nepal: UN-HABITAT Water for Asian Cities Programme <https://sswm.info/sites/default/files/reference_attachments/UN%20HABITAT%202008%20Constructed%20Wetlands%20Manual.pdf> [acessado em 27 de novembro de 2017].

US EPA (1984) *Handbook: Septage Treatment and Disposal*, Cincinnati, OH: Municipal Environmental Research Laboratory <https://nepis.epa.gov/Exe/ZyPDF.cgi/30004ARR.PDF?Dockey=30004ARR.PDF> [acessado em 19 de junho de 2018].

US EPA (2000) *Wastewater Technology Fact Sheet Wetlands: Subsurface Flow*, Washington, DC: US EPA <https://www3.epa.gov/npdes/pubs/wetlands-subsurface_flow.pdf> [acessado em 20 de junho de 2018].

US EPA (2011) *Principles of Design and Operations of Wastewater Treatment Pond Systems for Plant Operators, Engineers and Managers*, Cincinnati, OH: US EPA <https://www.epa.gov/sites/production/files/2014-09/documents/lagoon-pond-treatment-2011.pdf> [acessado em 10 de abril de 2018].

van Lier, J.B., Vashi, A., van der Lubbe, J. and Heffernan, B. (2010) 'Anaerobic sewage treatment using UASB reactors: engineering and operational aspects', in H.H.P. Fang (ed.), *Environmental Anaerobic Technology; Applications and New Developments* pp. 59–89, London: Imperial College Press <https://courses.edx.org/c4x/DelftX/CTB3365STx/asset/Chap_4_Van_Lier_et_al.pdf> [acessado em 20 de junho de 2018].

von Sperling, M. (2007) *Waste Stabilization Ponds, Biological Wastewater Treatment Series, Volume 3*, London: IWA Publishing <https://www.iwapublishing.com/sites/default/files/ebooks/9781780402109.pdf> [acessado em 20 de junho de 2018].

Vymazal, J. (2010) 'Constructed wetlands for wastewater treatment', *Water* 2: 530–49 <http://dx.doi.org/10.3390/w2030530> [acessado em 19 de julho de 2018].

Water Environment Federation (WEF) (2010) *Design of Municipal Wastewater Treatment Plants (WEF Manuals of Practice No. 8 and ASCE Manuals and Reports on Engineering Practice No. 76, 5th edn)*, Arlington, VA: Water Environment Federation Press <https://www.accessengineeringlibrary.com/browse/design-of-municipal-wastewater-treatment-plants-wef-manual-of-practice-no-8-asce-manuals-and-reports-on-engineering-practice-no-76-fifth-edition> [acessado em 17 de maio de 2018].

Wilderer, P.A., Irvine, R.L. and Goronszy, M.C. (2001) *Sequencing Batch Reactor Technology*, London: IWA Publishing.

CAPÍTULO 9
Desidratação de sólidos

Esse capítulo analisa as opções para a desidratação de lodo, após ou em conjunto com a separação de sólidos e líquidos. A desidratação de sólidos é necessária para reduzir o teor de água do lodo de fossa seca e lodo de fossa séptica o suficiente para diminuir a sua massa a proporções manejáveis e permitir que sejam manuseados como um sólido, com o uso de pás ou equipamentos mecânicos, como tratores carregadores. Dependendo do uso final do lodo desidratado (descarte ou reutilização segura), pode ser necessário o tratamento adicional dos sólidos após a desidratação, que é o tema do Capítulo 10. O presente capítulo começa com uma breve visão geral dos conceitos teóricos relevantes, passa a identificar as opções de desidratação e, em seguida, as analisa detalhadamente, fornecendo informações sobre parâmetros e detalhes de projeto, e conclui com um resumo e comparação das tecnologias analisadas.

Palavras-chave: desidratação, lodo, teor de água, leito de secagem, ciclo de carga.

Introdução

A desidratação de sólidos é necessária para aumentar o teor de sólidos do lodo para pelo menos os 20% necessários para que o lodo se torne uma "massa" que possa ser manuseada com uma pá ou equipamento similar. A secagem a um teor de sólidos superior a 20% reduz o volume do lodo a ser manuseado e pode ser vantajosa quando o lodo tiver de ser transportado para um local remoto para o descarte.

Mecanismos de desidratação de sólidos

O teor de água no lodo úmido inclui a água livre e a água retida nos sólidos. A maior parte da água livre não está ligada aos sólidos contidos no lodo. O componente da água retida nos sólidos, que é bem menor, inclui:

- *Água intersticial*: encontrada nos espaços dos poros entre partículas sólidas e ligada a essas partículas por forças capilares;
- *Água coloidal*: encontrada nas superfícies dos sólidos e ligada a esses sólidos por adsorção e aderência; e
- *Água intracelular*: está presente nas células de micro-organismos e, portanto, impossível de remover, exceto por mecanismos que quebrem esses micro-organismos.

Os mecanismos de decantação e filtragem removem a água livre, enquanto a remoção da água retida nos sólidos requer uma combinação de dosagem química, centrifugação, pressão e evaporação. As proporções de água livre e água retida nos sólidos do lodo influenciam o método de desidratação, mas, na maioria dos casos, a remoção da água livre por si só é suficiente para produzir lodo com comportamento de sólido. O lodo de tanque séptico geralmente tem menos água retida nos sólidos e, consequentemente, é mais fácil de desidratar do que o lodo de fossa seca fresco.

Visão geral das opções de desidratação de sólidos

Como já foi dito, o principal objetivo da desidratação do lodo é aumentar o seu teor de sólidos até o ponto em que se torne uma massa e possa ser tratado como um sólido. Pode ser necessária uma secagem de sólidos adicional quando o uso final posterior exigir um teor de sólidos superior aos 20 a 40% normalmente obtidos por meio da desidratação. Do mesmo modo, pode ser necessário um novo tratamento para reduzir os patógenos, dependendo da aplicação de reuso. O Capítulo 10 aborda os requisitos adicionais de tratamento para vários usos finais. A Figura 9.1 apresenta a relação entre a desidratação dos sólidos e as fases de tratamento anteriores e posteriores.

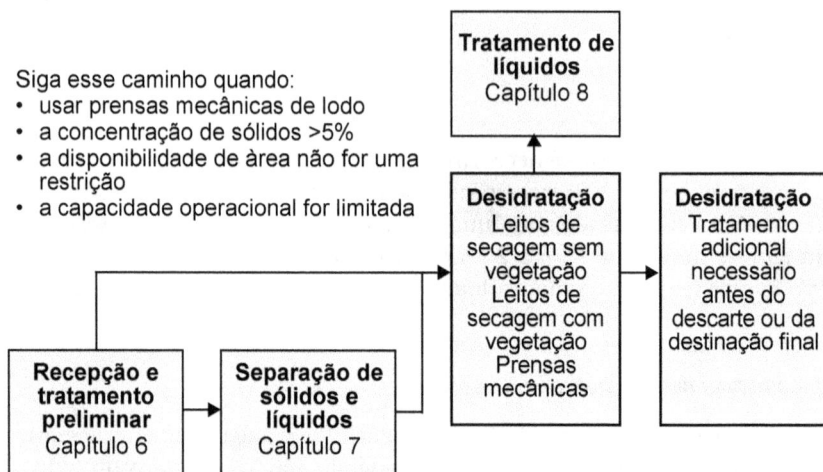

Figura 9.1 Desidratação de sólidos em contexto

A Figura 9.1 identifica três opções de desidratação de lodo: leitos de secagem sem vegetação, leitos de secagem com vegetação e prensas mecânicas. Conforme explicado no Capítulo 7, não existe uma linha divisória rígida entre a separação de sólidos e líquidos e a desidratação de lodo, de modo que as duas são por vezes combinadas. Como será explicado mais adiante nesse capítulo, a necessidade de áreas para leitos de secagem sem vegetação tende a crescer com o aumento do teor de água do lodo, o que significa que a separação de sólidos e líquidos é preferível antes da desidratação se o teor de sólidos do material a ser tratado for inferior a cerca de 5%. O lodo de fossa seca proveniente de contêineres, poços e caixas de registros esvaziados com frequência podem se beneficiar de estabilização antes da desidratação em leitos de secagem, como explicado no Capítulo 6. As prensas mecânicas podem acompanhar a separação de sólidos e líquidos, mas, até o momento, todos os exemplos de seu uso para o tratamento de lodo de fossa seca e lodo de fossa séptica combinam a separação de sólidos e líquidos com a desidratação do lodo. Essas opções foram discutidas em detalhes no Capítulo 7 e, por isso, são apenas brevemente mencionadas neste capítulo.

O projeto das unidades de desidratação precisa considerar as características do líquido a ser desidratado, seu teor de sólidos e o padrão de carga. Este padrão depende das tecnologias adotadas para a separação de sólidos e líquidos e para o tratamento de líquidos, como explicado abaixo.

- As instalações de desidratação recebem cargas diretamente dos veículos de entrega de lodo de fossa seca e lodo de fossa séptica em intervalos frequentes ao longo do dia.
- As instalações de desidratação que processam sólidos úmidos separados em adensadores por gravidade recebem lodo úmido em intervalos de menos de um dia, geralmente várias vezes por dia.
- As instalações de desidratação carregadas com sólidos úmidos dos tanques adensadores e dos sistemas de decantação recebem lodo em intervalos que variam entre cerca de uma a quatro semanas, dependendo da sequência operacional da unidade anterior.
- Os processos de tratamento de líquidos produzem sólidos que precisam ser desidratados. O volume e a frequência das cargas produzidas dependem do tipo de tratamento e do regime operacional. Por exemplo, o reator anaeróbio compartimentado (RAC) produz lodo em intervalos de várias semanas ou meses, enquanto as lagoas anaeróbias produzem grandes quantidades de lodo em intervalos normalmente medidos em meses ou anos.

As implicações destes pontos para as várias opções de desidratação serão exploradas à medida que cada opção for descrita e analisada em mais detalhes.

Leitos de secagem sem vegetação

Descrição do sistema

Os leitos de secagem de lodo sem vegetação são a opção mais antiga e mais simples para a desidratação de lodo. Seu princípio operacional é simples: o lodo úmido é descarregado em um leito de areia com profundidade de 200 a 300 mm. Em seguida, fica no leito até que a percolação através do leito e a evaporação da superfície aumentem o teor de sólidos ao ponto em que possa ser removido com pás ou outro equipamento adequado. A percolação da água livre é o mecanismo predominante durante os estágios iniciais da desidratação, com a evaporação assumindo maior importância após a remoção da maior parte da água livre. Heinss et al. (1998) afirmaram que a percolação normalmente é responsável por 50 a 80%, e a evaporação por 20 a 50% da remoção da água. Um estudo no Iêmen sobre o desempenho de secagem de leitos em escala piloto carregados com lodo de esgoto revelou que a percolação e a evaporação representaram 65% e 35% da água removida, respectivamente, com mais de 70% da água de percolação removida dentro dos primeiros dois dias (Al-Nozaily et al., 2013). Da mesma forma, estudos piloto realizados em Dakar constataram que a percolação foi interrompida após 2 a 4 dias para taxas de carga de sólidos totais (ST) de 100 kg ST/m² por ano e 6 a 8 dias no caso de taxas de carga de 150 kg ST/m² por ano (Seck et al., 2015).

Para permitir a secagem do lodo, são necessários vários leitos, com o número dependendo da duração do ciclo de secagem e do tempo e volume da entrega de lodo úmido, como será explicado mais adiante neste capítulo. Cada leito normalmente tem 5 a 6 m de largura e 10 a 20 m de comprimento, e em geral são dispostos em paralelo, com paredes divisórias compartilhadas. Os leitos de areia são compostos por até 300 mm de areia sobrepostos a 200 a 450 mm de cascalho, todos fechados dentro de uma "caixa" impermeável construída a partir de uma combinação de concreto, blocos e tijolos. A areia deve ter um tamanho eficaz na faixa de 0,3 a 0,75 mm e um coeficiente de uniformidade de no máximo 3,5 (Crites e Tchobanoglous, 1998). A areia deve ser lavada a fim de remover as partículas finas, para prevenir que entupam o leito e impeçam a drenagem eficaz. As paredes laterais do leito devem ter uma borda livre suficiente para conter a profundidade projetada do lodo úmido aplicado ao leito. Ladrilhos de argila permeáveis colocados abaixo do cascalho ou tubos perfurados colocados dentro do cascalho recolhem a água percolada e a transportam até o ponto médio do leito, onde ela flui para um canal ou tubo perfurado. A prática comum é dispor vários leitos de secagem um ao lado do outro dentro de uma estrutura de caixa rasa. A Figura 9.2 é uma seção transversal de um leito de secagem tradicional, mostrando parte de um leito adjacente.

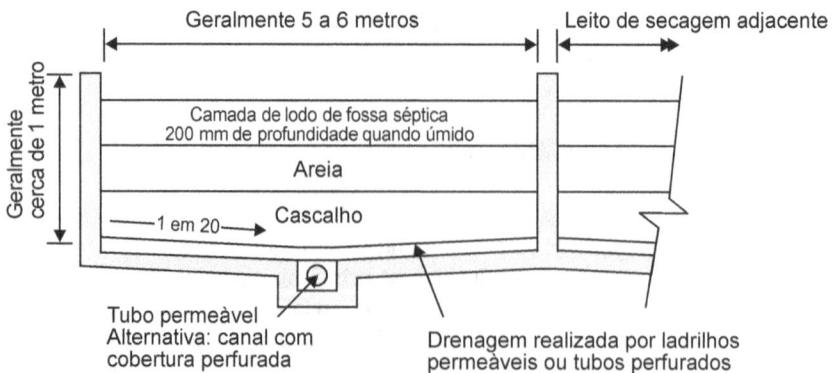

Figura 9.2 Seção transversal de um típico leito de secagem

A Foto 9.1 mostra um leito de secagem em construção em Samarinda, Kalimantan Oriental, Indonésia. A estrutura do leito de secagem está no devido lugar, juntamente com o canal coletor central, mas as camadas de cascalho e areia ainda não foram colocadas.

Foto 9.1 Leitos de secagem em construção

A Foto 9.1 ilustra vários pontos importantes no que se refere à disposição dos leitos de secagem.

- As rampas permitem o acesso para a remoção do lodo seco. São bastante íngremes e teria sido melhor um declive mais plano.
- O afluente, neste caso o lodo separado, é distribuído para os leitos de secagem por um canal, que corre ao longo do lado próximo dos leitos de secagem. As comportas controlam a vazão do lodo de fossa séptica nos leitos de secagem.
- A inclinação transversal do leito é superior ao valor de 1 em 20 recomendado na Figura 9.2. Dessa forma, o volume de cascalho necessário aumenta.
- As colunas suspensas com parafusos engastados estão localizadas em intervalos ao redor dos leitos de secagem e ancoram uma estrutura de proteção que impede a entrada da água da chuva nos leitos.

Uma placa de proteção de concreto duro ou revestimento de blocos deve ser colocada abaixo da entrada de cada leito de secagem para garantir que o lodo recebido não cause abrasão no leito de areia. Para atingir este objetivo, sugere-se que a placa de proteção se estenda a pelo menos 0,5 m de cada lado do tubo de entrada e pelo menos 0,75 m para além dele.

Desempenho

Fatores que afetam o desempenho. A desidratação em leitos de secagem sem vegetação pode produzir lodo com teor de sólidos secos igual ou superior a 20% dentro de 7 a 10 dias em climas quentes e secos, subindo para 75% ou mais se as condições forem favoráveis e for permitido um tempo de secagem suficiente. Os fatores que influenciam o desempenho da desidratação incluem:

- *Temperatura, umidade e intensidade do vento.* A taxa de evaporação sobe com o aumento da temperatura e da intensidade do vento, e diminui com o aumento da umidade. Em climas quentes e secos, a desidratação para produzir teor de sólidos superior a 20% pode demorar menos de uma semana, ao passo que no clima úmido e temperado podem ser necessárias várias semanas para alcançar o mesmo resultado.
- *Precipitação.* Em áreas sujeitas a períodos de fortes chuvas, o tempo de secagem aumenta significativamente durante a estação chuvosa, a não ser que os leitos de secagem sejam cobertos. Na verdade, a secagem em leitos não cobertos pode ser impossível por longos períodos em lugares com uma estação chuvosa acentuada.
- *Capacidade de desidratação do lodo.* Esta depende das características do lodo, que, por sua vez, dependem da origem do lodo. Estudos demonstram que o lodo fresco não digerido leva mais tempo para secar do que o lodo digerido, provavelmente devido ao alto teor de água intracelular. Por exemplo, testes em Acra, Gana (Heinss et al., 1998) apresentaram os seguintes resultados durante um período de secagem de 8 dias:
  - Lodo de lagoa primária, presumivelmente bem digerido, secou até 40% dos sólidos totais.
  - O lodo de banheiros públicos apresentou resultados erráticos, variando de quase nenhuma capacidade de decantação a 29% de sólidos totais.

A capacidade de desidratação do lodo fresco pode ser melhorada misturando-o com lodo digerido. Durante os testes em Acra, foi usada uma mistura de uma parte de lodo de banheiros públicos para quatro partes de lodo de fossa séptica desidratado para 70% de sólidos totais. Outra opção é a estabilização, descrita no Capítulo 6.

A melhor maneira de avaliar o desempenho da desidratação do lodo em um local específico é realizar testes de campo em leitos de secagem já existentes ou em pequenas instalações piloto. Os resultados de campo obtidos em um local podem ser aplicáveis em outros locais da mesma região com condições climáticas e características de lodo semelhantes.

Qualidade da percolação. Os leitos de secagem sem vegetação removem a matéria orgânica e os sólidos suspensos da fase líquida drenada. Estudos mostram que as concentrações de sólidos suspensos totais (SST) na percolação de leitos de secagem sem vegetação podem ser inferiores a 5% das concentrações no lodo úmido. Testes em Acra, Gana, relataram $\geq$ 95% de remoção de SST (Heinss et al., 1998), e testes em Kumasi, Gana, registraram 96% de remoção média de SST (Cofie et al., 2006). A remoção da carga orgânica normalmente é mais baixa. Os estudos de Acra e Kumasi relataram a remoção da demanda química de oxigênio (DQO) do filtrado líquido de 70 a 90% e 85 a 90%, respectivamente. A remoção da demanda bioquímica de oxigênio (DBO) foi reportada como 86 a 91% (Cofie et al., 2006). Apesar dessas altas taxas de remoção, a percolação ainda apresenta concentração elevada de sólidos suspensos e exerce uma alta demanda de oxigênio. Por exemplo, partindo do princípio de que as concentrações de SST e DQO do lodo cru são de 20.000 mg/l e que os SST e a DQO são reduzidos em 95% e 85%, respectivamente, as concentrações de SST e DQO na percolação serão de 1000 mg/l e 3000 mg/l, respectivamente.

Tanto a percolação como o lodo desidratado terão um alto teor de patógenos após a desidratação. Será necessário tratamento adicional antes do lançamento da percolação em um corpo de água superficial (conforme descrito no Capítulo 8). Da mesma forma, a massa também pode exigir novo tratamento, dependendo de seu eventual uso final previsto. Este ponto é de grande relevância se o objetivo for utilizar o lodo seco como condicionador de solo. Pesquisas em Acra, Gana, constataram que a desidratação nos leitos de secagem não inativou todos os ovos de helmintos. O número de ovos de helmintos foi registrado em dois ciclos operacionais, cada qual contendo desidratação em leitos de secagem, seguido de compostagem. A quantidade de ovos registrados no lodo cru usado no primeiro ciclo operacional foi de 60 ovos/G ST. A quantidade de ovos no lodo cru usado para o segundo ciclo operacional não foi registrada. A quantidade de ovos de helmintos (*Ascaris* e *Trichuris*) no lodo desidratado foi de 38 após o primeiro ciclo e 22 após o segundo ciclo, dos quais 25 a 50% eram viáveis (Koné et al., 2007). No último caso, a quantidade de ovos no lodo cru foi de 60 ovos/g ST. Os números exatos variam, dependendo da quantidade de ovos de helmintos no lodo cru. No entanto, os resultados mostraram que a desidratação em leitos de secagem sem vegetação não é capaz de garantir a neutralização dos ovos de helmintos. As opções de redução do número de patógenos no lodo seco para níveis que permitam seu uso final seguro como condicionador de solo agrícola são identificadas e descritas no Capítulo 10.

Considerações operacionais e de projeto

Cobertura nos leitos de secagem para melhorar o aproveitamento. A colocação de uma cobertura sobre os leitos de secagem permite seu uso durante todo o ano, mesmo nos períodos de chuva. Com isso, é eliminada a necessidade de ampliar a capacidade de leito de secagem para tratar o lodo que precisou ser armazenado durante os períodos de chuva. Estudos realizados em Lusaka, Zâmbia, e em

Dakar, Senegal, mostraram que os leitos cobertos ficam significativamente melhores do que os leitos não cobertos durante a estação chuvosa (*Lusaka Water and Sewerage Company*, 2014; Seck et al., 2015). A Foto 9.2 apresenta o exemplo de um leito de secagem protegido por uma cobertura transparente.

Foto 9.2 Disposição de um leito de secagem coberto em Jombang, Indonésia

Os pontos principais a serem observados sobre a disposição mostrada na Foto 9.2 são:

- A cobertura translúcida não se estende até o topo das paredes laterais do leito de secagem, permitindo assim ventilação cruzada.
- A estrutura de apoio é construída a partir de seções metálicas; por isso, deve estar bem ancorada e ser forte o suficiente para resistir à intensidade do vento.
- Para evitar que a chuva penetre no espaço entre o revestimento da cobertura e as paredes do leito em tempo de ventanias, é aconselhável que haja uma saliência na cobertura.
- A configuração da cobertura desvia do leito o escoamento da água da chuva.

Quando houver vários leitos dispostos lado a lado, serão necessárias calhas para captar a água que escorre das coberturas inclinadas e desviá-la do leito. Sem a ventilação cruzada, ocorre condensação no interior do material da cobertura, a umidade acima do leito aumenta, ocorrendo pouco ou nenhum avanço no desempenho da secagem durante a estação seca (Seck et al., 2015). Esse problema pode ser solucionado com o uso de ventiladores e ventilação mecânica, mas aumenta a complexidade mecânica. Mais informações sobre essa opção são dadas na seção sobre secagem solar, no Capítulo 10.

Profundidade do lodo úmido. Conforme já indicado, os leitos de secagem sem vegetação funcionam com profundidade do lodo úmido de 200 a 300 mm. As primeiras pesquisas de Pescod (1971) descobriram que o resultado da secagem era melhor a uma profundidade de carregamento de 200 mm. É possível alcançar taxas gerais de carga de sólidos mais elevadas se a profundidade do lodo úmido for reduzida ainda mais, mas o aumento da frequência de remoção do lodo resulta no aumento da necessidade de mão de obra.

O efeito da agitação. A agitação do lodo úmido durante o processo de desidratação aumenta a taxa de desidratação e reduz o tempo necessário para atingir um determinado teor de sólidos. A pesquisa de Dakar mencionada acima (Seck et al., 2015) constatou que a mistura diária do lodo reduziu o tempo de desidratação em cerca de 6 dias a partir dos 19 ± 1 dias e 26 ± 2 dias necessários sem misturar as taxas de carga de 100 kg de ST/m^2 e 150 kg de ST/m^2, respectivamente. Essas reduções no tempo de secagem representam 31% e 23% do tempo necessário para a desidratação sem mistura para as respectivas taxas de carga. A pesquisa envolveu a observação do desempenho de doze leitos de secagem de 2 m × 2 m, que eram mais fáceis de misturar do que leitos de secagem em escala real. A mistura manual se torna cada vez mais difícil à medida que o teor de água do lodo diminui e, por esse motivo, a mistura, em geral, requer equipamentos mecânicos, o que representa custo e dificuldades operacionais consideráveis. Estes são necessários para a secagem solar, como explicado no Capítulo 10.

O bombeamento deve ser evitado sempre que possível. O bombeamento requer uma fonte de energia confiável e manutenção mecânica eficiente, incluindo uma cadeia de fornecimento confiável de peças sobressalentes. Deve, portanto, ser evitado sempre que possível, principalmente em estações de tratamento de pequeno porte. Sempre que a topografia permitir, o projeto deve possibilitar que o percolado dos leitos de secagem flua para as unidades de tratamento de líquidos por gravidade. Quando não for possível, deve ser explorada a possibilidade de descarregar o líquido percolado em um sumidouro a fim de evitar o bombeamento.

Necessidades de mão de obra. Alguns leitos de secagem de estações de tratamento de lodo de fossa seca e lodo de fossa séptica são grandes o suficiente para justificar o uso de tratores carregadores e outros equipamentos mecânicos para remover o lodo seco. A remoção manual, portanto, é normalmente necessária. Trata-se de um processo que consome muita mão de obra. Um estudo concluiu que um único trabalhador levou cerca de dois dias para remover 7 cm de lodo seco de um leito de 130 m^2, indicando uma taxa de remoção de cerca de 4,5 m^3 de lodo seco por trabalhador por dia (Dodane e Ronteltap, 2014). Outro estudo concluiu que a remoção manual do lodo exige de 2 a 4 horas de trabalho por tonelada de lodo seco, indicando uma taxa de remoção de lodo de até 4 m^3

por trabalhador por dia (Nikiema et al., 2014). O carregamento sequencial de leitos relativamente pequenos resulta em uma necessidade constante de mão de obra, mas picos na demanda ocorrem quando grandes quantidades de lodo exigem secagem, por exemplo, quando as lagoas anaeróbias passam por remoção de lodo. É provável que isso resulte na necessidade de mais mão de obra ocasional.

Necessidade de substituição periódica da areia. Parte da areia é perdida cada vez que o lodo seco é removido, de modo que a espessura da areia do leito diminui gradualmente. A substituição da areia é necessária uma vez que a sua espessura total se reduz para cerca de 100 mm. O custo da reposição da areia deve ser levado em consideração ao avaliar os custos operacionais dos leitos de secagem de lodo.

Critérios e procedimentos de projeto

A maioria das diretrizes de projeto para leitos de secagem de lodo especifica a carga de sólidos permitida no leito em quilogramas de sólidos totais por metro quadrado por ano (kg ST/m² por ano). Metcalf & Eddy (2003) recomendam valores de projeto de 120 a 150 kg de sólidos secos/m² por ano para lodo de redes de esgoto primário, e 90 a 120 kg de sólidos secos/m² por ano para lodo de tanques de húmus. Esses valores são destinados a climas temperados. Em relação às condições nos países tropicais, Strande et al. (2014) afirmam que as taxas de carga variam entre 100 e 200 kg ST/m² por ano, observando ao mesmo tempo a possibilidade de atingir taxas de carga mais elevadas. Na prática, diversos pesquisadores relataram taxas de carga superiores a 200 kg ST/m² por ano, tal como indicado nos exemplos abaixo.

- Experimentos realizados em Bangkok com teor de sólidos total do lodo variando de 1,7% a 6,5% e diferentes profundidades de dosagem atingiram taxas de carga entre 70 e 475 kg ST/ m² por ano (Pescod, 1971).
- O monitoramento do desempenho dos leitos de secagem sem vegetação em Acra, Gana, ao longo de oito ciclos de carregamento revelou taxas de carga entre 196 e 321 kg de ST/m² por ano (Cofie et al., 2006).
- Pesquisas em escala de bancada em Kumasi, Gana, atingiram taxas de carga de até 467 kg ST/m² por ano para uma mistura de lodo de fossa séptica de 3:1 em lodo de banheiro público. O teor de matéria orgânica do lodo seco foi de 334 kg de sólidos voláteis totais (SVT)/m² por ano. Com a adição de serragem, a taxa de carga atingiu 525 kg ST/m² por ano (Kuffour, 2010).
- Outro estudo realizado em Gana revelou taxas efetivas de carga de lodo de 300 e 150 kg ST/m² por ano para lodo com 60g ST/l e 5g ST/l, respectivamente (Badji et al., 2011, citado em Strande et al., 2014, pp. 145).

Os resultados dos estudos de Pescod e Badji revelaram um aumento na carga de sólidos com a elevação do teor de sólidos de lodo úmido, sugerindo que os projetos que se baseiam em uma suposta carga de sólidos, sem referência ao teor de sólidos do lodo úmido, podem estar incorretos. Esse ponto é ilustrado pelo experimento conduzido na estação de tratamento de lodo de fossa seca de Cambérène em Dakar, Senegal. O projeto do leito de secagem presumiu um carregamento de 200 kg ST/m² por ano e uma camada de lodo de 200 mm. Uma análise posterior da prática operacional mostrou que a taxa de carga atingida foi, na verdade, de cerca de 340 kg de ST/m² por ano, de modo que apenas 6 ou 7 leitos foram necessários, em vez dos 10 leitos previstos no projeto (Quadro 7.2; Dodane e Ronteltap, 2014).

Quadro 9.1 Resultados da pesquisa sobre a relação entre o teor de sólidos de lodo úmido e a carga de sólidos bruto do leito

Haseltine (1951) usou dados de diferentes estações de tratamento para estabelecer uma relação linear entre a carga de sólidos bruto do leito e o teor de sólidos do lodo úmido. Com base na análise de regressão sobre os mesmos dados, Vater (1956) derivou a equação:

$$Y = 0,033 S_0^{1.6}$$

onde Y é a carga bruta sobre o leito em kg/m²/d e S_0 é a porcentagem do teor de sólidos do lodo descarregado no leito.

A equação de Vater aplica-se a lodo de esgoto em clima temperado e, portanto, não é diretamente aplicável à desidratação de lodo de fossa seca em climas mais quentes. A sua relevância neste caso reside na previsão de que a taxa de carga atingível aumenta com o teor de sólidos de lodo úmido. Outros pesquisadores chegaram a conclusões diferentes; por exemplo, Vankleeck (1961, citado em Wang et al., 2007, pp. 410) relatou duplicação do tempo de secagem para um aumento no teor de sólidos do lodo de 5% para 8%, valores que sugerem que a taxa de carga de sólidos diminui com o aumento do teor de sólidos de lodo. Posteriormente, pesquisadores produziram modelos matemáticos detalhados para prever como vários parâmetros, incluindo o teor inicial de sólidos, afetam o desempenho do leito de secagem (Adrian, 1978). Experimentos de laboratório sugerem que o tempo de drenagem para atingir uma determinada concentração de sólidos é aproximadamente proporcional à concentração inicial de sólidos do lodo (Wang et al., 2007). Se a drenagem fosse o único mecanismo que contribuísse para a secagem, sugeriria que o teor inicial de sólidos do lodo surtiria pouco efeito nas taxas de carga atingíveis. Na prática, a evaporação desempenha um papel importante na secagem, sobretudo em climas mais quentes.

O Quadro 9.1 resume a pesquisa sobre a relação entre o teor de sólidos de lodo úmido e a taxa de carga de sólidos. Os resultados dessa pesquisa referem-se às condições em climas temperados, e não podem ser usados de forma direta para avaliar as taxas de carga em leitos de secagem em locais de clima quente. No entanto, corroboram a ideia de que a taxa de carga de sólidos atingível é influenciada pelo teor de sólidos do lodo úmido. Se essa ideia for aceita, os cálculos que se baseiam em uma suposta taxa de carga de sólidos não serão confiáveis, independentemente do teor de sólidos do lodo úmido. Uma abordagem melhor para o projeto de leitos de secagem sem vegetação é:

- Determinar a taxa de carga hidráulica atingível, que é o produto da profundidade do lodo úmido no início de cada ciclo de desidratação e o número de ciclos de desidratação em um ano, representado em m³/m² por ano.

- Calcular a taxa de carga de sólidos atingível multiplicando-se a taxa de carga hidráulica pelo teor médio de sólidos do lodo úmido.

O tempo necessário para a desidratação do lodo e, portanto, a duração do ciclo de desidratação depende de uma série de fatores, incluindo a profundidade do lodo úmido aplicado no leito, o clima, as características do lodo, as medidas tomadas para impedir a entrada da chuva no leito de secagem e o teor de sólidos necessário do lodo desidratado. Deve ser avaliado por meio do monitoramento dos tempos de secagem do lodo atingidos em leitos em escala piloto ou da obtenção de informações de leitos de secagem existentes que operam em condições climáticas semelhantes.

A carga de sólidos atingível para o lodo úmido com baixo teor de sólidos tende a ser inferior aos 200 kg ST/m^2 por ano presumidos no projeto do leito de secagem. Quando os cálculos indicam uma taxa elevada de carga de sólidos (por exemplo, superior a 300 kg ST/m^2 por ano), é aconselhável verificar se o tempo necessário para a desidratação do lodo foi avaliado com precisão, seja pela avaliação do desempenho de um leito de secagem existente ou construção de um pequeno leito de secagem piloto e monitoramento do seu desempenho.

As faixas recomendadas para os critérios de projeto de leitos de secagem sem vegetação são analisadas e resumidas na Tabela 9.1.

Tabela 9.1 Resumo dos critérios de projeto de leito de secagem de lodo sem vegetação

Parâmetro	Símbolo	Unidade	Rango recomendado/ típico	Notas
Tamanho eficaz da areia	De	mm	0,3–0,75	A areia deve ser lavada a fim de eliminar as partículas finas e prevenir o entupimento. A areia de rio é, em geral, pequena demais para ser utilizada.
Coeficiente uniformidade da areia	UC	–	<3,5	
Profundidade de carregamento – lodo úmido	Z	mm	200–300	A taxa de carga atingível aumenta com a diminuição da profundidade de carregamento.
Tempo de desidratação	t_d	Dias	4 a 15 dias (clima quente/ árido com leitos cobertos) 15 a 30 dias (clima temperado/ úmido com leitos cobertos)	Os tempos indicados são valores-guia para obter sólidos. Os tempos reais de secagem dependem das características do lodo e das condições climáticas locais. Tempos mais longos resultam em um teor de ST mais elevado
Taxa de carga de sólidos	λ_s	kg ST/m^2 por ano	Não utilizado no projeto inicial	Verificar se o tempo de secagem previsto é superior a 300 kg de sT/m^2 por ano

As etapas do procedimento de projeto para os leitos de secagem sem vegetação são as seguintes:

1. Determine o volume do lodo a ser desidratado e os intervalos em que são entregues para secagem.
   Os possíveis cenários incluem:

   - *O lodo a ser desidratado é entregue nos leitos diariamente ou com frequência maior.* É o caso de leitos de secagem que recebem lodo de fossa seca e lodo de fossa séptica cru, lodo separado por adensadores por gravidade e massa de lodo sólida produzida por prensas de lodo.
   - *O lodo a ser desidratado é entregue aos leitos em intervalos superiores a um dia, mas inferiores à duração do ciclo de desidratação.* Esse tende a ser o caso dos tanques adensadores do modelo de Dakar.
   - *O lodo a ser desidratado é entregue em intervalos de semanas ou meses.* É o caso dos tanques adensadores do modelo de Achimota, lagoas anaeróbias e RAC. O intervalo de remoção do lodo é quase sempre mais longo do que a duração do ciclo de secagem.

   Quando o lodo de fossa séptica é descarregado diretamente nos leitos de secagem, o carregamento projetado nos leitos é a carga média diária durante o mês em que ocorre a carga mais elevada (o pico de carregamento do mês), calculado conforme os métodos descritos no Capítulo 3. Para os processos que envolvem a separação de sólidos e líquidos, a frequência de produção de lodo e o volume do lodo produzido devem ser calculados segundo os métodos descritos no Capítulo 7. Os volumes e a frequência de produção de lodo no caso de lagoas anaeróbias e facultativas e do RAC devem ser calculados com base nos métodos descritos no Capítulo 8.

   No provável caso de o carregamento inicial ser inferior ao carregamento previsto no horizonte de planejamento, as opções são as seguintes:

   - Encomendar e talvez construir leitos conforme a necessidade para corresponder à carga;
   - Usar todos os leitos, mas reduzir a profundidade do lodo úmido;
   - Usar todos os leitos, mas aumentar o tempo de desidratação.

   No curto prazo, a segunda e a terceira opções resultam no aumento do teor de sólidos no lodo desidratado.

2. Avalie a duração do ciclo de desidratação com base nesta equação:

$$t_{dc} = t_L + t_d + t_{ds}$$

Onde t_{dc} = duração do ciclo de desidratação (d);
$\quad t_L$ = tempo de carregamento do lodo (d);
$\quad t_d$ = tempo de desidratação (d); e
$\quad t_{ds}$ = tempo de remoção do lodo (d).

Para leitos carregados com maior frequência, o tempo de carregamento é de um dia, estendendo-se por talvez dois dias para leitos de secagem com carregamento leve. Quando o lodo provém de lagoas anaeróbias e de outras instalações de tratamento, o tempo de carregamento é maior. Use a Tabela 9.1 e as informações de instalações já existentes em condições climáticas semelhantes para fazer uma estimativa inicial de t_d, o tempo de desidratação. Considere a taxa de remoção de lodo de 2 a 4 m³ por trabalhador por dia para calcular o tempo necessário para a remoção do lodo desidratado.

3. Avalie a área de leito necessária por dia ou, no caso de descargas em intervalos de menos de um dia, por descarga de lodo úmido.

A área necessária é dada pela equação:

$$SA = \frac{V_s}{Z}$$

Onde SA = área superficial necessária em m²;

V_s = volume do lodo úmido entregue em m³; e

Z = profundidade de carregamento de lodo úmido em m.

No caso do lodo entregue em intervalos iguais ou inferiores a um dia, V_s é o volume do lodo entregue durante um dia e pode ser referido como V_d. A área de leito correspondente, SA_d, é geralmente fornecida por um leito, embora possa ser dividida entre dois leitos em estações de tratamento de grande porte. Em estações pequenas, o tamanho de um leito pode ser $2SA_d$, com o leito carregado durante dois dias.

No caso de lodo removido das lagoas e dos tanques em intervalos superiores a um dia, V_s é o volume do lodo entregue durante uma atividade de remoção de lodo, e pode ser referido como $V_{s\text{-evento}}$. Dependendo do volume do lodo removido, a área pode ser fornecida por dois ou mais leitos.

4. Determine o número necessário de leitos de secagem.

O número de leitos de desidratação necessário depende da duração do ciclo de desidratação, da quantidade de lodo úmido a ser desidratado e dos intervalos em que o lodo úmido é entregue para tratamento. A Figura 9.3 oferece uma representação gráfica do ciclo de carregamento para um conjunto de leitos de secagem que apresentam uma situação em que o lodo é entregue diariamente e a duração total do ciclo de desidratação é de 10 dias, dos quais um dia é dedicado ao carregamento, sete dias à desidratação e dois dias à remoção de lodo. Presume-se uma semana de trabalho de cinco dias. A desidratação de lodo pode continuar ao longo dos fins de semana, mas o carregamento e a remoção de lodo só podem ocorrer durante a semana de trabalho. Com base nessas premissas, as cargas são distribuídas, com o acréscimo de uma nova linha cada vez que um novo leito de secagem é solicitado. O gráfico mostra que no dia 11 o primeiro leito está limpo e pode ser carregado novamente.

| Semana 1 | Semana 2 | Semana 3 | Semana 4 | Semana 5 | Semana 6 | Semana7 | Semana 8 |

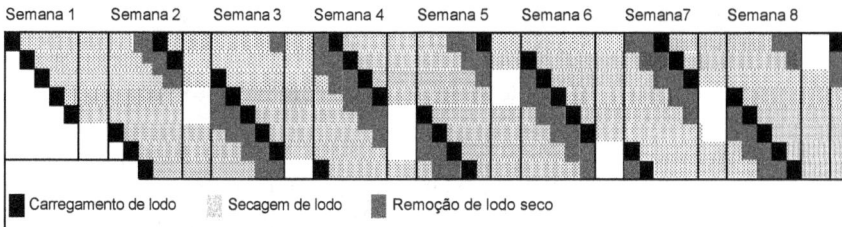

■ Carregamento de lodo   ▨ Secagem de lodo   ■ Remoção de lodo seco

Figura 9.3 Exemplo de ciclo de carregamento para um conjunto de leitos de secagem

Quando o lodo é descarregado em um leito separado a cada dia, o número de leitos necessário normalmente é indicado pela expressão:

$$n = t_{dc} - D_{we}$$

Onde n = número de leitos necessário;

t_{dc} = duração do ciclo de desidratação (dias); e

D_{we} = número mínimo de dias não úteis ao longo do ciclo de desidratação.

Isso é demonstrado pela Figura 9.3, que mostra que são necessários oito leitos para um ciclo de desidratação de 10 dias com um fim de semana de dois dias sem trabalho. Deve haver um leito adicional a fim de permitir que os leitos sejam retirados de serviço para reparo e manutenção. Isso também oferece uma certa capacidade de reserva para lidar com interrupções na programação de carregamento resultantes de curtas pausas na entrega em feriados e outros dias não úteis.

Uma abordagem semelhante pode ser usada em tanques que passam pela remoção de lodo em intervalos de mais de um dia, mas inferiores à duração do ciclo de desidratação. Tomemos, por exemplo, o caso dos tanques adensadores de lodo que passam pela remoção de lodo em intervalos de 7 dias, com um período de 18 dias de ciclo de desidratação. Neste caso, o resultado dos fins de semana pode ser ignorado, uma vez que o ciclo operacional pode ser ajustado para assegurar que o carregamento no leito e a remoção de lodo ocorram sempre nos mesmos dias da semana. Três leitos são necessários, com o retorno do carregamento para o primeiro leito no quarto ciclo de carregamento. Teoricamente, seria possível otimizar o uso dos leitos aumentando-se um pouco a profundidade de carregamento de lodo e reduzindo-se a área de leito de secagem em uma quantidade proporcional para que a duração do ciclo de desidratação possa ser aumentada para 21 dias. Na prática, esse refinamento do regime de carregamento pode não ser viável.

São necessários leitos adicionais para a desidratação de lodo de lagoas anaeróbias e facultativas, tanques adensadores do modelo de Achimota e RAC, todos passando pela remoção de lodo em intervalos que excedem a duração do ciclo de desidratação. Essa dinâmica pode resultar em casos em que o tempo de secagem disponível exceda o tempo necessário para atingir o teor desejado de sólidos da massa de lodo. Possíveis respostas a esta situação são:

- Prolongar o tempo de desidratação e, com isso, produzir uma massa de lodo com elevado teor de sólidos.
- Aumentar a profundidade do lodo úmido. Dessa forma, a duração do ciclo de desidratação é aumentada, enquanto o número de leitos necessários é reduzido, melhorando assim o aproveitamento da área disponível.
- Armazenar o lodo úmido em lagoas de retenção, das quais pode ser liberado em intervalos para os leitos de secagem.

Pode ser apropriado aplicar um esquema que combine duas ou mais destas opções.

5. Determine a área total necessária de leito de desidratação.

A área total de leito de secagem necessária é a soma das áreas necessárias para o lodo proveniente das várias unidades de tratamento. A área superficial total exigida pela carga hidráulica é a soma das áreas superficiais necessárias para acomodar o carregamento regular e intermitente de lodo:

$$SA_h = nSA_d + \sum SA_{evento}$$

Onde SA_h = área total de leito necessária em m²;

SA_d = área do leito necessária para o carregamento regular de lodo em um único dia (direto dos tanques ou de uma instalação de remoção de lodo, como, por exemplo, um adensador por gravidade) em m²;

n = número de leitos necessários para acomodar o carregamento regular; e

SA_{evento} = área do leito, em m², necessária para a remoção do lodo ocasional de instalações como lagoas anaeróbias e RAC. O símbolo de soma indica a possibilidade de que a área do leito de secagem possa ser necessária para fornecer lodo de mais de um tipo de instalação.

Os sistemas que usam tanques adensadores ou lagoas anaeróbias para separar sólidos não possuem carregamento diário regular de lodo.

6. Determine o número de ciclos de desidratação em um ano.

No caso dos leitos carregados diariamente, o primeiro passo para determinar o número de ciclos de desidratação em um ano é distribuir uma série de ciclos de secagem consecutivos para o primeiro leito a partir do primeiro dia da semana de trabalho. Na distribuição dos ciclos de secagem, nenhum carregamento de lodo úmido e remoção de lodo desidratado deve ser mostrado em dias não úteis. Após várias semanas, o ciclo se repete com o leito sendo carregado com lodo úmido no primeiro dia útil da semana. No exemplo mostrado na Figura 9.3, o ciclo de desidratação se repete a partir da semana 9, com cinco ciclos de desidratação ocorrendo em um período de 8 semanas. Esse ciclo se repete para todos os leitos. Uma vez determinado o número de ciclos completos em um determinado intervalo de tempo, o número de ciclos de carregamento em um ano pode ser calculado por meio da equação:

$$N_c(\text{ciclos por ano}) = \left(\frac{\text{ciclos concluídos em x semanas}}{\text{x semanas}} \right) \times 52(\text{semanas/ano})$$

Para o exemplo mostrado na Figura 9.3, com cinco ciclos concluídos em 8 semanas, N_c = (5/8) × 52 = 32,5. Na prática, esse valor deve ser arredondado para 32, ou até mesmo para 30, para permitir outros recessos e outras pausas no serviço. Na maior parte das vezes, haverá um leito para receber o lodo úmido entregue durante um único dia útil.

7. Verifique a taxa de carga de sólidos com base na equação:

$$\lambda_s = ZC_{SST} N_c$$

Onde λ_s = taxa de carga de sólidos em kg ST/m² por ano;
Z = profundidade de carregamento do lodo úmido em m;
N_c = número de leitos necessários para acomodar o carregamento regular; e
C_{SST} = concentração de sólidos do lodo úmido, expressa em g/l ou kg/m³.

Se λ_s for inferior a cerca de 100 kg/m² por ano, devem ser exploradas as opções para aumentar o teor de sólidos do lodo úmido com base nos métodos de separação de sólidos e líquidos descritos no Capítulo 7. Se λ_s for superior a 300 kg/m² por ano, a duração prevista do ciclo de secagem deve ser verificada por meio do monitoramento da duração do ciclo de secagem necessário nos leitos de secagem já existentes que tratam lodo semelhante, ou por meio da construção de um pequeno leito de secagem de testes para avaliar o desempenho da secagem. Se essas atividades demonstrarem que a duração do ciclo de secagem presumida é realista, não há necessidade de limitar a taxa de carga de sólidos a um valor arbitrário.

Leitos de secagem de lodo sem vegetação: exemplo de projeto

Uma estação de tratamento trata um volume estimado semanal de 450 m³ de lodo de fossa séptica. Amostragens provenientes de caminhão limpa fossa indicam que o lodo de fossa séptica apresenta um teor médio de sólidos de cerca de 1%. Propõe-se a separação de sólidos e líquidos em um adensador por gravidade com fundo em tremonha, e prevê-se uma produção de lodo com um teor de sólidos de 5% (50g St/l). O lodo é desidratado em um leito de secagem sem vegetação. Com base nas informações coletadas dos leitos de secagem existentes na região, o tempo necessário de desidratação do lodo para que ele atinja pelo menos 20% de teor de sólidos é de 9 dias. A estação de tratamento funciona ativamente 6 dias por semana, não havendo tratamento de lodo no sétimo dia. Os principais parâmetros para a elaboração do projeto dos leitos de secagem são os seguintes:

Parâmetro	Símbolo	Valor	Unidade
Carga hidráulica sobre leitos de secagem	V_s	15	m³/d (6 dias/semana)
Concentração média de SST no lodo separado	C_{SST}	50	g de ST/l (o kg de ST/m³)
Profundidade máxima de carga hidráulica	Z	200	mm
Tempo de desidratação	t_d	9	días
Tempo de funcionamento por semana	f_{op}	6	días/semana

As etapas do cálculo são as seguintes:

1. Determine o volume do lodo úmido a ser desidratado.
   O foco neste caso está no lodo removido do adensador por gravidade com fundo em tremonha. São necessários leitos adicionais para tratar o lodo produzido em fases subsequentes do processo de tratamento de líquidos, mas seu projeto não é considerado aqui. Os 450 m³ de lodo entregues por semana contêm 1% de teor de sólidos. Após a separação de sólidos e líquidos, o teor de sólido é de 5%, então o volume = 450 (1/5) = 90m³/semana ou 15m³/dia útil.

2. Calcule a duração do ciclo de desidratação e a taxa de carga hidráulica, considerando um dia de carga e dois dias de remoção de lodo após a secagem do lodo:

   $$t_{dc} = t_i + t_d + t_{ds} = 1 \text{ dia} + 9 \text{ dias} + 2 \text{ dias} = 12 \text{ dias}$$

3. Calcule a área necessária para o lodo produzido durante um único dia:

   $$S = \left[\frac{V_s}{Z}\right] = \frac{15 \text{ m}^3}{0,2 \text{ m}} = 65 \text{ m}^2$$

   Considerando as dimensões do leito como 11,5m × 5,75m, o que resulta em uma área do leito de 66 m²

4. Determine o número de leitos de secagem necessário.
   A duração do ciclo de desidratação é de 12 dias e inclui pelo menos um dia não útil. Assim, o número mínimo de leitos necessários é de 11. Um leito adicional deve ser fornecido para permitir tempo de inatividade do leito para reparos e manutenção.

5. Calcule a área total de leito necessária:
   Área necessária = 12 × 66 m² = 792 m² mais a área necessária para o lodo removido das unidades de tratamento de líquidos, que não está inclusa neste exemplo e deve ser calculada separadamente.

6. Determinar o número de ciclos de desidratação por ano: desenhe primeiro o diagrama de carregamento, conforme mostrado abaixo:

Semana 1 Semana 2 Semana 3 Semana 4 Semana 5 Semana 6 Semana 7 Semana 8 Semana 9 Semana 10 Semana 11 Semana 12

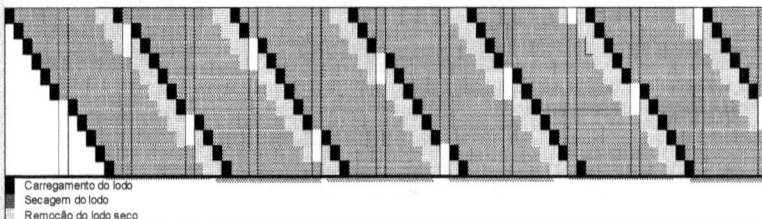

Carregamento do lodo
Secagem do lodo
Remoção do lodo seco

Isso mostra que o ciclo de carregamento se repete após 11 semanas e que seis ciclos completos de desidratação são realizados neste período.

$$N_c \text{ (ciclos por ano)} = \frac{6 \text{ ciclos}}{11 \text{ semanas}} \times 52 \text{ semanas (em um ano)} = 28,36$$

Considere o número de ciclos de carga como 28 por ano.

7. Verifique a taxa de carga de sólidos.

Para uma profundidade de carga hidráulica de 200 mm, a taxa de carga dos sólidos é dada por:

$$\lambda_s = 0,2 \text{ m} \times 50 \text{ kg ST/m}^3 \times 28 \text{ ciclos/ano} = 280 \text{ kg ST/m}^2\text{/ano}$$

Essa taxa de carga está na extremidade superior das taxas de carga citadas na bibliografia, e é aconselhável verificar se as premissas relativas à duração do ciclo de desidratação são realistas.

Sem a separação de sólidos e líquidos, a taxa de carga dos sólidos diminui a um fator de cinco, reduzindo λ_s para 56 kg ST/m² por ano e aumentando a área de leito de secagem necessária para quase 4.000 m². Essa carga de ST é muito inferior ao valor de 200 kg de ST/m² por ano considerado como valor de projeto adequado para a carga de sólidos, o que confirma a conveniência de efetuar a separação de sólidos e líquidos antes da desidratação do lodo.

Leitos de secagem com vegetação

Descrição do sistema

Os leitos de secagem com vegetação são usados para estabilizar e desidratar o lodo de pequenas estações de tratamento de lodo ativado na Europa desde o final da década de 1980, sobretudo na Dinamarca, que tem mais de 140 sistemas de plena escala. Outros países europeus com leitos com vegetação que tratam lodo de estações de tratamento de esgoto incluem a Polônia, a Bélgica, o Reino Unido, a Itália, a França e a Espanha (Uggetti et al., 2010). Até o momento, a experiência com o uso de leitos com vegetação para desidratar lodo de fossa seca e lodo de fossa séptica em países de renda baixa tem sido principalmente em escala de bancada e com iniciativas em escala piloto. Leitos de secagem com vegetação em escala real estiveram em funcionamento de 2008 a 2011 na estação de tratamento de Cambérène em Dacar, Senegal (Dodane et al., 2011). Em Belo Horizonte, MG, um alagado construído destinado ao tratamento de esgoto foi modificado para funcionar como um leito de secagem com vegetação, e operou como tal por 405 dias, de setembro de 2013 a outubro de 2014 (Andrade et al., 2017).

Os leitos com vegetação têm construção semelhante à dos leitos sem vegetação, mas são plantados com macrófitas aquáticas, plantas que são enraizadas no leito, mas emergem acima da superfície do lodo. São por vezes referidos como alagados construídos, mas funcionam de forma bastante diferente dos alagados construídos de fluxo vertical e são dimensionados com base em diferentes parâmetros de projeto. A perda de água de leitos de secagem com vegetação ocorre em razão de uma combinação de evaporação, evapotranspiração das plantas e percolação através do leito. Assim como os leitos sem vegetação, são carregados sequencialmente, mas diferem dos leitos sem vegetação porque o lodo seco é removido em intervalos de anos, e não de semanas. Isso é possível porque as raízes das plantas abrem caminhos de drenagem no lodo, facilitando a evaporação e a percolação.

A evapotranspiração (ET) é um dos principais fatores que contribuem para o processo de desidratação, sobretudo em climas quentes e secos. Chazarenc et al. (2003) estimaram taxas de ET de 4 a 12 mm/d para um leito piloto de 1m² na França, plantado com *Phragmites australis*. Seus resultados se comparam às taxas de 25 a 38 mm/d e 32 a 50 mm/d no norte e sul da Itália, registradas por Borin et al. (2011). É provável que as taxas de ET sejam ainda mais elevadas em climas tropicais e subtropicais. Essas taxas são significativamente mais altas do que as taxas de evaporação de até cerca de 8 mm/d que podem ser esperadas de leitos de secagem sem vegetação (ver, por exemplo, Simba et al., 2013). Taxas de ET elevadas reduzem a duração do ciclo de desidratação e, assim, permitem taxas de carga hidráulica mais elevadas do que é possível obter em leitos sem vegetação. Em climas quentes e secos, pode haver problemas operacionais, pois os canteiros podem secar rapidamente, criando condições estressantes para as plantas.

As plantas mais comuns utilizadas incluem o junco (Phragmites spp.) e a taboa (*Typha* spp.). A taboa é uma opção atraente devido à sua alta taxa de crescimento inicial. Outras opções para climas tropicais incluem o capim arroz (*Echinochloa* spp.) e o papiro (*Cyperus papiro*). A escolha das plantas para um local específico é influenciada pelos tipos de planta que crescem localmente. Por exemplo, um estudo do desempenho de leitos de secagem com vegetação em Uagadugu, Burkina Faso, usou as plantas *Andropogon gayanus* e citronela (*Cymbopogon nardus*), ambas disponíveis localmente (Joceline et al., 2016). Todas as plantas identificadas acima crescem a partir de rizomas, que são caules subterrâneos que emitem rebentos para cima e raízes para baixo. Os rebentos produzem novos caules, o que faz com que a densidade das plantas aumente com o tempo.

A profundidade do leito é, em geral, de 60 a 80 cm, o suficiente para acomodar os sistemas radiculares das plantas. Uma formação de leito comum consiste em 10 a 15 cm de areia, sobrepondo 15 a 25 cm de cascalho de tamanho médio e 25 a 40 cm de cascalho grande. Para evitar a lixiviação, o fundo de cada leito é vedado, de preferência com uma membrana impermeável. O filtrado flui através do leito em tubos perfurados, colocados em intervalos no cascalho grande logo acima do fundo do leito. Para assegurar boa drenagem, o leito deve inclinar-se para o ponto de saída da drenagem, com declive igual ou superior a 1%. O lodo é carregado por meio de tubos que podem ficar localizados no canto do leito, ao longo de um dos lados do leito ou no meio da bacia (tubos verticais de fluxo ascendente). A Figura 9.4 apresenta uma seção de um típico leito de secagem com vegetação.

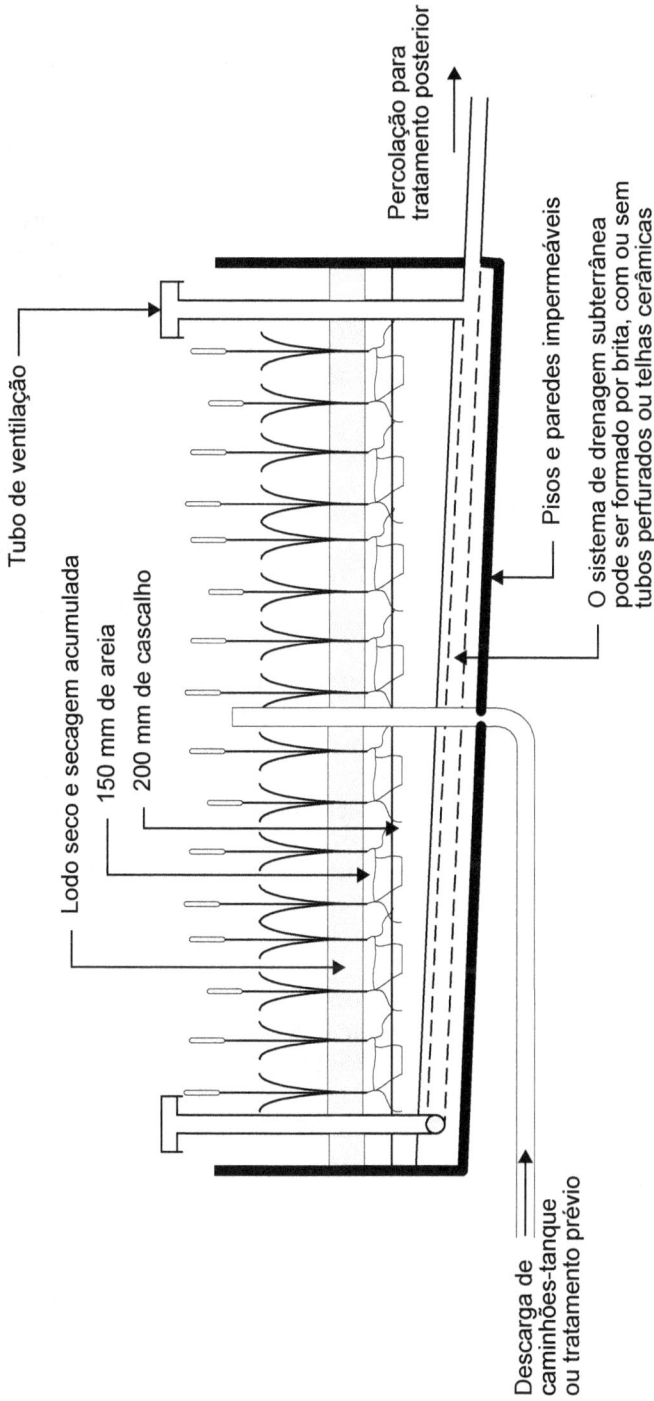

Figura 9.4 Seção de um típico leito de secagem com vegetação

Tubo de ventilação

Lodo seco e secagem acumulada

150 mm de areia

200 mm de cascalho

Descarga de
caminhões-tanque
ou tratamento prévio

Percolação para
tratamento posterior

Pisos e paredes impermeáveis

O sistema de drenagem subterrânea
pode ser formado por brita, com ou sem
tubos perfurados ou telhas cerâmicas

Assim como acontece com os leitos sem vegetação, o número de leitos necessário depende da duração da desidratação. Se cada leito for carregado durante 2 dias e depois ficar em processo de secagem por 10 dias, a duração total de carregamento é de 12 dias, e seis leitos são necessários. Uma vez concluído o ciclo, o lodo é novamente direcionado para o primeiro leito. A ampliação do número de leitos permite o prolongamento do tempo de secagem e resulta em um lodo mais seco. No entanto, é importante que os leitos retenham umidade suficiente o tempo todo para atender às necessidades das plantas. Se esse requisito for negligenciado, as plantas murcham e, com o tempo, morrem. Um ou mais leitos adicionais devem ser fornecidos para permitir que cada leito fique em repouso por um período antes da remoção do lodo.

As possíveis vantagens dos leitos de secagem com vegetação em relação aos leitos de secagem sem vegetação incluem as seguintes:

- *Redução da necessidade de mão de obra*. É necessária mão de obra para extrair as plantas, normalmente uma ou duas vezes por ano, mas o esforço exigido para essa tarefa é muito menor do que o exigido para a remoção regular do lodo de um leito de secagem sem vegetação.
- *Rendimento proveniente da venda de plantas*. Isso dependerá da existência de um mercado para as plantas colhidas e de sistemas de comercialização eficazes. O rendimento proveniente da venda de plantas colhidas compensa o custo da colheita e pode gerar um pequeno lucro. Um relatório sobre pesquisas em escala piloto em Camarões afirma que a colheita completa de rebentos de *Echinochloa pyramidalis*, três vezes por ano, pode produzir uma biomassa de pelo menos 100 a 150 toneladas secas por hectare (Kengne e Tilley, 2014). É necessária uma pesquisa mais aprofundada para determinar o rendimento que pode ser alcançado com leitos em escala real sob condições normais de operação.
- *Redução do risco à saúde*. Ao reduzir a exposição dos trabalhadores ao lodo fresco, os leitos com vegetação reduzem sua exposição a patógenos.
- *Boa mineralização do lodo*. É resultado da estabilização e desidratação durante um longo período de detenção no leito. Em conjunto com a desidratação, isso pode produzir um produto final adequado para a aplicação no solo, como biossólido de Classe B, seja de forma direta ou após uma nova compostagem. É improvável que a retenção em um leito de secagem com vegetação produza um biossólido de Classe A. Pesquisas realizadas em Camarões descobriram que a concentração de ovos de helmintos no lodo seco após um período de carregamento de seis meses, seguido de outros seis meses de repouso, era de 4 ovos/g ST, ainda acima do padrão da Organização Mundial de Saúde (OMS) de ≤1 ovo/g ST (Kengne et al., 2009). As concentrações de metais pesados não são um problema para o lodo de fossa séptica doméstico, mas a concentração de metais pesados de biossólidos deve ser verificada se estiver planejada a aplicação no solo.

- *Melhoria da qualidade do filtrado.* Heinss e Koottatep (1998) relataram que as concentrações de DBO e DQO na água percolada de alagados construídos eram de 35 a 55% e 50 a 60%, respectivamente: inferiores às da água percolada de leitos sem vegetação, porém não forneceram qualquer informação sobre a forma como esses valores foram determinados. As informações sobre o desempenho resumidas a seguir sugerem que são necessárias mais pesquisas para avaliar a qualidade do filtrado alcançada em condições de campo.

Essas vantagens devem ser comparadas com as possíveis desvantagens dos leitos de secagem com vegetação, sendo o potencial de falha do sistema a mais importante, caso as condições se desviem muito das condições operacionais ideais. Em especial, é necessária a gestão cuidadosa para assegurar que as plantas não sequem e murchem, e para manter a densidade das plantas a um nível aceitável. Esses requisitos são examinados mais detalhadamente a seguir.

Desempenho

O desempenho dos leitos de secagem com vegetação pode ser avaliado em relação ao teor de sólidos e patógenos do lodo seco e à qualidade do percolado. Pesquisas realizadas em Iaundé, Camarões, descobriram que um teor de sólidos secos acima de 30% pode ser alcançado em leitos de secagem com vegetação em escala de viveiro, carregados com lodo de fossa séptica cru durante seis meses com taxas de carga constantes de 100 a 200 kg ST/m² por ano. As concentrações de ovos de helmintos nos biossólidos secos mantiveram-se elevadas, a 79 ovos/g ST (Kengne et al., 2009). O carregamento de um leito de 29,1 m² na estação de Arrudas em Belo Horizonte, MG, a uma taxa média de 81 kg de ST/m² por ano, resultou em biossólidos com 55% de teor de sólidos secos (Andrade et al., 2017).

A Tabela 9.2 resume os resultados de estudos selecionados no que se refere à qualidade do percolado. Mostram que a remoção de sólidos, DQO e concentração de nitrogênio são, em geral, insuficientes para permitir a descarga em um curso de água ou o reaproveitamento sem tratamento adicional.

Um outro ponto a observar em relação ao desempenho é que o rendimento do leito de tamanho normal em Belo Horizonte foi inferior ao de várias instalações em escala piloto. Uma possível explicação para isso é que os carregamentos nos leitos de Belo Horizonte eram muito mais variados do que nos leitos em escala piloto, que operavam, em sua maioria, com taxas de carga de sólidos cuidadosamente controladas. Andrade et al. (2017) sugerem que outra possível explicação para o desempenho relativamente fraco da estação de Belo Horizonte foi o uso de cascalho grosso para os suportes do leito. As pesquisas sobre a estação de Belo Horizonte não revelaram qualquer melhoria nos coliformes totais ou *Escherichia coli* no percolado.

Tabela 9.2 Desempenho dos leitos de secagem com vegetação de estudos selecionados

Localização	Características do afluente (mg/l)	Taxa de carga de sólidos (kg ST/m² por ano)	Remoção do efluente líquido (%)	Notas e referências
Bangkok, Tailândia	ST: 15.350 DQO: 15.700 TKN: 1.100 NH₃-N: 415	80 a 500 Mais de 250	ST: 74 a 86 DQO: 78 a 99 TKN: 70 a 99 NH₃-N: 50 a 99	Koottatep et al. (2005) Nitrificação indicada no lodo (Koottatep et al., 2005)
Iaundé, Camarões	SST: 27.600 DQO: 31.000 NH₃-N: 600	196 a 321	SST: 92 DQO: 98 NH₃-N: 78	Kengne et al. (2011) valores médios - SST médio inferior
Uagadugu, Burkina Faso	DQO: 952 DBO: 441	Não informado	DQO: 71 a 77 DBO: 75 a 90	Joceline et al. (2016)
Sarawak, Malásia	ST: 24.573 DQO: 31.957 NKT: 1.209 NH₃-N: 428	250	ST: 89 DQO: 94,5 NKT: 76 NH₃-N: 76,8	Jong e Tank (2014) Remoção levemente maior com carregamento de 100 kg St/m² por ano
Belo Horizonte, Brasil	ST: 2.349 DQO: 2.937 DBO: 1.074 TKN: 88 NH₄-N¹: 82	81	ST: 51 DQO: 82 DBO: 77 TKN: 63 NH₄-N: 65	Andrade et al. (2017) Leitos sujeitos a grandes variações de carga hidráulica e carga de sólidos

Notas: TKN, nitrogênio total pelo método de Kjeldahl.
[1] Alguns pesquisadores citam o nitrogênio amoniacal como NH_3 e alguns como NH_4 mas o ponto principal é o teor de nitrogênio, independentemente de o amoníaco estar na forma não ionizada (NH_3) ou iozinada (NH_4^+).

Considerações operacionais e de projeto

Sequência operacional. O funcionamento dos leitos de secagem com vegetação ocorre em três fases (Brix, 2017):

- *Fase de inicialização.* Nessa fase, as estações são gradualmente aclimatadas para comportar a carga total do lodo. Uma opção para aclimatar os leitos é carregá-los com esgoto doméstico, em conjunto com quantidades crescentes de lodo, até que a taxa de carga atinja cerca de 50% da taxa de carga do projeto. As durações recomendadas para a fase de inicialização variam de 6 meses (Kengne et al., 2011) a 2 anos (Brix, 2017).

- *Fase operacional.* Nessa fase, os leitos são carregados em ciclos, com um período de carregamento seguido de um período de repouso mais longo. O período de repouso deve ser suficientemente longo para permitir que o lodo seque e rache, de modo que haja oxigênio dentro do leito para manter os micro-organismos aeróbios que contribuem para o processo de estabilização. Durante o período de carregamento, os leitos são carregados por até 2 horas e depois deixados para desidratar por algumas horas antes de uma nova descarga. Em climas temperados, os períodos de carregamento e repouso duram normalmente entre 3 e 7 dias e 3 e 7 semanas, ambos aumentando ao longo do tempo (Brix, 2017). O ciclo de carregamento nos climas quentes é mais curto. Kengne e Tilley (2014) sugerem o carregamento de 1 a 3 vezes por semana, com um período de repouso entre 2 dias e várias semanas, dependendo das condições climáticas, do teor de matéria seca do lodo e das espécies de plantas. Brix recomenda um mínimo de oito leitos para assegurar que o tempo de repouso seja suficiente para permitir que o lodo seque e rache. O lodo se acumula lentamente até que seu nível fique logo abaixo da parte superior das paredes laterais. Em climas temperados, isso normalmente leva de 5 a 10 anos, dependendo da taxa de acumulação de lodo e da profundidade disponível para o armazenamento do lodo. Neste ponto, o abastecimento é interrompido e inicia-se a fase de repouso e remoção do lodo.

- *Fase de repouso e remoção do lodo.* O período de repouso permite que o lodo seque, o que aumenta seu teor de matéria seca. Em geral, dura algumas semanas, embora o tempo efetivo dependa das condições climáticas locais. Se o lodo for removido com cuidado para que a areia e o cascalho existentes do leito não sofram perturbação, é possível que as plantas voltem a crescer. Independentemente da possibilidade de as plantas voltarem a crescer ou terem de ser substituídas por novas plantas, a taxa de carga no leito deve ser reduzida durante os primeiros meses após a remoção do lodo (Brix, 2017).

Taxa de carga de sólidos. As taxas de carga recomendadas em condições climáticas temperadas e frias variam de cerca de 60 kg de ST/m^2 por ano (Brix, 2017) a 100 kg de ST/m^2 por ano (Kinsley e Crolla, 2012). Os resultados dos estudos resumidos no Quadro 9.2 sugerem que é possível alcançar taxas de carga de até cerca de 250 kg ST/m^2 por ano em climas tropicais. A contenção dentro desta taxa de carga requer informações sobre o volume e a concentração do lodo entregue para tratamento. A avaliação da carga se torna difícil quando o lodo a ser tratado apresenta características altamente variáveis (Sonko, el Hadji M et al., 2014). A avaliação da concentração do lodo deve ser baseada no maior número de amostras possível.

Taxa de acumulação de lodo. A taxa de acumulação de lodo é fortemente influenciada pela taxa de carga de sólidos. Para as taxas de carga de 50 a 60 kg ST/ m^2 por ano adotadas na Europa, a taxa de acumulação é de cerca de 10 cm por ano (Brix, 2017; Troesch et al., 2009). Andrade et al. (2017) relatam uma taxa de acumulação de 7,3 cm por ano para uma taxa média de carga de 81 kg ST/m^2 por ano. Kengne et al. (2011) sugerem taxas de acumulação de 50 a 70 cm por ano para leitos carregados a 100 kg ST/m^2 por ano, e 80 a 113 cm por ano para três leitos carregados a 200 kg ST/m^2 por ano. As taxas de acumulação tendem a depender das condições locais, e os resultados de Andrade et al. (2017) constatados em Belo Horizonte, MG, sugerem que a taxa de acumulação para uma dada carga de sólidos pode ser mais baixa em climas quentes do que em climas temperados. Os números de fato mostram que o aumento da carga de sólidos atingível em climas quentes pode resultar em uma redução na fase operacional dos 10 anos ou mais comumente alcançados nas condições europeias para apenas 2 anos.

Quadro 9.2 Informações resumidas sobre os estudos de taxa de carga

O trabalho experimental no Instituto Asiático de Tecnologia (AIT) em leitos em escala piloto plantados com taboa (*Typha angustifolia*) no final da década de 1990 com lodo de fossa séptica bastante concentrado (concentrações médias de 15.700 mg/l DQO, 15.350 mg/l ST, 1.100 mg/l nitrogênio total pelo método de Kjeldahl [TKN] e nitrogênio amoniacal de 415 mg/l [NH$_4$-N]) revelou que os leitos tiveram um desempenho satisfatório com taxas de carga de até 250 kg ST/m^2 por ano. As reduções de DQO, ST, TKN e NH$_4$-N no leito ficaram na faixa de 78 a 99%, 74 a 86%, 70 a 99% e 50 a 99%, respectivamente. Houve certa tendência para a deterioração do desempenho com uma taxa de carga de 500 kg ST/m^2 por ano, sendo observado murchidão da taboa com esta taxa de carga (Koottatep et al., 2005).

Durante a pesquisa em Iaundé, Camarões, realizada entre 2005 e 2006, leitos plantados com *Cyperus papyrus* e *E. pyramidalis* foram carregados a taxas de 100, 200 e 300 kg de ST/m^2 por ano. As concentrações médias de DQO, SST e NH$_4$-N do lodo de fossa séptica aplicadas no leito foram 31.100 mg/l, 27.600 mg/l e 600 mg/l, respectivamente. O desempenho dos leitos foi satisfatório, com a redução média da DQO, SST e amônia de 98%, 92% e 78%, respectivamente. Um pequeno entupimento dos leitos começou a ser perceptível à taxa de carga de 200 kg ST/m^2 por ano, e um entupimento grave foi detectado em alguns leitos à taxa de carga de 300 kg ST/m^2 por ano. O relatório da pesquisa concluiu que eram possíveis cargas de até 200 kg ST/m^2 por ano em leitos plantados com *E. pyramidalis* (Kengne et al., 2011).

O trabalho experimental em leitos em escala piloto na Malásia mostrou que a proporção de água drenada se reduzia a taxas de carga de sólidos mais elevadas de 59 a 81% a 100 kg/m^2 por ano para 11 a 38% a 350 kg/m^2 por ano (Tan et al., 2017).

Altura da parede lateral. Conforme já indicado, o lodo pode se acumular durante vários anos nos leitos de secagem com vegetação. Em geral, permite-se que o lodo atinja uma profundidade de 1 a 1,5 m antes de ser removido, possibilitando uma profundidade de leito de 800 mm e 200 mm entre o nível mais alto do lodo e a parte superior das paredes. A altura total da parede necessária fica, portanto, na faixa de 2 a 2,5 m.

Plantação e poda de plantas. As plantas são geralmente plantadas em vasos com uma densidade entre 4 e 12 plantas por m^2 (Brix, 2017; Edwards et al., 2001). As plantas usadas em leitos de secagem crescem a partir de rizomas, que são caules subterrâneos que produzem raízes e caules de nós distribuídos ao longo do seu comprimento. As densidades das plantas aumentam à medida que novos rebentos são produzidos. As densidades das plantas aumentam de forma rápida quando o carregamento do leito está dentro da faixa prescrita, para mais de 200 plantas por m^2 em alguns casos. Por exemplo, Sonko, el Hadji M et al. (2014) registraram densidades da planta E. pyramidalis de 211, 265 e 268 plantas por m^2 para leitos carregados uma, duas e três vezes por semana, respectivamente. Essas densidades são mais elevadas do que as registradas em condições naturais.

Providências de carregamento. É possível que os caminhões-tanque descarreguem as suas cargas diretamente nos leitos de secagem, o que costuma provocar sobrecarga em áreas próximas aos pontos de descarga, enquanto as áreas em que as mangueiras dos caminhões-tanque não alcançam não são carregadas. Isso significa também que é difícil fazer a identificação adequada do lodo recebido. A distribuição desigual também é um problema se o lodo for descarregado por meio de um tubo em um canto do leito ou através de um canal fixado em uma extremidade do leito de secagem. A acumulação do lodo resultante em volta do ponto de descarga tende a inibir o crescimento de plantas (Uggetti, 2011: 169). Uma opção mais eficaz é descarregar o lodo por meio de uma série de tubos verticais, localizados em intervalos no leito, como mostrado na Figura 9.4. Uma das possíveis dificuldades com essa disposição é o acesso aos tubos de distribuição colocados sob o leito para remover bloqueios que possam ocorrer. O projeto hidráulico deve permitir perdas de carga através da tubulação de distribuição. Se estas forem ignoradas, as diferenças na carga poderão acarretar a distribuição desigual do fluxo entre os diferentes tubos verticais.

Regime de carregamento. É preciso haver água suficiente para manter as plantas vivas; a morte das plantas ocorre se a taxa de carga de sólidos for muito elevada, o que sugere que os leitos de secagem com vegetação são mais adequados para lodo de fossa séptica de menor concentração com um alto teor de água. O carregamento dos leitos duas vezes por semana ou mais ajuda a reduzir os problemas de murchidão das plantas, mas pode não permitir que o leito seque e rache. Uma abordagem mais eficaz é colocar válvulas ou comportas nas saídas do sistema de drenagem subterrânea para permitir a captação do percolado de tal modo que o fundo dos leitos de secagem permaneça úmido. Koottatep et al. (2005) recomendam que o percolado seja captado por 2 a 6 dias, mas não informam como o período de captação deve ser determinado. Eles especulam que a captação pode causar condições anaeróbias no percolado, resultando em desnitrificação. O percolado captado não surte efeito significativo no ST e no desempenho de remoção da DQO.

Necessidades de mão de obra. Mão de obra é necessária para manter os leitos de secagem, podar as plantas conforme necessário e colher as plantas, em geral de 2 a 3 vezes por ano. Uma opção para a colheita das plantas é terceirizar a tarefa para os agricultores locais ou um pequeno prestador de serviço. Se houver um mercado para as plantas colhidas e sistemas de comercialização eficazes, os rendimentos provenientes das vendas das plantas compensam o custo da colheita, produzindo um possível pequeno lucro. O desafio é assegurar o nível adequado de poda, pois podas excessivas podem fazer com que os leitos fiquem sem plantas.

Ventilação. Deve haver tubos de ventilação para permitir que o ar alcance as camadas inferiores do leito. Heinss e Koottatep (1998) apresentam resultados de pesquisa de que juncos em leitos com vegetação não ventilados, carregados com lodo ativado, morreram em carregamentos semelhantes àqueles em que os juncos em leitos ventilados sobreviveram. A taxa média de secagem em leitos ventilados foi significativamente maior.

Cobertura. Assim como nos leitos de secagem sem vegetação, a colocação de uma cobertura transparente sobre os leitos melhora sua eficiência de secagem.

Critérios de projeto e procedimento de projeto

A maior parte das informações sobre o desempenho dos leitos de secagem com vegetação nos climas quentes é baseada em iniciativas de escala piloto. Dodane et al. (2011) relatam a experiência com o uso de leitos de secagem com vegetação em plena escala, mas existe uma necessidade premente de pesquisas mais aprofundadas sobre as questões práticas associadas à instalação de leitos de secagem com vegetação em escala. A Tabela 9.3 estabelece os critérios de projeto que consideram as informações atuais disponíveis.

Tabela 9.3 Resumo dos critérios de projeto de leito de secagem de lodo com vegetação

Parâmetro	Símbolo	Unidade	Faixa	Nota
Profundidade do leito	z_b	cm	70 a 90	Precisa haver profundidade suficiente para acomodar o crescimento da raiz
Taxa de carga de sólidos	λ_s	kg ST/m² por ano	≤ 250	Aumente esta carga durante a inicialização para permitir a aclimatação das plantas
Número e configuração de leitos (leitos em funcionamento mais prontidão)	n_b	–	$\geq(2 + 1)$	Uma célula de prontidão permite o repouso do leito antes da remoção do lodo
Profundidade de carga hidráulica	z_H	mm	150 a 200	Profundidade do lodo úmido
Frequência de carga hidráulica	f_H	carregamentos por semana	1 a 2	O intervalo entre os carregamentos precisa ser suficiente para permitir que o lodo seque e rache
Intervalo da remoção de lodo		anos	3 a 10	Depende da taxa de acumulação de lodo que, por sua vez, depende da taxa de carga de sólidos

Para o lodo de fossa séptica com baixo teor de sólidos, a área de leito necessária é normalmente regida pela carga hidráulica. A carga de sólidos tende a ser determinante para o lodo de fossa seca e o lodo de fossa séptica concentrados. A área de leito necessária baseada na carga hidráulica deve ser calculada com base na metodologia já descrita para leitos de secagem sem vegetação. Apresenta-se abaixo uma abordagem para o cálculo da área de leito necessária com base na carga de sólidos.

1. Calcule a carga anual de sólidos, segundo a equação:

$$M_S = Q_d C_{SST} N$$

Onde M_s = massa seca de sólidos no lodo úmido entregue em um ano (kg por ano);
Q_d = volume do lodo úmido entregue (m^3/d);
C_{SST} = Concentração média de sólidos no lodo úmido (g/l ou kg/m^3); e
N = número de dias por ano em que o lodo úmido é entregue para tratamento.

Quando o material a ser desidratado for lodo de fossa seca ou lodo de fossa séptica, em vez do lodo removido de uma unidade de tratamento, pode ser adequado calcular o volume a ser desidratado diretamente pelos métodos apresentados no Capítulo 3.

2. Calcule a área total de leito necessária com base na taxa de carga de sólidos:

$$SA_s = \frac{M_s}{\lambda_s}$$

Onde SA_s = área total de leito necessária (m^2); e
λ_s = taxa de carga de sólidos (kg/TS m^2 por ano).

3. Determine o número de leitos e a área de superfície por leito.

O número mínimo de leitos necessários depende do padrão de carregamento e da duração do ciclo de carga-repouso. Para leitos carregados diariamente, a duração do ciclo de carga-repouso é dada pela equação:

$$t_{L-R} = t_L + t_R$$

Onde t_{L-R} = duração do ciclo de carga-repouso;
t_L = duração do carregamento; e
t_R = duração do repouso.

Se for carregado um leito por dia, o número de leitos operacionais necessários é normalmente igual ao número de dias úteis dentro de um ciclo completo de carga-repouso. A área de um leito é dada pela equação:

$$SA_{leito} = \frac{SA_s}{n}$$

Onde S_{leito} = área de um leito; e
n = número de leitos operacionais necessários.

4. Verifique a profundidade de cada aplicação de lodo.

A profundidade do lodo em cada aplicação é igual ao volume do lodo úmido dividido pela área do leito ou leitos de secagem onde o lodo é descarregado. Assim:

$$Z_h = \frac{1.000 \, Q_d}{S_{leito}}$$

Para assegurar a secagem eficaz, Z_h deve ser de preferência igual ou inferior a 200 mm, e certamente não superior a 300 mm. Um valor alto de Z_h é uma indicação de que a carga hidráulica em vez da carga de sólidos é preponderante.

5. Determine o número de leitos necessários para permitir a aclimatação e repouso do leito.

São necessários leitos adicionais para permitir a aclimatação e repouso no início e fim do ciclo de carregamento, respectivamente. O número de leitos adicionais necessários depende da duração do ciclo operacional completo de um leito simples, do tempo necessário para a aclimatação e repouso final, e do número de leitos em funcionamento ao mesmo tempo. Normalmente, é necessário um leito adicional quando o número de anos no ciclo operacional completo iguala ou excede o número de leitos. Podem ser necessários dois leitos adicionais para ciclos operacionais mais curtos.

Exemplo de projeto de leitos de secagem com vegetação

Projeto de leitos de secagem com vegetação para acomodar o carregamento do lodo com as seguintes características e funcionamento de 6 dias por semana.

Parâmetro	Símbolo	Valor	Unidade
Vazão média diária (média ao longo do ano)	Q_d	40	m³/d
Concentração média de SST do afluente	C_{SST}	15	g ST/l (ou kg ST/m³)
Tempo de funci-onamento por semana	f_{op}	6	días/semana

1. Calcule a carga de sólidos:

$$M_s = 40 \text{ m}^3/\text{d} \times 15 \text{ kg/m}^3 \times \left(\frac{365 \text{ d}}{1 \text{ ano}}\right) = 219.000 \text{ kg/ano}$$

2. Calcule a área de superfície com base na carga de sólidos, considerando uma taxa máxima de carga de sólidos de 250 kg/m² por ano:

$$S_s = \frac{219.000 \text{ kg/ano}}{250 \text{ kg/m}^2 \text{ por ano}} = 876 \text{ m}^2$$

3. Determine o número de leitos e a área de superfície por leito.
   Considere a frequência de carga hidráulica de uma vez por semana. São necessários seis leitos.

$$SA_{leito} = \frac{876 \text{ m}^2}{6 \text{ leitos}} = 146 \text{ m}^2$$

Forneça seis leitos de 20m × 7,5m, o que dá uma área de 150 m² por leito e uma área total de leitos de 900 m².
   Considere que cada leito necessita de 6 meses de aclimatação antes de poder ser totalmente carregado, e 6 meses de repouso entre o fim do carregamento ativo e da remoção do lodo.

4. Calcule a profundidade do carregamento do lodo úmido.
   Calcule a profundidade da aplicação de lodo e verifique os critérios de projeto:

$$Q_{s\_carga} = 40 \text{ m}^3/\text{d} \left(\frac{365 \text{ dias/ano}}{52 \text{ semanas x 6 dias de carregamento por semana}} \right) = 46,8 \text{ m}^3$$

$$Z_{h\_carga} = \frac{46,8 \text{ m}^3}{150 \text{ m}^2} \times 1000 \text{ mm/m} = 312 \text{ mm}$$

Esse valor é um pouco superior ao valor de 300 mm que normalmente seria considerado como o valor máximo para Z_h e sugere que a carga hidráulica, em vez da carga de sólidos, pode ser crucial.

5. Determine os leitos adicionais necessários para permitir a aclimatação e repouso do leito.
   Se a taxa de acumulação de lodo for de 300 mm por ano e o leito passar por remoção do lodo após 4 anos de funcionamento, o "tempo de inatividade" do leito será de 25% do tempo de carregamento ativo. Para suprir essas necessidades, são necessários dois leitos adicionais, o que dá 33% de área adicional.
   Se a taxa de acumulação de lodo for de 200 mm por ano e cada leito passar por remoção do lodo após 6 anos de funcionamento, o tempo de inatividade do leito será de 17% do tempo de carregamento ativo. Um leito adicional é necessário para ampliar a capacidade a fim de cobrir o tempo de inatividade do leito.

Prensas mecânicas

Prensas mecânicas são usadas rotineiramente para desidratar o lodo produzido em estações de tratamento de esgoto, e já foram usadas no tratamento de lodo de fossa séptica. Até o momento, todos os exemplos de seu uso no tratamento de lodo de fossa séptica combinam a separação de sólidos e líquidos e a desidratação. Por essa razão, são abordados no Capítulo 7. Em princípio, não há razão para que não possam também ser usadas como tecnologia de desidratação após a separação de sólidos e líquidos. Ao receber lodo de um processo de separação de sólidos e líquidos a montante, como de um adensador por gravidade, a concentração relativamente elevada de sólidos no abastecimento significa que o dimensionamento do equipamento deve ser baseado na carga de sólidos, e não na carga hidráulica.

Ecobags como auxílio na desidratação do lodo

Ecobags, ou geotubos, já foram usados em países industrializados para desidratar lodo de estações de tratamento de esgoto, e existem projetos-piloto para testar sua adequação para a desidratação do lodo de fossa séptica na Malásia, Bangladesh, Uganda, Tanzânia, Quênia e Filipinas. Ecobags são sacos longos, relativamente estreitos e flexíveis, fabricados com tecidos permeáveis de alta resistência. A única abertura do saco é uma ligação que permite a descarga do lodo em uma das extremidades. Uma vez que o lodo seja bombeado para uma ecobag, os sólidos são retidos no saco, enquanto a água livre é drenada através das paredes do saco. Há ecobags de diversos tamanhos, mas todas ficam planas quando vazias e se expandem em forma de salsicha quando preenchidas com lodo.

No projeto-piloto da Malásia, ficaram localizadas nos leitos de secagem de areia em uma estação de tratamento, o que permitiu a coleta do filtrado no sistema de drenagem subterrânea do leito de secagem e tratamento posterior. Os operadores de caminhões-tanque de lodo descarregam suas cargas em uma ecobag por meio de uma mangueira de ligação. Uma ecobag simples de 14,8 m × 3,3 m recebeu mais de 90 caminhões de lodo. A exposição ao calor do sol aumentou a temperatura dentro do saco preto e acelerou o processo de desidratação. Uma vez cheio, o saco foi deixado para secar, picotado para facilitar o transporte e depois levado para um caminhão para ser transportado para um local de descarte adequado e substituído por um saco vazio.

A iniciativa de Bangladesh, executada pela *WSUP Bangladesh*, foi menor e incluiu a mistura inicial de um polímero para melhorar as propriedades de decantação do lodo. Uma revisão interna do *WSUP* (não publicada) afirma que quando os polímeros foram adicionados, uma rápida desidratação ocorreu por cerca de 90 minutos, após os quais a taxa de desidratação diminuiu, aparentemente porque as partículas do lodo estavam bloqueando os poros da ecobag. O desempenho sem polímeros foi menos satisfatório, com cerca de 10% de redução no volume após 30 minutos e um pouco mais de desidratação depois disso. Embora a dosagem do polímero fosse necessária para proporcionar bons resultados, os trabalhadores descobriram que a mistura do polímero com lodo era difícil e demorada.

As ecobags devem obrigatoriamente ser removidas e substituídas depois de cheias. Isso sugere que a opção de ecobag permeável possui um custo operacional elevado, o que reduz sua viabilidade como opção de desidratação.

Pontos principais do presente capítulo

A desidratação de sólidos é necessária para aumentar o teor de sólidos do lodo para pelo menos 20%, ponto em que pode ser tratado como um sólido. As opções de desidratação incluem a retenção do lodo em leitos de secagem, com e sem vegetação, e vários tipos de prensas mecânicas. Até o momento, todos os exemplos de uso de prensas mecânicas no tratamento de lodo de fossa seca e lodo de fossa séptica combinaram a desidratação com a separação de sólidos e líquidos. Outros pontos importantes deste capítulo estão listados abaixo.

- Os leitos de secagem de lodo, com e sem vegetação, oferecem uma opção simples de desidratação, mas possuem requisitos relativamente elevados de área.
- Os leitos de secagem sem vegetação são carregados com lodo úmido a uma profundidade de cerca de 200 mm. O lodo fica secando até que o teor de sólidos atinja pelo menos 20%. A área de secagem de lodo necessária depende da carga hidráulica e da duração do ciclo de secagem. Esta última depende das condições climáticas, da natureza do lodo e do teor final de sólidos necessários, e deve ser determinada com base nas informações colhidas em leitos de secagem que funcionam em condições semelhantes e em testes de campo projetados para simular o desempenho do leito de secagem.
- As provas disponíveis mostram que as taxas de carga de sólidos atingíveis em leitos de secagem sem vegetação tendem a aumentar com a elevação do teor de sólidos do lodo cru. Os projetos que partem de uma suposta taxa de carga de sólidos sem considerar este efeito são suscetíveis de resultar em leitos de tamanho incorreto.
- Os leitos de secagem sem vegetação necessitam de mão de obra para remover o lodo seco em intervalos regulares. As necessidades de mão de obra nos leitos de secagem com vegetação são bastante reduzidas porque a remoção de lodo ocorre em intervalos de anos, e não de dias.
- Até o momento, a maior parte da experiência com o uso de leitos de secagem com vegetação para o tratamento de lodo de fossa séptica em países de renda baixa se deu em escala piloto, e há pouca informação sobre os desafios de operá-las em escala. Um desses desafios é assegurar que as plantas continuem a crescer. Tanto a ausência de carga como a sobrecarga periódica podem levar à morte das plantas e à redução do desempenho. Assim, os requisitos de gerenciamento dos leitos de secagem com vegetação são maiores do que os dos leitos de secagem sem vegetação.
- É possível usar prensas mecânicas para a desidratação após a separação inicial de sólidos e líquidos por gravidade. No entanto, as possíveis vantagens devem ser comparadas com o aumento da complexidade dos processos que envolvem tanto a separação de sólidos e líquidos como a desidratação por prensa mecânica.

Referências

Adrian, D.D. (1978) *Sludge Dewatering and Drying on Sand Beds*, EPA-600/2-78-141, Cincinnati, OH: US EPA Municipal Environmental Research Laboratory <https://nepis.epa.gov/Exe/ZyPDF.cgi/9101CGM4.PDF?Dockey=9101CGM4.PDF> [acessado em 27 de janeiro de 2018].

Al-Nozaily, F.A., Taher, T.M. and Al-Rawi, M.H.M. (2013) 'Evaluation of the sludge drying beds at Sana'a wastewater treatment plant', paper presented at the *17th International Water Technology Conference, Istanbul* <http://iwtc.info/wp-content/uploads/2013/11/99.pdf> [acessado em 21 de dezembro de 2017].

Andrade, C.F., von Sperling, M. and Manjate, E.S. (2017) 'Treatment of septic tank sludge in a vertical flow constructed wetland system', *Engenharia Agrícola* 37(4): 811–9 <http://dx.doi.org/10.1590/1809-4430-eng.agric.v37n4p811-819/2017> [acessado em 22 de maio de 2018].

Badji, K., Dodane, P.H., Mbéguéré, M. and Koné, D. (2011) Traitement des boues de vidange: éléments affectant la performance des lits de séchage non plantés en taille réelle et les mécanismes de séchage, *Actes du symposium international sur la Gestion des Boues de Vidange, Dakar, 30 June–1 July 2009*, Dübendorf, Switzerland: Eawag/SANDEC <www.pseau.org/outils/ouvrages/eawag_gestion_des_boues_de_vidange_optimisation_de_la_filiere_2011.pdf> [acessado em 24 de março de 2018].

Borin, M., Milani, M., Salvato, M. and Toscano, A. (2011) 'Evaluation of *Phragmites australis* (Cav.) Trin. evapotranspiration in Northern and Southern Italy', *Ecological Engineering* 37(5): 721–8 <http://dx.doi.org/10.1016/j.ecoleng.2010.05.003> [acessado em 22 de maio de 2018].

Brix, H. (2017) 'Sludge dewatering and mineralization in sludge treatment reed beds', *Water* 9(3): 160 <http://dx.doi.org/10.3390/w9030160> [acessado em 22 de maio de 2018].

Chazarenc, F., Merlin, G. and Gonthier, Y. (2003) 'Hydrodynamics of horizontal subsurface flow constructed wetlands', *Ecological Engineering* 21: 165–73 <http://dx.doi.org/10.1016/j.ecoleng.2003.12.001> [acessado em 22 de maio de 2018].

Cofie, O.O., Agbottah, S., Strauss, M., Esseku, H., Montangero, A., Awuah, E. and 'Koné, D. (2006) 'Solid–liquid separation of faecal sludge using drying beds in Ghana: Implications for nutrient recycling in urban agriculture', *Water Research* 40: 75–82 <http://dx.doi.org/10.1016/j.watres.2005.10.023> [acessado em 22 de maio de 2018].

Crites, R. and Tchobanoglous, G. (1998) *Small and Decentralized Wastewater Management Systems*, Boston, MA: WCB McGraw Hill.

Dodane, P-H. and Ronteltap, M. (2014) 'Unplanted drying beds', in L. Strande, M. Ronteltap, and D. Brdjanovic (eds.), *Faecal Sludge Management: Systems Approach for Implementation and Operation*, London: IWA Publishing <https://www.un-ihe.org/sites/default/files/fsm_ch07.pdf> [acessado em 26 de janeiro de 2018].

Dodane, P-H., Mbéguéré, M., Kengne, I.M. and Strande Gaulke, L. (2011) 'Planted drying beds for faecal sludge treatment: lessons learned through scaling up in Dakar, Senegal', *Sandec News* 12 <www.eawag.ch/fileadmin/Domain1/Abteilungen/sandec/publikationen/EWM/Treatment_Technologies/Planted_drying_beds_Dakar.pdf> [acessado em 22 de fevereiro de 2018].

Edwards, J.K., Gray, K.R., Cooper, D.J., Biddlestone, A.J. and Willoughby, N. (2001) 'Reed bed dewatering of agricultural sludges and slurries', *Water, Science and Technology* 44(10–11): 551–8.

Haseltine, T.R. (1951) 'Measurement of sludge drying bed performance', *Sewage Works Journal* 23(9).

Heinss, U. and Koottatep, T. (1998) *Use of Reed Beds for Faecal Sludge Dewatering*, Eawag/Sandec <https://www.sswm.info/sites/default/files/reference_attachments/HEINSS%20and%20KOOTTATEP%201998%20Use%20of%20Reed%20Beds%20for%20FS%20Dewatering.pdf> [acessado em 22 de fevereiro de 2018].

Heinss, U., Larmie, S.A. and Strauss, M. (1998) *Solids Separation and Pond Systems for the Treatment of Faecal Sludges in the Tropics: Lessons Learnt and Recommendations for Preliminary Design*, Sandec Report No. 5/98, 2nd edn, Dübendorf, Switzerland: Eawag/Sandec <https://www.ircwash.org/sites/default/files/342-98SO-14523.pdf> [acessado em 21 de março de 2018].

Joceline, S.B., Koné, M., Yacouba, O. and Arsène, Y.H. (2016) 'Planted sludge drying beds in treatment of faecal sludge from Ouagadougou: case of two local plant species', *Journal of Water Resource and Protection* 8: 697–705 <http://dx.doi.org/10.4236/jwarp.2016.87057> [acessado em 22 de maio de 2018].

Jong, V.S.W and Tang, F.E. (2014) 'Septage treatment using pilot vertical flow engineered wetland system', *Pertanika Journal of Science and Technology* 22(2): 613–25 <https://espace.curtin.edu.au/bitstream/handle/20.500.11937/46255/234719_234719.pdf?sequence=2> [acessado em 23 de março de 2018].

Kengne, I.M. and Tilley, E. (2014) 'Planted drying beds', in L. Strande, M. Ronteltap, and D. Brdjanovic (eds.), *Faecal Sludge Management: Systems Approach for Implementation and Operation* <https://www.un-ihe.org/sites/default/files/fsm_ch08.pdf> [acessado em 22 de fevereiro de 2018].

Kengne, I.M., Dodane, P-H., Akoa, A. and Koné, D. (2009) 'Vertical-flow constructed wetlands as sustainable sanitation approach for faecal sludge dewatering in developing countries', *Desalination* 248(1–3): 291–7 <http://dx.doi.org/10.1016/j.desal.2008.05.068> [acessado em 22 de maio de 2018]

Kengne, I.M., Kengne, E.S., Akoa, A., Benmo, N., Dodane, P-H. and Koné, D. (2011) 'Vertical-flow constructed wetlands as an emerging solution for faecal sludge dewatering in developing countries', *Journal of Water, Sanitation and Hygiene for Development* 1(1): 13–19 <http://dx.doi.org/10.2166/washdev.2011.001> [acessado em 22 de maio de 2018]

Kinsley, C. and Crolla, A. (2012) *Septage Treatment Using Reed and Sand Bed Filters, Goulet Pilot Project*, Final Report to the Ontario Ministry of Environment, Ontario Rural Wastewater Centre, Université de Guelph-Campus d'Alfred <www.uoguelph.ca/orwc/Research/documents/Septage%20Treatment%20Using%20Reed%20and%20Sand%20Bed%20Filters%20Final%20Report%20to%20MOE.pdf> [acessado em 26 de fevereiro de 2018].

Koné, D., Cofie, O., Zurbrugg, C., Gallizzi, K., Moser, D., Drescher, S. and Strauss, M. (2007) 'Helminth eggs inactivation efficiency by faecal sludge dewatering and cocomposting in tropical climates', *Water Research* 41(19): 4397–402 <http://dx.doi.org/10.1016/j.watres.2007.06.024> [acessado em 22 de maio de 2018].

Koottatep, T., Surinkul, N., Polprasert, C., Kamal, A., Koné, D., Montangero, A., Heinss, U. and Strauss, M. (2005) 'Treatment of septage in constructed wetlands in tropical climate: lessons learnt after seven years of operation', *Water Science and Technology* 51(9): 119–26.

Kuffour, R.A. (2010) *Improving Faecal Sludge Dewatering Efficiency of Unplanted Drying Bed* (PhD Thesis), Department of Civil Engineering, Kwame Nkrumah University of Science and Technology, Kumasi, Ghana <https://ocw.un-ihe.org/pluginfile.php/4126/mod_resource/content/1/Kuffour_Improvement%20Unplanted%20Drying%20Beds.pdf> [acessado em 16 de abril de 2018].

Lusaka Water and Sewerage Company (2014) *Scientific Monitoring of Quality of Sludge at Kanyama Water Trust: Comparing Efficacy of Different Beds Designs, Drying Beds Designs Performance*, Unpublished report for WSUP.

Metcalf & Eddy (2003) *Wastewater Engineering: Treatment and Reuse*, 4th edn, New York: McGraw Hill.

Nikiema, J., Cofie, O. and Impraim, R. (2014) *Technological Options for Safe Resource Recovery from Fecal Sludge*, Resource Recover and Reuse Series 2, International Water Management Institute (IWMI), CGIAR Research Program on Water, Land and Ecosystems (WLE) <www.iwmi.cgiar.org/Publications/wle/rrr/resource_recovery_and_reuse-series_2.pdf> [acessado em 26 de março de 2018].

Pescod, M.B. (1971) 'Sludge handling and disposal in tropical developing countries', *Journal of the Water Pollution Control Federation* 44(4): 555–70.

Seck, A., Gold, M., Niang, S., Mbéguéré, M., Diop, C. and Strande, L. (2015) 'Faecal sludge drying beds: increasing drying rates for fuel resource recovery in Sub-Saharan Africa', *Journal of Water, Sanitation and Hygiene for Development* 5(1): 72–80 <http://dx.doi.org/10.2166/washdev.2014.213> [acessado em 22 de maio de 2018].

Simba, F.M., Matorevhu, A., Chikodzi, D. and Murwendo, T. (2013) 'Exploring estimation of evaporation in dry climates using a Class 'A' evaporation pan', *Irrigation & Drainage Systems Engineering* 2(2): #1000109 <http://dx.doi.org/10.4172/2168-9768.1000109> [acessado em 22 de maio de 2018]

Sonko, el Hadji, M., Mbéguéré, M., Diop, C., Niang, S. and Strande, L. (2014) 'Effect of hydraulic loading frequency on performance of planted drying beds for the treatment of faecal sludge', *Journal of Water Sanitation and Hygiene for Development* 4(4): 633–41 <http://dx.doi.org/10.2166/washdev.2014.024> [acessado em 22 de maio de 2018].

Strande, L., Ronteltap, M. and Brdjanovic, D. (2014) *Faecal Sludge Management: Systems Approach for Implementation and Operation*, London: IWA Publishing <www.eawag.ch/fileadmin/Domain1/Abteilungen/sandec/publikationen/EWM/Book/FSM_Ch0_Table_of_Contents.pdf> [acessado em 2 de março de 2017].

Tan, Y.Y., Tang, F.E., Ho, C.L.I. and Jong, V.S.W. (2017) 'Dewatering and treatment of septage using vertical flow constructed wetlands', *Technologies* 5: 70 <https://doi.org/10.3390/technologies5040070> [acessado em 22 de maio de 2018].

Troesch, S., Lienard, A., Molle, P., Merlin, G. and Esser, D. (2009) 'Treatment of septage in sludge drying reed beds: a case study on pilot-scale beds', *Water Science and Technology* 60(3): 643–53 <https://hal.archives-ouvertes. fr/hal-00453160/document> [acessado em 12 de março de 2018].

Uggetti, E. (2011) *Sewage Sludge Treatment in Constructed Wetlands: Technical, Economic, and Environmental Aspects Applied to Small Communities of the Mediterranean Region* (PhD thesis), Universitat Politècnica de Catalunya, Barcelona, Spain <http://gemma.upc.edu/images/downloads/thesis/tesis_ enrica%20uggetti.pdf> [acessado em 12 de março de 2018].

Uggetti, E., Ferrer, I., Castellnou, R. and Garcia, J. (2010) *Constructed Wetlands for Sludge Treatment: A Sustainable Technology for Sludge Management*, Barcelona: GEMMA Environmental Engineering and Microbiology Group <http://gemma.upc.edu/images/downloads/libros/constructed%20 wetlands%20for%20sludge%20treatment-libro1.pdf> [acessado em 13 de fevereiro de 2018].

Vater W. (1956) *Die Entwntwässerung Trocknung und Beseitigung von Städischen Klärschlamm*, Doctoral dissertation, Hannover Institute of Technology, Germany, p. 10.

Wang, L., Li, Y., Shammas, N.K. and Sakellaropoulos, G.P. (2007) 'Drying beds', in *Handbook of Environmental Engineering, Volume 6: Biosolids Treatment Processes*, Chapter 13, Totowa, NJ: The Humana Press Inc., <https://doi. org/10.1007/978-1-59259-996-7_13> [acessado em 22 de maio de 2018].

CAPÍTULO 10

Tratamento adicional de sólidos para descarte seguro ou uso final

O último elo da cadeia de serviços de esgotamento sanitário é o reuso ou o descarte seguro dos produtos do tratamento. Os produtos com potencial para reuso incluem lodo seco, águas sobrenadantes tratadas e chorumes, e biogás. Os capítulos anteriores apresentaram informações sobre opções de reuso de líquidos e biogás. Este capítulo aborda o tratamento adicional necessário para permitir o uso final seguro de sólidos separados e desidratados. Primeiro estabelece princípios básicos e em seguida descreve tecnologias que adotam esses princípios para produzir produtos que podem ser usados. Algumas dessas tecnologias ainda não foram implantadas além da escala piloto e, portanto, requerem refinamentos para determinar sua viabilidade técnica e financeira quando adotadas em escala.

Palavras-chave: biossólidos, uso final, condicionador de solo, biocombustível, ração animal

Introdução

Os sólidos de lodo de fossa seca separados, aqui referidos como biossólidos, podem ser usados no lugar de recursos convencionais, incluindo energia, nutrientes e água. Com isso, contribuem para os Objetivos de Desenvolvimento Sustentável (ODS) no combate às mudanças climáticas, fornecendo energia acessível e reduzindo o uso de recursos naturais. Sugere-se que o lodo tratado seja usado como condicionador do solo, material de construção e biocombustível, e na produção de ração animal (Diener et al., 2014). Até o momento, não existem casos conhecidos de uso comercial do lodo de fossa seca tratado como material de construção e, por isso, este livro não considera essa opção. Pesquisadores estudaram a possibilidade de converter o lodo de fossa seca em biodiesel, mas concluíram que, embora seja algo tecnicamente possível, não é viável em termos financeiros, devido ao elevado custo de secagem e ao baixo teor de lipídios extraíveis do lodo (Tamakloe, 2014). Assim, este capítulo enfoca o tratamento necessário antes do uso de biossólidos como condicionador de solo, combustível sólido e insumo para a produção de ração animal. Seu principal interesse é o tratamento de biossólidos derivados do lodo de fossa seca e lodo de fossa séptica. No entanto, a maioria das tecnologias e metodologias descritas são igualmente aplicáveis no tratamento de sólidos derivados de processos de tratamento de esgoto. Dessa forma, podem ser usadas após a separação e tratamento conjunto de lodo de fossa seca e lodo de fossa séptica em estações de tratamento de esgoto. Pode ser necessário tratamento adicional para remover metais pesados e outros contaminantes caso estes estejam presentes no lodo a ser tratado, já que o objetivo é usar os biossólidos como aditivo agrícola. É mais provável que este seja o caso do lodo proveniente de estações de tratamento conjunto do que daquelas que apenas tratam lodo de fossa seca ou lodo de fossa séptica.

Quando adicionados ao solo, os biossólidos aumentam seu teor de sólidos e melhoram sua estrutura. Se adicionados a um solo argiloso, podem torná-lo mais friável e aumentar a quantidade de espaço de poros disponível para o crescimento das raízes e entrada de água. Por outro lado, se adicionados a um solo arenoso, podem aumentar sua capacidade de retenção de água e fornecer locais para troca e absorção de nutrientes (US EPA, 1995). Os biossólidos adicionam alguns nutrientes ao solo, mas são menos eficazes neste aspecto do que os fertilizantes artificiais. O lodo seco pode ser convertido em briquetes de combustível para uso industrial ou doméstico. Também é possível empregar a pirólise para produzir carvão vegetal e gás, ambos com potencial de uso como combustível a partir de lodo seco. Até o momento, o principal foco das tentativas de desenvolver a opção de ração animal tem sido o cultivo de larvas de mosca soldado-negro em lodo de fossa seca. As larvas são uma boa fonte de proteínas e podem ser desidratadas, embaladas e vendidas como ração animal.

O lodo desidratado por meio dos métodos descritos no Capítulo 9 geralmente apresenta teor de sólidos na faixa de 15 a 40%, e contém um grande número de patógenos. É necessário tratamento adicional para assegurar que os sólidos separados sejam adequados e seguros para os usos finais identificados acima. A Figura 10.1 mostra possíveis opções de tratamento para cada um dos usos finais, juntamente com a opção de descarte em aterros sem tratamento adicional.

Alguns dos processos identificados na Figura 10.1 requerem um elevado teor de sólidos. Para o lodo a ser compostado, isso é alcançado por meio da mistura do lodo com um "agente de intumescimento" adequado, material com um teor de sólidos relativamente elevado. Outras opções para aumentar o teor de sólidos do lodo incluem a detenção prolongada em leitos de secagem de lodo e secagem solar. A detenção prolongada em leitos de secagem requer os métodos considerados no Capítulo 9. A obtenção de um elevado teor de sólidos exige um tempo maior e, portanto, uma grande área de secagem. A secagem solar também é considerada neste capítulo. Ela pode ser usada como opção de secagem independente ou para reduzir o teor de água do lodo até o ponto em que outras opções de tratamento se tornem possíveis e financeiramente viáveis.

Pré-condições e requisitos para o uso final de sólidos

Entre as pré-condições para o uso final de sólidos estão aquelas relacionadas aos aspectos financeiros e de saúde. Além das pré-condições, esta seção considera os requisitos do teor de sólidos secos de diversos processos e examina o valor calorífico dos biossólidos secos, que é importante quando se cogita a possibilidade de usar lodo seco como combustível.

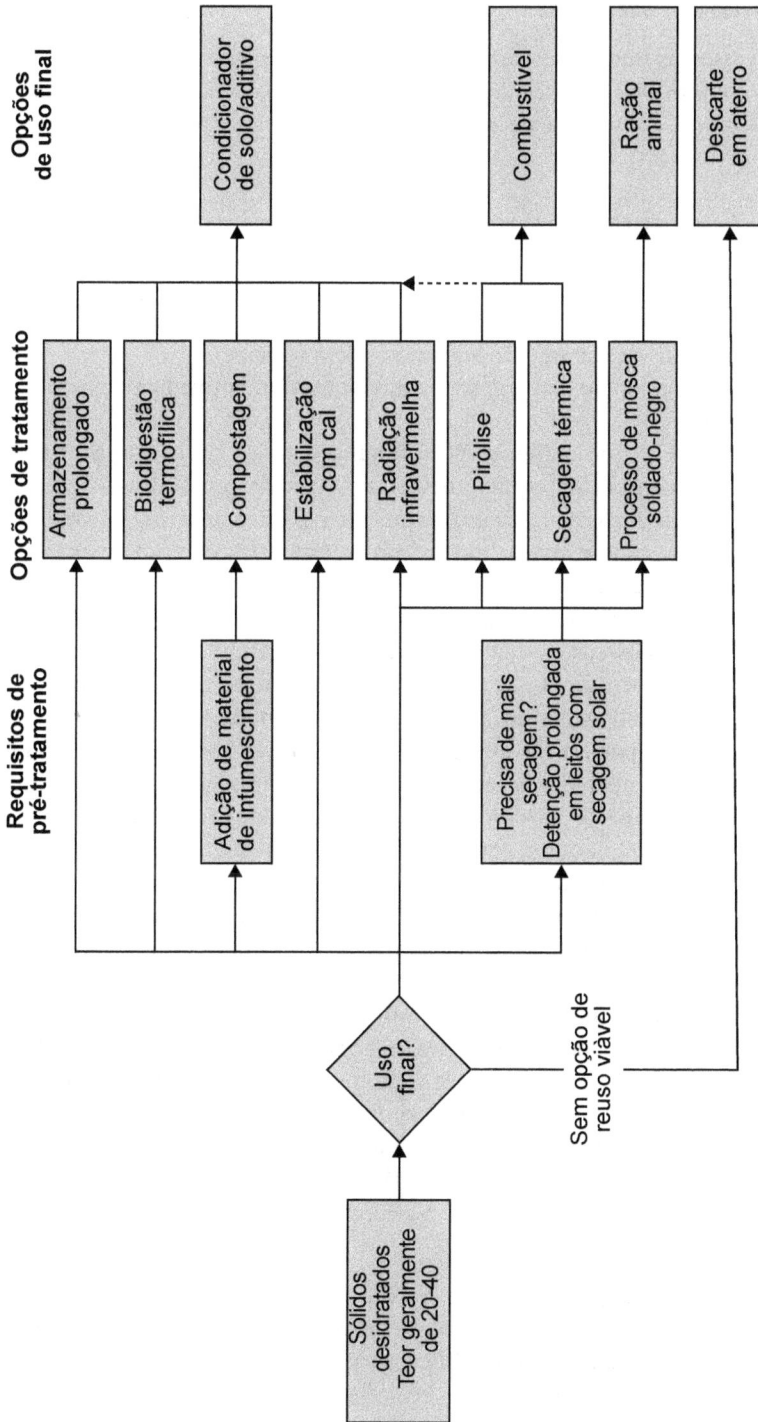

Figura 10.1 Visão geral das opções de uso final e de tratamento

Pré-condições financeiras

LO sucesso das iniciativas para o uso de biossólidos como insumo agrícola ou como combustível está condicionado à sua viabilidade financeira. Como já indicado no Capítulo 4, é necessário que:

$$R_{TP} + S \geq C_{TP} - C_D$$

Onde R_{TP} = a receita gerada com a venda de produtos tratados;

S = qualquer subsídio disponível para promover o reuso de produtos tratados;

C_{TP} = o custo do tratamento adicional necessário para tornar os produtos de tratamento adequados para reuso; e

C_D = o custo do descarte se não houver tratamento adicional para reuso.

O termo C_{TP} normalmente deve abranger todos os custos recorrentes, incluindo a compra de equipamentos e custos de reposição. Os subsídios podem ser créditos de carbono fornecidos para apoiar as iniciativas de substituir os combustíveis fósseis por combustíveis com neutralidade carbônica. Teoricamente, a recuperação total dos custos depende da inclusão de um subsídio para a amortização do custo do investimento de capital na C_{TP}. Na prática, os custos de construção que constituem a maior parte ou a totalidade do investimento de capital necessário muitas vezes são cobertos por esferas mais altas do governo, e assim não aparecem na equação.

Os subsídios podem ser diretos ou indiretos. Os subsídios diretos são os pagamentos aos operadores como contribuição com seus custos operacionais diários. Uma forma de subsídio indireto é o financiamento de construção por um terceiro, geralmente o governo ou um organismo internacional. Outra opção pode ser o pagamento de um preço superior ao de mercado pelos produtos tratados. Ao avaliar a viabilidade financeira de uma opção de uso final, é importante ter clareza quanto ao financiamento dos custos iniciais de capital e eventuais custos de reposição futuros. Independentemente da disponibilidade de subvenções governamentais para a realização das despesas de capital, a viabilidade financeira no longo prazo exige que as receitas cubram os custos de reposição futuros, bem como os custos operacionais cotidianos.

As vendas de produtos tratados dependem do mercado para esses produtos. Se não houver demanda para um produto, ele não pode ser vendido e, desta maneira, não gera receitas. São necessários estudos de mercado para avaliar a demanda atual e potencial por diversos usos finais, que devem incluir o seguinte:

- Identificação de quaisquer modificações necessárias às tecnologias existentes para permitir o uso de biossólidos tratados. (Por exemplo, os fornos precisariam de modificação para permitir o uso de biossólidos como combustível?).

- Avaliação da disponibilidade de biossólidos tratados em relação à demanda, levando em consideração as variações sazonais na produção e na demanda e prováveis déficits de oferta. Devem ser exploradas opções para suplementar o biossólido com outros materiais, por exemplo, resíduos agrícolas ou domésticos, a fim de atender de forma confiável à demanda dos usuários.
- Avaliação dos sistemas de comercialização, distribuição e vendas: quais mudanças nos sistemas existentes são necessárias para assegurar que o biossólido tratado possa ser vendido aos usuários pretendidos?

Schoebitz et al. (2016) fornecem mais informações sobre a adoção de uma abordagem voltada para o mercado de produtos de tratamento de lodo de fossa seca.

Pré-condições relacionadas à saúde

Uma segunda pré-condição para iniciativas de uso final de biossólidos é que eles não representem uma ameaça significativa à saúde dos trabalhadores ou dos consumidores. A redução do risco para a saúde a um nível aceitável exige tratamento para reduzir o teor de patógenos a níveis seguros, tal como definido nas orientações e normas internacionais e nacionais. A Tabela 10.1 apresenta os principais pontos das orientações da Organização Mundial da Saúde (OMS) e da Agência de Proteção Ambiental (EPA) dos EUA sobre os limites de patógenos para biossólidos a serem usados na agricultura. Quando existem orientações nacionais, estas se baseiam normalmente nas orientações da OMS.

Tabela 10.1 Requisitos de patógenos recomendados para o reuso de biossólidos: OMS e EPA dos EUA

Instituição	Requisitos de orientações	Fonte
Organização Mundial da Saúde	Contagem de ovos de helmintos: ≤ 1 ovo por grama de sólidos totais	OMS (2006)
	Contagem de *E. coli*: ≤ 1.000 por grama de sólidos totais	
Agência de Proteção Ambiental dos EUA (Parte 503 - Regra dos biossólidos)	Biossólidos de Classe A: densidade de coliformes fecais ≤ 1.000 por grama de sólidos secos totais ou densidade de subespécies de *Salmonella* (spp) ≤ 3 para cada 4 gramas de sólidos secos totais	EPA dos EUA (1994)
	Biossólidos de Classe B: densidade de coliformes fecais ≤ 2.000.000 por grama de sólidos secos totais	

Os valores das orientações da OMS citados na Tabela 10.1 são conservadores. Conforme observado no Capítulo 4, a OMS agora defende o uso da avaliação quantitativa de risco microbiano (AQRM) para verificar os riscos à saúde. Com base nesta abordagem, Navarro et al. (2009) mostraram que concentrações mais elevadas de ovos de helmintos nos biossólidos não aumentaram significativamente a exposição dos consumidores e dos agricultores aos riscos para a saúde, concluindo que o valor indicativo de ≤1 ovo de helmintos por grama de sólidos totais (ST) nos biossólidos era desnecessariamente rigoroso. A OMS agora reconhece que os riscos à saúde podem ser abordados com um nível mais baixo de tratamento de sólidos juntamente com um enfoque mais completo e integrado para o manejo de biossólidos. Esse enfoque pode incluir um período de detenção (período em que não são adicionados novos biossólidos) para possibilitar a eliminação de patógenos antes da colheita, uma boa higiene alimentar (como a lavagem com água limpa) e a cozedura dos alimentos (OMS, 2006).

Tabela 10.2 Requisitos da regra de biossólidos da Parte 503 da EPA dos EUA para biossólidos de Classe A e Classe B

	Requisitos da Classe A	Requisitos da Classe B
Patógenos	Densidade de coliformes fecais ≤ 1.000 por g de sólidos totais (base peso seco)	Densidade dos coliformes fecais ≤ 2.000.000 por grama de sólidos secos totais
	Densidade de Salmonella ≤ 3, número mais provável (NMP) por 4 g de sólidos totais (com base no peso seco)	
	Densidade dos vírus entéricos ≤ 1 UFP (unidade formadora de placas) por 4 g de sólidos totais (com base no peso seco)	
	Densidade de ovos de helmintos viáveis ≤ 1 para cada 4 g de sólidos totais (com base no peso seco)	
Vetores	A regra da Parte 503 lista 12 opções para reduzir a atração vetorial dos biossólidos.Nove delas têm como objetivo reduzir a atratividade do biossólido para os vetores, e incluem compostagem anaeróbia e aeróbia, secagem até o alcançar alto teor de sólidos e tratamento alcalino com cal. As três restantes destinam-se a impedir que os vetores entrem em contato com o biossólido, seja por meio da injeção de biossólidos no solo ou de sua cobertura.	
Poluentes	Nenhum dos biossólidos aplicados em terras agrícolas pode exceder as concentrações máximas de poluentes que incluem metais pesados. O guia para a regra da Parte 503 lista as concentrações máximas permitidas para 10 metais pesados. A observância desses limites não deve ser um problema no caso dos biossólidos derivados de instalações domésticas de esgotamento sanitário.	

Muitas vezes, as organizações locais não dispõem dos recursos necessários para recolher informações necessárias para realizar uma AQRM. Se for este o caso, geralmente é mais fácil definir os níveis de patógenos aceitáveis em relação ao uso final pretendido dos biossólidos tratados, conforme recomendado na Parte 503 sobre a regra dos biossólidos dos EUA (EPA, 1994), que distingue os biossólidos de Classe A, adequados para uso sem restrições, e os biossólidos de Classe B, adequados para uso em terras aráveis destinadas ao cultivo de culturas agrícolas que não devem ser consumidas cruas e às quais não há acesso público por mais de um ano após a aplicação. Os biossólidos que atendem aos requisitos da Classe B são também adequados para uso em terras florestais e para a aspersão em lotes florestais, o que pode ser uma boa opção para os volumes relativamente baixos de biossólidos produzidos por várias estações de tratamento de lodo de fossa seca e lodo de fossa séptica. A Tabela 10.2 resume os requisitos para que os biossólidos sejam aceitos como Classe A e Classe B. O desafio nesta metodologia, assim como em uma abordagem baseada no cumprimento dos padrões de qualidade dos biossólidos, é assegurar que as várias partes interessadas cumpram as normas, as orientações e os procedimentos recomendados. A conscientização pode ser tão importante quanto a fiscalização neste sentido.

O requisito de biossólidos de Classe A para coliformes fecais é muito mais rigoroso do que para os biossólidos de Classe B. A discrepância entre os dois padrões parece ser maior do que seria esperado em termos lógicos, sendo discutível a conveniência de atingir concentrações mais baixas de coliformes fecais para biossólidos de Classe B do que o sugerido na Tabela 10.2.

Para que os biossólidos se enquadrem na Classe A, a EPA dos EUA exige que as opções de tratamento que dependem apenas da temperatura devem aumentar a temperatura dos biossólidos com um teor de sólidos superior a 7% para pelo menos 50°C durante um tempo t (dias), que não deve ser inferior a 20 minutos ou ao tempo dado pela equação:

$$t = 131.700.000/(10^{0,14T})$$

Onde T é a temperatura em graus Celsius (US EPA, 1994: Tabela 5-3). A equação é muito sensível à temperatura, gerando valores de t de 13,17 dias, 12,58 horas, 30 minutos e 71 segundos para temperaturas de 50°C, 60°C, 70°C e 80°C, respectivamente. O requisito de 20 minutos se reduz para 15 segundos se os biossólidos estiverem na forma de partículas e forem aquecidos por contato com gases aquecidos ou líquidos imiscíveis (líquidos que não se misturam com os biossólidos). Os requisitos para biossólidos com teor de sólidos inferior a 7% são menos rigorosos.

A Tabela 10.5 apresenta os requisitos da regra de biossólidos da Parte 503 da EPA dos EUA para processos que empregam uma combinação de elevação da temperatura e pH alto para remover patógenos.

Nos casos em que não é fácil o enquadramento dos biossólidos na Classe A, uma vez que o processo é difícil de controlar e monitorar ou envolve custos operacionais elevados, um objetivo mais realista é alcançar os padrões muito mais baixos exigidos para os biossólidos de Classe B.

A necessidade de reduzir as concentrações de patógenos em produtos usados na ração animal e em combustível sólido recebe menos atenção do que os biossólidos destinados ao uso na agricultura. Contudo, ao contemplar tais usos, há ainda a necessidade de considerar o risco para a saúde dos trabalhadores que entram em contato com os biossólidos. A melhor forma de lidar com o risco para a saúde é assegurar que os trabalhadores sigam práticas destinadas a proteger sua saúde, o que inclui o uso de trajes de proteção, em especial luvas, ao manusear materiais com potencial perigoso e lavar as mãos com sabão após cada contato com esses materiais. Quando o contato direto do trabalhador com o biossólido não puder ser evitado, é aconselhável assegurar que o biossólido atenda aos requisitos da Classe B estabelecidos na Tabela 10.2.

Requisitos de teor de sólidos secos

Dependendo do uso final proposto, pode ser necessário mais um aumento no teor de sólidos secos dos biossólidos após os processos de desidratação explicados no Capítulo 9. Os requisitos dos processos de tratamento específicos e usos finais são os seguintes:

- *Combustão.* O teor de sólidos secos deve ser de pelo menos 80% e, de preferência, acima disso. Os requisitos exatos dependem do processo empregado para a queima do lodo.
- *Compostagem.* Para gerar os resultados ideais, o teor de sólidos secos deve situar-se na faixa de 40% e 45%. Isso corresponde a um teor de água que, no caso da compostagem, geralmente é referido como o teor de umidade, de 55-60%. É possível alcançar teores de sólidos na faixa necessária aumentando-se o tempo de detenção nos leitos de secagem de lodo; no entanto, a abordagem mais comum é a compostagem conjunta do lodo desidratado com materiais que tenham proporção de carbono para nitrogênio mais alta e baixo teor de umidade.
- *Secagem térmica.* É possível usar o calor para promover a evaporação da água do lodo com um eventual teor de água, mas a necessidade de energia aumenta com a elevação do teor de água. Por isso, é aconselhável reduzir o teor de água do lodo antes da secagem térmica.
- *Pirólise.* Assim como na secagem térmica, a necessidade de energia da pirólise aumenta com a elevação do teor de água, e por isso é aconselhável uma redução adicional do teor de água do lodo dos leitos de secagem.
- *Processo biológico com o uso de mosca soldado-negro.* O teor de sólidos secos do lodo deve situar-se na faixa de 10% e 40% (Dortmans et al., 2017).

É possível criar um processo circular no qual o calor gerado pela queima de lodo seco é usado para secar o lodo úmido até o ponto em que ele se torne combustível. Essa abordagem é usada em tecnologias como o Omniprocessador Janicki (Janicki Bioenergy, sem data). O processo normalmente torna-se autossuficiente em termos de energia quando o lodo apresenta teor de sólidos na faixa de 15-20%, com o número exato dependendo do valor calorífico do lodo e da eficiência do processo. Quando o teor de sólidos do lodo fica abaixo do nível em que o processo se torna autossuficiente em termos energia, é necessária uma fonte externa de energia. Quando o teor de sólidos excede esse nível, o processo pode gerar energia, água limpa ou ambos. O volume de água limpa produzido é inferior ao volume de lodo tratado.

Valor calorífico

Uma pré-condição para propostas de criação de combustível sólido a partir de matéria de lodo de fossa seca é que o valor calorífico do lodo seco seja suficientemente elevado para viabilizar a opção de combustível sólido do ponto de vista técnico e financeiro. O valor calorífico da matéria de lodo de fossa seca é afetado pela maneira como foi retido no local. Dessa forma, varia tanto entre cidades como entre tanques e poços de uma mesma cidade. Por exemplo, pesquisas em três cidades da África, Kumasi, Dakar e Kampala, revelaram valores caloríficos médios para lodo de fossa seca não tratado de 19,1 MJ/kg ST, 16,6 MJ/kg ST e 16,2 MJ/kg ST, respectivamente (Muspratt et al., 2014). O valor calorífico do lodo digerido é inferior ao do lodo não tratado. O valor calorífico médio de amostras coletadas de lagoas anaeróbias de estabilização em Kumasi variou entre 14,6 MJ/kg para as lagoas que estavam em uso e 11,3 MJ/kg para as que ficaram desativadas durante seis meses. Esses resultados representaram uma queda de 25% a 40% do valor calorífico do lodo de fossa seca bruto. A perda de valor calorífico gradual nas lagoas é explicada pela liberação de carbono na forma de metano e dióxido de carbono durante a digestão anaeróbia. Estes números se comparam aos valores caloríficos típicos de cerca de 15 MJ/kg para o linhito (carvão de baixa qualidade) a cerca de 43 MJ/kg para o diesel e outros combustíveis à base de petróleo. Os valores caloríficos do metano e do gás natural ficam em torno de 40 MJ/m³ e 43 MJ/m³, respectivamente. Esses números sugerem que o lodo de fossa seca desidratado apresenta potencial como combustível sólido, mas que o tratamento anaeróbio a montante deve ser evitado se o biossólido for usado como combustível. O desafio é desenvolver processos e tecnologias que concretizem esse potencial de maneira financeiramente viável. A iniciativa Pivot Works em Kigali, Ruanda, descrita no Quadro 10.7, é um exemplo do uso de biossólidos de lodo de fossa seca desidratado e lodo de fossa séptica como combustível sólido.

Opções para reduzir as concentrações de patógenos

A principal função de cinco das tecnologias apresentadas na Figura 10.1 é reduzir as concentrações de patógenos: armazenamento por um período prolongado, compostagem, estabilização com cal, radiação infravermelha e biodigestão termofílica. A secagem térmica e a pirólise são muito eficazes na eliminação de patógenos, mas seu principal uso até agora foi na preparação de biossólidos para uso como combustível. O armazenamento por um período prolongado é simples, mas difícil de controlar e monitorar, o que faz com que seu efeito sobre as concentrações de patógenos seja igualmente difícil de prever. A compostagem e a estabilização com cal são consideradas de forma detalhada a seguir. Também são fornecidas informações sobre uma iniciativa na África do Sul que usa a radiação infravermelha para produzir biossólidos seguros.

O uso de digestores de biogás em pequena escala para reduzir os problemas de odor e atração vetorial associados ao lodo fresco e mal digerido foi descrito no Capítulo 6. Esses sistemas de pequena escala geralmente operam na faixa mesofílica e não envolvem mistura ou aquecimento com alimentação externa. É improvável que tenham um grande impacto nas concentrações de patógenos e, portanto, não são uma opção apropriada para o tratamento anterior ao uso final. Digestores anaeróbios em grande escala são muito usados para reduzir e estabilizar sólidos em estações de tratamento de esgoto centralizadas de países industrializados. Eles dependem da mistura mecânica e, portanto, exigem uma fonte de energia confiável. A maioria opera na faixa mesofílica e requer um longo período de detenção para inativar os patógenos. A EPA dos EUA (Parte 503) especifica um tempo mínimo de detenção de sólidos de 15 dias a uma temperatura de 30 a 55°C, e 60 dias a uma temperatura de 20°C a fim de reduzir suficientemente os patógenos para os biossólidos de Classe B. O período de detenção necessário para a inativação do patógeno é reduzido pelo fornecimento de aquecimento externo para manter as temperaturas termofílicas no digestor, o que diminui o volume de digestão necessário, mas resulta em elevação dos custos operacionais. Devido à sua complexidade e alto custo, os digestores anaeróbios em grande escala não são viáveis para a maioria das aplicações de tratamento de lodo de fossa seca e lodo de fossa séptica em países de renda baixa. Assim, não são mais considerados neste livro.

Armazenamento por um período prolongado

A opção mais simples para reduzir a concentração de patógenos é armazenar o lodo de fossa seca desidratado por um longo período. Pode ser considerada em áreas com clima seco, onde há espaço para acomodar o lodo armazenado. A dificuldade desta opção é determinar o período de armazenamento necessário. Em Camarões, Kengne et al. (2009) concluíram que os riscos para a saúde associados ao manuseio de lodo proveniente de leitos de secagem com vegetação seriam mínimos se decorressem pelo menos seis meses entre a aplicação de lodo úmido no leito de secagem e a remoção dos sólidos desidratados. Gallizzi (2003) cita as constatações de Veerannan (1977) de que a contagem de ovos de *Ascaris* no lodo armazenado foi reduzida em 50% após 1 ano e 100% após 3 anos. Outros pesquisadores citados por Gallizzi registraram reduções menores na contagem de ovos. Schwartzbrod (1997) descobriu que o armazenamento de lodo desidratado durante 16 meses a uma temperatura de 25°C eliminou efetivamente os óvulos de *Ascaris*, mas que o armazenamento a 4°C foi ineficaz, o que indica que as taxas de eliminação dependem da temperatura. A taxa de eliminação também é influenciada pelo teor de umidade e pelo tamanho e forma da pilha de armazenamento. Pode ocorrer o ressurgimento do patógeno durante o armazenamento, dependendo das condições de temperatura e umidade.

Considerando a dificuldade de controlar as condições de armazenamento do lodo, é normalmente adequado permitir uma margem de segurança elevada ao avaliar os requisitos de armazenamento. Se o lodo for coberto de forma que permaneça seco, o período de armazenamento não deve ser inferior a 18 meses. Nos casos em que o lodo pode ficar sujeito a períodos de chuva, durante os quais seu teor de umidade aumenta, o período de armazenamento deve ser de pelo menos 3 anos. Estes números são provisórios e podem ser alterados se os testes revelarem uma boa redução do patógeno em um período mais curto. Em vista das incertezas associadas ao armazenamento prolongado, deve-se presumir que o lodo armazenado por um período prolongado atende apenas aos requisitos para um biossólido da Classe B, e deve ser usado com isso em mente.

Para reduzir o risco de poluição da água de superfície, o lodo não deve ser armazenado em locais onde a inclinação do solo exceda 2% ou em locais sujeitos a inundações ocasionais. A possibilidade de poluição das águas subterrâneas também deve ser considerada. Para reduzir esta possibilidade, os pontos de armazenamento prolongado devem ficar localizados em áreas onde o lençol freático esteja bem abaixo da superfície, de preferência pelo menos 3 a 4 m abaixo, ao longo do ano. Mesmo assim, para todos os tipos de solos, exceto os mais impermeáveis, é desejável providenciar uma "placa" impermeável. Concreto e asfalto são usados como placas de compostagem, mas são relativamente caros. Outras opções incluem argila e tecido filtrante sobreposto com cascalho (*Cornell Waste Management Institute*, 2005). Deve ser realizada drenagem para direcionar o chorume para estações de tratamento simples, tais como lagoas e alagados construídos. Quando não for possível evitar o risco de poluição das águas subterrâneas, devem ser instalados poços de monitoramento das águas subterrâneas ou lisímetros (*Olds College Composting Technology Centre*, 1999). O desafio passa a ser assegurar que as amostras sejam recolhidas e analisadas regularmente. O Código Canadense de Prática citado pelo *Olds College Composting Technology Centre* estabelece padrões para cloreto, nitrato e pH. No entanto, os coliformes fecais, considerados indicadores de patógenos, são a principal preocupação na maioria dos países de renda baixa.

Devem ser usadas bermas para desviar o escoamento de águas pluviais ao redor da área de secagem, e devem ser tomadas providências a respeito da coleta e descarte seguro de águas contaminadas que venham a escapar do lodo seco. Os patógenos são eliminados mais rapidamente se a área de armazenamento for coberta para evitar a chuva. Entretanto, o custo da cobertura sobre a grande área necessária precisa ser levado em consideração ao avaliar esta opção.

Compostagem

Descrição do sistema

A compostagem aplica decomposição aeróbia para decompor a matéria orgânica sob condições controladas e produzir produtos estabilizados que não exalem odor. As atividades dos micro-organismos aeróbios que usam o oxigênio para converter o carbono em dióxido de carbono geram calor e aumentam a temperatura do composto. Os patógenos presentes no material de compostagem são inativados se a temperatura do composto se mantiver na faixa termofílica (40 a 70°C) por um período de tempo suficiente, conforme explicado em mais detalhes abaixo.

A obtenção das condições de temperatura necessárias requer que o teor de água e a proporção de carbono para nitrogênio (C:N) do material para compostagem sejam mantidos dentro de faixas bastante restritas, e que haja espaço de ar livre suficiente para propiciar o oxigênio necessário para a atividade microbiana aeróbia. Para atingir essas condições, o lodo de fossa seca é geralmente compostado em conjunto com um agente de intumescimento adequado: um material que possua alto teor de carbono e baixo teor de água. Também pode ser necessário adicionar água para manter o teor de umidade dentro da faixa ideal. Os materiais mais comuns usados como agentes de intumescimento incluem resíduos sólidos domésticos, resíduos agrícolas e serragem. O volume de agente de intumescimento necessário é normalmente de 2 a 5 vezes o volume de lodo de fossa seca, com a proporção dependendo da razão C:N e o teor de água do lodo e do agente de intumescimento. O produto estabilizado é um material escuro, semelhante ao húmus, que pode ser adicionado ao solo para aumentar seu teor orgânico e melhorar a retenção de água.

As opções de compostagem incluem as seguintes:

- *Sistemas de leiras revolvidas.* O material a ser compostado é disposto em longas pilhas, que apresentam seção triangular ou trapezoidal de 1,25 a 2,5 m de altura, com uma proporção de largura/altura de aproximadamente 2 para 1. As pilhas devem ser grandes o suficiente para reter o calor e assegurar que as condições termofílicas sejam alcançadas, mas porosas o suficiente para possibilitar o fluxo de oxigênio para seu núcleo. As leiras devem ser revolvidas em intervalos regulares para manter a porosidade e possibilitar a entrada do oxigênio em seu núcleo.

- *Sistema de leiras estáticas aeradas.* O material a ser compostado é colocado em pilhas, normalmente com cerca de 2 m de profundidade, e coberto com 150 a 300 mm de composto final ou outro material adequado para reduzir a perda de calor. São usados ventiladores para bombear ar para as pilhas através de tubos colocados sob as pilhas. O uso de aeração elimina a necessidade de mão de obra para revolver o composto. Além disso, a aeração forçada controla melhor o processo, e o tempo necessário é em geral menor do que para o sistema de leiras revolvidas. No entanto, esses sistemas são mais caros do que os sistemas de leiras revolvidas e exigem bons sistemas de manutenção, uma cadeia de fornecimento eficaz e uma fonte de energia confiável.

- *Sistemas fechados de compostagem.* O material a ser compostado é colocado em reatores fechados com sistemas de controle de temperatura, umidade e odores. Os sistemas fechados de compostagem são caros e bastante complexos e não são adequados para estações de tratamento de países de renda baixa.

Até o momento, a maior parte das iniciativas de compostagem de lodo de fossa seca usou o sistema de leiras revolvidas. O Quadro 10.1 fornece informações sobre iniciativas para a compostagem conjunta do lodo de fossa seca em escala.

Quadro 10.1 Exemplos de compostagem conjunta de lodo de fossa seca

Balangoda, Sri Lanka. O lodo de fossa séptica tratado é compostado em conjunto com resíduos de sólidos domésticos em usinas de compostagem públicas que produz 420 toneladas de composto anualmente. As vendas são para pequenos agricultores, fazendas e instituições governamentais (Rao et al., 2016).

Hanói, Vietnã. O lodo de fossa seca desidratado é compostado em conjunto com resíduos orgânicos comerciais na usina de compostagem de Cau Dzien, uma empresa privada. A usina produz cerca de 4.500 toneladas por ano, um número significativamente menor do que a capacidade de projeto de 13.600 toneladas por ano. O composto excede os padrões vietnamitas de arsênio e coliforme para reuso (Nguyen et al., 2011).

Kushtia, Bangladesh. Uma estação de tratamento piloto tem capacidade para a produção diária de 4 toneladas de lodo de fossa seca compostado em conjunto com resíduos orgânicos (Enayetullah e Sinha, 2013).

Nairóbi, Quênia. A Sanergy, empresa com sede em Nairóbi, adota o sistema de leiras revolvidas para a compostagem conjunta de lodo de fossa seca removido de seus sistemas de esgotamento sanitário à base de contêiner com resíduos agrícolas. Também experimentou o sistema de leiras estáticas aeradas (Kilbride e Kramer, 2012). A Foto 10.1 mostra a usina de compostagem de Sanergy com sistema de leiras revolvidas. Em 2017, a Sanergy removeu cerca de 5.000 toneladas de resíduos fecais de banheiros "Fresh Life" nas favelas de Nairóbi e produziu cerca de 425 toneladas de condicionador de solo/fertilizante a partir desses resíduos (Jan Willem Rosenboom, comunicação pessoal, maio de 2018).

Foto 10.1 Usina de compostagem com sistema de leiras revolvidas de Sanergy, Nairóbi
Fonte: Foto de Jan Willem Rosenboom

Haití. A ONG SOIL realiza a compostagem conjunta do lodo de fossa seca e resíduos agrícolas em um sistema de caixa de compostagem que não usa o revolvimento do composto nem aeração induzida. (Berendes et al., 2015; Remington et al., 2016). A temperatura do composto é verificada regularmente. Após um tempo mínimo de dois meses em uma caixa, o composto é transferido para leiras, onde é compostado em condições menos controladas por mais 4 a 6 meses (Kramer et al., 2011).

Acra, Gana. Uma nova usina de compostagem, operada conforme um acordo de parceria público-privada e com um projeto baseado em uma iniciativa de pesquisa de uma década do *International Water Management Institute* (IWMI) em Kumasi e Acra (ver Quadro 10.2), possui capacidade para produzir 500 toneladas de composto peletizado por ano, a partir de 12.500 m³ de lodo de fossa seca e 700 toneladas de resíduos orgânicos (alimentos) separados (iWMi, 2017). A proporção de resíduos alimentares separados na mistura lodo/ resíduos alimentares parece ser inferior à dos outros sistemas identificados neste quadro.

A viabilidade da compostagem depende da disponibilidade de:

- Terreno para comportar o processo de compostagem;
- Mão de obra ou equipamentos mecânicos para realizar as tarefas associadas à compostagem, principalmente para revolver as leiras;
- Mercado para o material de condicionamento de solo produzido a partir do material compostado;
- Uma fonte confiável e barata de resíduos ricos em carbono para uso como agente de intumescimento; e
- Capacidade operacional e sistemas de apoio à gestão para monitorar o processo de compostagem.

Objetivos e desempenho da compostagem
O objetivo geral da compostagem é reduzir os patógenos a níveis seguros. No entanto, o teste de patógenos requer equipamentos e competências especializados, e pode ser oneroso. Em vista disso, a prática habitual é monitorar a temperatura durante o processo de compostagem e ajustar os parâmetros do processo para assegurar que os critérios mínimos de temperatura e tempo sejam atendidos. A Tabela 10.3 estabelece os requisitos de temperatura e de tempo da EPA dos EUA (Parte 503) para os biossólidos de Classe A e de Classe B. Em climas frios, atender esses requisitos é difícil, mas não impossível.

Tabela 10.3 Critérios de temperatura e tempo para compostagem da Parte 503 da EPA dos EUA

Classe	Requisito
Classe A (uso irrestrito)	*Sistemas de leiras revolvidas:* a temperatura deve ser de > 55°C por pelo menos 15 dias, e as leiras precisam ser revolvidas pelo menos cinco vezes
	Sistema de leiras estáticas aeradas ou sistema fechado: a temperatura precisa ser de > 55°C por pelo menos 3 dias
Classe B (uso restrito)	A temperatura precisa ser de > 40°C por pelo menos 5 dias e > 55°C por pelo menos 4 horas dentro do período de 5 dias.

Com base na revisão dos dados de campo compilados por Feachem et al. (1983), Vinnerås et al. (2003) derivou equações para estimar a relação entre a temperatura de compostagem e o tempo necessário para a remoção total de organismos viáveis de *Ascaris* e *Schistosoma*. A equação para *Ascaris* é:

$$t = 177 \times 10^{-0,1922(T-45)}$$

Onde *t* é o tempo em dias e *T* é a temperatura em graus Celsius. Estima-se que o tempo necessário para inativar os ovos de *Ascaris* é de 19 dias, 2 dias e 6 horas em pilhas com temperaturas de 50°C, 55°C e 60°C, respectivamente. Esses requisitos são menos rigorosos do que os da Parte 503 da EPA dos EUA para os biossólidos de Classe A, talvez porque os requisitos da EPA dos EUA levam em conta a necessidade de tempo para que o composto aqueça. Estudos sobre lodo de estações de tratamento de esgoto doméstico compostado em conjunto no sul da Califórnia descobriram que as leiras de 1,2 a 1,5 m de altura levaram cerca de 20 dias para atingir uma temperatura de 55°C e que as concentrações de coliformes fecais caíram para < 1/100 g de sólidos secos após 25 dias (Iacoboni et al., 1984). As orientações da OMS de ≤ 1.000 FC/g de sólidos secos foi atingida após cerca de 15 dias, período em que a temperatura na pilha de compostagem havia atingido cerca de 50°C. O estudo realizado em Kumasi, Gana, descrito no Quadro 10.2, sugere que o tempo necessário para inativar ovos de *Ascaris* tende a ser maior do que o tempo previsto na equação de Vinnerås.

Quadro 10.2 Pesquisas sobre a inativação de ovos de helmintos em Kumasi, Gana

Em um estudo realizado em Kumasi, Gana (Gallizzi, 2003; Koné et al., 2007), duas pilhas de compostagem de 3 m³ foram formadas a partir de 1 m³ de lodo desidratado e 2 m³ de resíduos orgânicos provenientes de mercados locais. O lodo consistia em uma mistura de lodo seco de banheiros públicos e lodo de fossas sépticas em uma proporção de 1:2, e desidratado em um leito de secagem para atingir um teor de sólidos de cerca de 20%. O composto foi monitorado durante dois ciclos de compostagem, cada qual incluindo as seguintes fases:

- Uma fase ativa, durante a qual o composto era regularmente revolvido para arejar o seu teor e regado caso o teor de umidade ficasse abaixo de 50 a 60%; e
- Uma fase passiva, durante a qual ficou em processo de maturação sem ser regado ou revolvido.

Durante ambos os ciclos, a fase ativa durou cerca de 60 dias, enquanto a fase passiva durou três semanas, durante o primeiro ciclo, e seis semanas, durante o segundo ciclo. A primeira pilha foi revolvida quando sua temperatura excedeu 55°C, inicialmente em torno de três vezes por semana e posteriormente uma vez por semana. A segunda pilha foi revolvida em intervalos de 10 dias, independentemente da temperatura. As amostras retiradas de dentro e de fora da pilha durante o revolvimento do composto revelaram diferenças de temperatura de até 10°C. As temperaturas registradas excederam 45°C durante cerca de 40 dias no interior e 20 dias no exterior de ambas as pilhas. No final do segundo ciclo, após cerca de 110 dias, os números de ovos de helmintos registrados no biossólido final variaram de 0,2 a 1,7/g ST, ou seja, abaixo ou muito próximo do patamar determinado pela OMS.

Considerações operacionais e de projeto

Compostagem ativa e passiva. Muitas iniciativas de compostagem incluem uma fase ativa, em que o composto é revolvido regularmente, seguida de uma fase passiva, em que o composto fica em pilhas sem ser revolvido. A inclusão de uma fase de compostagem passiva aumenta a probabilidade de as concentrações de patógenos no composto final serem reduzidas a níveis aceitáveis, mas aumenta a área necessária para a compostagem, normalmente por um fator de cerca de dois.

Opções de mistura e revolvimento. Ao planejar uma iniciativa de compostagem, devem ser avaliadas as opções para adquirir suprimentos de um agente de intumescimento adequado, transportá-lo para a estação de tratamento e misturá-lo com o lodo. O revolvimento manual das leiras exige muita mão de obra, e equipamentos mecânicos, como tratores carregadores, são necessários em estações maiores, cuja necessidade de operação e manutenção deve ser avaliada na fase de planejamento.

As leiras maiores retêm mais mistura de composto do que as leiras menores e atingem a temperatura necessária para a inativação do patógeno mais rapidamente, mas requerem um nível maior de esforço para revolver. Em vista disso, as leiras revolvidas à mão devem ser menores do que as revolvidas mecanicamente.

Teor de umidade. Conforme já indicado, os melhores resultados são obtidos quando o teor de umidade do composto fica dentro ou perto da faixa de 55-60%. Para manter o teor de umidade dentro desta faixa, os operadores precisam ser capazes de avaliá-lo. Métodos manuais simples podem fornecer uma avaliação qualitativa do teor de umidade do composto. Se o teor de água do composto estiver dentro da faixa ideal, o composto deve ter a textura de uma esponja "torcida". Quando um punhado de composto é comprimido, deve haver o escorrimento de água. As opções para a avaliação quantitativa incluem métodos gravimétricos, que exigem que o composto seja pesado antes e depois de ser desidratado. Os métodos gravimétricos são precisos, mas requerem infraestrutura de secagem em forno e balanças de pesagem precisas. Sensores de umidade produzidos em escala comercial são outra opção de avaliação do teor de umidade. Para obter mais informações sobre essas opções, consulte Rynk (2008).

Aeração. A compostagem eficaz só é possível se o composto permanecer aeróbio, fornecendo oxigênio suficiente para que os micro-organismos se desenvolvam. A pilha de compostagem deve dispor de espaço de ar livre para permitir a circulação do ar. A adição de um agente de intumescimento ajuda a aumentar o espaço de ar livre, facilitando assim a aeração. A aeração forçada e o revolvimento do composto aumentam o fornecimento de ar e melhoram a circulação de ar. Existem poucos exemplos de uso de aeração forçada em países de renda baixa. A experiência da SOIL no Haiti, que é brevemente descrita no Quadro 10.3, sugere que a adição de um agente de intumescimento de baixa densidade, como o bagaço, pode proporcionar espaço de ar suficiente para permitir que a compostagem prossiga sem aeração forçada ou revolvimento, mas este ponto precisa de mais pesquisas.

Requisitos de teste e monitoramento. A proporção C:N e o teor de água de amostras compostas de lodo a ser compostado e um ou mais materiais de intumescimento em potencial devem ser testados na fase de planejamento, e as informações obtidas a partir do teste devem, por sua vez, ser usadas para determinar uma proporção apropriada de lodo para material de intumescimento, conforme descrito abaixo. Uma vez que o processo de compostagem entre em funcionamento, a temperatura do lodo deve ser monitorada regularmente para assegurar que os requisitos de inativação de patógenos sejam atendidos. As temperaturas devem ser registradas em vários pontos da pilha de compostagem, incluindo pontos próximos da superfície, o que pode ser feito com um termômetro de composto de haste longa. Se a

---

Quadro 10.3 SOIL – Haiti: uma abordagem simples para a compostagem em caixas

A ONG SOIL opera um sistema de caixas de compostagem para tratar o lodo de fossa seca coletado a partir de sistemas à base de contêiner. O sistema recebe por mês cerca de 21 toneladas de resíduos de lodo de fossa seca, que se convertem em cerca de 4 toneladas de composto útil por mês (Remington et al., 2016). Cada caixa de compostagem tem 3 m × 6 m na horizontal e cerca de 1 m de altura nas laterais e 1,5 m de altura no centro. Cada caixa é preenchida com uma mistura de lodo de fossa seca e bagaço (resíduo que fica após a extração do açúcar da cana-de-açúcar) por um período de duas semanas. Uma vez preenchida a caixa, uma camada de 5 a 10 cm de bagaço de cana-de-açúcar, misturada com folhas de palmeira, é colocada no topo da pilha para ajudar a reter o calor e proteger o conteúdo da pilha contra o vento. A pilha não é misturada ao longo do período de compostagem de 6 meses, mas é frequentemente regada durante os primeiros 2 a 3 meses com urina coletada da separação de urina dos vasos sanitários, para manter uma proporção C:N de cerca de 30:1. Uma pesquisa do desempenho da caixa em 2012 relatou os seguintes resultados (Berendes et al., 2015):

- As temperaturas no centro das caixas situaram-se na faixa de 60 a 70°C nas primeiras duas semanas e permaneceram acima de 58°C até que o composto fosse transferido para uma pilha de área aberta após 6 meses. As temperaturas nos cantos das caixas ficavam mais baixas, sem nenhum registro acima de 51°C.
- O teor de umidade dos resíduos de latrina não tratados foi em média de 79%, enquanto nas caixas a média foi de cerca de 70% durante as duas primeiras semanas e, em seguida, caiu para uma média de cerca de 45% nas amostras finais.

A concentração inicial de *E. coli* em amostras de resíduos de latrina não tratados variou entre 10^6 e 10^7 por g de peso seco. Os níveis registrados após 10 dias situaram-se, em sua maioria, entre 10^3 e 10^5 por g de peso seco. Após 75 dias, os níveis de *E. coli* ficaram abaixo do limite detectável de cerca de 10^2 por g de peso seco, independentemente da profundidade ou localização dentro da pilha de compostagem.

Após um tempo mínimo de dois meses em uma caixa, o composto é transferido para leiras, onde é compostado em condições menos controladas por mais 4 a 6 meses (Kramer et al., 2011).

---

pilha de compostagem for dimensionada corretamente, o não atingimento da temperatura necessária para a redução de patógenos indica que o teor de água, a proporção C:N ou ambos estão fora da faixa necessária para a compostagem eficaz. Martin et al. (1995) descrevem um protocolo de amostragem para o composto.

Acesso. Deve haver espaço ao redor das leiras e caixas de compostagem para permitir o acesso. Quando for necessário o revolvimento mecânico com o uso de tratores carregadores, as vias de acesso devem ser largas o suficiente para permitir o seu funcionamento.

Eliminação da água da chuva. O posicionamento das leiras debaixo de coberturas elimina a água da chuva, que de outra forma poderia levar o teor de água do composto para fora da faixa ideal. As laterais da estrutura da cobertura devem ser abertas para possibilitar a ventilação cruzada. Dado o elevado custo da cobertura, convém fornecer uma cobertura sobre a área de compostagem ativa, deixando porém a área necessária para a compostagem passiva posterior exposta.

Considerações ambientais. Conforme já descrito na subseção sobre o armazenamento por um período prolongado, devem ser evitados os locais sujeitos a inundações ocasionais e onde o lençol freático fica próximo da superfície durante a estação chuvosa. Quando houver risco de contaminação das águas subterrâneas, devem ser usados poços de monitoramento ou lisímetros para permitir o monitoramento da qualidade das águas subterrâneas.

Critérios e procedimentos de projeto

Conforme já mencionado, o processo de compostagem é afetado pelo teor de umidade do composto, pela sua proporção de C:N e pela disponibilidade de ar para assegurar que o processo permaneça aeróbio. O teor de umidade e a proporção de C:N são ajustados por meio da mistura do lodo com um agente de intumescimento seco e rico em carbono que seja adequado. Uma vez que o teor de umidade é o fator mais importante e é também o mais fácil de testar durante a operação, a prática habitual consiste em selecionar uma proporção de lodo para agente de intumescimento com vistas a obter um teor de umidade ideal e, em seguida, verificar se a proporção de C:N está razoavelmente próxima de sua faixa ideal. A determinação das necessidades de ar não está explicitamente incluída no procedimento de cálculo descrito abaixo. Nos países de renda baixa, a disponibilidade de ar normalmente é assegurada pela combinação de seleção de um agente de intumescimento adequado de baixa densidade e revolvimento regular do composto em vez de aeração forçada. Com esses pontos introdutórios em mente, o processo de projeto da mistura de composto é descrito abaixo.

1. Calcule a massa do agente de intumescimento necessária para obter uma mistura com um teor de umidade ideal para compostagem:

   O teor de umidade do lodo desidratado se situa na faixa de 70% a 80%. Para uma compostagem eficaz, o teor de umidade deve situar-se na faixa de 55% a 62% (WEF, 2010). A quantidade de agente de intumescimento necessário para gerar um teor de umidade dentro da faixa ideal é calculada através da equação:

   $$MC_{mistura} = \frac{(m_s \times MC_s) + (m_{BA} \times MC_{BA})}{m_s + m_{BA}}$$

   Onde MC = teor de umidade (%);

   m = massa (kg/dia);

   $_s$ = lodo desidratado;

   $_{BA}$ = agente de intumescimento; e

   $_{mistura}$ = mistura de sólidos desidratados e agente de intumescimento.

   Essa fórmula pode ser reorganizada para determinar a massa do agente de intumescimento necessária para atingir o teor de umidade ideal escolhido:

   $$m_{BA} = \frac{m_s(MC_s - MC_{mistura})}{MC_{mistura} - MC_{BA}}$$

A massa do lodo é calculada com base na equação:

$$m_s = V_s \rho_s$$

Onde m_s = massa do lodo a ser compostado (kg/d);
V_s = volume de lodo a ser compostado (m³/d); e
ρ = densidade do lodo (kg/m³).

2. Calcule o volume do agente de intumescimento (V_{BA}) necessário, com base na sua densidade estimada (ρ_{BA}):

$$V_{BA} = \frac{m_{BA}}{\rho_{BA}}$$

A Tabela 10.4 fornece informações indicativas sobre o teor de umidade dos agentes de intumescimento comuns. O teor de umidade de um determinado local é afetado pelo clima e pelas condições de armazenamento. Quando possível, devem ser realizados testes para determinar o teor de umidade do agente de intumescimento proposto.

3. Determine a proporção de C:N da mistura:

A compostagem é mais eficaz quando a proporção de C:N fica na faixa entre 25 a 35 para 1 (WEF, 2010). Em proporções de C:N inferiores a 25, a temperatura não aumenta a níveis suficientes para a inativação do patógeno e o amoníaco se forma, produzindo odores. Por outro lado, as proporções de C:N superiores a 35 ocasionam a redução da atividade microbiológica e das temperaturas no composto (WEF, 2010). A proporção de C:N de lodo desidratado é muito inferior à faixa ideal necessária para que a compostagem seja eficaz: Nartey et al. (2017) relataram a proporção de 11:1 para lodo de fossa seca desidratado em Gana, e Chazirakis et al. (2011) relataram uma proporção de 5,5:1 para lodo de esgoto desidratado em Creta.

Para aumentar a proporção de C:N de modo a alcançar o valor necessário para uma compostagem eficaz, o material com alto teor de carbono precisa ser misturado com o lodo de fossa seca. Felizmente, os materiais usados para ajustar o teor de umidade da mistura do composto também são ricos em carbono. Calcula-se a proporção de C:N da mistura de lodo desidratado e do agente de intumescimento com base na equação:

$$CN_{mistura} = \frac{[m_s\,(100 - MC_s)\,x\,c_s] + [m_{BA}\,(100 - MC_{BA})\,x\,c_{BA}]}{[m_s\,(100 - MC_s)\,x\,n_s] + [m_{BA}\,(100 - MC_{BA})\,x\,n_{BA}]}$$

Onde CN = proporção de carbono para nitrogênio;
MC = teor de umidade (%);
m = massa (kg/dia);
c = proporção de carbono (conforme indicado na proporção C:N do componente);
n = proporção de nitrogênio (conforme indicado na proporção C:N para o componente); e
s, BA, e $mistura$ denotam o lodo desidratado, agente de intumescimento e mistura de lodo desidratado e agente de intumescimento, respectivamente.

A Tabela 10.4 apresenta valores típicos para uma série de materiais normalmente usados como agente de intumescimento.

Tabela 10.4 Teores de umidade, proporção de C:N e valores de densidade de agentes de intumescimento selecionados

Agente de intumescimento	Teor de umidade (%)	Proporção de C:N	Densidade do intumescimento (kg/m³)
Artigo/jornal[1,2]	4 a 6	150 a 500:1	100 a 500
Resíduos vegetais[1,2,3]	80 (variável)	10 a 15:1	470 a 600
Podas de grama[1,2,3]	60 a 80	12 a 25:1	240 a 480
Palha de milho[4,7]	9	30 a 60:1	50
Casca de arroz[4,5]	8 a 10	110:1	90 a 110
Bagaço[4,6]	9	170:1	100 a 200
Folhas[1,2,3]	10 a 50	30 a 80:1	90 a 400
Aparas de vegetação e árvores[1,3]	40 a 50	200 a 500:1	150 a 300
Cavaco e serragem[1,2,3]	5 a 20	100 a 500:1	180 a 360

Notas [1] CalRecovery Inc. (1993); [2] Hirrel et al. (sem data); [3] Michigan Recycling Coalition (2015); [4] Danish et al. (2015); [5] NIIR (sem data); [6] Hobson et al. (2016); [7] Thoreson et al. (2014)

Estudos revelaram grandes variações de alguns dos números apresentados na Tabela 10.4. Por exemplo, Zhang et al. (2012) constataram que a densidade do intumescimento da casca de arroz, medida em três continentes, se situa na faixa de 332 a 381 kg/m³, três vezes a densidade indicada na Tabela 10.4. Esta variação de densidade talvez reflita o efeito dos dispositivos de armazenamento. Seja qual for o motivo, aponta para a necessidade de determinar a densidade dos materiais propostos como materiais de intumescimento nas condições de campo em que serão usados.

4. Determine a área necessária para a compostagem ativa:
   Após a determinação do volume do agente de intumescimento necessário, pode-se determinar a área necessária para uma estação de compostagem ativa.
   Crites e Tchobanoglous (1998) apresentam a seguinte equação para estimar a área necessária para a compostagem ativa:

$$A = \frac{1,1S(R + 1)}{H}$$

Onde A = área de placas para pilhas de compostagem ativa (m²);
   S = volume total do lodo produzido em 4 semanas (m³);
   R = proporção do agente de intumescimento para lodo (m³/m³); e
   H = altura da pilha de compostagem, excluindo o material de cobertura ou de base (m).

Esta equação presume um tempo de compostagem de 28 dias, que é significativamente mais curto do que os tempos de compostagem adotados nos exemplos descritos nos Quadros 10.2 e 10.3. Um cálculo mais preciso da área necessária para o sistema de leiras revolvidas de compostagem ativa pode ser obtido admitindo um perfil de leiras, disponibilizando um espaço de trabalho adequado ao redor de cada pilha e desenvolvendo a área necessária para conter o volume de lodo em conjunto com o agente de intumescimento e a compostagem ativa. A área necessária para a caixa de compostagem tende a ser menor, uma vez que as laterais da caixa retêm o composto.

5. Determine outros requisitos de espaço: a estação precisa fornecer espaço para:

- Armazenamento de lodo de fossa seca desidratado e agente de intumescimento;
- Mistura de lodo de fossa seca com o agente de intumescimento;
- Compostagem ativa;
- Compostagem passiva (fase de maturação);
- Separação final do composto; e
- Armazenamento e ensacamento do composto.

A configuração também precisa fornecer espaço de acesso para a movimentação de materiais pelo local e permitir o revolvimento das pilhas de composto. É necessário mais espaço quando o revolvimento é feito com um trator equipado com um dispositivo de carregamento. Para períodos de compostagem passiva de 30 a 60 dias, a área necessária terá no mínimo o mesmo tamanho da área necessária para a compostagem ativa. A área necessária para o armazenamento e a mistura de lodo e agente de intumescimento depende dos procedimentos de recebimento e mistura dos materiais. A fim de minimizar a necessidade de espaço, o objetivo deve ser misturar o composto e movê-lo para áreas de compostagem ativa um ou dois dias após o recebimento. O gradeamento final e o ensacamento não exigem uma área grande. O composto ensacado deve, de preferência, ser armazenado coberto. A área necessária para isso irá depender da velocidade com que o composto ensacado é retirado da estação de tratamento para venda aos clientes. Uma maneira de maximizar a produção de composto tratado e, assim, minimizar a área de armazenamento necessária, é estabelecer relações com varejistas que comprem composto ensacado a granel e revendam aos clientes.

Exemplo de projeto: compostagem conjunta

Preparação de um anteprojeto de usina de compostagem conjunta para tratar 10 m³ de lodo desidratado de fossa seca por dia. Determinou-se a existência de um mercado viável para o uso de biossólidos como condicionador de solo para aplicações em paisagismo e a pronta disponibilidade da casca de arroz como material de compostagem conjunta. A mão de obra é relativamente barata, e a cadeia de suprimento de peças mecânicas é deficiente. Portanto, o sistema de leiras revolvidas é considerado o método mais adequado. A meta do teor de umidade para a mistura a ser compostada em conjunto é de 60%. Os parâmetros e premissas básicas do projeto estão listados abaixo.

Parâmetro	Símbolo	Valor	Unidade
Volume de lodo após a desidratação	V_s	10	m^3/d
Densidade do lodo desidratado	ρ_s	1.050	kg/m^3
Densidade do agente de intumescimento (casca de arroz)	ρ_{BA}	100	kg/m^3
Teor de umidade do lodo	MC_s	66	%
Teor de umidade do Agente de intumescimento (casca de arroz)	MC_{BA}	9	%
Razão de C:N do lodo	$C{:}N_s$	6	
Razão de C:N do agente de intumescimento	$C{:}N_{BA}$	110	

1. Calcule a massa do agente de intumescimento (m_{BA}) necessária para atingir o teor de umidade projetado.

$$m_{BA} = \frac{\left(10 \ m^3/d \times 1050 \ kg/m^3\right) \times \left(66 - 60\right)}{60 - 9}$$

$$= 1235 \ \text{de agente de intumescimento necessários por dia}$$

2. Calcule o volume do agente de intumescimento (V_{BA}) necessário de acordo com sua densidade estimada (ρ_{BA}):

$$V_{BA} = \frac{1235 \ kg/d}{100 \ kg/m^3} = 12 \ m^3/d \ \text{de agente de intumescimento}$$

3. Verifique se a razão de C:N do lodo desidratado e da mistura de agente de intumescimento se encontra na faixa ideal:

$$CN_{mistura} = \frac{[(10 \ m^3/d \times 1050 \ kg/m^3) \ (1 - 0,66) \times 6] + [(12 \ m^3/d \times 100 \ kg/m^3) \ (1 - 0,09) \times 110]}{[(10 \ m^3/d \times 1050 \ kg/m^3) \ (1 - 0,66) \times 1] + [(12 \ m^3/d \times 100 \ kg/m^3) \ (1 - 0,09) \times 1]} = 30$$

Essa razão de C:N de 30 está dentro da faixa de compostagem eficaz.

4. Estime a área necessária para a compostagem ativa:
Suponha que a estação de tratamento funciona 6 dias por semana e que a altura das leiras é de 1,5 m:

$$A = 1,1 \times 10 \ m^3/dia \ \times 4 \ \text{semanas} \times 6 \ \text{dias/semana} \times \frac{[(12 \ m^3/10 \ m^3) + 1]}{1,5 \ m} = 387 \ m^2$$

5. Determine a área necessária para o armazenamento do lodo não tratado e do material do agente de intumescimento.

Diaz et al. (2007) e Sunar et al. (2009) fornecem informações mais detalhadas sobre os processos de compostagem.

Suponha que o agente de intumescimento seja entregue em intervalos semanais. O volume a ser processado é de 186 m^3, e o volume de lodo é de 60 m^3. Supondo que o agente de intumescimento seja mantido em uma caixa com profundidade média de 1 m, uma caixa de 15 m × 15 m proporcionará o armazenamento necessário. Supondo que o lodo seja armazenado em uma caixa a uma profundidade de 1 m, a área de armazenamento necessária será de cerca de 60 m^2, exigindo dimensões do plano horizontal de cerca de 8 m × 8 m. Será necessário mais espaço se o lodo e o agente de intumescimento forem armazenados em pilhas em vez de caixas. A melhor opção para determinar o espaço necessário para acesso é preparar um desenho em escala mostrando a configuração proposta para a usina de compostagem.

Estabilização com cal

Descrição do sistema

Na estabilização com cal, adiciona-se ao lodo cal viva (CaO) ou cal hidratada (Ca(OH)$_2$), também conhecida como hidróxido de cálcio ou cal apagada. Ambos aumentam o pH do lodo, e a cal viva também reage com a água presente no lodo para aumentar sua temperatura. Para assegurar a inativação dos patógenos, a cal precisa ser misturada uniformemente no lodo. Biossólidos estabilizados com cal podem ser adicionados ao solo, o que aumenta o pH, e, portanto, são benéficos para os solos ácidos, não devendo ser adicionados a solos alcalinos. Os biossólidos estabilizados com cal geralmente contêm menos nitrogênio do que outros produtos de biossólidos, pois o nitrogênio é convertido em amônia durante o processamento (US EPA, 2000). A cal viva reage de forma violenta com a água e seu uso pode ser perigoso. Até o momento, todas as iniciativas de estabilização com cal nos países de renda baixa usaram a cal hidratada, de modo que esta breve introdução tem como foco esta opção.

A cal pode ser aplicada no lodo de fossa seca ou lodo de fossa séptica antes da separação dos sólidos e líquidos e desidratação, quando o teor de água relativamente elevado facilita a mistura. A adição de cal no lodo no início do processo de tratamento reduz os odores, mas aumenta o volume do lodo a ser processado posteriormente no processo de tratamento. Se a cal for adicionada no final do processo de tratamento, o elevado teor de sólidos do lodo desidratado torna a mistura mais difícil. Equipamentos mecânicos especializados, incluindo misturadores de eixo duplo e paletas, misturadores de pás e roscas transportadoras estão à disposição para assegurar a mistura eficaz de cal com sólidos desidratados mais grossos. Assim como ocorre com outros tipos de equipamento mecânico, este equipamento requer procedimentos eficazes de manutenção e reparo e boa cadeia de fornecimento de peças sobressalentes e de reposição. Independentemente do método de mistura adotado, o uso de cal como resposta de longo prazo às necessidades de estabilização de lodo e redução de patógenos só é viável se houver cal hidratada a um preço acessível.

Desempenho exigido e efetivo

A inativação dos patógenos por estabilização com cal depende da adição de cal suficiente para atingir o pH e temperatura mínimos durante um período de contato mínimo. A Tabela 10.5 estabelece as orientações da EPA dos EUA para os resultados a serem alcançados pela estabilização com cal a fim de produzir biossólidos de Classe A e Classe B (US EPA, 2000).

Tabela 10.5 Requisitos de estabilização com cal segundo a Parte 503 da EPA dos EUA

Classe de biossólidos	pH e tempo de contato	Temperatura	Requisitos adicionais
Classe A	>12 por 72 horas	52°C por >12 horas ou 70°C por >30 minutos	Secagem ao ar a > 50% de sólidos secos
Classe B	>12 por 2 horas	Não estipulada	Nenhum

Ao usar cal hidratada, é necessária uma fonte de calor externa para atender às condições de temperatura exigidas para produzir biossólidos de Classe A. Por essa razão, a estabilização com cal hidratada deve ser considerada apenas como uma opção para cumprir os requisitos menos onerosos de biossólidos de Classe B. Os resultados em termos da redução de ovos de helmintos resumidos no Quadro 10.4 mostram que a estabilização com cal não elimina de forma confiável estes ovos.

Quadro 10.4 Exemplos de redução de patógenos com o uso de cal hidratada

Testes em escala laboratorial realizados em Blantyre, Maláui, em lodo de fossa negra com teor de sólidos na faixa de 9-12% alcançaram redução nos níveis de *E. coli* abaixo do limite detectável de $10^4/100$ ml em uma hora de tratamento com pH igual ou superior a 11. Testes de seguimento com 600 litros de lodo em um recipiente de 1.000 litros alcançaram 1.000 *E. coli*/100 ml em uma hora com pH 12. Em ambos os casos, um agitador foi usado para misturar a cal com o lodo. O novo crescimento de bactérias ocorreu a valores de pH mais baixos (Greya et al., 2016).

A remoção de ovos de helmintos é mais difícil. Bean et al. (2007) descobriram que os coliformes fecais e salmonela ficavam indetectáveis após 2 horas de estabilização com cal a um pH de 12, mas os ovos de *Ascaris lumbricoides* e oocistos de *Cryptosporidium parvum* permaneciam viáveis após 2 horas a pH 12, seguida de 70 horas a pH 11,5. Da mesma forma, Bina et al. (2004) descobriram que a redução do número de ovos de helmintos após 5 dias foi de apenas 56% e 83,8% a pH 11 e pH 12, respectivamente.

Considerações operacionais e de projeto
Disponibilidade e custo da cal. A cal hidratada é produzida pela adição de água à cal viva triturada, que por sua vez é produzida pelo aquecimento do calcário triturado em um forno. Antigamente, os fornos eram pequenos e bastante simples, mas hoje a produção de cal é um processo industrial. A disponibilidade de cal, portanto, depende da existência de um processo para sua produção no país. O custo da cal deve ser levado em consideração ao comparar os custos operacionais das diferentes opções de tratamento.

Preparação da solução de cal hidratada. A cal hidratada apresenta-se na forma de pó. Uma boa mistura de cal seca e lodo de fossa seca é difícil, e o procedimento habitual é misturar a cal seca com água para formar chorume que, em seguida, é misturado com o lodo. A proporção da mistura normalmente é de um saco de cal de 20 kg para 60 a 80 litros de água (USAID, 2015).

Opções de mistura. A inativação completa dos patógenos só é possível se a cal for bem misturada ao lodo. Na mistura manual, é difícil assegurar a mistura completa da cal com o lodo, fazendo com que o lodo talvez não atinja o pH mínimo de 11 necessário para a eliminação dos patógenos (USAID, 2015). Deste modo, a mistura mecânica é necessária para todas as estações, exceto as de menor porte. A sobredosagem com cal não compensa a mistura de cal insuficiente (North et al., 2008). A viabilidade da mistura mecânica no longo prazo depende de uma fonte confiável de energia, operadores adequadamente qualificados e uma boa cadeia de fornecimento de peças sobressalentes e de reposição.

Requisitos de monitoramento. O pH da mistura precisa ser monitorado em intervalos regulares para verificar se se mantém no nível necessário durante o tempo estipulado.

Questões de saúde e segurança. A cal hidratada pode irritar a pele, os olhos, os pulmões e o sistema digestivo e, portanto, é importante que os trabalhadores que manuseiam a cal, ou que trabalham próximo a ela, usem equipamento de proteção individual adequado. Os trabalhadores devem ter acesso a uma caixa de primeiros socorros devidamente abastecida e orientação sobre os procedimentos a serem seguidos em caso de irritação dos olhos ou da pele (ver Associação Nacional dos Produtores de Cal (2004) para obter mais informações sobre as orientações de segurança da cal).

Armazenamento da cal. A cal hidratada precisa ser mantida seca antes do uso, sendo, portanto, necessário que haja uma área seca para o armazenamento da cal no local.

Critérios e procedimentos de projeto
A questão crucial para o projeto de estabilização com cal é a dosagem de cal necessária para elevar o pH do lodo ao nível necessário, o que depende do teor de sólidos secos do lodo a ser estabilizado. Os valores citados na literatura técnica para lodo de fossa seca e lodo de fossa séptica digerido anaerobiamente estão dentro da faixa de 0,1 a 0,5 kg de hidróxido de cálcio ($Ca(OH)_2$) por quilo de peso seco de lodo tratado. Análises dos valores disponíveis para a estabilização com cal em países de renda baixa sugerem uma faixa mais estreita, de 0,25 a 0,35 kg, de cal hidratada normalmente necessária por quilo de lodo seco.

Um exemplo de projeto simples é mostrado abaixo. A EPA dos EUA (2000) fornece informações adicionais sobre os critérios de projeto para o uso de cal na estabilização de lodo desidratado.

Para que o cálculo do exemplo de projeto seja válido, a cal deve obrigatoriamente ser misturada por completo com o lodo. A mistura manual de lodo com um teor de 20% de sólidos é muito difícil e, por isso, é necessário um misturador mecânico. Uma opção para facilitar a mistura manual com pás é adicionar água ao lodo, mas isso aumenta a necessidade de desidratação subsequente. Quando a mistura mecânica for considerada, normalmente é melhor definir os parâmetros básicos de projeto e, em seguida, solicitar propostas de anteprojeto de vários fabricantes. O edital para solicitação de propostas deve especificar que os fabricantes precisam comprovar que possuem presença local e podem, assim, fornecer suporte operacional, incluindo o fornecimento de peças sobressalentes e de reposição.

Exemplo de projeto: avaliação preliminar da dosagem de cal

A estabilização com cal deve ser considerada uma opção de tratamento para o lodo proveniente de fossa negra. A carga de projeto é de 10 m³/d de lodo de fossa seca com um teor de sólidos de 20% (200 kg/m³). A cal hidratada com um teor de 90% de Ca(OH)$_2$ é vendida em sacos de 25 kg. Os testes de jarro sugerem que é necessário 0,3 kg de Ca(OH)$_2$ por quilo de sólidos secos para elevar o pH do lodo ao nível necessário para produzir biossólidos da Classe B. Para assegurar o funcionamento contínuo em caso de interrupção no fornecimento de cal hidratada, é necessário manter um estoque de cal para 14 dias. A tabela abaixo resume os parâmetros de projeto.

Parâmetro	Símbolo	Valor	Unidade
Taxa de carga de lodo de fossa seca	Q$_L$	10	m³/d
Teor de sólidos do lodo		20	%
Tempo de contato para biossólidos de Classe A		pH > 12 por 12 horas e manter a temperatura acima de 52°C por 72 horas e sólidos finais > 50%	
Dose de cal (determinada por meio de testes em escala piloto)	D$_{cal}$	0,3	kg CA(OH)$_2$/ kg de sólidos de lodo

1. Calcule a quantidade de cal necessária por dia.

$$\text{Peso seco de lodo a ser tratado =}$$

$$10 \text{ m}^3/\text{dia} \times \frac{200 \text{ kg sólidos secos}}{\text{m}^3 \times \text{lodo úmido}} = 2000 \text{ kg/dia}$$

$$D_{cal} = \frac{2.000 \text{ kg lodo seco}}{\text{dia}} \times \frac{0,3 \text{ kg (OH)}_2}{\text{kg de lodo seco}} \times \frac{1 \text{ kg de cal, tal como fornecido}}{0,9 \text{kg Ca(OH)}_2}$$

$$= 667 \text{ kg de cal, tal como fornecido/dia}$$

2. Calcule o estoque de cal necessário:
   Estoque de cal necessário = 667 kg por dia × 14 dias = 9338 kg
   Dessa forma, o estoque necessário é de 9.338/25 = 374 sacos de 25 kg

Radiação infravermelha

Infravermelho de onda média é uma forma invisível de radiação eletromagnética emitida por objetos a altas temperaturas. Aquece objetos mais rapidamente do que o aquecimento convencional e é usado, por exemplo, no setor alimentar para aumentar a temperatura da superfície dos alimentos o suficiente para eliminar micro-organismos sem causar aumentos substanciais na temperatura interna. Devido à sua baixa penetração, esta opção somente será indicada para a inativação de patógenos de lodo que tenha sido anteriormente processado para fins de decomposição em pequenas partículas. O Quadro 10.5 fornece informações sobre o processo de tratamento que incorpora radiação infravermelha.

Quadro 10.5 Pasteurização por infravermelho: desidratação e pasteurização de lodo de fossa negra (LaDePa)

Na África do Sul, a *Ethekwini Water and Sanitation*, vinculada à prefeitura de Ethekwini, trabalha em conjunto com a *Particle Separation Solutions (pty) Ltd* (PSS) para desenvolver o processo LaDePa, que usa radiação infravermelha de onda média para converter lodo de fossa negra em um condicionador de solo. O processo é movido por um gerador a diesel (Septien et al., 2018), e é projetado para processar lodo com alta porcentagem de resíduos e outros detritos. O lodo alimentado deve necessariamente ter um teor de sólidos de 25-30%, que é típico para o lodo removido de fossas negras na África do Sul. O sistema LaDePa, de propriedade da *Ethekwini Water and Sanitation*, tem capacidade de tratamento de 1,5 m³/h (ou 12 m³ por dia) e foi projetado para tratar os resíduos de 35.000 fossas secas avançadas ventiladas (VIP), que a Ethekwini Water and Sanitation é responsável por esvaziar em um ciclo de 5 anos. As etapas do processo são as seguintes:

- O lodo e os detritos extraídos dos fossos são comprimidos em uma rosca compactadora com portas laterais, por onde o lodo comprimido é ejetado. O detrito é ejetado pela extremidade da rosca compactadora.
- O lodo separado cai em uma esteira transportadora de aço poroso, que forma uma camada, geralmente de 25 a 40 mm de espessura.
- A esteira transporta o lodo através de um pré-secador, aquecido pelos gases de exaustão do gerador a diesel.
- Em seguida, o lodo passa por uma máquina, patenteada pela PSS, onde é submetido a radiação infravermelha de onda média. A energia é fornecida pela eletricidade produzida pelo gerador a diesel, enquanto um aspirador suga o ar através do lodo à medida que ele passa ao longo da esteira, extraindo assim mais água. A temperatura do lodo aumenta pelos efeitos combinados da radiação infravermelha e dos gases de exaustão do gerador a diesel.
- O lodo desidratado e pasteurizado cai da extremidade mais distante da esteira em movimento e, em seguida, é recolhido e ensacado.

Durante o processo, o lodo é aquecido a temperaturas superiores a 100°C por cerca de 8 minutos, o que, juntamente com a exposição à radiação infravermelha, elimina os patógenos, incluindo ovos de helmintos, e torna o lodo ensacado seguro para reuso como condicionador de solo.

O sistema LaDePa requer mão de obra mínima, ocupa pouco espaço e é alojado em dois contêineres de transporte padrão, permitindo que a estação seja levada para outros locais conforme a necessidade. Suas principais desvantagens são sua dependência de energia e necessidade de uso de equipamentos mecânicos. No momento da redação (maio de 2018), a *Ethekwini Water and Sanitation* estava finalizando um contrato de concessão com um desenvolvedor de tecnologia tendo como objeto quatro máquinas LaDePa e incluindo testes da tecnologia com lodo proveniente de estações de tratamento de esgoto (Teddy Gounden, comunicação pessoal, maio de 2018).

Opções de secagem

Duas opções de secagem são consideradas nesta seção: secagem solar e secagem térmica. Além de remover a água, ambas reduzem os níveis de patógenos. A secagem térmica é particularmente eficaz neste sentido e produz biossólidos de Classe A.

Secagem Solar

Descrição do sistema
A secagem solar é uma opção para aumentar o teor de sólidos do lodo aos níveis necessários para algumas das opções de tratamento identificadas na Figura 10.1. Pode também ser usado como uma tecnologia de secagem de lodo independente. Difere-se dos leitos de secagem sem vegetação simples nos seguintes aspectos:

- *Os leitos são alojados dentro de estruturas do tipo estufa,* que são geralmente formados a partir de polietileno translúcido montado em uma estrutura de metal.
- *Depende inteiramente da evaporação para eliminar a umidade.* A cobertura transparente impede a entrada de chuva e eleva a temperatura do ar acima do lodo, aumentando assim a taxa de evaporação. É necessária ventilação para remover o ar úmido acima dos leitos e substituí-lo por ar mais seco, maximizando a evaporação. A ventilação impulsionada por corrente natural tem certo efeito, mas a maioria dos sistemas de secagem solar incorpora ventiladores para circular o ar e evitar que o ar quente se eleve.
- *O lodo precisa ser revolvido regularmente.* O revolvimento traz o lodo úmido para a superfície, aumentando assim o potencial de evaporação.

Os secadores solares disponíveis no mercado podem funcionar em modo de batelada ou contínuo. O lodo é revolvido por uma série de pentes e pás, que cortam a superfície do lodo e permitem a aeração das camadas inferiores. Nos sistemas que funcionam em modo contínuo, o mecanismo de "preparo" também move lentamente o lodo ao longo do comprimento do leito. O leito pode ser plano ou ter um declive suave afastando-se da extremidade em que o lodo é entregue. A Figura 10.2 apresenta uma estação de secagem solar para o tratamento de lodo de fossa séptica e lodo de fossa seca.

A maior parte do que se sabe sobre o desempenho da secagem solar é baseada em estudos e dados operacionais de estações de tratamento de esgoto. Uma vez que os mecanismos básicos são os mesmos, as informações obtidas na avaliação do desempenho da secagem solar em estações de tratamento de esgoto devem ser aplicáveis em termos gerais a estações de tratamento de lodo de fossa séptica e lodo de fossa seca.

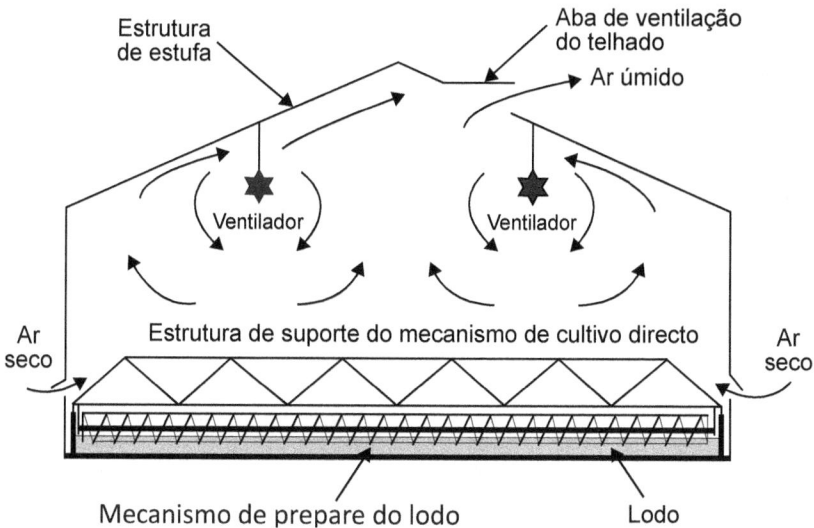

Figura 10.2 Secagem solar em estufa

Faixa de desempenho

Os principais fatores que influenciam a taxa de desidratação do lodo em um leito de secagem solar são a quantidade de radiação solar, a temperatura do ar, a umidade relativa e a profundidade do lodo. A umidade relativa é influenciada pelo fluxo de ventilação, velocidade em que o ar saturado é removido da estufa e substituído por ar relativamente seco. Há evidências de que o teor total inicial de sólidos também influencia o desempenho (Seginer e Bux, 2005). Estudos realizados em climas temperados mostram que, em condições ambientais favoráveis e com funcionamento eficaz, o lodo com teor de sólidos inicial de aproximadamente 15-20% pode ser submetido a secagem até atingir teor de sólidos de 70-95% em 15 a 30 dias (Bux et al., 2001; Paluszak et al., 2012; Mathioudakis et al., 2013), relatam secagem de 20% de sólidos iniciais para 70-80% de sólidos em 7 dias em Kigali, Ruanda, à base de revolvimento manual. Análises de pesquisas feitas em uma estação piloto na Grécia mostram que a profundidade do lodo tem uma forte influência no tempo de secagem e que cargas superiores a 500 kg de sólidos secos/m^2 por ano podem ser alcançadas a temperaturas a partir de 20°C quando o teor de sólidos do lodo recebido for superior a 15% (Mathioudakis et al., 2013). Sempre que possível, testes piloto específicos ao local devem ser realizados para determinar o tempo efetivo de secagem.

A secagem solar reduz o número de patógenos, mas os estudos chegam a conclusões variadas quanto à magnitude dessa redução (ver Quadro 10.6). Em vista da incerteza quanto ao grau de redução de patógenos alcançado, os sólidos produzidos pela secagem solar devem, na melhor das hipóteses, ser considerados como biossólidos de Classe B, a serem aplicados em campos que não são usados para o cultivo de hortaliças consumidas cruas.

Quadro 10.6 Exemplos de eliminação de patógenos por secagem solar

A secagem solar do lodo da estação de tratamento de esgoto de Maroochydore em Queensland, Austrália, registrou reduções nas contagens de vírus, helmintos, salmonela e *E. coli* suficientes para atender às orientações da APA de Nova Gales do Sul (New South Wales EPA) sobre o uso do lodo como condicionador de solo de grau A. Os resultados para os indicadores bacterianos, sobretudo coliformes fecais, foram inconclusivos. Os testes foram realizados em dois leitos de secagem retangulares, com a profundidade do lodo variando de 150 mm a 300 mm. Foram usadas folhas plásticas em rolos para impedir a chuva sem bloquear a radiação solar, e é possível que estas folhas bloqueiem a radiação ultravioleta de comprimento de onda curto, a mais eficaz para eliminar os microorganismos patogênicos (Shanahan et al, 2010).

Um estudo sobre o impacto da secagem solar do lodo em uma estação de tratamento de esgoto da Polônia constatou um impacto limitado sobre os estreptococos de lodo de fossa séptica e *E. coli*, com uma mera redução à centésima parte na concentração registrada após 4 semanas. A desativação dos ovos de *Ascaris suum* foi ainda mais limitada, com a permanência de mais de 90% dos ovos vivos após 28 dias (Sypuła et al., 2013).

Um estudo sobre leitos de secagem solar em escala piloto em Lusaka, com o uso de lodo da estação de tratamento de esgoto de Manchinchi e banheiros ecológicos (Phiri et al., 2014), constatou que os oocistos do protozoário *Cryptosporidium parvum* foram reduzidos em 62% após 1 semana, e foram totalmente eliminados dos biossólidos após 2 semanas de tratamento. Não foram encontrados ovos de *Ascaris lumbricoides* viáveis após 4 semanas. A equipe de pesquisa observou que o tempo necessário para eliminar os patógenos foi maior do que o registrado por outros estudos, indicando que uma possível razão para isto é que o estudo foi realizado na estação chuvosa, quando períodos prolongados de céu encoberto reduzem a exposição à luz solar.

Considerações operacionais e de projeto

A secagem solar requer equipamentos mecânicos e um fornecimento de energia confiável. O funcionamento manual das estações de secagem solar consome muita mão de obra, exigindo o transporte manual do lodo desidratado para a área de secagem solar e sua mistura e revolvimento manual regular. Para todas as estações, com exceção das menores, são necessários dispositivos mecânicos de preparo para revolver o lodo. É preciso haver sistemas de manutenção, apoiados por cadeias de fornecimento confiáveis de peças sobressalentes, para assegurar o funcionamento contínuo de todos os equipamentos mecânicos. É preciso fornecer energia elétrica confiável aos ventiladores e dispositivos de preparo.

Os dispositivos mecânicos de preparo podem ser automatizados para assegurar o desempenho de secagem ideal. Os sistemas automatizados podem apresentar desempenho eficaz e eficiente, mas possuem requisitos operacionais adicionais e demandam operadores treinados com um bom conhecimento dos instrumentos de monitoramento e do sistema de automação.

Número e configuração dos leitos de secagem. Devem ser dispostos em paralelo vários leitos para que possam ser carregados sequencialmente. Ao menos um leito adicional deve ser fornecido além do número necessário para a operação contínua a fim de possibilitar a desativação dos leitos para manutenção e reparo.

Outras necessidades de manutenção. A cobertura da estufa deve ser limpa regularmente para assegurar que o acúmulo de poeira e sujeira não bloqueie a radiação solar e, portanto, reduza o desempenho de secagem.

Critérios e procedimentos de projeto

Os procedimentos de projeto para leitos de secagem solar são semelhantes aos dos leitos de secagem sem vegetação, que foram apresentados no Capítulo 9. Os parâmetros de projeto essenciais são o teor de sólidos do lodo recebido, o teor de sólidos necessário do lodo desidratado, a profundidade a que o lodo recebido é carregado no leito e a duração do ciclo de desidratação. O desempenho de secagem também é influenciado pela taxa de ventilação. Assim como no caso dos leitos de secagem sem vegetação, o projeto dos leitos solares deve ser baseado na carga hidráulica e volumétrica, em vez de uma taxa máxima de carga de sólidos presumida.

Duração do ciclo de desidratação. O tempo de secagem é uma variável de projeto fundamental, que, por sua vez, influencia a duração do ciclo de desidratação e determina o número de vezes que um leito pode ser carregado em um ano. O tempo de secagem depende de uma série de fatores, incluindo o teor de sólidos necessário do lodo tratado, o teor de sólidos do lodo não tratado, a taxa de evaporação e a profundidade do lodo. A taxa de evaporação depende igualmente de uma série de fatores, sendo os mais importantes a radiação solar, a temperatura do ar, a taxa de ventilação e o teor de sólidos secos do lodo (Seginer e Bux, 2005).

Profundidade do lodolodos. Deve situar-se na faixa de 150 a 400 mm, com profundidades maiores possíveis para os sistemas com mistura mecânica. Mathioudakis et al. (2013) relatam a adoção de uma profundidade de lodo de 150 a 200 mm para secagem solar de lodo de esgoto na Grécia, alcançando até 95% de teor de sólidos secos após 8 a 31 dias, a depender das condições climáticas. Mehrdadi et al. (2007) sugerem uma profundidade de lodo de 150 a 350 mm. O esforço necessário para revolver o lodo aumenta de acordo com sua profundidade, o que significa que leitos mais profundos necessitam de sistemas mecânicos para misturar e revolver o lodo. Em alguns sistemas, o lodo é movido ao longo do leito pelo equipamento de mistura e revolvimento, ficando progressivamente mais seco à medida que percorre o leito, o que resulta em redução da profundidade do lodo com a distância ao longo do leito. A diferença de profundidade entre as duas extremidades pode ser de 100 mm (Hoffman et al., 2014).

Taxa de ventilação. Um estudo realizado por Bux et al. (2001) sobre modelação da taxa de evaporação constatou que, para o local do estudo realizado em Füssen, Alemanha, a taxa de ventilação ideal era de pelo menos 150 m^3/m^2 de espaço físico. A taxa de ventilação pode variar para mais ou para menos em relação a esses exemplos, dependendo das especificações.

Seginer and Bux (2005) desenvolveram a seguinte equação para estimar a evaporação de um leito de secagem solar:

$$E = 0{,}000461R_o + 0{,}00101Q_v + 0{,}00744T_o - 0{,}22\sigma + 0{,}000114Q_m$$

Onde E = taxa de evaporação (mm/h);

R_o = radiação solar ao ar livre (W/m²);

Q_v = taxa de ventilação (m³/m² h);

T_o = temperatura do ar (°C);

σ = teor de sólidos secos (kg de sólidos/kg de lodo); e

Q_m = taxa de mistura de ar (m³/m² h).

Teoricamente, esta equação pode ser resolvida para determinar a taxa de evaporação, que poderia, por sua vez, ser usada para calcular a taxa de desidratação. A integração da taxa de desidratação ao longo do tempo permite o cálculo da variação no teor de água do lodo. O cálculo é complicado pelo fato de que a taxa de evaporação é influenciada pelo teor de sólidos secos, que varia ao longo do tempo. Na prática, é mais fácil determinar os requisitos do leito de secagem solar com base em informações sobre as taxas de secagem obtidas a partir de estudos de campo. Se forem usados equipamentos eletromecânicos especializados e automatizados, o fornecedor deve ser solicitado a propor o tamanho da estação necessária e fornecer uma garantia de execução com base neste dimensionamento.

Secagem térmica

Descrição do sistema

A secagem térmica envolve o aquecimento de biossólidos desidratados para evaporar a água e, portanto, reduzir seu teor de água. Serve para:

- Reduzir o volume do lodo, diminuindo os custos do transporte subsequente do produto tratado;
- Aumentar os níveis de temperatura o suficiente para eliminar os patógenos; e
- Aumentar o valor calorífico específico dos biossólidos (por unidade de volume), uma consideração importante se a intenção for usar os sólidos secos como combustível.

Os secadores térmicos se dividem em duas categorias básicas: secadores térmicos diretos, onde o ar quente é soprado diretamente sobre o lodo, e secadores térmicos indiretos, onde o calor é repassado ao lodo por um meio de transferência de calor, como o óleo por condução através da parede de metal do recipiente que retém o lodo. O meio de transferência de calor não tem contato direto com os sólidos. Os tipos de secadores diretos mais usados são os secadores de esteira e os secadores rotativos. A modalidade mais simples de secador é o secador rotativo direto, que consiste em um compartimento cilíndrico de aço que gira sobre rolamentos e que é montado no plano horizontal, com um leve declive da extremidade de alimentação até a extremidade de descarga. O lodo alimentado é misturado com gases quentes produzidos em um forno e é alimentado através do secador. À medida que passa pelo secador, as lâminas (em formato de barbatanas fixadas na parede do cilindro) coletam e soltam o lodo, fazendo-o cair em cascata pelo fluxo de gás. A umidade do lodo evapora, deixando uma grande quantidade de material mais seco na extremidade de descarga do secador. O lodo seco é separado dos gases de exaustão quentes, parte dos quais é reciclado para o secador, enquanto o restante é tratado para remover poluentes e, em seguida, ventilado para a atmosfera. Um secador rotativo foi usado na estação de Pivot Works em Kigali, Ruanda (ver Quadro 10.7). Os secadores de esteira funcionam a temperaturas inferiores às dos secadores rotativos. O calor do forno é transferido para um fluido térmico, que aquece o ar no secador. A massa desidratada que deve passar pelo processo de secagem é distribuída em uma esteira de movimento lento que expõe uma grande área da superfície ao ar quente.

As opções indiretas de secagem incluem secadores rotativos com pá, secadores rotativos e um tipo indireto de secador de leito fluidizado (WEF, 2014). A partir da década de 1940, secadores flash foram instalados nos EUA para secar lodo de esgoto doméstico, mas poucos permaneceram em funcionamento até o final do século XX (WEF, 1998, citado em Metcalf & Eddy, 2003). Também foram usados secadores de leito fluidizado na Europa e nos EUA para produzir produto peletizado de lodo de esgoto. Estes são mais complexos e requerem mais energia do que os secadores rotativos.

Os secadores diretos e indiretos exigem uma fonte de energia externa para fornecer o calor necessário para a secagem. Também é necessária uma fonte de energia para ligar o secador e acionar um ventilador ou bomba para mover o meio de aquecimento ao redor do material a ser submetido à secagem.

Faixa de desempenho
Metcalf & Eddy (2003) afirmam que os secadores rotativos requerem uma alimentação de lodo com teor de água de cerca de 65% para permitir que o lodo passe pelo secador sem aderência. No entanto, a experiência da Pivot Works em Kigali é que o teor de sólidos deve ser de cerca de 60% (Ashley Murray Muspratt, comunicação pessoal, novembro de 2017). Para diminuir a necessidade de energia, a secagem solar pode ser usada para reduzir o teor de água do lodo antes da secagem térmica. Em geral, o teor de sólidos do lodo desidratado situa-se na faixa de 90-95%. Seu teor de patógenos deve ser indetectável, de modo que os sólidos desidratados com o uso de um secador rotativo se tornem biossólidos de Classe A. A experiência da Pivot em Kigali mostra que o lodo desidratado com esse teor de sólidos pode ser comercializado como um combustível sólido.

Considerações operacionais e de projeto

Os secadores térmicos têm elevado consumo de energia. São necessários 4,186 kJ (1 kcal) por grau Celsius para elevar a temperatura de um quilograma de água ao ponto de ebulição. São necessários mais 2,260 kJ (540 kcal)/kg para evaporar 90-95% do teor de água do lodo removido durante a secagem. Como a água retida nos sólidos está física e quimicamente ligada ao lodo, é necessária energia para quebrar essas ligações. Chun et al. (2012) relatam eficiências de secagem de até 84,8% para um secador de tambor rotativo operando em condições ideais, e Crawford (2012) relata eficiências térmicas de caldeira de até 87% para combustores de leito fluidizado. Entretanto, uma combinação da energia adicional necessária para quebrar as ligações de água retida nos sólidos, perdas de calor no exaustor e através do corpo do secador, perdas na geração e distribuição de vapor, perdas na condensação, perdas durante a ativação, desligamento e períodos de baixa carga e outros fatores complementares, mostra que a energia necessária para a evaporação pode corresponder a apenas 50% da necessidade total de energia do processo (Kemp, 2011).

Considerações de saúde e segurança. Os sistemas de secagem térmica produzem pós, principalmente quando o teor de sólidos excede 95%. A remoção do pó, muitas vezes com o uso de filtros de manga, é necessária para secadores diretos. O sistema deve obrigatoriamente ser projetado de forma a assegurar que o equipamento não pulverize o produto e produza mais pó.

Requisitos de formação e qualificação dos operadores. Os equipamentos de secagem térmica requerem operadores qualificados que tenham sido treinados para operá-los de forma correta e segura, que sejam capazes de solucionar problemas e que possam corrigir falhas simples.

Suporte do fabricante. O suporte técnico do fabricante dos equipamentos é de grande utilidade, e uma cadeia de fornecimento confiável para peças sobressalentes e de reposição é essencial. Se essas condições não forem atendidas, é improvável que a secagem térmica seja viável. O suporte do fabricante deve ser solicitado na fase de projeto. O procedimento habitual é especificar o volume de lodo a ser desidratado e o teor de água inicial e final necessário, e solicitar aos fabricantes que apresentem uma proposta de preço para um sistema de secagem que atenda aos requisitos de desempenho especificados.

Critérios e procedimentos de projeto
A energia necessária para evaporar a água de 1 kg de lodo úmido é dada pela equação:

$$E_{r,e} = \frac{[\, 4{,}186\,(100 - T_a) + 2260\,(c_i - c_f)]}{\varepsilon}$$

Onde $E_{r,e}$ = necessidade de energia total para evaporação (kJ/kg de lodo úmido);

c_i = teor de água do lodo desidratado;
c_f = teor de água do lodo seco;
T_a = temperatura ambiente (°C);
ε = eficiência do processo de secagem;
4,186 = energia necessária para aquecer a água (kJ/kg °C); e
2.260 = energia necessária para a vaporização (kJ/kg).

No caso de temperatura ambiente de 25°C e teor de sólidos inicial e final de 60% e 95%, respectivamente, a necessidade de energia para secar um quilograma de lodo úmido é:

$$E_{r,e} = 4{,}186 \times (100 - 25) + [2.260 \times (0{,}95 - 0{,}6)] = 1.105 \text{ kJ/kg lodo úmido}$$
$$\text{Isto equivale a } 1.105/0{,}6 = 2.762 \text{ kJ/kg de sólidos secos}$$

Esta é a quantidade de energia térmica transferida para a água. Se a eficiência geral do processo for de 60%, a necessidade de energia será de 2.762/0,6 = 4.603 kJ/kg de sólidos secos, equivalente a um pouco mais de 1,25 kWh.

É possível queimar os sólidos secos para fornecer a energia necessária para o processo de secagem. Este princípio é adotado no Omniprocessador Janicki instalado em Dakar, Senegal, e reduz a imensa conta de combustível que seria incorrida para alimentar o secador. A energia produzida por meio da incineração ($E_{p,i}$) pode ser calculada como:

$$E_{p,i} = (1 - c_i) \times CV \times \varepsilon$$

Onde $E_{p,i}$ = energia produzida por incineração (por kg de sólidos úmidos);
c_i = teor de água do lodo (kg de água/kg de lodo úmido);
CV = valor calorífico do lodo (MJ/kg TS); e
ε = eficiência do processo.

Um exemplo de cálculo para determinar o teor de água do lodo necessário para um sistema energeticamente neutro é mostrado abaixo. O cálculo é simplificado e é sensível às hipóteses adotadas em relação às eficiências do secador e do forno. Nas supostas eficiências, sugere-se que é necessário um teor inicial de sólidos de cerca de 16,5% para que o sistema seja autossuficiente em termos de energia, o que está de acordo com os resultados citados para o Omniprocessador Janicki. Tendo em conta os outros fatores que podem influenciar a eficiência do sistema identificados por Kemp (2011), este cálculo pode representar a melhor das hipóteses.

O Quadro 10.7 descreve uma iniciativa que usou um secador de tambor rotativo por calor direto para produzir biossólidos que foram comercializados de forma efetiva como um combustível sólido. O processo incorporou a secagem solar antes da secagem térmica.

Quadro 10.7 Uso de secador térmico para o reuso de sólidos benéficos em Ruanda

Em 2015, a Pivot Works, empresa privada sediada em Kigali, Ruanda, firmou um acordo com a prefeitura de Kigali para construir e operar uma estação para converter em combustível os resíduos fecais de tanques sépticos e de fossas negras. A estação produzia cerca de 1 tonelada de combustível de biomassa por dia, que era vendida a clientes particulares, principalmente para um produtor de cimento que usava o lodo seco para abastecer seus fornos e para um fabricante de produtos têxteis que usava o lodo seco como combustível para caldeiras a vapor. O preço era competitivo em relação às outras opções de combustíveis dos clientes, incluindo biomassa sazonal e carvão importado.

A estação piloto da Pivot Works ficava localizada no local onde os caminhões-tanques a vácuo antes descarregavam lodo retirado dos tanques sépticos da cidade. Em média, cerca de 100 m³/d de lodo era entregue à fábrica da empresa. A fábrica também recebia de 1 a 2 m³/d de lodo retirado de fossas negras por sua própria equipe de trabalhadores. Os teores típicos de sólidos do lodo de fossa seca e do lodo de fossa séptica eram de 1% e 7 12%, respectivamente.

O lodo de fossa séptica e o lodo de fossa seca eram desidratados com uma micro grade e, em seguida, passavam por um processo de secagem solar. Depois passavam por um secador de tambor de calor direto para aumentar ainda mais o teor de sólidos para cerca de 95%. Além de reduzir o teor de água do lodo, o secador eliminava patógenos, tornando assim o produto seguro para manuseio pelos clientes.

A metodologia da Pivot Works baseou-se na crença de que é possível aproveitar o potencial econômico dos resíduos humanos e que as estações deveriam ser encaradas como fábricas, e não como estações de tratamento (Muspratt et al., 2017), o que exige que a venda dos combustíveis cubra os custos operacionais da estação. A Pivot Works estimou que este objetivo poderia ser alcançado com uma produção de cerca de 10 toneladas de sólidos secos por dia. Na prática, era difícil atingir esse nível de produção, e a operação permaneceu dependente de recursos fornecidos por doadores e investidores internacionais, que se mostraram insuficientes ou pouco confiáveis. A empresa foi dissolvida e a estação cessou as operações em dezembro de 2017. Várias lições importantes podem ser extraídas das experiências da Pivot Works. A primeira é que uma empresa privada com foco na gestão de um negócio de sucesso pode inovar e operar com eficiência tecnologias como dispositivos mecânicos de desidratação, leitos de secagem solar e secadores de lodo. A segunda é que não é realista esperar que as vendas de produtos tratados cubram o custo total do tratamento. Antes da iniciativa da Pivot Works, não havia tratamento de lodo de fossa séptica e lodo de fossa seca em Kigali. Desta forma, a empresa se deparou com o desafio de arcar com todo o custo do tratamento da venda de combustíveis sólidos. Este é um desafio muito mais oneroso do que o sugerido no início deste capítulo, isto é, cobrir o custo adicional do tratamento para permitir o reuso, e indica que existem poucas situações em que as estações podem ser vistas puramente como fábricas, e não como estações de tratamento. Há, isso sim, uma necessidade de parcerias que reconheçam o papel do financiamento público para tornar o lodo de fossa séptica e o lodo de fossa seca seguros para o descarte (Muspratt, 2017). O financiamento do setor público deve indiscutivelmente cobrir a maior parte ou a totalidade do aspecto de bem público do tratamento. Em outras palavras, o tratamento necessário para assegurar que os líquidos e sólidos tratados possam ser restituídos com segurança ao meio ambiente. O desafio é desenvolver procedimentos e acordos contratuais que assegurem a justa divisão dos custos, benefícios e riscos entre os parceiros.

Cálculo para sistema de secagem autoalimentado

Defina a energia produzida por incineração e a energia necessária para a evaporação igual entre si:

Para que o sistema seja energeticamente neutro, a energia necessária para a evaporação precisa ser igual à energia produzida pela incineração. Para determinar o teor de água inicial do lodo desidratado em que o sistema é energeticamente neutro, iguale a energia necessária para evaporar a água ($E_{r,e}$) à energia produzida pela incineração:

$$E_{r,e} = E_{p,i}$$

expandindo a relação usando-se as equações dadas no texto:

$$E_{r,e} = \frac{[4,186\,(100 - T_a) + 2260(c_i - c_f)]}{\varepsilon\,(\text{secador})}$$

$$= (1 - c_i) \times CV \times \varepsilon\,(\text{forno})$$

Para as hipóteses neste exemplo:

$$\frac{[4,186\,(100 - 30) + 2260(c_i - 0,05)]}{0,85} = (1 - c_i) \times 17.300 \times 0,85$$

Na resolução de c_i, o teor de água inicial dá o valor de c_i de 83,5%, indicando que é necessário o teor de sólidos de 16,5% para assegurar que o sistema seja energeticamente neutro.

Critérios e premissas básicas do projeto:

A temperatura ambiente média é de 30°C, o teor de sólidos final do lodo desidratado é de 95%, e a eficiência do processo é de 85% para um secador rotativo e 85% para a fornalha usada para incinerar o lodo desidratado. O lodo é fresco e proveniente de fossa seca, e apresenta um valor calorífico presumido de 17,3 MJ/kg TS (observe que este valor seria de ~ 12 MJ/kg TS para o lodo bem digerido derivado fossas sépticas).

Outros dois exemplos são apresentados a seguir para ilustrar a influência do teor de água do lodo no balanço energético. Ambos presumem as mesmas eficiências do exemplo principal.

Se o teor de sólidos do lodo for de 5%, a energia necessária para a evaporação será de 2.738 kJ/kg de lodo úmido, enquanto a energia produzida por incineração será de 735 kJ/kg de lodo úmido, resultando em um déficit de energia de 2.003 kJ/kg de lodo úmido. É necessária uma fonte externa para fornecer esta energia. Outra opção seria desidratar o lodo antes da secagem térmica para proporcionar um sistema energeticamente neutro.

Se o teor de sólidos do lodo a ser tratado for de 50%, a energia necessária para a evaporação será de 1.541 kJ/kg de lodo úmido, ao passo que a energia produzida por incineração será de 7.352 kJ/kg de lodo úmido, o que resulta em um excedente energético de 5.811 kJ/kg de lodo úmido.

Pirólise

Pirólise é a decomposição térmica de material a temperaturas elevadas na ausência de oxigênio. Pode ser classificada como rápida, intermediária ou lenta. A pirólise rápida e a pirólise intermédia exigem que o material em decomposição permaneça no reator durante segundos ou minutos. A pirólise lenta, que é o nosso foco principal aqui, requer um tempo de retenção medido em horas e uma temperatura mínima de 200°C, e normalmente mais, até cerca de 700°C. A pirólise difere da combustão porque pouco ou nenhum dióxido de carbono é liberado durante o processo. Em vez disso, a matéria orgânica sofre carbonização ou conversão em carbono na forma de carvão vegetal rígido e poroso. Este material, denominado biocarvão, pode ser usado como corretivo do solo ou como fonte de combustível.

A pirólise produz uma mistura de gases que são usados como combustível para alimentar o processo. Pesquisas na estação de tratamento de Cambèréne em Dakar, Senegal, concluíram que teores de sólidos de 58%, 62% e 70% seriam necessários às temperaturas de aquecimento mais altas (TAMA) de 700°C, 500°C e 300°C, respectivamente, para atender às demandas de calor do processo sem recorrer a uma fonte de aquecimento externa (Cunningham et al., 2016). Estes valores sugerem que a pirólise requer um teor de sólidos secos de pelo menos 60-70% para ser autossuficiente em termos energia. O teor de sólidos necessário na prática pode ser maior. A maioria das estações de pirólise em funcionamento em países de renda baixa opera em modo de batelada, o que simplifica seus requisitos operacionais, mas aumenta a necessidade de uma fonte de combustível externa para aquecer o conteúdo do reator à temperatura de reação necessária.

O biocarvão aumenta a capacidade do solo de reter água e nutrientes e de liberá-los lentamente. Uma metanálise dos resultados de 109 estudos revelou que a aplicação de biocarvão em condições tropicais resultou em um aumento médio no rendimento de culturas agrícolas de cerca de 25% a uma taxa média de aplicação de biocarvão de 15 toneladas/ha. Este resultado contrasta fortemente com a situação registrada em latitudes temperadas, onde o efeito médio da aplicação de biocarvão resultou em uma pequena diminuição no rendimento das culturas agrícolas. Os maiores benefícios em áreas tropicais foram observados em solos ácidos com baixo teor de nutrientes, sugerindo que o aumento do rendimento associado à aplicação de biocarvão deriva de um efeito de calagem no solo, semelhante ao encontrado nos carvões naturais em ecossistemas afetados por incêndios florestais (Jeffrey et al., 2017).

As altas temperaturas atingidas durante a pirólise eliminam os patógenos por completo, assegurando que o biocarvão produzido seja seguro para uso. Outras possíveis vantagens incluem redução de volume, remoção de dióxido de carbono e produção de líquido que pode ser processado para produzir combustível sólido. Os possíveis desafios incluem a dificuldade de controlar as emissões e de manutenção decorrentes da natureza do líquido produzido durante a pirólise. Normalmente chamado de alcatrão, é constituído por uma mistura de hidrocarbonetos complexos e água (Basu, 2013).

Várias iniciativas em escala piloto se concentram no possível uso do biocarvão para produzir briquetes de combustível sólido. O Quadro 10.8 fornece informações breves sobre algumas dessas iniciativas. Muitas populações carentes de áreas urbanas de países de renda baixa, sobretudo em países africanos, usam madeira ou carvão vegetal produzido a partir de madeira como combustível doméstico. É possível que briquetes de biocarvão produzidos a partir de lodo de fossa seca ou de uma mistura de lodo de fossa seca e resíduos sólidos ofereçam uma alternativa mais barata. Uma vantagem da migração para o biocarvão produzido a partir de lodo de fossa seca seria a redução do desmatamento em torno de cidades e vilas.

Quadro 10.8 Produção de biocarvão a partir de lodo de fossa seca à base de pirólise

Até o momento, a maior parte das iniciativas que adotam a pirólise para produzir biocarvão ou briquetes de combustível a partir de lodo de fossa seca foi realizada em escala piloto. Uma dessas iniciativas é operada pela Water For People, com o apoio da *Water Research Commission* (WrC) em Uganda, e envolve a produção de briquetes de lodo. Antes da pirólise, o lodo recebido é desidratado em leitos de secagem sem vegetação até atingir um teor de sólidos de cerca de 60% e, em seguida, é secado em prateleiras para atingir um teor de sólidos de 80%, que é adequado para o processo de pirólise. Atualmente, a organização está experimentando dois tipos de pequenos fornos que antes eram usados para a carbonização de madeira: um forno de retorta isolado em alvenaria e um forno metálico. O processo abrange as seguintes etapas: (1) um combustível inicial (madeira ou carvão vegetal) é queimado na base do forno, (2) lodo desidratado é adicionado até preencher o forno, (3) mais lodo é acrescentado à medida que o lodo queima (4 a 5 horas) e (4) quando o fogo penetra o lodo superior, a unidade é fechada a pressão para permitir que o processo de pirólise continue durante a noite. Na etapa final do processo, o biocarvão carbonizado é triturado em partículas finas e, em seguida, misturado a um aglutinante como a mandioca ou o melaço. Argila também pode ser adicionada como enchimento para reduzir a taxa de queima dos briquetes, embora isso possa não ser necessário, pois a falta de revestimento da fossa significa que o lodo pode já conter uma alta proporção de enchimento. Carvão vegetal triturado pode ser adicionado para aumentar o teor energético da mistura. Após a mistura e adição de água para aumentar o teor de umidade, os briquetes são produzidos com uma extrusora mecânica, uma extrusora de rosca, uma prensa manual ou uma prensa alveolar. O valor calorífico dos briquetes é de 7,5 a 15,5 MJ/kg, comparado com o valor calorífico de 12,5 MJ/kg para o pó do carvão vegetal. A organização relata que o preço de venda do carvão vegetal é 5,8 vezes o preço de venda dos briquetes, embora não haja clareza quanto à receita e aos custos operacionais do sistema. Outras iniciativas que adotam a pirólise para produzir briquetes a partir de lodo de fossa seca incluem as de Slamson Ghana Ltd (https://www.slamsonghana.com) e Sanivation, no Quênia (http://sanivation.com).

No curto prazo, é provável que o foco das iniciativas que envolvem a pirólise se dê em iniciativas em escala piloto destinadas a explorar a viabilidade técnica e financeira da opção. É evidente que esta última depende da demanda de biocarvão e da existência de sistemas de comercialização eficazes. O teor de carbono do biocarvão se decompõe muito mais lentamente do que a matéria orgânica típica e, portanto, o carbono é considerado como "sequestrado" no biocarvão. É possível que parte dos custos da produção de biocarvão possa ser recuperada por meio de créditos de sequestro do dióxido de carbono.

Tratamento com mosca soldado-negro

Descrição

A mosca soldado-negro (*Hermetia illucens*) (MSN) é uma mosca da família Stratiomyidae. Na natureza, suas larvas desempenham um papel importante na decomposição da matéria orgânica e na restituição de nutrientes ao solo. Os sistemas à base de MSN aproveitam esta atividade para converter matérias orgânicas como resíduos alimentares, resíduos agrícolas, adubo e fezes humanas em subprodutos usáveis. Nas estações de processamento por MSN, as larvas da mosca se alimentam de matéria orgânica em decomposição, crescendo de alguns milímetros até cerca de 2,5 cm em 14 a 16 dias, enquanto reduzem o peso úmido dos resíduos em até 80% (Dortmans et al., 2017). As larvas são colhidas antes do estágio pré-pupa com um agitador mecânico para separá-las dos resíduos orgânicos. São ricas em proteínas (cerca de 35%) e gorduras (cerca de 30%), e podem ser usadas como ração animal semelhante à farinha de peixe (Dortmans et al., 2017). O resíduo também pode ser usado como condicionador do solo, mas requer tratamento adicional antes do reuso. Segundo relatos, o processamento de lodo de fossa seca por MSN é eficaz na redução de *Salmonella* spp., mas tem efeito mínimo em ovos de *Ascaris* (Lalander et al., 2013). As MSNs ocorrem naturalmente em ambientes tropicais e subtropicais em todo o mundo e não transmitem doenças aos seres humanos.

Uma estação para a criação e processamento por MSNs geralmente consiste no seguinte:

- Viveiro para a reprodução e criação das MSNs;
- Unidade de engorda na qual as larvas amadurecem em recipientes rasos conhecidos como larveiros enquanto se alimentam de resíduos, no processo de conversão de matéria orgânica em biomassa; e
- Unidades de processamento para a colheita, refino e processamento de resíduos de larvas.

A área necessária para estes processos é de aproximadamente 500 a 750 m² por tonelada de sólidos secos processados por dia, com um adicional de 60 m² por tonelada necessário para uma área de recebimento de resíduos e para acomodar um laboratório, área administrativa, espaço de armazenamento e instalações para funcionários (Dortmans et al., 2017; Projeto Khanyisa, comunicação pessoal, novembro de 2017).

Considerações operacionais e de projeto

Requisitos de manejo. O processamento por MSN não requer tecnologias sofisticadas. Entretanto, pode ser difícil estabelecer colônias de reprodução, e os ciclos de reprodução e crescimento da MSN são sensíveis a uma série de condições ambientais e outras. É necessário monitorar regularmente a reprodução e o crescimento das MSNs para assegurar um abastecimento confiável e estável de larvas para processar os resíduos.

Condições ambientais. A reprodução e o crescimento da MSN são sensíveis aos seguintes aspectos das condições ambientais em que são criadas:

- *Temperatura e umidade.* A temperatura deve situar-se idealmente entre 25 e 30°C, com a temperatura ideal para a pupa das larvas de 27,8°C. Para estimular o acasalamento das MSNs, a umidade deve ficar entre 30% e 90%. A umidade ideal para o desenvolvimento das larvas de MSN é de 70% (Bullock et al., 2013).

- *Luz.* Na natureza, as MSNs adultas precisam de uma quantidade abundante de luz solar direta para a reprodução efetiva. Quando criadas em ambientes fechados, necessitam de iluminação artificial suplementar. Uma lâmpada de quartzo-iodo de 500 watts, 135 μmol/m²s estimula o acasalamento e a oviposição em taxas e tempos comparáveis aos da luz solar natural (Park, 2016). As larvas preferem um ambiente à sombra. Se a fonte de alimento for exposta à luz, as larvas tentam ir mais fundo na fonte de alimento para escapar da luz (Dortmans et al., 2017).

- *Profundidade dos resíduos orgânicos.* As larvas da MSN não se desenvolvem a profundidades superiores a 225 mm abaixo da superfície da sua fonte alimentar (Bullock et al., 2013).

- *Ventilação.* É necessária para possibilitar o fornecimento de oxigênio aos larveiros e a substituição do ar saturado de umidade. Nos últimos dias antes da colheita, convém usar ventilação adicional com ventiladores para aumentar a evaporação e produzir resíduos friáveis que possam ser facilmente peneirados a partir de larvas (Dortmans et al., 2017).

O sistema necessita de uma matéria-prima com teor de sólidos secos de 20 30% isenta de detritos e materiais perigosos. O lodo proveniente de poços secos ou banheiros com separação de urina em locais com lençol freático em nível baixo pode estar dentro desta faixa de sólidos secos. O lodo proveniente de outros tipos de instalações, inclusive fossas negras em zonas com um lençol freático elevado, necessita de desidratação antes do tratamento por MSN.

A separação deve ser feita antes do tratamento por MSN com vistas a remover os resíduos sólidos. Também é importante remover contaminantes, como produtos químicos, óleo usado de motores e detergentes, que são por vezes usados para o controle de odores e de mosquitos em fossos. O Quadro 10.9 descreve as restrições operacionais devido aos resíduos sólidos e ao teor de partículas do lodo em uma estação piloto de processamento por MSN em Durban, na África do Sul.

Em função das dificuldades associadas à reprodução da MSN e à sensibilidade do processo, pode-se afirmar que o tratamento por MSN é considerado como uma atividade comercial a ser administrada por uma organização do setor privado ou por uma empresa pública com as competências especializadas necessárias para a efetiva execução do processo de tratamento.

Quadro 10.9 Tratamento de lodo de fossa seca por MSN: projeto Khanyisa, Durban, África do Sul

Em Durban, na África do Sul, a BioCycle, em parceria com a prefeitura de Ethekwini e com o apoio da projetos Khanyisa, opera uma estação de MSN para o tratamento de lodo de fossa seca desde 2017. A estação tratava 3 toneladas de lodo de fossa seca (peso úmido) por dia no final de 2017, e foi projetada para chegar a tratar 20 toneladas por dia. Inicialmente funcionava com uma mistura de resíduos alimentares e lodo de fossa seca. O uso de resíduos alimentares foi interrompido e, em maio de 2018, a estação passou a tratar uma combinação de 80% de lodo de fossa seca e 20% de lodo primário de estações de tratamento de esgoto (Teddy Gouden, comunicação pessoal, maio de 2018).

O lodo de fossa seca processado não necessita de desidratação antes do processamento por MSN, uma vez que é proveniente, em sua maior parte, de fossos com separação de urina, e tem baixo teor de água. Com efeito, a BioCycle relatou a necessidade de usar lodo primário como aditivo a fim de aumentar os níveis de nutrientes e o teor de umidade do material. Durante o período inicial, Khanyisa e BioCycle se depararam com desafios operacionais, incluindo grandes quantidades de areia e detritos de fossos com separação de urina. Estes detritos devem ser separados da matéria orgânica antes carregar o misturador para que o teor orgânico do lodo seja suficiente para possibilitar um processo de alimentação eficiente. Outros desafios incluíram também a decantação de resíduos na caixa de agitação mecânica para separar as larvas dos resíduos orgânicos no momento da colheita. A organização estima uma receita de R350 a 525 (US$ 28 a 39) por tonelada de resíduos fecais, com base no pagamento pela prefeitura por tonelada de lodo de fossa seca processado e receita gerada por proteína, óleo e produtos residuais, todos em desenvolvimento.

Fonte: Baseado em comunicações pessoais com Nick Alcock, dos projetos Khanyisa, e Marc Lewis, da Agriprotein (março de 2018)

Para obter mais informações sobre o processamento de MSN, ver Dortmans et al. (2017).

Pontos principais do presente capítulo

Os sólidos de lodo de fossa seca tratados têm potencial de uso como condicionador do solo, ração animal, combustível sólido, biocombustível e material de construção. Não há exemplos comerciais dos dois últimos, de modo que este capítulo se concentrou nas opções de tratamento de sólidos de lodo para torná-los adequados ao uso como condicionador do solo, combustível sólido e ração animal. Os principais pontos extraídos do capítulo incluem os seguintes:

- É difícil manter qualquer iniciativa baseada no uso final de sólidos de lodo tratados se não houver viabilidade financeira. No mínimo, o objetivo deve ser o de assegurar que o custo recorrente da conversão do lodo tratado em um produto seguro e comercializável seja inferior à soma da receita gerada pela venda do produto e do custo de descarte em aterro na ausência de tratamento. O subsídio pode ser justificado, seja como um recurso no curto prazo para viabilizar o desenvolvimento dos sistemas ou para facilitar a conquista dos objetivos mais gerais relacionados ao meio ambiente e às mudanças climáticas.

- Os custos da venda de produtos somente são recuperáveis se houver demanda para o produto que possa ser atendida por meio de sistemas eficazes de comercialização e vendas.
- O uso como aditivo agrícola/condicionador do solo muitas vezes é considerado como a opção de uso final padrão para o lodo de fossa seca desidratado. O desafio desta opção é gerar receita suficiente para atender ao critério de viabilidade financeira. Existem poucos exemplos de adoção desta opção em escala.
- O lodo desidratado para uso na agricultura deve estar praticamente isento de patógenos. As opções para atingir esta condição incluem compostagem, estabilização com cal e radiação infravermelha. A produção confiável de biossólidos de Classe A por compostagem é complexa e, portanto, o objetivo normalmente deve ser o de produzir biossólidos de Classe B e restringir seu uso.
- Para ser usado como combustível sólido, o lodo deve ser desidratado a um teor de sólidos de pelo menos 80%, e de preferência acima desta porcentagem. As opções de secagem incluem a secagem solar e a secagem térmica. Ambas necessitam de equipamentos mecânicos, o que exigirá operadores qualificados, manutenção eficaz e cadeias de suprimento de peças sobressalentes e de substituição confiáveis. O combustível sólido só é viável se houver lodo suficiente para produzir biossólidos em quantidades comercializáveis e se existir um mercado para o produto.
- Se o teor de sólidos do lodo for suficientemente elevado, em geral na faixa de 15-20%, a depender da eficiência do processo, é possível alimentar processos de secagem térmica com o uso de lodo desidratado, criando assim um processo circular sem necessidade de uma fonte de energia externa. Quando o teor de sólidos do lodo está abaixo do nível de equilíbrio, o processo exige uma fonte de energia externa. Quando o teor de sólidos do lodo está acima deste nível, o processo pode se tornar um produtor líquido de energia.
- A pirólise foi adotada em escala piloto, mas ainda não se estabeleceu em escala em nenhuma cidade. Requer uma matéria-prima com elevado teor de sólidos. Assim como outras tecnologias descritas neste capítulo, não é eficaz sem o tratamento prévio com o uso das tecnologias apresentadas em capítulos anteriores.
- Pesquisas sobre o uso de moscas soldado-negro para o tratamento de lodo desidratado estão em andamento tanto na escala doméstica quanto na escala municipal. O produto do processo é rico em proteínas e tem potencial para uso como ração para animais. O desafio desta opção é assegurar a existência de sistemas eficazes para gerenciar o processo.

Referências

Basu, P. (2013) *Biomass Gasification, Pyrolysis, and Torrefaction: Practical Design and Theory*, 2nd edn, Amsterdam: Elsevier.

Bean, C.L., Hansen, J.J., Magolin, A.B., Balkin, H., Batzer, G. and Widmer, G. (2007) 'Class B alkaline stabilization to achieve pathogen inactivation', *International Journal of Environmental Reseach and Public Health* 4(1): 53–60 <http://dx.doi.org/10.3390/ijerph2007010009> [acessado em 19 de julho de 2018].

Berendes, D., Levy, K., Knee, J., Handzel, T. and Hill, V.R. (2015) '*Ascaris* and *Escherichia coli* inactivation in an ecological sanitation system in Port-au-Prince, Haiti', *PLoS ONE* 10(5): e0125336 <https://doi.org/10.1371/journal.pone.0125336> [acessado em 19 de julho de 2018].

Bina, B., Movahedian, H. and Kord, I. (2004) 'The effect of lime stabilization on the microbiological qaulity of sewage sludge', *Iranian Journal of Environmental Health* 1(1): 34–8 <www.bioline.org.br/pdf?se04007> [acessado em 27 de março de 2018].

Bullock, N., Chapin, E., Evans, A., Elder, B., Givens, G., Jeffay, N., Pierce, B. and Robinson, W. (2013) *The Black Soldier Fly How-to-Guide*, Chapel Hill, NC: Institute for the Environment, University of North Carolina <https://ie.unc.edu/files/2016/03/bsfl_how-to_guide.pdf> [acessado em 19 de março de 2018].

Bux, M., Baumann, R., Philipp, W., Conrad, T. and Mühlbauer, W. (2001) 'Class A by solar drying: recent experiences in Europe', in *Proceedings of the WEFTEC (Water Environment Federation) Congress, 14–18 October 2001, Atlanta, GA*.

CalRecovery, Inc. (1993) *Handbook of Solid Waste Properties*, New York, NY: Governmental Advisory Associates.

Chazirakis, P., Giannis, A., Gidarakos, E., Wang, J-Y. and Stegmann, R. (2011) 'Application of sludge, organic solid wastes and yard trimmings in aerobic compost piles', *Global NEST Journal* 13(4): 405–11 <https://journal.gnest.org/sites/default/files/Journal%20Papers/405-411_793_Giannis_13-4.pdf> [acessado em 17 de maio de 2018].

Chun, Y.N., Lim, M.S. and Yoshika, K. (2012) 'Development of high-efficiency rotary dryer for sewage sludge', *Journal of Material Cycles and Waste Management* 14(1): 65–73 <https://link.springer.com/article/10.1007/s10163-012-0040-6> [acessado em 24 de maio de 2018].

Cornell Waste Management Institute (2005) *Compost Fact Sheet #6: Compost Pads*, Ithaca, NY: Department of Crop and Soil Sciences, Cornell University <www.manuremanagement.cornell.edu/Pages/General_Docs/Fact_Sheets/compostfs6.pdf> [acessado em 23 de maio de 2018].

Crawford, M. (2012) 'Fluidized-Bed Combustors for Biomass Boilers', <https://www.asme.org/engineering-topics/articles/boilers/fluidized-bed-combustors-for-biomass-boilers> [acessado em 25 de maio de 2018].

Crites, R. and Tchobanoglous, G. (1998) *Small and Decentralized Wastewater Management Systems*, Boston: McGraw-Hill.

Cunningham, M., Gold, M. and Strande, L. (2016) *Literature Review: Slow Pyrolysis of Faecal Sludge*, Dübendorf: Eawag/Sandec <https://www.dora.lib4ri.ch/eawag/islandora/object/eawag%3A14834/datastream/PDF/view> [acessado em 8 de fevereiro de 2018].

Danish, M., Naqvi, M., Farooq, U. and Naqvi, S. (2015) 'Characterization of South Asian agricultural residues for potential utilization in future "energy mix"', *Energy Procedia* 75: 2974–80 <https://doi.org/10.1016/j. egypro.2015.07.604> [acessado em 19 de julho de 2018].

Diaz, L.F., Bertoldi, M., Bidlingmaier, W. and Stentiford, E. (2007) *Compost Science and Technology*, Amsterdam: Elsevier.

Diener, S., Semiyaga, S., Niwagaba, C.B., Murray Muspratt, A., Gning, J.B., Mbéguéré, M., Ennin, J.E., Zurbrügg, C. and Strande, L. (2014) 'A value proposition: resource recovery from faecal sludge – Can it be the driver for improved sanitation', *Resources Conservation and Recycling* 88: 32–8 <https://doi.org/10.1016/j.resconrec.2014.04.005> [acessado em 19 de julho de 2018].

Dortmans, B.M.A., Diener, S., Verstappen, B.M. and Zurbrügg, C. (2017) *Black Soldier Fly Biowaste Processing: A Step-by-Step Guide*, Dübendorf: Swiss Federal Institute of Aquatic Science and Technology, Dübendorf, Switzerland <www.eawag.ch/fileadmin/Domain1/Abteilungen/sandec/publikationen/ SWM/BSF/BSF_Biowaste_Processing_HR.pdf> [acessado em 19 de março de 2018].

Enayetullah, I. and Sinha, A.H.M.M. (2013) 'Co-composting of municipal solid waste and faecal sludge for agriculture in Kushtia Municipality, Bangladesh', presentation at *ISWA 2013 World Congress Conference, Vienna, Austria* <www.unescap.org/sites/default/files/Co-Composting%20Kushtia_ Waste%20Concern.pdf> [acessado em 17 de maio de 2018].

Feachem, R.G., Bradley, D.J., Garelick, H. and Mara, D.D. (1983) *Sanitation and Disease: Health Aspects of Excreta and Wastewater Management*, Chichester: John Wiley & Sons.

Gallizzi, K. (2003) *Co-Composting Reduces Helminth Eggs in Fecal Sludge: A Field Study in Kumasi, Ghana, June–November 2003*, Dübendorf: Sandec/ Eawag <https://www.eawag.ch/fileadmin/Domain1/Abteilungen/sandec/ publikationen/SWM/Co-composting/Gallizzi_2003.pdf> [acessado em 17 de maio de 2018].

Greya, W., Thole, B., Anderson, C., Kamwani, F., Spit, J. and Mamani, G. (2016) 'Off-site lime stabilisation as an option to treat pit latrine faecal sludge for emergency and existing on-site sanitation systems', *Journal of Waste Management* article ID: 2717304 <http://dx.doi.org/10.1155/2016/2717304> [acessado em 19 de julho de 2018].

Hirrel, S., Riley, T. and Andersen, C.R. (undated) *Composting*, Division of Agriculture, University of Arkansas <https://www.uaex.edu/publications/ PDF/FSA-2087.pdf> [acessado em 28 junho de 2018].

Hobson, P.A., McKenzie, N., Plaza, F., Baker, A. East, A. and Moghaddam, L. (2016) 'Permeability and diffusivity properties of bagasse stockpiles', in *Proceedings of the 38th Conference of the Australian Society of Sugar Cane Technologists*.

Hoffman, R., Hildreth, S., and Salkeld, C. (2014) 'New Zealand's first full-scale biosolids solar drying facility', *Proceedings from the Water New Zealand 2014 Annual Conference & Exposition*.

Iacoboni, M., Livingston, J. and LeBrun, T. (1984) *Project Summary: Windrow and Static Pile Composting of Municipal Sewage Sludges*, US EPA Report No. EPA-600/S2-84-122, Cincinnati, OH: US EPA Municipal Environmental Research Laboratory <https://nepis.epa.gov/Exe/ZyPDF.cgi/2000THYG. PDF?Dockey=2000THYG.PDF> [acessado em 15 de fevereiro de 2018].

International Water Management Institute (IWMI) (2017) *Where There's Muck There's Gold: Turning an Environmental Challenge into a Business Opportunity*, Battaramulla: IWMI <www.iwmi.cgiar.org/Publications/wle/fortifier/wle-rrr-where-there-is-muck-there-is-gold.pdf> [acessado em 17 de maio de 2018].

Janicki Bioenergy (undated) *How the Janicki Bioprocessor Works*, Sedro-Woolley, WA: Janiki Bioenergy <https://www.janickibioenergy.com/janicki-omni-processor/how-it-works> [acessado em 17 de maio de 2018].

Jeffery, S., Abalos, D., Prodana, M., Bastos, A.C., van Groenigen, J.W., Hungate, B.A. and Verheijen, F. (2017) 'Biochar boosts tropical but not temperate crop yields', *Environmental Research Letters* 12(5): #053001 <http://iopscience. iop.org/article/10.1088/1748-9326/aa67bd/meta> [acessado em 17 de março de 2018].

Kemp, I.C. (2011) 'Fundamentals of energy analysis of dryers', in E. Tsotsas and A.S.l. Mujumdar (eds.), *Modern Drying Technology, Volume 4: Energy Saving*, pp. 1–45, Weinheim: Wiley-VCH Verlag <https://pdfs.semanticscholar.org/ ff7a/53005d365e319a66bf587f7175537dedd5e0.pdf> [acessado em 9 de abril de 2018].

Kengne, I.M., Dodane, P-H., Akoa, A. and Koné, D. (2009) 'Vertical-flow constructed wetlands as sustainable sanitation approach for faecal sludge dewatering in developing countries', *Desalination* 248(1–3): 291–7 <https://doi.org/10.1016/j.desal.2008.05.068> [acessado em 22 de maio de 2018].

Kilbride, A. and Kramer, S. (2012) 'Wrapping up the toilet tour in Nairobi, Kenya', Sebastopol, CA: Sustainable Organic Integrated Livelihoods <https://www.oursoil.org/wrapping-up-the-toilet-tour-in-narobi-kenya-2/> [acessado em 7 de outubro de 2017].

Koné, D., Cofie, O., Zurbrügg, C., Gallizzi, K., Moser, D., Drescher, S. and Strauss, M. (2007) 'Helminth eggs inactivation efficiency by faecal sludge dewatering and co-composting in tropical climates', *Water Resources* 41(19): 4397–402 <https://doi.org/10.1016/j.watres.2007.06.024> [acessado em 19 de julho de 2018].

Kramer, S., Preneta, N., Kilbride, A., Page, L.N., Coe, C.M. and Dahlberg, A. (2011) *The SOIL Guide to Ecological Sanitation*, Sebastopol, CA: Sustainable Organic Integrated Livelihoods <www.oursoil.org/wp-content/uploads/2015/07/ Complete-Guide-PDF.pdf> [acessado em 17 de maio de 2018].

Lalander, C., Diener, S., Magri, M.E., Zurbrügg, C., Lindstrom, A. and Vinnerås, B. (2013) 'Faecal sludge management with the larvae of the black soldier fly (*Hermetia illucens*): from a hygiene aspect', *Science of the Total Environment* 458–60: 312–8 <https://doi.org/10.1016/j.scitotenv.2013.04.033> [acessado em 19 de julho de 2018].

Martin, J.H., Collins, A.R. and Diener, R.E. (1995) 'A sampling protocol for composting, recycling, and re-use', *Journal of the Air & Waste Management Association* 45: 864–70 <https://doi.org/10.1080/10473289.1995.10467 416> [acessado em 19 de julho de 2018].

Mathioudakis, V.L., Kapagiannidis, A.G., Athanasoulia, E., Paltzoglou, A.D., Melidis, P. and Aivasidis, A. (2013) 'Sewage sludge solar drying: experiences from the first pilot-scale application in Greece', *Drying Technology* 31(5): 519–26 <https://doi.org/10.1080/07373937.2012.744998> [acessado em 19 de julho de 2018].

Mehrdadi, N., Joshi, S.G., Nasrabadi, T. and Hoveidi, H. (2007) 'Application of solar energy for drying of sludge from pharmaceutical industrial waste water and probable reuse', *International Journal of Environmental Research* 1(1): 42–8 <http://dx.doi.org/10.22059/IJER.2010.108>.

Metcalf & Eddy (2003) *Wastewater Engineering Treatment and Reuse*, 4th edn, New York, NY: McGraw Hill.

Michigan Recycling Coalition (2015) *Compost Operator Guidebook: Best Management Practices for Commercial Scale Composting Operations*, Lansing, MI: Michigan Department of Environmental Quality <https://www.michigan. gov/documents/deq/deq-oea-compostoperatorguidebook_488399_7.pdf> [acessado em 14 de maio de 2018].

Muspratt, A. (2017) 'Make room for the disruptors: while desperate for innovation, the sanitation sector poses unique structural challenges to startupcompanies', LinkedIn publication <https://www.linkedin.com/pulse/ make-room-disruptors-while-desperate-innovation-sector-muspratt/> [acessado em 24 de maio de 2018].

Muspratt, A.M., Nakato, T., Niwagaba, C., Dione, H., Kang, J., Stupin, L., Regulinski, J., Mbéguéré, M. and Strande, L. (2014) 'Fuel potential of faecal sludge: calorific value results from Uganda, Ghana and Senegal', *Journal of Water, Sanitation and Hygiene for Development* 4(2): 223–30 <http://dx.doi. org/10.2166/washdev.2013.055> [acessado em 19 de julho de 2018].

Muspratt, A., Miller, A. and Wade, T. (2017) 'Leveraging resource recovery to pay for sanitation: Pivot Works demonstration in Kigali, Rwanda', presented at the *4th International Faecal Sludge Management Conference (FSM 4), Chennai, India, February 2017*.

Nartey, E.G., Amoah, P. and Ofosu-Budu, G.K. (2017) 'Effects of co-composting of faecal sludge and agricultural wastes on tomato transplant and growth', *International Journal of Recycling Organic Waste in Agriculture* 6: 23–6 <https://doi.org/10.1007/s40093-016-0149-z> [acessado em 19 de julho de 2018].

National Lime Association (2004) *Fact Sheet: Lime Safety Precautions*, Arlington, VA: National Lime Association <https://www.lime.org/documents/lime_ basics/fact-safety_precautions.pdf> [acessado em 14 de maio de 2018].

Navarro, I., Jiménez, B., Lucario, S. and Cifuentes, E. (2009) 'Application of helminth ova infection dose curve to estimate the risks associated with biosolids application on soil', *Journal of Water and Health* 7(1): 31–44 <http://dx.doi.org/10.2166/wh.2009.113> [acessado em 19 de julho de 2018].

Nguyen, V.A., Nguyen, H.S., Dinh, D.H., Nguyen, P.D. and Nguyen, X.T. (2011) *Landscape Analysis and Business Model Assessment in Fecal Sludge Management: Extraction and Transportation Models in Vietnam – Final Report*, Hanoi: Institute of Environmental Science and Engineering, Hanoi University of Civil Engineering <www.susana.org/_resources/documents/ default/2-1673-vietnam-fsm-study.pdf> [acessado em 7 de abril de 2018].

NIIR (undated) *Rice Husk, Rice Hull, Rice Husk Ash (Agriculture waste) based Projects*, New Delhi: NIIR Project Consultancy Services <www.niir.org/project-reports/projects/rice-husk-rice-hull-rice-husk-ash-agricultural-waste-based-projects/z,,70,0,64/index.html> [acessado em 7 de abril de 2018].

North, J.M., Becker, J.G ., Seagren, E.A ., Ramirez, M., Peot, C. and Murthy, S.N. (2008) 'Methods for quantifying lime incorporation into dewatered sludge II: field scale application', *Journal of Environmental Engineering* 134(9): 750–1 <http://dx.doi.org/10.1061/(ASCE)0733-9372(2008)134:9(750)>.

Olds College Composting Technology Centre (1999) *Midscale Composting Manual*, 1st edn, Calgary: Alberta Environment and Parks <http://aep.alberta.ca/waste/legislation-and-policy/documents/MidscaleCompostingManual-Dec1999.pdf> [acessado em 23 de maio de 2018].

Paluszak, Z., Skowron, K., Sypuła, M. and Skowron, K.J. (2012) 'Microbial evaluation of the effectiveness of sewage sludge sanitization with solar drying technology', *International Journal of Photoenergy* 2012: #341592 <http://dx.doi.org/10.1155/2012/341592> [acessado em 19 de julho de 2018].

Park, H.H. (2016) *Black Soldier Fly Larvae Manual*, Amherst, MA: University of Massachusetts, <https://scholarworks.umass.edu/cgi/viewcontent.cgi?article=1015&context=sustainableumass_studentshowcase> [acessado em 19 de março de 2018].

Phiri, J.S., Katebe, R.C., Mzyece, C.C., Shaba, P. and Halwind, H. (2014) 'Characterization of biosolids and evaluating the effectiveness of plastic-covered sun drying beds as a biosolids stabilization method in Lusaka, Zambia', *International Journal of Recycling of Organic Waste in Agriculture* 3: #61 <https://doi.org/10.1007/s40093-014-0061-3> [acessado em 19 de julho de 2018].

Rao, K.C., Kvarnström, E., Di Mario, L. and Drechsel, P. (2016) *Business Models for Fecal Sludge Management* (Resource Recovery and Reuse Series 6), Colombo: International Water Management Institute <https://dx.doi.org/10.5337/2016.213> [acessado em 19 de julho de 2018].

Remington, C., Cherrak, M., Preneta, N., Kramer, S. and Mesa, B. (2016) A social business model for the provision of household ecological sanitation services in urban Haiti, in *Proceedings of the 39th WEDC International Conference, Kumasi, Ghana*, Loughborough: Water, Engineering and Development Centre, University of Loughborough <https://wedc-knowledge.lboro.ac.uk/resources/conference/39/Remington-2529.pdf> [acessado em 7 de outubro de 2017].

Rynk, R. (2008) 'Monitoring moisture in composting systems', *BioCycle Magazine* <http://compostingcouncil.org/wp/wp-content/uploads/2014/02/7-MonitoringMoisture.pdf> [acessado em 24 de maio de 2018].

Schoebitz, L., Andriessen, N., Bollier, S., Bassan, M., Strande, L. *Market Driven Approach for Selection of Faecal Sludge Treatment Products*, Eawag: Swiss Federal Institute of Aquatic Science and Technology. Dübendorf, Switzerland. June 2016. <www.eawag.ch/fileadmin/Domain1/Abteilungen/sandec/publikationen/EWM/Market_Driven_Approach/market_driven_approach.pdf> [acessado em 21 de dezembro de 2017].

Schwartzbrod, J. (1997) 'Agents pathogènes dans les boues et impact des différents traitements', in *Actes des Journées Techniques – Epandage des Boues Résiduaires*, pp. 81–9, Paris: Agence de l'Environnement et de la Maîtrise de l'Énergie.

Seginer, I. and Bux, M. (2005) 'Prediction of evaporation rate in a solar dryer for sewage sludge', *Agricultural Engineering International* VII: #EE05009 <www.cigrjournal.org/index.php/Ejounral/article/view/590/584> [acessado em 20 de dezembro de 2017].

Septien, S., Singh, A., Mirara, S.W., Teba, L., Velkushanova, K. and Buckley, C. (2018) "LaDePa" process for the drying and pasteurization of faecal sludge from VIP latrines using infrared radiation', *South African Journal of Chemical Engineering* 25: 147–58 <https://doi.org/10.1016/j.sajce.2018.04.005> [acessado em 19 de julho de 2018].

Shanahan, E.F., Roiko, A., Tindale, N.W., Thomas, M.P., Walpole, R. and Kurtböike, D.I. (2010) 'Evaluation of pathogen removal in a solar sludge drying facility using microbial indicators', *International Journal of Environment Research and Public Health* 7(2): 562–82 <https://doi.org/10.3390/ijerph7020565> [acessado em 19 de julho de 2018].

Sunar, N.M., Stentiford, E.I., Stewart, D.I. and Fletcher, L.A. (2009) 'The process and pathogen behaviour in composting: a review', in *Proceedings of the UMT-MSD 2009 Post Graduate Seminar*, pp, 78–87, Terengganu: Universiti Malaysia Terengganu <https://arxiv.org/ftp/arxiv/papers/1404/1404.5210.pdf> [acessado em 11 de março de 2018].

Sypuła, M., Paluszak, Z. and Szala, B. (2013) 'Effect of sewage sludge solar drying technology on inactivation of select indicator microorganisms', *Polish Journal of Environmental Studies* 22(2): 533–40 <www.pjoes.com/Effect-of-Sewage-Sludge-Solar-Drying-Technology-r-non-Inactivation-of-Select-Indicator,89007,0,2.html> [acessado em 28 de junho de 2018].

Tamakloe, W. (2014) *Characterization of Faecal Sludge and Analysis of its Lipid Content for Biodiesel Production* (MSc thesis), Kumasi, Ghana: Department of Chemical Engineering, Kwame Nkrumah University of Science and Technology <http://dspace.knust.edu.gh/bitstream/123456789/6686/1/WILSON%20TAMAKLOE.pdf> [acessado em 17 de maio de 2018].

Thoreson, C.P., Webster, K.E., Darr, M.J. and Kapler, E.J. (2014) 'Investigation of process variables in the densification of corn stover briquettes', *Energies* 7: 4019–32 <https://doi.org/10.3390/en7064019> [acessado em 19 de julho de 2018].

USAID (2015) *Implementer's Guide to Lime Stabilization for Septage Management in the Philippines* [online], Manila: USAID <http://forum.susana.org/media/kunena/attachments/818/ImplementersGuidetoLimeStabilizationforSeptageManagementinthePhilippines.pdf> [acessado em 3 de março de 2018].

US EPA (1994) *A Plain English Guide to the EPA Part 503 Biosolids Rule*, Washington, DC: Office of Wastewater Management, United States Environmental Protection Agency <https://nepis.epa.gov/Exe/ZyPDF.cgi/200046QX.PDF?Dockey=200046QX.PDF> [acessado em 17 de maio de 2018].

US EPA (1995) *Process Design Manual: Land Application of Sewage Sludge and Domestic Septage*, Washington, DC: Office of Research and Development, United States Environmental Protection Agency <http://nepis.epa.gov/Adobe/PDF/30004O9U.pdf> [acessado em 17 de maio de 2018].

US EPA (2000) *Biosolids Technology Fact Sheet: Alkaline Stabilization of Biosolids* Washington, DC: Office of Water, United States Environmental Protection Agency <https://nepis.epa.gov/Exe/ZyPDF.cgi/901U0R00.PDF?Dockey=901U0R00.PDF> [acessado em 11 de março de 2018].

Veerannan, K.M. (1977) 'Some experimental evidence on the viability of *Ascaris lumbricoides* ova', *Current Science* 46(11): 386–7 <http://www.jstor.org/stable/24215840> [acessado em 19 de julho de 2018].

Vinnerås, B., Björklung, A. and Jönsson, H. (2003) 'Thermal composting of faecal matter as treatment and possible disinfection method: laboratory-scale and pilot-scale studies', *Bioresource Technology* 88: 47–54 <https://doi.org/10.1016/S0960-8524(02)00268-7>.

Water Environment Federation (WEF) (2010) *Design of Municipal Wastewater Treatment Plants* (Manual of Practice No. 8), 5th edn, Alexandria, VA: Water Environment Federation Press. <https://www.accessengineeringlibrary.com/browse/design-of-municipal-wastewater-treatment-plants-wef-manual-of-practice-no-8-asce-manuals-and-reports-on-engineering-practice-no-76-fifth-edition> [acessado em 17 de maio de 2018].

WEF (2014) *Drying of Wastewater Solids Fact Sheet*, Arlington, VA: Water Environment Federation Press <www.wrrfdata.org/NBP/DryerFS/Drying_of_Wastewater_Solids_Fact_Sheet_January2014.pdf> [acessado em 7 de abril de 2018].

WHO (2006) *Guidelines for the Safe Use of Wastewater, Excreta and Greywater*, Geneva: World Health Organization <www.who.int/water_sanitation_health/sanitation-waste/wastewater/wastewater-guidelines/en> [acessado em 17 de maio de 2018].

Zhang, Y., Ghaly, A.E. and Li. B. (2012) 'Physical properties of rice residues as affected by variety and climatic and cultivation oonditions in three continents', *American Journal of Applied Sciences* 9(11): 1757–68 <http://dx.doi.org/10.3844/ajassp.2012.1757.1768> [acessado em 19 de julho de 2018].

Glossário de termos Inglês/Português
English/Portuguese Glossary of terms

English	Português (Brasil)	Português (Europeu)
Activated sludge reactor (ASR)	Reator de lodos ativados	Reator de lamas ativadas
Anaerobic baffled reactor (ABR)	Reator anaeróbio compartimentado	Reator anaeróbio compartimentado
Anaerobic pond	Lagoa anaeróbia	Lagoa anaeróbia
Approach velocity	Velocidade de aproximação	Velocidade de entrada/ Velocidade de aproximação
Baffle	Septo/Defletor	Septo/Defletor
Bar screens	Gradeamento	Barras da grelha / Grelha
Bars	Grades	Barras
Batch	Batelada	Linhas
Batch processes	Processos por batelada	Linhas de processo/Linhas de tratamento
Bellmouth weir	Vertedouro tulipa	Descarregador vertical
Belt filter press	Filtro prensa de esteira	Filtro prensa de correia
Belt press	Prensa de esteiras	Prensa para desidratação de lamas de correia
Benching	Derma no talude em valas	Bancadas/Banquetas
Black soldier fly toilets	Banheiros de compostagem com mosca soldado-negro	Latrinas de compostagem por moscas-soldado-negro
Bucket latrines	Latrinas com balde	Saneamento baseado em Recipiente/Latrina a base de balde
Bulking agent	Intumescimento do lodo	Materiais de reforço estrutural
Burial	Enterro	Enterrado
Carrying capacity	Capacidade de carregamento	Capacidade de carga
Cartage systems	Sistemas de transporte	Sistemas de transporte

English	Português (Brasil)	Português (Europeu)
Central hopper	Tremonha/Silo central de alimentação	Contentor central ou Tanque de equalização
Centralized treatment plant	Estação de tratamento centralizada	Estação de tratamento principal
Cesspits	Fossa Negra	Fossa
Clarifier	Clarificador	Clarificador
Consolidated sludge	Lodo solidificado	Lamas consolidadas
Container Based Sanitation (CBS)	Sistemas individuais compactos / Sistema modular e compacto em containers / Sanitário portátil / Banheiro seco com recipiente portátil / Banheiro seco	Saneamento baseado em recipiente / Latrina a base de balde
Co-treatment	Tratamento conjunto	Tratamento conjunto / Tratamento simultâneo e complementar / Co-tratamento
Crude covered drains and sewers	Drenos e esgotos com cobertura bruta	Drenos e esgotos com cobertura bruta
Crude leach pits	Sumidouros brutos	Poço de infiltração de lixiviados
Cylindrical sieve	Peneira cilíndrica	Peneira cilíndrica
Decanting drying bed	Leito de secagem	Desidratação em leitos de secagem
Decentralized plants	Estações descentralizadas	Estações de tratamento periféricas/ descentralizadas
Dewatering	Secagem	Secagem (se referido a leitos) ou Desidratação (terminologia geral)
Discharge apron	Decantador de descarga	Descarga tipo "Boca de Lobo" (com ou sem dissipador de energia)
Discharge point	Ponto de lançamento	Ponto de descarga
Dismantling collars	Braçadeiras de desmontagem	Junta de desmontagem
Disposal	Descarte	Deposição

English	Português (Brasil)	Português (Europeu)
Domed biodigester	Biodigestor em cúpula	Biodigestor com cobertura em cúpula
Double vault latrines	Fossa negra de caixas duplas	Latrina com descarga e fossa dupla
Drinking water supply intakes	Ponto de captação para sistema de abastecimento de água potável	Captação de água para consumo humano
'Drop and store' systems	Sistemas de "queda e armazenamento"	Sistema de recolha e armazenamento
Dry single drop and store latrines	Banheiro seco de caixa simples	Latrina com fossa simples (com ou sem fecho/com ou sem descarga/com ou sem ventilação)
Dry solids content / Solids content	Teor de sólidos secos / Teor de sólidos	Teor de sólidos secos / Teor de sólidos
Dry toilets	Banheiro seco	Latrina a seco / Latrina
Dry twin-pit and twin-vault systems	Banheiro seco de caixa dupla	Latrina com fossa dupla (com ou sem ventilação)
Drying bed	Leito de secagem	Leito de secagem
Effluent	Efluente	Efluente
Effluent connections	Ligações de esgotos	Ligações de efluentes / Ligações de esgotos / Ligações de águas residuais
Enclosed system	Sistema fechado	Sistema fechado
Entrenched sludge	Lodo disposto em vala	Lamas dispostas em vala
Excreta	Excreta / dejetos	Excreta / Dejetos
Facultative pond	Lagoa facultativa	Lagoa facultativa
Faecal sludge	Lodo de fossa	Lamas fecais / Lamas
Faecal sludge and septage	Lodo de fossa seca e lodo de fossa séptica	Lamas fecais e esgoto séptico
Faecal sludge and septage management	Manejo de lodo de fossas	Gestão de lamas fecais e esgoto séptico / Gestão de lamas
Fixed-dome digester	Biodigestor de cobertura rígida	Biodigestor com cobertura fixa
Flanged pipes	Tubos flangeados	Tubagem flangeada
Flat apron	Decantador de base plana	Base plana / Descarregador plano

English	Português (Brasil)	Português (Europeu)
Flow paths	Patamares de escoamento	Caminhos de escoamento
Flow velocity through the openings in the screen	Velocidade do fluxo na grade	Velocidade de escoamento na grelha
Flume throat width	Largura da garganta da calha [Parshall]	Largura da garganta da calha [Parshall]
Flushing flow	Fluxo de descarga	Caudal de descarga
Footprint	Área necessária	Área de implantação
Free water	Clarificado	Água sem matéria inorgânica / Clarificado
Geobag digester	Digestor de geobag/ecobag	Digestor tipo geobag
Geobag	Geobag / Ecobag	Geobag
Grit	Areia / Partículas	Areia / Partículas
Grit classifier	Classificador de areia	Classificador de areia
Grit removal	Remoção de areia	Desarenador
Grit trap	Caixa de areia	Camara de retenção de areias
High-pressure washwater	Água de lavagem de alta pressão	Lavagem a alta pressão
High-rate aeration of filtrate	Aeração de alta taxa do filtrado	Arejamento de alta taxa do filtrado
Hopper with side slopes	Silo/Tremonha de parede inclinada	Silo/Tremonha de parede inclinada
Hopper-bottomed tanks	Tanques com fundo em tremonha	Tanque de sedimentação em silo / Tanque de sedimentação com tremonha
Hydraulic flow rate [design]	Vazão [vazão de projeto]	Caudal [de dimensionamento]
Hydraulic retention time	Tempo de detenção hidráulica	Tempo de retenção
Hydrostatic head	Carga hidráulica	Carga hidráulica
Imhoff tank	Tanque Imhoff	Tanque Imhoff
Influent	Afluente	Afluente
Interceptor tank	Tanque interceptor	Tanque de interceção
Jar test	Teste de jarros	"Jar test"
Land disposal	Disposição no solo	Deposição no solo

English	Português (Brasil)	Português (Europeu)
Land spreading	Espalhamento no solo	Espalhamento no solo
Leach pits	Fossa rudimentar / Sumidouro	Dreno de infiltração
Liquid and sludge treatment in the plant	Tratamento da fase líquida e de lodo na estação	Tratamento da fase líquida e da fase solida na estação
Liquid filtrate	Filtrado líquido	Filtrado / Filtrado líquido
Liquid stream	Fase líquida	Fase líquida
Low bunds	Talude	Talude baixo / Leitos baixos / Leitos pouco profundos
Maturation pond	Lagoa de maturação	Lagoa de maturação
Mechanical press or centrifuge sludge dewatering	Secagem do lodo por prensa mecânica ou por centrifugação	Desidratação de lamas por centrífuga ou prensa mecânica
Mixed liquor suspended solids (MLSS)	Concentração de sólidos suspensos no lodo ativado (MLSS)	Sólidos suspensos no licor misto
Moving-bed biofilm reactor (MBBR)	Reator de leito móvel com biofilme / Reator biológico de leito móvel (MBBR)	Reator biológico de leito móvel
Municipal wastewater	Esgoto doméstico	Esgoto doméstico / Águas residuais domésticas
Non-biodegradable	Não biodegradável	Não biodegradável
On-plot sanitation facilities	Instalações locais de esgotamento sanitário	Instalações locais de saneamento
On-site sanitation facility and decentralized sanitation facility	Solução individual de esgotamento sanitário e solução descentralizada de esgotamento sanitário	Infraestrutura sanitária doméstica ou individual / Infraestrutura sanitária "on-site" e infraestrutura sanitária descentralizada
On-site and off-site disposal options	Opções de deposição individuais e coletivas / Opções de deposição "on-site" e "off-site"	Opções de deposição individuais e coletivas / Opções de deposição "on-site" e "off-site"
Outlet point/pipe	Ponto de saída/tubulação de saída	Ponto/tubagem de saída
Oxidation ditch	Vala de oxidação	Vala de oxidação
Parshall flume	Calha Parshall	Canal Parshall

English	Português (Brasil)	Português (Europeu)
Partially stabilized influents	Afluente parcialmente estabilizado	Influente parcialmente estabilizado
Penstock	Comporta	Comporta
Piped sewers	Rede de coleta de esgotos	Rede de drenagem de águas residuais / Rede de drenagem de esgotos / Coletor / Coletor de esgoto / Coletor de águas residuais
Pit latrine	Fossa negra	Latrina com fossa
Pit-composting method	Método de compostagem em fossa	Método de compostagem em fossa
Pits	Poço / Fosso	Poço
Planted drying beds	Leito de secagem com vegetação	Leito de secagem com vegetação
Plug-flow reactors	Reatores de fluxo pistão	Reator de pistão
Quantitative microbial risk assessment (QMRA)	Avaliação quantitativa de risco microbiano (AQRM)	Avaliação quantitativa de risco microbiano (AQRM)
Quick release coupling	Acoplamento de engate rápido	Junções de encaixe rápido
Racks	Prateleira	Grade de malha grossa
Railing	Guarda-corpo	Corrimão
Retention time	Tempo de retenção	Tempo de retenção
Rotating biological contactor (RBC)	Reator com discos biológicos rotativos (RBC)	Reator com discos biológicos rotativos (RBC)
Sand drying bed	Leito de secagem de areia	Leito de secagem de areia
Sanitation	Esgotamento sanitário	Saneamento
Scraper	Raspador	Raspador
Scum	Escuma	Escuma
Scum baffle	Defletor de escuma	Defletor de escuma
Scum board	Calha de escuma	Calha de escuma
Sedimentation	Decantação / Sedimentação	Sedimentação
Sedimentation gravity thickeners	Adensador por gravidade	Espessador por gravidade
Sedimentation tanks and gravity thickeners	Decantadores e adensadores por gravidade	Sedimentador e espessador gravítico

English	Português (Brasil)	Português (Europeu)
Septage	Esgoto séptico / Chorume	Lamas sépticas
Septage discharge bays	Baia de descarga de chorume	Recetor de lamas sépticas
Septic tank	Tanque séptico	Fossa séptica
Sequencing batch reactors (SBRs)	Reatores em bateladas sequenciais	Reatores do tipo SBR (sequencing batch reactors)
Settlement	Decantação	Sedimentação
Settling tank	Decantador	Tanque de sedimentação / Sedimentador
Settling thickening tank	Adensador por gravidade	Tanques espessadores / Espessador gravítico
Settling-thickening tanks	Tanques sedimentadores/ adensadores	Tanque espessador-sedimentador
Sewage sludge	Lodo de esgoto	Lamas / Lamas de águas residuais
Sewer manhole	Poço de visita	Camara de visita / Caixa de esgoto
Simple pit latrines	Fossa negra de tanque simples	Latrina com fossa simples
Sludge cake	Massa / Torta	Lamas desidratadas / Lama seca
Sludge removal	Remoção de lodo	Remoção de lamas
Slurry	Chorume	Lixiviado / Chorume
Soak pit / Soakaway	Sumidouro	Poço de infiltração
Solids loading rate	Taxa de carga de sólidos	Taxa de carga de sólidos
Solids retention time	Tempo de retenção de sólidos	Tempo de retenção de sólidos (TRS)
Solids separation chamber	Câmara de separação de sólidos	Câmara de separação de sólidos
Specialized couplings	Acoplamentos especializados	Junções/acoplamentos especiais
Spot levels	Níveis de ponto	Níveis de funcionamento
Stagnant water	Água estagnada	Águas estagnadas
Standard operating procedure (SOP)	Procedimento operacional padrão	Procedimento de operação padronizado
Stilling box	Caixa dissipadora de energia	Camara de dissipação de energia

English	Português (Brasil)	Português (Europeu)
Straight flagged pipe runs	Trechos de tubos retos com sinalização	Troços de tubagem reto com sinalização
Sub-surface incorporation	Incorporação sub-superficial	Incorporação sub-superficial
Suction tanker / Suction truck	Caminhão limpa fossa	Camião limpa-fossas
Surface overflow rate	Taxa de aplicação superficial	Taxa de descarga superficial
Suspended growth	Biomassa suspensa	Biomassa em suspensão
Suspended solids	Sólidos suspensos	Sólidos suspensos
Suspended solids content	Teor de sólidos suspensos	Teor de sólidos suspensos
Tanker	Caminhão-tanque	Camião tanque
Tanks	Tanque / Reator	Tanque / Reator
Tanks and ponds	Tanques e lagoas	Tanques e lagoas
Tiger worm toilets	Banheiros de vermicompostagem	Latrinas com fossa de compostagem por vermes
Tipping fees	Taxas para o descarte	Taxas para deposição
Toilet wastes	Resíduos sanitários	Resíduos sanitários
Total solids (TS)	Sólidos totais	Sólidos totais
Total suspended solids (TSS)	Sólidos suspensos totais	Sólidos suspensos totais
Total volatile solids (TVS)	Sólidos voláteis totais	Sólidos voláteis totais
Transfer tanks	Tanques de transferência	Tanques de transferência
Treatment plant	Estação de tratamento	Estação de tratamento
Treatment plant headworks	Tratamento preliminar	Tratamento preliminar
Treatment streams	Trens de tratamento	Linhas de tratamento
Trenching methods	Métodos de escavação de valas	Métodos de escavação de valas
Trickling filters	Filtro percolador	Filtro percolador
Trough	Calha	Calha
Twin pit latrines	Fossa negra de tanque duplo	Latrina com fossa dupla
Unbiodegradable	Não biodegradável	Não biodegradável
Unlined pits	Fossa sem revestimento	Poço não revestido

English	Português (Brasil)	Português (Europeu)
Unplanted drying beds	Leito de secagem sem vegetação	Leito de secagem sem vegetação
Upflow anaerobic sludge blanket reactor (UASB)	Reator UASB/RAFA – Reator anaeróbio de fluxo ascendente	Reator UASB/RAFA – Reator anaeróbio de fluxo ascendente
Upstream manhole	Poço de visita de montante	Camara de visita de cabeceira
Utility or public service organizations	Concessionárias ou prestadoras de serviços públicos	Entidade exploradora / Concessionárias / Prestadoras de serviços públicos
Utility person	Pessoal de operação e manutenção	Pessoal de operação e manutenção
Utility service	Serviço de concessionárias públicas	Entidade Exploradora / Serviço da Entidade Exploradora
Vacuum tanker	Caminhão-tanque a vácuo	Camião limpa-fossas a vácuo / Limpa fossas a vácuo
Valve boxes	Caixa de válvulas	Camara de válvulas / Caixa de válvulas
Vault toilet	Banheiro com caixa seca	Latrina vault
Vaults	Caixa de registros, manobras, etc.	Fossa / Tanque
VIP latrines	Fossa seca ventilada	Latrina ventilada / Latrina VIP
Vortex (separators)	Separador hidrociclone	Separador ciclónico
Washroom	Lavatório	Lavatório
Waste stabilisation pond	Lagoa de estabilização	Lagoa de estabilização
Wastewater Treatment Plant	Estação de Tratamento de Esgotos (ETE)	Estação de Tratamento de Águas Residuais (ETAR)
Water and sanitation utility	Concessionária de água e esgotamento sanitário	Entidade exploradora de água e saneamento
Water provider	Provedor de água	Fornecedor de água
Wet leach pits	Fossa sem revestimento	Dreno não revestido
Wet pit latrines	Fossa negra	Latrina de poço húmido
Worm composting	Vermicompostagem	Compostagem por vermes
Wrench	Chave Inglesa	Chave Inglesa

Índice

Os números de página em itálico referem-se a quadros, figuras e tabelas.

www.ingramcontent.com/pod-product-compliance
Lightning Source LLC
Chambersburg PA
CBHW071537210326
41597CB00019B/3033